大学数学习题精解系列

数学分析习题精解

（单变量部分）

吴良森　毛羽辉
宋国栋　魏木生　编著

上海市重点项目建设基金资助

科学出版社
北京

内 容 简 介

本书主要通过典型例题陈述数学分析中典型解题方法和技巧，内容涉及单变量微积分和级数．全书按章、节编排，每节包括内容精析、典型例题和习题三部分，书后附有习题解答与提示．

本书适合理工科大学、师范院校数学系学生学习和参考．

图书在版编目(CIP)数据

数学分析习题精解．单变量部分/吴良森等编著．—北京：科学出版社，2002

（大学数学习题精解系列）

ISBN 978-7-03-009789-7

Ⅰ．数…　Ⅱ．吴…　Ⅲ．数学分析-解题　Ⅳ．O17-44

中国版本图书馆 CIP 数据核字(2001)第 064163 号

责任编辑：吕　虹　方开文　姚莉丽/责任校对：张庆岚

责任印制：张　伟/封面设计：黄华斌

科学出版社出版

北京东黄城根北街 16 号

邮政编码：100717

http://www.sciencep.com

北京凌奇印刷有限责任公司 印刷

科学出版社发行　各地新华书店经销

*

2002 年 2 月第 一 版　　开本：B5(720×1000)

2022 年 1 月第八次印刷　　印张：26 1/4

字数：520 000

定价：69.00 元

（如有印装质量问题，我社负责调换）

前　言

在数学分析课程中，习题演算占有重要地位，综合性大学和师范院校数学系一般专门设立数学分析习题课以提高学生计算和证明的能力.

本书内容涉及单变量微积分和级数，按章、节排列，每节包括内容精析、典型例题、习题三部分. 内容精析介绍与该节相关理论的基本命题和重要结论，以及教学中的经验和体会，有助于读者理解基本理论；典型例题通过一系列例题，由浅入深地介绍数学分析的典型解题方法，同时在解题过程中叙述解题的思路和技巧；习题与该节内容相配，使读者通过练习达到举一反三、熟练应用所学内容的目的. 最后附有习题解答与提示，有些难题给出较详细的解答，供读者参考，希望读者坚持先做后看的原则，这样收效较大.

本书主要是通过典型例题陈述数学分析中典型解题方法和技巧. 选题是以中等以上难度的题目为主；内容的章节安排与一般教科书不全相同，其中设有一些专题，对某些重要内容进行较为深入、细致的讨论；除了微积分本身丰富的应用之外，结合生活实际适当选入了一些应用实例.

例题和习题中选入一部分理工科大学、师范院校研究生入学试题，希望对投考研究生的读者有一定的参考价值.

最后附上二套测试题，内容具有研究生入学试题的相当水平，通过这些试题，读者可以检验自己掌握有关内容的程度.

例题和习题中带 * 号的题目是具有较高难度的，认真钻研这些题目，读者会在分析技巧方面得到不少收益.

本书第一、二、三、四、五章由宋国栋编写，第六、七章由魏木生编写，第八、九章由毛羽辉编写，第十、十一、十二、十三章由吴良森编写. 全书由吴良森统一整理.

由于编者经验和水平所限，难免出现错误缺点，恳请批评指正.

编　者

2001 年 10 月

目　　录

第一章　不等式·函数概念

§1.1　不等式

一、内容精析

不等式的重要性可简述如下:在数学分析课程中,许多定理和公式的证明常要运用不等式来解决;反之,通过数学分析中某些定理和公式(如拉格朗日(Lagrange)中值公式等),又可导出新的不等式;一些重要的不等式是从事数学研究的基本工具;最后,许多不等式的证明本身也各具有典型的分析技巧,富有启发性.

作为本书的开端,我们在这一节中将主要给出如下的不等式:

1°　绝对值不等式　设 a,b 为任意实数,则有

$$\begin{aligned}||a|-|b||\leqslant|a+b|\leqslant|a|+|b|,\\||a|-|b||\leqslant|a-b|\leqslant|a|+|b|.\end{aligned}\tag{A}$$

另外,不等式$|x|<h(h>0)$等价于不等式

$$-h<x<h.$$

不等式(A)的证明见诸于各种数学分析教程,这里从略.

2°　伯努利(Bernoulli)不等式　设 $h>-1,n\in\mathbf{N}^+,n\geqslant2$,则有

$$(1+h)^n\geqslant1+nh,\tag{B}$$

其中等号当且仅当 $h=0$ 时成立.

3°　柯西(Cauchy)不等式　设 $x_1,\cdots,x_n,y_1,\cdots,y_n$ 为两组实数,则有

$$\left(\sum_{i=1}^n x_iy_i\right)^2\leqslant\left(\sum_{i=1}^n x_i^2\right)\left(\sum_{i=1}^n y_i^2\right).\tag{C}$$

4°　算术平均值-几何平均值不等式(简称平均值不等式)　设 $x_1,\cdots,x_n$ 为 n 个非负实数,则有

$$(x_1\cdots x_n)^{\frac{1}{n}}\leqslant\frac{1}{n}(x_1+\cdots+x_n),\tag{G}$$

其中等号当且仅当所有 x_i 都相等时成立.

注　由于当某个 $x_i=0$ 时,不等式(G)显然成立,故可假设 $x_1,\cdots,x_n$ 皆为

正数;在以下的赫尔德(Hölder)不等式中也是如此.

5° 赫尔德不等式　设$\{x_i\}_1^n,\{y_i\}_1^n$为两组非负实数,又实数p,q满足

$$\frac{1}{p}+\frac{1}{q}=1,$$

则当$p>1$时有

$$\sum_{i=1}^{n}x_iy_i\leqslant\Big(\sum_{i=1}^{n}x_i^p\Big)^{\frac{1}{p}}\Big(\sum_{i=1}^{n}y_i^q\Big)^{\frac{1}{q}},\tag{H}$$

当$p<1$时上述不等式反向.

二、典型例题

例 1　设实数a,b满足$|a|<1,|b|<1$.证明不等式

$$\left|\frac{a+b}{1+ab}\right|<1.\tag{1}$$

证　不等式(1)等价于

$$-1<\frac{a+b}{1+ab}<1,$$

即同时成立

$$1-\frac{a+b}{1+ab}>0 与 1+\frac{a+b}{1+ab}>0.$$

由条件$|a|<1,|b|<1$,易见$1+ab>0$,故上述两不等式分别等价于

$$1+ab-a-b>0 与 1+ab+a+b>0,$$

即$(1-a)(1-b)>0$与$(1+a)(1+b)>0$,而这两式显然成立.　□

例 2　证明伯努利不等式(B).

证　当$h=0$时显然等号成立.现设$h\neq0$,对$n\geqslant2$,当$h>0$时有

$$(1+h)^n=1+nh+\frac{n(n-1)}{2}h^2+\cdots+h^n>1+nh;$$

当$-1<h<0$时有

$$\begin{aligned}(1+h)^n-1&=(1+h-1)[1+(1+h)+(1+h)^2+\cdots+(1+h)^{n-1}]\\&=h[1+(1+h)+(1+h)^2+\cdots+(1+h)^{n-1}]\\&>nh\end{aligned}$$

(注意上式方括号中的表达式$<n$,且$h<0$).　□

例 3 证明柯西不等式(C).

我们对此重要不等式给出两种证明方法.

证一 不妨设 $x_1,\cdots,x_n$ 不全为 0. 考虑关于 λ 的二次三项式

$$0\leqslant\sum_{i=1}^{n}(\lambda x_i-y_i)^2=\lambda^2\sum_{i=1}^{n}x_i^2-2\lambda\sum_{i=1}^{n}x_iy_i+\sum_{i=1}^{n}y_i^2,$$

上式右边关于任何实数 λ 为非负,故其判别式$\leqslant 0$,即有

$$\Big(2\sum_{i=1}^{n}x_iy_i\Big)^2-4\Big(\sum_{i=1}^{n}x_i^2\Big)\Big(\sum_{i=1}^{n}y_i^2\Big)\leqslant 0\Rightarrow(\mathrm{C}).$$

证二 由等式

$$\sum_{i=1}^{n}\left(\frac{x_i}{\sqrt{x_1^2+\cdots+x_n^2}}\right)^2=1=\sum_{i=1}^{n}\left(\frac{y_i}{\sqrt{y_1^2+\cdots+y_n^2}}\right)^2$$

得到

$$\sum_{i=1}^{n}\left[\left(\frac{x_i}{\sqrt{x_1^2+\cdots+x_n^2}}\right)^2+\left(\frac{y_i}{\sqrt{y_1^2+\cdots+y_n^2}}\right)^2\right]=2.$$

由不等式 $x^2+y^2\geqslant 2|xy|$ 可见,上述和式方括号中每两项之和不小于

$$\frac{2\mid x_iy_i\mid}{\sqrt{\Big(\sum\limits_{i=1}^{n}x_i^2\Big)\Big(\sum\limits_{i=1}^{n}y_i^2\Big)}}\Rightarrow\frac{2\sum\limits_{i=1}^{n}\mid x_iy_i\mid}{\sqrt{\Big(\sum\limits_{i=1}^{n}x_i^2\Big)\Big(\sum\limits_{i=1}^{n}y_i^2\Big)}}\leqslant 2\Rightarrow(\mathrm{C}).\qquad\Box$$

注 可以证明:柯西不等式(C)中等号成立的充要条件是数组 $\{x_i\}_1^n$ 与 $\{y_i\}_1^n$ 对应成比例,即存在不全为 0 的数 λ 与 μ,使得

$$\lambda x_i+\mu y_i=0,\quad i=1,\cdots,n.$$

例 4 证明平均值不等式(G).

证 易知对任何非负实数 x_1,x_2 有

$$(x_1x_2)^{\frac{1}{2}}\leqslant\frac{1}{2}(x_1+x_2),$$

其中等号当且仅当 $x_1=x_2$ 时成立. 由此推出,对 4 个非负实数 x_1,x_2,x_3,x_4 有

$$\begin{aligned}(x_1x_2x_3x_4)^{\frac{1}{4}}&=\left[(x_1x_2)^{\frac{1}{2}}(x_3x_4)^{\frac{1}{2}}\right]^{\frac{1}{2}}\\&\leqslant\left(\frac{x_1+x_2}{2}\cdot\frac{x_3+x_4}{2}\right)^{\frac{1}{2}}\end{aligned}$$

$$\leqslant \frac{1}{4}(x_1+x_2+x_3+x_4).$$

按此方法继续下去，可推出不等式(G)对一切 $n=2^k(k=0,1,2,\cdots)$ 都成立. 为证其对一切正整数 n 都成立，我们采用所谓的**反向归纳法**，即证明：若(G)对某个 $n(\geqslant 2)$ 成立，则它对 $n-1$ 也成立.

设给定非负实数 $x_1,x_2,\cdots,x_{n-1}$，令

$$x_n=\frac{1}{n-1}(x_1+x_2+\cdots+x_{n-1}),$$

则有

$$(x_1x_2\cdots x_{n-1})^{\frac{1}{n}}\cdot\left(\frac{x_1+x_2+\cdots+x_{n-1}}{n-1}\right)^{\frac{1}{n}}$$

$$\leqslant\frac{1}{n}\left(x_1+x_2+\cdots+x_{n-1}+\frac{x_1+x_2+\cdots+x_{n-1}}{n-1}\right),$$

整理后得

$$(x_1x_2\cdots x_{n-1})^{\frac{1}{n-1}}\leqslant\frac{1}{n-1}(x_1+x_2+\cdots+x_{n-1}),$$

即不等式(G)对 $n-1$ 成立，从而对一切 $n\in\mathbf{N}^+$ 都成立. 关于等号成立的充要条件也能归纳地得到. □

例 5　设 $x_1,x_2,\cdots,x_n$ 为 n 个正数，满足

$$x_1x_2\cdots x_n=1.$$

证明

$$x_1+x_2+\cdots+x_n\geqslant n,$$

其中等号当且仅当 $x_1=x_2=\cdots=x_n=1$ 时成立.

证　当 $n=1$ 时，命题是平凡的；当 $n=2$ 时也易证其成立. 现设此命题关于 $n(\geqslant 3)$ 成立，又设 $n+1$ 个正数 $x_1,\cdots,x_n,x_{n+1}$ 满足

$$x_1\cdots x_nx_{n+1}=1.$$

若所有 $x_i=1$，则结论已得. 故不妨设 $x_1>1,x_2<1$，则有

$$(x_1-1)(x_2-1)<0,$$

即

$$x_1x_2+1<x_1+x_2,$$

从而得

$$x_1+x_2+x_3+\cdots+x_{n+1}>1+x_1x_2+x_3+\cdots+x_{n+1}.$$

对 n 个正数 $x_1x_2,x_3,\cdots,x_n,x_{n+1}$ 应用归纳假设，得上式右边 $>1+n$，故有

$$x_1+x_2+\cdots+x_n+x_{n+1}\geqslant n+1,$$

即命题对 $n+1$ 也成立(同时得到了关于等号成立的充要条件). □

注 利用本例的结论，可给出平均值不等式(G)的另一种证明(习题 8).

例 6 设 a,b 为正数，实数 p,q 满足

$$\frac{1}{p}+\frac{1}{q}=1.$$

证明不等式

$$a^{\frac{1}{p}}b^{\frac{1}{q}}\leqslant\frac{a}{p}+\frac{b}{q},\quad p>1, \tag{2}$$

$$a^{\frac{1}{p}}b^{\frac{1}{q}}\geqslant\frac{a}{p}+\frac{b}{q},\quad p<1, \tag{3}$$

以上两不等式中的等号当且仅当 $a=b$ 时成立.

证 为证明不等式(2)和(3)，我们需要以下的不等式：对 $x>0$ 有

$$x^\alpha-\alpha x+\alpha-1\geqslant 0\quad(\alpha>1\text{ 或 }\alpha<0), \tag{4}$$

$$x^\alpha-\alpha x+\alpha-1\leqslant 0\quad(0<\alpha<1), \tag{5}$$

其中等号当且仅当 $x=1$ 时成立. 不等式(4)和(5)的证明见第七章 §7.4.

在不等式(4)与(5)中令 $\alpha=\dfrac{1}{p}$，$1-\alpha=\dfrac{1}{q}$，并以 $\dfrac{a}{b}$ 代替 x，即可导出所要证的不等式(2)与(3)，其推导细节留给读者. □

例 7 证明赫尔德不等式(H).

证 在不等式(2)中分别令

$$a_i=\frac{x_i^p}{A},\quad b_i=\frac{y_i^q}{B},\quad i=1,2,\cdots,n,$$

其中

$$A=\sum_{i=1}^n x_i^p,\quad B=\sum_{i=1}^n y_i^q,$$

则当 $p>1$ 时有

$$\frac{x_iy_i}{A^{\frac{1}{p}}\cdot B^{\frac{1}{q}}}\leqslant\frac{x_i^p}{pA}+\frac{y_i^q}{qB},\quad i=1,2,\cdots,n,$$

从而得到

$$\sum_{i=1}^{n} x_i y_i \leqslant A^{\frac{1}{p}} B^{\frac{1}{q}} \left(\frac{1}{p} \cdot \frac{\sum_{i=1}^{n} x_i^p}{A} + \frac{1}{q} \cdot \frac{\sum_{i=1}^{n} y_i^q}{B} \right)$$

$$= A^{\frac{1}{p}} B^{\frac{1}{q}} \left(\frac{1}{p} + \frac{1}{q} \right)$$

$$= \left(\sum_{i=1}^{n} x_i^p \right)^{\frac{1}{p}} \left(\sum_{i=1}^{n} y_i^q \right)^{\frac{1}{q}}.$$

类似地证明当 $p<1$ 时的反向不等式. □

例 8(加权平均值不等式) 设 $x_1, x_2, \cdots, x_n$ 为 n 个正数, $\alpha_1, \alpha_2, \cdots, \alpha_n$ 为满足 $\sum_{i=1}^{n} \alpha_i = 1$ 的正数,则有

$$\prod_{i=1}^{n} x_i^{\alpha_i} \leqslant \sum_{i=1}^{n} \alpha_i x_i, \tag{W}$$

其中等号当且仅当 $x_1 = x_2 = \cdots = x_n$ 时成立.

注 当 $\alpha_1 = \alpha_2 = \cdots = \alpha_n = \frac{1}{n}$ 时,不等式(W)即为平均值不等式(G).

证 当 $n=1$ 时,不等式(W)是平凡的. 当 $n=2$ 时,给定正数 x_1, x_2 及 $\alpha(0<\alpha<1)$. 以 $x = \frac{x_1}{x_2}$ 代入(5)式得

$$\left(\frac{x_1}{x_2} \right)^{\alpha} - \alpha \frac{x_1}{x_2} + \alpha - 1 \leqslant 0,$$

整理后得

$$x_1^{\alpha} x_2^{1-\alpha} \leqslant \alpha x_1 + (1-\alpha) x_2,$$

其中等号当且仅当 $\frac{x_1}{x_2} = 1$ 即 $x_1 = x_2$ 时成立. 这就对 $n=2$ 证明了不等式(W).

设不等式(W)关于正整数 k 成立($k \geqslant 2$).

现设有 $k+1$ 个正整数 $x_1, x_2, \cdots, x_{k+1}$, 又正数 $\alpha_1, \alpha_2, \cdots, \alpha_{k+1}$ 满足

$$\sum_{i=1}^{k+1} \alpha_i = 1.$$

令

$$y_i = x_i, \quad \beta_i = \alpha_i, \quad i = 1, 2, \cdots, k-1,$$

$$y_k = x_k^{\alpha_k/\beta_k} \cdot x_{k+1}^{\alpha_{k+1}/\beta_k}, \quad \beta_k = \alpha_k + \alpha_{k+1},$$

则 $y_i>0, \beta_i>0$ 且 $\sum_{i=1}^{k} \beta_i = 1$. 故由归纳假设得

$$\begin{aligned}\prod_{i=1}^{k+1} x_i^{\alpha_i} &= \prod_{i=1}^{k} y_i^{\beta_i} \leqslant \sum_{i=1}^{k} \beta_i y_i \\ &= \sum_{i=1}^{k-1} \alpha_i x_i + (\alpha_k + \alpha_{k+1}) x_k^{\alpha_k/\beta_k} \cdot x_{k+1}^{\alpha_{k+1}/\beta_k} \\ &\leqslant \sum_{i=1}^{k+1} \alpha_i x_i,\end{aligned}$$

即不等式(W)关于 $k+1$ 也成立,且易见其等号当且仅当所有 x_i 都相等时成立. □

三、习题

1. 设 $a<c<b$. 证明 $|c| \leqslant \max\{|a|, |b|\}$.

2. 证明:对任何实数 a, b 成立不等式

$$\frac{|a+b|}{1+|a+b|} \leqslant \frac{|a|}{1+|a|} + \frac{|b|}{1+|b|}.$$

3. 证明:对任何实数 a, b 成立不等式

1) $\frac{1}{2}(|a|+|b|) \leqslant \max\{|a|, |b|\} \leqslant \frac{1}{2}(|a+b|+|a-b|)$;

2) $\max\{|a+b|, |a-b|, |1-b|\} \geqslant \frac{1}{2}$.

4. 设 $x \geqslant 0, n \in \mathbf{N}^+$,证明不等式

$$x^n - nx + n - 1 \geqslant 0,$$

并讨论等号成立的充要条件.

注 此不等式是不等式(4)当 $\alpha=n$ 时的特殊情形,可容易地用初等方法来证明.

5. 设 α, β 满足 $|\beta|<1$ 及 $\frac{\beta}{1-|\beta|} \leqslant \alpha$. 证明

$$\beta \leqslant \frac{\alpha}{1+|\alpha|}.$$

6. 设 $a_i > -1$, $i=1,2,\cdots,n$, 且所有 a_i 同号,证明不等式

$$\prod_{i=1}^{n}(1+a_i) \geqslant 1 + \sum_{i=1}^{n} a_i.$$

7. 设 $a>0, a+b>0, n \in \mathbf{N}^+ (n \geqslant 2)$. 证明不等式

$$(a+b)^n \geqslant a^n + na^{n-1}b,$$

其中等号当且仅当 $b=0$ 时成立.

8. 利用例 5 中的结论给出平均值不等式(G)的另一种证明.

9. 设 $x_1,x_2,\cdots,x_n$ 为不全相等的实数. 证明

$$n\sum_{i=1}^{n}x_i^2-\Big(\sum_{i=1}^{n}x_i\Big)^2>0.$$

注　此不等式在求解最小二乘法问题中是有用的.

10. 设 $n\in\boldsymbol{N}^+$，证明以下不等式：

1) $n!\leqslant\left(\dfrac{n+1}{2}\right)^n$；　　2) $n!<\left(\dfrac{n+2}{\sqrt{6}}\right)^n$；

3) $\sqrt[n]{n!}>\dfrac{n}{3}$；　　4) $\sqrt[n]{n}<1+\dfrac{2}{\sqrt{n}}$.

11. 设 $n\in\boldsymbol{N}^+$，$\alpha\in\boldsymbol{R}$，证明不等式

$$\Big(\sum_{k=1}^{n}k^{\alpha}\Big)^n\geqslant n^n(n!)^{\alpha}.$$

12. 证明**几何平均值-调和平均值不等式**

$$\frac{n}{\displaystyle\sum_{i=1}^{n}\frac{1}{x_i}}\leqslant\sqrt[n]{x_1x_2\cdots x_n},$$

其中 $x_1,x_2,\cdots,x_n$ 为正数.

13. 证明不等式：

1) $\left(1+\dfrac{1}{n}\right)^n<\left(1+\dfrac{1}{n+1}\right)^{n+1}$，　$n=1,2,\cdots$；

2) $\left(1+\dfrac{1}{n}\right)^{n+1}<\left(1+\dfrac{1}{n-1}\right)^n$，　$n=2,3,\cdots$.

14. 证明不等式

$$\frac{1}{4n}<\left[\frac{1\cdot3\cdot5\cdots(2n-1)}{2\cdot4\cdot6\cdots(2n)}\right]^2<\frac{1}{2n},\quad n\geqslant2.$$

*15. 证明**闵可夫斯基**(Minkowski)**不等式**：设 $\{x_i\}_1^n$，$\{y_i\}_1^n$ 为两组非负实数，则当 $p>1$ 时有

$$\Big[\sum_{i=1}^{n}(x_i+y_i)^p\Big]^{\frac{1}{p}}\leqslant\Big(\sum_{i=1}^{n}x_i^p\Big)^{\frac{1}{p}}+\Big(\sum_{i=1}^{n}y_i^p\Big)^{\frac{1}{p}},\tag{M}$$

当 $p<1$ 时不等式(M)反向.

§1.2　函数概念

一、内容精析

1°　关于函数概念，在中学课程中已初步熟悉函数的两个要素——对应法则 f 和定义域 D，通常将函数记为

$$y=f(x),\quad x\in D,$$

函数 f 的值域记为

$$f(D)=\{y \mid y=f(x), x \in D\}.$$

于是,函数 f 是点集 D 到 $f(D)$ 的**单值对应**,也称为 D 到 $f(D)$ 的**映射**.

2° 对于函数的有界性、单调性、奇偶性和周期性等特性应有进一步的认识,并能按相应的定义(或定义的否定说法)来判断所论及的函数是否具有某种特性.

3° 应熟悉各类基本初等函数的主要性质,掌握初等函数的概念. 同时,还应熟悉一些重要的非初等函数,如

符号函数 $y=\operatorname{sgn}x$,

取整函数 $y=[x]$,

狄利克雷(Dirichlet)函数 $D(x)$,

黎曼(Riemann)函数 $R(x)$.

初等函数与上述重要的非初等函数是函数研究中的基本素材.

4° 函数概念是从数量关系上反映客观事物运动变化的规律. 因此,为了运用数学理论解决实际问题,应对于该问题建立数学模型,表示出有关变量之间的函数关系. 这也是函数研究中的一个重要方面.

二、典型例题

例 1 讨论分别符合以下要求的函数是否存在:

1) 定义域为$\{0,1\}$,值域为$\{1,2,3\}$;

2) 定义域为$\{1,2,3\}$,值域为$\{0,1\}$;

3) 定义域为 $\boldsymbol{R}$,值域为$\{0\}$;

4) 定义域为$[0,1]$,值域为$[0,2]$.

解 1) 根据函数的定义,在定义域中的每一个数,都唯一地对应值域中的一个数. 现定义域只含两个数,而"值域"由 3 个数组成,因此,对于无论何种对应法则,"值域"中至少有一个数没有原像. 所以,这样的函数不存在.

2) 存在. 例如可取对应法则 f 为

$$f(1)=0, \quad f(2)=f(3)=1.$$

3) 对应法则 f 为常量函数 $f(x)=0, \quad x\in\boldsymbol{R}$.

4) 尽管值域$[0,2]$中的数比定义域$[0,1]$中的数"多",但我们可取对应法则 f 使定义域$[0,1]$"伸长"为$[0,2]$. 例如,可令 $f(x)=2x, x\in[0,1]$. □

注 1 若函数的定义域为有限集,则其值域必为有限集,且值域的元素个数不超过定义域的元素个数;若定义域为无限集,则值域可以是无限集,也可以是有限集,甚至值域可以包含定义域(如本例 4)).

注 2 确定在同一定义域、同一值域上的函数,有时是唯一的,如本例 3);

但一般不是唯一的，如本例 2)和 4).

例 2 设 f 与 g 为具有相同定义域 D 的初等函数. 试问以下函数是初等函数吗?

1) $F(x)=|f(x)-g(x)|, x\in D$;

2) $G(x)=\max\{f(x),g(x)\}, x\in D$.

分析 初等函数是由基本初等函数经有限次四则运算和有限次复合而得到的函数. 本例中已知 f 与 g 是这样的函数，因此，若能将 F 和 G 分别表示为 f 与 g 的有限次四则运算和有限次复合的形式，则它们就是初等函数.

解 1) $F(x)=\{[f(x)-g(x)]^2\}^{\frac{1}{2}}\Rightarrow F$ 是初等函数.

2) 利用如下的一个简单结论：

$$\max\{a,b\}=\frac{1}{2}(a+b+|a-b|)$$

可知 $G(x)=\frac{1}{2}[f(x)+g(x)+|f(x)-g(x)|]\Rightarrow G$ 是初等函数. □

注 1 在同样的条件下，类似地可证

$$H(x)=\min\{f(x),g(x)\}$$

为初等函数.

注 2 由于初等函数在其定义区间内都是连续的(见第五章)，故若某函数在定义区间内不连续，则它就不是初等函数. 由此可知，符号函数 $\operatorname{sgn}x$，取整函数 $y=[x]$，狄利克雷函数 $D(x)$ 和黎曼函数 $R(x)$ 都不是初等函数.

例 3 根据国家财政部的规定，个人月薪的“应纳税所得额”是指每月薪金收入额减去 1000 元之后的余额，应纳所得税额按逐级累进的税率来计算，详见下表：

级数	月应纳税所得额 s(元)	税率(%)
1	$s\leqslant 500$	5
2	$500<s\leqslant 2000$	10
3	$2000<s\leqslant 5000$	15
4	$5000<s\leqslant 20000$	20
5	$20000<s\leqslant 40000$	25
6	$40000<s\leqslant 60000$	30
7	$60000<s\leqslant 80000$	35
8	$80000<s\leqslant 100000$	40
9	$s>100000$	45

设某单位职工月薪收入 x(元)的范围为 $600\leqslant x\leqslant 21000$. 求月薪的应纳所得税款 T 与 x 之间的函数关系.

分析　按规定,月薪为 1000 元及以下者,不必纳税;月薪 x 在 1000 至 1500 之间者,应纳税款为

$$T=0.05(x-1000);$$

月薪 x 在 1500 至 3000 之间者,其中 1000 元的部分不纳税,1000 至 1500 元之间的部分应纳税款为 $0.05(1500-1000)=25$,超过 1500 的部分,应纳税款为 $0.1(x-1500)$,故此时有

$$T=0.1(x-1500)+25;$$

以此类推,即可得到 T 与 x 之间的函数关系.

解

$$T=\begin{cases}0, & 600\leqslant x\leqslant 1000,\\ 0.05(x-1000), & 1000<x\leqslant 1500,\\ 0.1(x-1500)+25, & 1500<x\leqslant 3000,\\ 0.15(x-3000)+175, & 3000<x\leqslant 6000,\\ 0.2(x-6000)+625, & 6000<x\leqslant 21000.\end{cases}$$ □

注　本例中得到的函数称为**分段函数**. 这类函数无论在理论研究还是实际应用上,都起到重要的作用. 以后在讨论函数的连续性与可导性时,对分段函数的"分段"关节点,都应特别考虑.

例 4　写出分别满足下列要求的函数的一个表达式:

1) 定义域为 $\boldsymbol{R}$,值域为 $\{-1,0,1\}$ 的递减奇函数;

2) 定义在闭区间 $[0,1]$ 上的无上界函数;

3) 定义在 $\boldsymbol{R}$ 上的非常数周期函数,但它无最小正周期;

4) 定义在 $[0,1]$ 上的函数,它有反函数,但它在 $[0,1]$ 的任一子区间上都不是单调函数.

分析　1) 由奇函数的定义应有 $f(0)=0$,f 还应取另外两个值 -1 和 1,结合递减性,可令

$$f(x)=1,\quad x<0 \text{ 及 } f(x)=-1,\quad x>0.$$

2) 容易考虑到 $(0,1]$ 上的无上界函数 $f(x)=\dfrac{1}{x}$,然后再规定 f 在点 $x=0$ 处的值即可.

4) 容易验证定义在 $[0,1]$ 上的狄利克雷函数

$$D(x)=\begin{cases}1,\ x\text{ 为}[0,1]\text{ 上有理数},\\ 0,\ x\text{ 为}[0,1]\text{ 上无理数},\end{cases}$$

在[0,1]的任何子区间上都不是单调函数. 但 $D(x)$的值域为$\{0,1\}$,只含有两个点;而存在反函数的函数,其值域与定义域是一一对应的,这种函数最简单的是 $f(x)=x$,将它与 $D(x)$结合起来考虑,就不难构造出满足要求的函数.

解　1) 可取 $f(x)=\begin{cases}1,\ x<0,\\ 0,\ x=0,\\ -1,\ x>0,\end{cases}$　即 $f(x)=-\operatorname{sgn}x$.

2) $f(x)=\begin{cases}\dfrac{1}{x},x\in(0,1],\\ 0,\ x=0.\end{cases}$

3) 取定义在 $\boldsymbol{R}$ 上的狄利克雷函数 $D(x)$即符合要求.

4) $f(x)=\begin{cases}x,\quad x\text{ 为}[0,1]\text{上有理数},\\ -x,\ x\text{ 为}[0,1]\text{上无理数}.\end{cases}$

易见 f 的反函数为

$$f^{-1}(x)=\begin{cases}x,\qquad x\text{ 为}[0,1]\text{ 上有理数},\\ -x,\qquad x\text{ 为}(-1,0]\text{ 上无理数}.\end{cases}$$

□

例 5　写出以下两个数列的通项公式:

1) $1,1,1,2,2,2,\cdots,k,k,k,k+1,k+1,k+1,\cdots$;

2) $1,2,2,3,3,3,\cdots,\underbrace{k,k,\cdots,k}_{k\text{个}},k+1,\cdots$

分析　1) 这个数列各项取值的规律是:项数每增加 3,相应 3 项的值增加 1. 可见取值相同的 3 项,其值 a_n 大致上是与$\dfrac{n}{3}$较接近的整数,故可借助取整函数来表示此数列的通项公式.

2) 设数列的通项 $a_n=k$,则易见 a_n 是该数列中从第$\left(\dfrac{1}{2}(k-1)k+1\right)$项到$\dfrac{1}{2}k(k+1)$项中的一项,即有

$$\frac{1}{2}(k-1)k+1\leqslant n\leqslant\frac{1}{2}k(k+1).$$

由于当 n 确定后,k 的值随即唯一确定,故只须求出满足

$$\frac{1}{2}(k-1)k+1\leqslant n \tag{1}$$

的最大整数 k 即可.

解 1) $a_n=\left[\frac{n+2}{3}\right]$,这里[…]表示取整数部分(下同).

2) 设该数列的第 n 项 $a_n=k$. 由(1)式得

$$\left(k-\frac{1}{2}\right)^2\leqslant 2n-2+\frac{1}{4}=\frac{8n-7}{4},$$

故满足(1)式的最大整数 k 为$\left[\frac{\sqrt{8n-7}+1}{2}\right]$,即通项公式为

$$a_n=\left[\frac{\sqrt{8n-7}+1}{2}\right].$$ □

注 本例 2)中数列的通项公式的形式不是唯一的. 例如,通项公式还可表为

$$a_n=\left[\sqrt{2n+\sqrt{2n}}\right].$$

对此,读者可自行证明之.

例 6 设 f 为周期函数,且有基本周期 $\sigma>0$,且在$[0,\sigma)$上严格单调,又设 $g(x)=f(x^2)$. 证明 g 不是周期函数.

证 用反证法. 设 g 为周期函数,并假定 $\tau(>0)$为 g 的一个周期,则有

$$f((x+\tau)^2)=g(x+\tau)=g(x)=f(x^2). \tag{2}$$

以 $x=0$ 代入上式得

$$f(\tau^2)=f(0)\Rightarrow\tau^2=k\sigma(k\in\mathbf{N}^+),\tau=\sqrt{k\sigma}.$$

再以 $x=\sqrt{(k+1)\sigma}$代入(2)式得

$$f((\sqrt{(k+1)\sigma}+\sqrt{k\sigma})^2)=f((k+1)\sigma)=f(0),$$

从而得到(注意 f 以 σ 为周期)

$$f(2\sqrt{k(k+1)\sigma})=f(0)$$

$\Rightarrow 2\sqrt{k(k+1)}$为整数,记为 n,则有

$$\left(\frac{n}{2}\right)^2=k(k+1)$$

$\Rightarrow\frac{n}{2}$为整数,且有 $k<\frac{n}{2}<k+1$,但这显然是不可能的. 所以 g 不是周期函

数. □

三、习题

1. 设 f 为$[-a,a]$上的奇(偶)函数. 证明:若 f 在$[0,a]$上递增,则 f 在$[-a,0]$上递增(减).

2. 设 $f(x)=x^2+ax+b$. 证明

$$\max\{|f(0)|,|f(1)|,|f(-1)|\}\geqslant\frac{1}{2}$$

3. 设正数 x 经四舍五入后得到整数 y,写出 y 与 x 之间的函数关系.

4. 上海市内出租车按以下方式计费:3 公里以内为起步费 10 元,超过 3 公里而不足 10 公里的部分每公里 2 元,超过 10 公里的部分每公里 3 元. 试表示出车费 P 与出租车行驶里程数 s 之间的函数关系(不考虑途中停留时间的附加费用).

5. 设某高收入群体每人月薪在 21000 元以上. 试写出月应纳所得税款 T 与月薪 x 之间的函数关系(参见例 3).

6. 设函数 f 定义在 D 上. 证明:f 在 D 上严格单调的充要条件是:$\forall x_1,x_2,x_3\in D$,$x_1<x_2<x_3$,有

$$[f(x_1)-f(x_2)]\cdot[f(x_2)-f(x_3)]>0.$$

7. 设函数 f 定义在 $\boldsymbol{R}$ 上,满足:$\forall x\in\boldsymbol{R}$ 有

$$2f(x)+f(1-x)=x^2.$$

试求 f 的表达式.

8. 设 $f(x)=\dfrac{x}{\sqrt{1+x^2}}$,求$\underbrace{f\circ f\circ\cdots\circ f}_{n个}$.

9. 设 f 为定义在 $\boldsymbol{R}$ 上以 $\sigma(>0)$为周期的函数,a 为定数. 证明:若 f 在$[a,a+\sigma]$上有界,则 f 在 $\boldsymbol{R}$ 上有界.

10. 设 f 为定义在 $\boldsymbol{R}$ 上的初等函数,$c>0$ 为常数. 令

$$F(x)=\begin{cases}-c, & 若\ f(x)<-c,\\ f(x), & 若\ |f(x)|\leqslant c,\\ c, & 若\ f(x)>c.\end{cases}$$

试问 F 是初等函数吗?

11. 设函数 f 满足:$\forall x\in\boldsymbol{R}$ 有

$$f(x+\sigma)=kf(x),$$

其中 $\sigma>0,k>0$ 为常数. 证明

$$f(x)=a^x\varphi(x),\ x\in\boldsymbol{R},$$

其中 a 为常数,$\varphi(x)$是以 σ 为周期的函数.

第二章　数列极限

§2.1　数列极限的定义与性质

一、内容精析

1°　关于数列$\{a_n\}$的极限$\lim\limits_{n\to\infty}a_n=a$的定义，有如下的等价形式：

(A) **ε-N 语言**　$\forall\varepsilon>0,\exists N\in\mathbf{N}^+,\forall n>N$，有$|a_n-a|<\varepsilon$；

(B) **邻域形式**　$\forall\varepsilon>0$，在点a的ε邻域$U(a;\varepsilon)$之外至多只有$\{a_n\}$中有限个项；

(C) **子列形式**　$\{a_n\}$的任一子列$\{a_{n_k}\}$都收敛于a.

在上述定义(A)中，正整数N一般与ε有关，有时记为$N(\varepsilon)$，但这并不意味着N的值由ε唯一确定；另一方面，N可以不是正整数，而只要是正数即可. 从定义(B)可看到$\lim\limits_{n\to\infty}a_n=a$的几何意义：在点$a$的任意小邻域内集中了数列$\{a_n\}$中几乎所有的项. 定义(C)常用来证明数列$\{a_n\}$不收敛于某定数$a$或$\{a_n\}$发散，例如，若能找到$\{a_n\}$的一个子列发散，或能找到$\{a_n\}$的两个收敛子列而其极限不相等，则$\{a_n\}$一定是发散的.

2°　收敛数列有以下基本性质：

1) 收敛数列的极限是唯一的；

2) 收敛数列是有界数列；

3) 对收敛数列$\{a_n\}$增加、删除有限个项或改变其有限个项的值，得到的数列仍收敛于同一极限. 换句话说，数列$\{a_n\}$的敛散性以及当它收敛时的极限值同这个数列的(任意)有限个项无关；

4) 收敛数列具有保号性与保不等式性；

5) 收敛数列的四则运算法则；

6) 迫敛性，即若数列$\{a_n\}$与$\{b_n\}$都收敛于a，又$\exists N>0,\forall n>N$　有$a_n\leqslant c_n\leqslant b_n$，则数列$\{c_n\}$也收敛于$a$.

读者应熟练地掌握以上性质，并能用以证明或计算数列的极限. 例如，为求数列$\{\sqrt[n]{n}\}$的极限，利用第一章§1习题10(4)中的不等式，得到

$$1\leqslant\sqrt[n]{n}\leqslant1+\frac{2}{\sqrt{n}},$$

从而由迫敛性立即导出$\lim\limits_{n\to\infty}\sqrt[n]{n}=1$. 由此还可容易地推出$\lim\limits_{n\to\infty}\sqrt[n]{a}=1(a>0)$.

3° 收敛数列$\{a_n\}$若以 0 为极限，则称$\{a_n\}$为**无穷小数列**，或称**无穷小量**，记

$$a_n = o(1) \quad (n \to \infty).$$

发散数列$\{b_n\}$若满足：$\forall G>0, \exists N\in \mathbf{N}^+, \forall n>N$ 有$|a_n|>G$，则称$\{b_n\}$为**无穷大数列**，或称**无穷大量**，记

$$\lim_{n\to\infty} b_n = \infty.$$

类似地定义

$$\lim_{n\to\infty} b_n = +\infty \text{ 与} \lim_{n\to\infty} b_n = -\infty,$$

分别称$\{b_n\}$为**正无穷大量**与**负无穷大量**. 易见

$\{a_n\}$为无穷小数列$(a_n\neq 0)\Leftrightarrow\left\{\dfrac{1}{a_n}\right\}$为无穷大数列.

利用无穷小数列，我们可写出$\lim\limits_{n\to\infty} a_n=a$ 的另一个等价条件，即

(D) $\lim\limits_{n\to\infty} a_n=a\Leftrightarrow(a_n-a)=o(1)(n\to\infty)$.

容易验证，分别以

$$\log_a n\,(a>1),\quad n^\alpha\,(\alpha>0),\quad a^n\,(a>1),\quad n!,\quad n^n$$

为通项的数列都是正无穷大量. 可以证明(见以下例 4)反映它们“级别”大小的下述关系：

$$\log_a n \ll n^\alpha \ll a^n \ll n! \ll n^n,$$

其中记号≪的含义是：$a_n \ll b_n$ 表示数列$\{a_n\}$和$\{b_n\}$都是正无穷大量，且满足

$$\lim_{n\to\infty}\frac{a_n}{b_n} = 0.$$

二、典型例题

例 1 按 ε-N 定义证明

$$\lim_{n\to\infty}\frac{n^2-1}{2n^2-5n} = \frac{1}{2}. \tag{1}$$

分析 $\forall \varepsilon>0$，要寻求 $N\in \mathbf{N}^+$，当 $n>N$ 时有

$$\left|\frac{n^2-1}{2n^2-5n}-\frac{1}{2}\right| < \varepsilon,$$

即

$$\left|\frac{5n-2}{4n^2-10n}\right|<\varepsilon. \tag{2}$$

要直接从上述不等式中解出 n(从而求得 N)是很困难的. 但注意到当 $n>3$ 时有

$$\left|\frac{5n-2}{4n^2-10n}\right|<\frac{5n}{n^2}=\frac{5}{n},$$

于是当 $\frac{5}{n}<\varepsilon$ 即 $n>\frac{5}{\varepsilon}$ 时,(2) 式就能成立.

证 当 $n>3$ 时有

$$\left|\frac{n^2-1}{2n^2-5n}-\frac{1}{2}\right|<\frac{5}{n}.$$

$\forall\varepsilon>0$,取 $N=\max\left\{3,\left[\frac{5}{\varepsilon}\right]+1\right\}$,则 $\forall n>N$ 有

$$\left|\frac{n^2-1}{2n^2-5n}-\frac{1}{2}\right|<\varepsilon.$$

这就证明了(1)式. □

注 1 按 $\varepsilon-N$ 定义验证 $\lim\limits_{n\to\infty}a_n=a$ 时,要根据任给的正数 ε,求出 $N\in\mathbf{N}^+$,使得 $\forall n>N$ 有 $|a_n-a|<\varepsilon$;至于求出的 N 有多大,则是无关紧要的,换句话说,我们不必刻意追求去找出最小的 N. 为此,我们常将 $|a_n-a|$ 的表达式适当放大,使得放大后的式子当 $n\to\infty$ 时仍为无穷小量,且式子较为简单,以便容易求出 N.

注 2 在上述放大过程中,为使式子简单,有时要限定 n 必须大于某个正数(如本例中 $n>3$),并在最后确定 N 的值时,考虑到这个前提条件,如本例中取 $N=\max\left\{3,\left[\frac{5}{\varepsilon}\right]+1\right\}$.

注 3 如前面所指出的,N 不必限于取正整数,如本例中也可简单地取 $N=\max\left\{3,\frac{5}{\varepsilon}\right\}$.

例 2 根据数列极限的定义(A)的否定说法,叙述下列概念:

1) 数列 $\{a_n\}$ 不以 a 为极限;

2) 数列 $\{a_n\}$ 发散,

并验证数列 $\{\sin n\}$ 发散.

解 1) $\exists\varepsilon_0>0,\forall N\in\mathbf{N}^+,\exists n_0>N$,使得

$$\left|a_{n_0}-a\right|\geqslant\varepsilon_0.$$

2) $\forall a\in\mathbf{R},\exists\varepsilon_a>0,\forall N\in\mathbf{N}^+,\exists n_a>N$,使得

$$\left|a_{n_a}-a\right|\geqslant\varepsilon_a.$$

以下验证$\{\sin n\}$发散. 由于$|\sin n|\leqslant 1$,故只要证明:$\forall a\in[-1,1]$,a不是$\{\sin n\}$的极限.

先设$a\in[0,1]$. 可取$\varepsilon_0=\frac{\sqrt{2}}{2}$. $\forall N\in\mathbf{N}^+$,令

$$n_0=\left[\left((2N+1)\pi+\frac{\pi}{2}\right)+\frac{\pi}{4}\right]\quad([\cdots]\text{表示取整}),$$

则$n_0>N$,且由

$$\left((2N+1)\pi+\frac{\pi}{2}\right)-\frac{\pi}{4}<n_0<\left((2N+1)\pi+\frac{\pi}{2}\right)+\frac{\pi}{4}$$

得$\sin n_0<-\frac{\sqrt{2}}{2}$. 而$a\geqslant 0$,故有

$$\left|\sin n_0-a\right|\geqslant\frac{\sqrt{2}}{2}=\varepsilon_0,$$

所以a不是数列$\{\sin n\}$的极限. 当$a\in[-1,0)$时类似地可证. □

注　本例中1)和2)所要叙述的两个概念是有所区别的. 前者是数列$\{a_n\}$不以定数a为极限,$\{a_n\}$可能发散,也可能以另外的数为极限;后者是$\{a_n\}$不以任何实数a为极限.

例3　设数列$\{a_n\}$收敛. 证明$\{a_n\}$必有最大数或最小数.

证　设$\lim\limits_{n\to\infty}a_n=a$. 若$a_n=a$, $n=1,2,\cdots$,则结论显然成立. 现设存在某$a_m\neq a$. 先假定$a_m>a$.

取$\varepsilon=a_m-a$,则按数列极限的等价定义(B),在邻域$U(a;\varepsilon)$的右边,即在区间$[a_m,+\infty)$内至多只有$\{a_n\}$中的有限个项(且至少有一项,即a_m). 显然,这有限项的最大者,即为数列$\{a_n\}$的最大数.

类似地可证,当$a_m<a$时,数列$\{a_n\}$有最小数. □

注　收敛数列不一定同时有最大数与最小数. 例如,数列$\left\{\frac{n+1}{n}\right\}$有最大数2,而无最小数. 另一方面,一个发散数列可以既无最大数,又无最小数,如数列$\{n^{(-1)^n}\}$.

例4　证明以下极限:

1) $\lim\limits_{n\to\infty}\frac{\log_a n}{n^\alpha}=0\quad(a>1,\alpha\geqslant 1)$;

2) $\lim\limits_{n\to\infty}\frac{n^\alpha}{a^n}=0\quad(a>1,\alpha>0)$;

3) $\lim\limits_{n\to\infty}\frac{a^n}{n!}=0\quad(a>1)$.

证 1) $\left|\frac{\log_a n}{n^\alpha}-0\right|\leqslant\frac{\log_a n}{n}=\log_a(\sqrt[n]{n})$.

$\forall\,\varepsilon>0$,为证 $\log_a(\sqrt[n]{n})<\varepsilon$,只要证$\sqrt[n]{n}<a^\varepsilon$.事实上,由 $a>1$ 有 $a^\varepsilon>1$,而 $\lim\limits_{n\to\infty}\sqrt[n]{n}=1$,故必 $\exists\,N>0$,$\forall\,n>N$ 有$\sqrt[n]{n}<a^\varepsilon$.所以有$\lim\limits_{n\to\infty}\frac{\log_a n}{n^\alpha}=0$.

2) 由 $a>1$,可设 $a=1+h$,$h>0$.对 $\alpha>0$,$\exists\,m\in\mathbf{N}^+$,使 $\alpha<m-1$.于是,$\forall\,n>m$ 有

$$a^n=(1+h)^n=1+nh+\cdots+\frac{1}{m!}n(n-1)\cdots(n-m+1)h^m+\cdots+h^n$$

$$>\frac{1}{m!}n(n-1)\cdots(n-m-1)h^m,$$

从而得到

$$0\leqslant\frac{n^\alpha}{a^n}<\frac{m!}{h^m}\frac{n^{m-1}}{n(n-1)\cdots(n-m+1)}$$

$$=\frac{m!}{h^m}\frac{1}{\left(1-\frac{1}{n}\right)\cdots\left(1-\frac{m-1}{n}\right)}\cdot\frac{1}{n}\to0\quad(n\to\infty).$$

于是由迫敛性得$\lim\limits_{n\to\infty}\frac{n^\alpha}{a^n}=0$.

3) $\exists\,n_0\in\mathbf{N}^+$,使 $a<n_0\Rightarrow\forall\,n>n_0$ 有

$$0\leqslant\frac{a^n}{n!}=\frac{a^{n_0}}{n_0!}\frac{a}{n_0+1}\cdot\frac{a}{n_0+2}\cdots\frac{a}{n}<\frac{a^{n_0}}{n_0!}\cdot\frac{a}{n}\to0\quad(n\to\infty).$$

故由迫敛性得$\lim\limits_{n\to\infty}\frac{a^n}{n!}=0$. □

注 本例 1)中对 α 的限制条件 $\alpha\geqslant1$ 可放宽为 $\alpha>0$,其证明用**洛必达**(L'Hospital)法则(结合归结原则)是很简单的(见第七章).

例 5 设 $a>1$,

$$S_n=\left(\frac{1}{a}+\frac{2}{a^2}+\cdots+\frac{n}{a^n}\right),$$

求数列$\{S_n\}$的极限.

解 由

$$\frac{S_n}{a}=\frac{1}{a^2}+\frac{2}{a^3}+\cdots+\frac{n-1}{a^n}+\frac{n}{a^{n+1}}$$

得

$$S_n-\frac{S_n}{a}=\frac{1}{a}+\frac{1}{a^2}+\cdots+\frac{1}{a^n}-\frac{n}{a^{n+1}}=\frac{\left(1-\frac{1}{a^n}\right)\frac{1}{a}}{1-\frac{1}{a}}-\frac{n}{a^{n+1}}.$$

由上例 2)知 $\frac{n}{a^{n+1}}\to 0(n\to\infty)$. 从而,对上式两边取极限得

$$\left(1-\frac{1}{a}\right)\lim_{n\to\infty}S_n=\frac{1}{a}\Big/\left(1-\frac{1}{a}\right)\Rightarrow\lim_{n\to\infty}S_n=\frac{a}{(a-1)^2}.$$

例 6 设 $a_k>0$, $k=1,2,\cdots,p$. 证明

$$\lim_{n\to\infty}\left(\sum_{k=1}^{p}a_k^n\right)^{\frac{1}{n}}=\max\{a_1,\cdots,a_p\}.$$

证 记 $M=\max\{a_1,\cdots,a_p\}$,则有

$$M=(M^n)^{\frac{1}{n}}\leqslant\left(\sum_{k=1}^{p}a_k^n\right)^{\frac{1}{n}}\leqslant(pM^n)^{\frac{1}{n}}=\sqrt[n]{p}M.$$

故由 $\sqrt[n]{p}\to 1(n\to\infty)$及迫敛性即得结论. □

注 本例中等式的积分形式见第八章.

例 7 (购房按揭贷款分期偿还问题)设按揭贷款额为 x_0,月利率为 l,每月偿还额为 B(常数),则第 n 个月的欠款额为

$$x_n=(1+l)x_{n-1}-B,\quad n=1,2,\cdots. \tag{3}$$

1) 求$\lim\limits_{n\to\infty}x_n$;

2) 求出每月偿付额 B,使在 m 个月后正好偿还清全部按揭贷款本息.

解 1) 由(3)式,

$$\begin{aligned}x_2&=(1+l)x_1-B=(1+l)[(1+l)x_0-B]-B\\&=(1+l)^2\left(x_0-\frac{B}{l}\right)+\frac{B}{l},\end{aligned}$$

由此可递推地导出

$$x_n=(1+l)^n\left(x_0-\frac{B}{l}\right)+\frac{B}{l},\quad n=1,2,\cdots. \tag{4}$$

从而得到

$$\lim_{n\to\infty} x_n = \begin{cases} +\infty, & B < lx_0, \\ -\infty, & B > lx_0, \\ \dfrac{B}{l}, & B = lx_0. \end{cases} \tag{5}$$

2) 从(5)式可以看出,若每月偿还额 $B<lx_0$,则欠款额将越来越大,在此情形下贷款永远还不清.若 $B=lx_0$,则欠款恒为常数 B,仍然是还不清的.只有当 $B>lx_0$ 时,由于$\lim\limits_{n\to\infty}x_n=-\infty$,必存在 $k\in\mathbf{N}^+$,使 $x_k\leqslant 0$,即在 k 个月后可还清贷款本息.

令 $x_k=0$,则由(4)式得

$$(1+l)^k\left(x_0-\frac{B}{l}\right)+\frac{B}{l}=0,$$

从中容易解出

$$B=\frac{lx_0}{1-(1+l)^{-k}}.$$

上式即为著名的分期偿还公式. □

说明:下面举一个实例.设公积金购房贷款额为 $x_0=10^5$(元),分别以 5 年(60 个月)、10 年(120 个月)和 15 年(180 个月)作为偿还期,列表如下:

k(月)	月利率 l(%)	每月偿还数(元)	总还款数
60	3.870	1870.86	112251.6
120	4.275	1067.02	128042.4
180	4.725	826.13	148703.4

例 8 设$\lim\limits_{n\to\infty}a_n=a$,证明

$$\lim_{n\to\infty}\frac{a_1+a_2+\cdots+a_n}{n}=a. \tag{6}$$

证

$$\left|\frac{a_1+a_2+\cdots+a_n}{n}-a\right|=\left|\frac{(a_1-a)+(a_2-a)+\cdots+(a_n-a)}{n}\right|, \tag{7}$$

由$\lim\limits_{n\to\infty}a_n=a\Rightarrow\forall\varepsilon>0,\exists n_0\in\mathbf{N}^+,\forall n>n_0$ 有 $|a_n-a|<\varepsilon$.利用绝对值不等式,当 $n>n_0$ 时,(7)式右边不超过

$$\frac{1}{n}\left|(a_1-a)+\cdots+(a_{n_0}-a)\right|+\frac{1}{n}\left(\left|a_{n_0+1}-a\right|+\cdots+\left|a_n-a\right|\right)$$

$$<\frac{M}{n}+\frac{n-n_0}{n}\varepsilon,$$

其中 $M=\left|(a_1-a)+\cdots+(a_{n_0}-a)\right|$.

又对上述 $\varepsilon>0$,取 $N_1=\frac{M}{\varepsilon}$,则 $\forall n>N_1$ 有 $\frac{M}{n}<\varepsilon$.

综上,我们得到:$\forall\varepsilon>0$,$\exists N=\max\left\{n_0,\frac{M}{\varepsilon}\right\}$,$\forall n>N$ 有

$$\left|\frac{a_1+a_2+\cdots+a_n}{n}-a\right|<\frac{M}{n}+\frac{n-n_0}{n}\varepsilon<\varepsilon+\varepsilon=2\varepsilon.$$ □

注 1　本例的证明是一种典型的方法. 为估计(7)式右边,将其分子分成两部分,前一部分有 n_0 项,除以 n 后可任意地小(当 n 充分大时);后一部分放大为$(n-n_0)$个项,每一项都$<\varepsilon$. 从而由给定的 ε 最终确定出 N.

注 2　利用本例的证明方法可类似地推出:当 $a=+\infty$或$-\infty$时,(6) 式仍成立.

三、习题

1. 证明:$\lim\limits_{n\to\infty}a_n=a\Leftrightarrow\forall k\in\mathbf{N}^+$,$\exists N\in\mathbf{N}^+$,$\forall n>N$ 有$|a_n-a|<\frac{1}{k}$.

2. 证明:1) $\lim\limits_{n\to\infty}a_n=a\Leftrightarrow\lim\limits_{k\to\infty}a_{2k}=\lim\limits_{k\to\infty}a_{2k-1}=a$;

2) $\lim\limits_{n\to\infty}a_n=a\Leftrightarrow\{a_{2k}\}$,$\{a_{2k-1}\}$和$\{a_{3k}\}$都收敛.

3. 设$\lim\limits_{n\to\infty}\frac{a_n-A}{a_n+A}=0(A\neq0)$,证明$\lim\limits_{n\to\infty}a_n=A$.

4. 设 $a_n=\frac{1\cdot3\cdot5\cdots(2n-1)}{2\cdot4\cdot6\cdots(2n)}$,证明$\lim\limits_{n\to\infty}a_n=0$.

5. 设 $a_k>0$, $k=1,2,\cdots,p$,证明

$$\lim_{n\to\infty}\left(\sum_{k=1}^{p}a_k^{-n}\right)^{\frac{1}{n}}=(\min\{a_1,\cdots,a_p\})^{-1}.$$

6. 设$\lim\limits_{n\to\infty}a_n=a$,证明

1) $\lim\limits_{n\to\infty}\frac{[na_n]}{n}=a$;

2) 若 $a_n>0,a>0,k\in\mathbf{N}^+$,则$\lim\limits_{n\to\infty}\sqrt[k]{a_n}=\sqrt[k]{a}$;

3) 若 $a_n>0,a>0$,则$\lim\limits_{n\to\infty}\sqrt[n]{a_n}=1$;

4) 若 $a>1$,则$\lim\limits_{n\to\infty}a_n^n=+\infty$.

7. 设 $a_n>0$ $(n=1,2,\cdots)$，$\lim\limits_{n\to\infty}a_n=a$，证明

$$\lim_{n\to\infty}\sqrt[n]{a_1a_2\cdots a_n}=a.$$

8. 利用例 8 及上题的结论，证明

1) $\lim\limits_{n\to\infty}\dfrac{1}{\sqrt[n]{n!}}=0$；　　2) $\lim\limits_{n\to\infty}\dfrac{1+\sqrt{2}+\sqrt[3]{3}+\cdots\sqrt[n]{n}}{n}=1$；

3) 若 $\lim\limits_{n\to\infty}\dfrac{b_{n+1}}{b_n}=a$ $(b_n>0)$，则 $\lim\limits_{n\to\infty}\sqrt[n]{b_n}=a$；

4) 若 $\lim\limits_{n\to\infty}(b_n-b_{n-1})=d$，则 $\lim\limits_{n\to\infty}\dfrac{b_n}{n}=d$.

9. 求数列 $\{a_n\}$ 的极限，a_n 分别为

1) $a_n=\sum\limits_{k=n^2}^{(n+1)^2}\dfrac{1}{\sqrt{k}}$；　　2) $a_n=\sum\limits_{k=1}^{n}(n^k+1)^{-\frac{1}{k}}$.

10. 设 $\lim\limits_{n\to\infty}a_n=a$，证明

$$\lim_{n\to\infty}\frac{a_1+2a_2+\cdots+na_n}{n^2}=\frac{a}{2}.$$

11. 设 $\{a_n\}$ 收敛，$\lim\limits_{n\to\infty}b_n=0$，证明

$$\lim_{n\to\infty}\frac{a_1b_n+a_2b_{n-1}+\cdots+a_nb_1}{n}=0.$$

12. 设 $\lim\limits_{n\to\infty}(a_1+a_2+\cdots+a_n)$ 存在，证明

1) $\lim\limits_{n\to\infty}\dfrac{1}{n}(a_1+2a_2+\cdots+na_n)=0$；

2) $\lim\limits_{n\to\infty}(n!\cdot a_1a_2\cdots a_n)^{\frac{1}{n}}=0$　$(a_i>0,i=1,2,\cdots)$.

*13. 设 $\lambda_n>0$，$n=1,2,\cdots$，且

$$\lim_{n\to\infty}\frac{\lambda_n}{\lambda_1+\lambda_2+\cdots+\lambda_n}=0,\quad \lim_{n\to\infty}a_n=a,$$

证明

$$\lim_{n\to\infty}\frac{\lambda_1a_n+\lambda_2a_{n-1}+\cdots+\lambda_na_1}{\lambda_1+\lambda_2+\cdots+\lambda_n}=a.$$

*14. 设 $\{x_n\}$ 为无穷小数列，又设三角阵

$$\begin{array}{lllll}
a_{00} & & & & \\
a_{10} & a_{11} & & & \\
a_{20} & a_{21} & a_{22} & & \\
\vdots & \vdots & \vdots & \ddots & \\
a_{n0} & a_{n1} & a_{n2} & \cdots & a_{nn} \\
\vdots & \vdots & \vdots & & \ddots
\end{array}$$

具有性质:(i) $\forall k=0,1,2,\cdots,\lim\limits_{n\to\infty}a_{nk}=0$;

(ii) $\exists$ 常数 $K>0$, $\forall n=0,1,2,\cdots$ 有

$$|a_{n0}|+|a_{n1}|+\cdots+|a_{nn}|\leqslant K.$$

证明: $\lim\limits_{n\to\infty}\sum\limits_{k=0}^{n}a_{nk}x_k=0$.

*15. 设 $\lim\limits_{n\to\infty}a_n=A$,证明

$$\lim_{n\to\infty}\frac{1}{2^n}(a_0+c_n^1a_1+c_n^2a_2+\cdots+c_n^ka_k+\cdots+a_n)=A.$$

§2.2 数列极限存在的条件·施笃茨定理

一、内容精析

关于数列极限存在的条件,上节中提到的四个等价定义(A)、(B)、(C)、(D),实际上都可作为数列极限存在的充要条件.不过在这些等价条件中,对于给定的数列 $\{a_n\}$,都要事先给出一个确定的实数 a 来判断通项 a_n 与 a 是否任意接近.能否只通过研判数列通项本身的特点或规律,来判定该数列收敛还是发散?这就是本节中要着重讨论的柯西收敛准则和单调有界定理.

1° 柯西收敛准则 数列 $\{a_n\}$ 收敛的充要条件是: $\forall\varepsilon>0$, $\exists N\in\mathbf{N}^+$, $\forall n,m>N$ 有 $|a_n-a_m|<\varepsilon$.

柯西收敛准则还可表述为: $\{a_n\}$ 收敛的充要条件是: $\forall\varepsilon>0$, $\exists N\in\mathbf{N}^+$, $\forall n>N$ 及 $\forall p\in\mathbf{N}^+$ 有 $|a_{n+p}-a_n|<\varepsilon$.

直观地讲,数列的柯西收敛准则刻画了收敛数列的这样一个特性:数列的充分后面的任何两项是任意接近的.

2° 单调有界定理 有界的单调数列必收敛.

单调有界定理是数列收敛的一个充分条件,即若数列 $\{a_n\}$ 满足(i)有界、(ii)单调这两个条件,则 $\{a_n\}$ 必收敛;但若 $\{a_n\}$ 只满足这两个条件之一,则它不一定收敛.反之,若 $\{a_n\}$ 收敛,则 $\{a_n\}$ 必有界(收敛数列的有界性),但 $\{a_n\}$ 不一定单调,如数列 $\left\{\frac{(-1)^n}{n}\right\}$ 收敛而不单调.

利用第一章§1习题13 1)和2),可分别得知数列 $\left\{\left(1+\frac{1}{n}\right)^n\right\}$ 是递增和有界的,从而得到一个重要极限.

$$\lim_{n\to\infty}\left(1+\frac{1}{n}\right)^n=\mathrm{e}.$$

3° 最后,我们将给出关于数列极限的**施笃茨**(stolz)定理(见例7)及其应用.

二、典型例题

例 1 求下列极限：

1) $\lim\limits_{n\to\infty}\left(1+\frac{1}{2n}\right)^n$； 2) $\lim\limits_{n\to\infty}\left(1+\frac{1}{n^2}\right)^n$；

3) $\lim\limits_{n\to\infty}\left(1+\frac{1}{n}\right)^{n^2}$； 4) $\lim\limits_{n\to\infty}\left(1+\frac{1}{n}+\frac{1}{n^2}\right)^n$.

解 1) 先考虑 $\lim\limits_{n\to\infty}\left(1+\frac{1}{2n}\right)^{2n}$. 由于数列 $\left\{\left(1+\frac{1}{2n}\right)^{2n}\right\}$ 是数列 $\left\{\left(1+\frac{1}{n}\right)^n\right\}$ 的一个子列，故有

$$\lim_{n\to\infty}\left(1+\frac{1}{2n}\right)^{2n}=\mathrm{e}.$$

由此得

$$\lim_{n\to\infty}\left(1+\frac{1}{2n}\right)^n=\lim_{n\to\infty}\left[\left(1+\frac{1}{2n}\right)^{2n}\right]^{\frac{1}{2}}=\mathrm{e}^{\frac{1}{2}}.$$

2) 由 $\lim\limits_{n\to\infty}\left(1+\frac{1}{n^2}\right)^{n^2}=\mathrm{e}$ 即可推出

$$\lim_{n\to\infty}\left(1+\frac{1}{n^2}\right)^n=\lim_{n\to\infty}\left[\left(1+\frac{1}{n^2}\right)^{n^2}\right]^{\frac{1}{n}}=1.$$

3) $\lim\limits_{n\to\infty}\left(1+\frac{1}{n}\right)^{n^2}=\lim\limits_{n\to\infty}\left[\left(1+\frac{1}{n}\right)^n\right]^n=+\infty.$

4) 由 $\frac{1}{n}+\frac{1}{n^2}=\frac{n+1}{n^2}<\frac{n+1}{n^2-1}=\frac{1}{n-1}$ $(n>1)$ 得

$$\left(1+\frac{1}{n}\right)^n<\left(1+\frac{1}{n}+\frac{1}{n^2}\right)^n<\left(1+\frac{1}{n-1}\right)^n \quad (n>1),$$

而

$$\lim_{n\to\infty}\left(1+\frac{1}{n-1}\right)^n=\lim_{n\to\infty}\left[\left(1+\frac{1}{n-1}\right)^{n-1}\cdot\left(1+\frac{1}{n-1}\right)\right]=\mathrm{e},$$

故由迫敛性得

$$\lim_{n\to\infty}\left(1+\frac{1}{n}+\frac{1}{n^2}\right)^n=\mathrm{e}.$$ □

注　本例 1)、2)、3)的推理依据分别见上节习题 6 的 2)、3)、4).

例 2　给定数列$\{a_n\}$. 记

$$A_n = |a_2 - a_1| + |a_3 - a_2| + \cdots + |a_n - a_{n-1}|, \ n = 1,2,\cdots.$$

证明:若数列$\{A_n\}$有界,则$\{a_n\}$收敛.

证　已知$\{A_n\}$有界,又显然$\{A_n\}$递增,故由单调有界定理,$\{A_n\}$收敛. 于是,由柯西收敛准则,$\forall \varepsilon>0$,$\exists N\in \mathbf{N}^+$,$\forall n>N$,$\forall p\in \mathbf{N}^+$有

$$|A_{n+p} - A_n| < \varepsilon,$$

即

$$|a_{n+1} - a_n| + \cdots + |a_{n+p} - a_{n+p-1}| < \varepsilon.$$

从而得到:$\forall n>N$,$\forall p\in \mathbf{N}^+$有

$$|a_{n+p} - a_n| \leqslant |a_{n+p} - a_{n+p-1}| + \cdots + |a_{n+1} - a_n| < \varepsilon,$$

故由柯西收敛准则,$\{a_n\}$收敛.　□

例 3　设$c_n = 1 + \dfrac{1}{2} + \dfrac{1}{3} + \cdots + \dfrac{1}{n}$. 试用柯西收敛准则证明数列$\{c_n\}$发散.

分析　"数列$\{a_n\}$不满足柯西收敛准则"可表述为:$\exists \varepsilon_0 > 0$,$\forall n\in \mathbf{N}^+$,$\exists p\in \mathbf{N}^+$,使得

$$|a_{n+p} - a_n| \geqslant \varepsilon_0.$$

对于数列$\{c_n\}$,$\forall n\in \mathbf{N}^+$,取 $p=n$,则有

$$\begin{aligned} |c_{2n} - c_n| &= \frac{1}{n+1} + \frac{1}{n+2} + \cdots + \frac{1}{2n} \\ &\geqslant \underbrace{\frac{1}{2n} + \frac{1}{2n} + \cdots + \frac{1}{2n}}_{n\text{项}} = \frac{1}{2}, \end{aligned}$$

故可取$\varepsilon_0 = \dfrac{1}{2}$.

证　取$\varepsilon_0 = \dfrac{1}{2}$,$\forall n\in \mathbf{N}^+$,取 $p=n$,则有

$$|c_{n+p} - c_n| = \frac{1}{n+1} + \cdots + \frac{1}{2n} \geqslant \frac{1}{2} = \varepsilon_0,$$

于是$\{c_n\}$不满足柯西收敛准则$\Rightarrow\{c_n\}$发散.　□

注　本例中的数列$\{c_n\}$称为**调和数列**. 从本例可见,若数列$\{a_n\}$满足:

$\forall \varepsilon>0, \exists N \in \mathbf{N}^+, \forall n>N$ 有

$$|a_{n+p}-a_n|<\varepsilon, \tag{1}$$

其中 p 是固定的正整数，$\{a_n\}$不一定收敛. 为保证$\{a_n\}$收敛，必须对任意的 $p\in\mathbf{N}^+$ 成立(1)式.

例 4 证明：任何数列$\{a_n\}$必有单调子列.

证 若数列$\{a_n\}$存在递增子列，则结论已成立. 现设$\{a_n\}$不存在递增子列，则$\exists n_1\in\mathbf{N}^+, \forall n>n_1$ 有 $a_n<a_{n_1}$. 再考虑数列$\{a_n\}_{n>n_1}$，它也不存在递增子列，故$\exists n_2>n_1, \forall n>n_2$ 有 $a_n<a_{n_2}<a_{n_1}$. …，依此类推，即可得到$\{a_n\}$的一个(严格)递减的子列$\{a_{n_k}\}$. □

注 由本例的命题及单调有界定理，可立即导出

致密性定理 有界数列必有收敛子列.

例 5 设 $a>0, c>0$，数列$\{a_n\}$定义如下：

$$a_1=\frac{1}{2}\left(a+\frac{c}{a}\right), \quad a_{n+1}=\frac{1}{2}\left(a_n+\frac{c}{a_n}\right), \quad n=1,2,\cdots. \tag{2}$$

证明数列$\{a_n\}$收敛，并求其极限.

证 由平均值不等式

$$a_n=\frac{1}{2}\left(a_{n-1}+\frac{c}{a_{n-1}}\right)\geqslant\sqrt{a_{n-1}\cdot\frac{c}{a_{n-1}}}=\sqrt{c} \quad (n\geqslant 2),$$

故$\{a_n\}$有下界. 另一方面，由上式得

$$\frac{c}{a_n}\leqslant a_n \Rightarrow a_{n+1}=\frac{1}{2}\left(a_n+\frac{c}{a_n}\right)\leqslant a_n \quad (n\geqslant 2),$$

故$\{a_n\}$为递减数列. 于是由单调有界定理，$\{a_n\}$收敛，记$\lim\limits_{n\to\infty}a_n=a$.

对递推式 $a_{n+1}=\frac{1}{2}\left(a_n+\frac{c}{a_n}\right)$两边取极限，得

$$a=\frac{1}{2}\left(a+\frac{c}{a}\right)\Rightarrow a=\sqrt{c},$$

即有$\lim\limits_{n\to\infty}a_n=\sqrt{c}$. □

注 本例中数列$\{a_n\}$的各项是由递推式(2)所确定的，可称之为**递推数列**. 证明和计算这一类数列的极限的方法，一是通过递推关系求出数列的通项公式(不过要做到这一点往往并不容易)，如上节例 7；二是通过递推关系验证其具有单调、有界性，从而极限存在，再利用递推式就能较顺利地计算出数列

的极限.

下面再举一例,其中递推数列$\{a_n\}$本身不具有单调性,而它的两个子列$\{a_{2k}\}$和$\{a_{2k-1}\}$都具有单调性.

例 6　设数列$\{a_n\}$满足

$$a_1 = 1,\quad a_{n+1} = 1 + \frac{1}{a_n},\quad n = 1,2,\cdots. \tag{3}$$

证明$\{a_n\}$收敛,并求其极限.

分析　先计算出$\{a_n\}$的前几项:

$$a_1 = 1,\quad a_2 = 2,\quad a_3 = \frac{3}{2},\quad a_4 = \frac{5}{3},\quad \cdots$$

从中初步判断出$\{a_{2k-1}\}$递增,$\{a_{2k}\}$递减. 为证实这一点,由(3)式得

$$a_{n+2} = 2 - \frac{1}{a_n + 1}, \tag{4}$$

从而有

$$a_{n+2} - a_n = \left(2 - \frac{1}{a_n + 1}\right) - \left(2 - \frac{1}{a_{n-2} + 1}\right) = \frac{a_n - a_{n-2}}{(a_n + 1)(a_{n-2} + 1)}.$$

由上式可见,$a_{n+2} - a_n$与$a_n - a_{n-2}$同号. 于是由$a_3 > a_1$和$a_4 < a_2$分别归纳地导出$\{a_{2k-1}\}$递增,$\{a_{2k}\}$递减. 又由(3)和(4)式易见$1 \leqslant a_n < 2(n = 1,2,\cdots)$. 按单调有界定理,$\{a_{2k-1}\}$和$\{a_{2k}\}$都收敛.

由(3)式可知$\{a_{2k-1}\}$和$\{a_{2k}\}$的极限值都满足

$$a = 1 + \frac{1}{a},$$

即

$$a^2 - a - 1 = 0,$$

从而得$\{a_{2k-1}\}$和$\{a_{2k}\}$的公共极限为$\frac{1+\sqrt{5}}{2}$(上述方程的另一根$\frac{1-\sqrt{5}}{2} < 0$,应舍去). 所以有

$$\lim_{n \to \infty} a_n = \frac{1 + \sqrt{5}}{2}. \qquad \square$$

注　本例中的数列与著名的**斐波那契**(Fibonacci)数列有关. 斐波那契数列$\{F_n\}$是由递推关系

$$F_1 = F_2 = 1, \quad F_{n+2} = F_{n+1} + F_n, \quad n = 1,2,\cdots$$

所生成的数列,其前 10 项为

$$1,1,2,3,5,8,13,21,34,55.$$

易见本例中数列$\{a_n\}$的通项 $a_n=\frac{F_{n+1}}{F_n}$, $n=1,2,\cdots$. 由本例可知,斐波那契数列相邻两项之比的极限为$\frac{1+\sqrt{5}}{2}$.

例 7(施笃茨定理) 设$\{y_n\}$是严格递增的正无穷大数列,它与数列$\{x_n\}$一起满足

$$\lim_{n\to\infty}\frac{x_{n+1}-x_n}{y_{n+1}-y_n}=l, \tag{5}$$

则有 $\lim\limits_{n\to\infty}\frac{x_n}{y_n}=l$.

证 由条件(5), $\forall\varepsilon>0$, $\exists k\in\mathbf{N}^+$, $\forall m\geqslant k$ 有

$$-\frac{\varepsilon}{2}<\frac{x_{m+1}-x_m}{y_{m+1}-y_m}-l<\frac{\varepsilon}{2},$$

即对 $m=k,k+1,\cdots$有

$$\left(l-\frac{\varepsilon}{2}\right)(y_{m+1}-y_m)<x_{m+1}-x_m<\left(l+\frac{\varepsilon}{2}\right)(y_{m+1}-y_m).$$

分别以 $m=k,k+1,\cdots,n-1$ 代入上式,并将得到的 $n-k$ 个不等式相加,得

$$\left(l-\frac{\varepsilon}{2}\right)(y_n-y_k)<x_n-x_k<\left(l+\frac{\varepsilon}{2}\right)(y_n-y_k),$$

即有

$$\left|\frac{x_n-x_k}{y_n-y_k}-l\right|<\frac{\varepsilon}{2}.$$

为了从上式得到对$\left|\frac{x_n}{y_n}-l\right|$的估计,可利用恒等式

$$\frac{x_n}{y_n}-l=\left(1-\frac{y_k}{y_n}\right)\left(\frac{x_n-x_k}{y_n-y_k}-l\right)+\frac{x_k-ly_k}{y_n}.$$

由于$\lim\limits_{n\to\infty}y_n=+\infty$, $\exists N>k$, $\forall n>N$ 有

$$0 < 1 - \frac{y_k}{y_n} < 1$$

(这里不妨假定 $\forall n \geqslant k, y_n > 0$)以及

$$\left|\frac{x_k - l y_k}{y_n}\right| < \frac{\varepsilon}{2},$$

从而 $\forall n > N$,有

$$\left|\frac{x_n}{y_n} - l\right| < \varepsilon.$$

这就证明了 $\lim\limits_{n\to\infty}\frac{x_n}{y_n} = l$. □

注 1 施笃茨定理实质上是已知数列 $\{x_n\}$ 与正无穷大数列 $\{y_n\}$ 的各自相邻两项增长率之比的极限,来求得 $\frac{x_n}{y_n}$ 的极限. 这同求函数极限时,已知 $\frac{f'}{g'}$ 的极限来导出 $\frac{f}{g}$ 的极限 $\left(\frac{\infty}{\infty}\text{型}\right)$ 的情形(洛必达法则)有相似之处.

注 2 可以证明,当(5)式中的 l 换成 $+\infty$ 或 $-\infty$ 时,施笃茨定理的结论仍然成立. 例如,若有

$$\lim_{n\to\infty}\frac{x_{n+1} - x_n}{y_{n+1} - y_n} = +\infty,$$

则此条件可转化为

$$\lim_{n\to\infty}\frac{y_{n+1} - y_n}{x_{n+1} - x_n} = 0.$$

再结合 $\{y_n\}$ 为严格递增的正无穷大量这个条件,可推出 $\{x_n\}$ 为严格递增(从某一项开始)的正无穷大量,从而得到 $\lim\limits_{n\to\infty}\frac{y_n}{x_n} = 0$,即 $\lim\limits_{n\to\infty}\frac{x_n}{y_n} = +\infty$. 推导的细节请读者自行完成.

注 3 设 $\lim\limits_{n\to\infty} a_n = l$($l$ 可为 $+\infty$ 或 $-\infty$). 令

$$x_n = a_1 + a_2 + \cdots + a_n, \quad y_n = n,$$

对 $\{x_n\}$ 和 $\{y_n\}$ 应用施笃茨定理,就得到了上节例 8 中的结果.

例 8 设 $a_1 > 0$,

$$a_{n+1} = a_n + \frac{1}{a_n}, \quad n = 1, 2, \cdots. \tag{6}$$

证明

$$\lim_{n\to\infty}\frac{a_n}{\sqrt{2n}}=1. \tag{7}$$

证 显然$\{a_n\}$严格递增. 又易见$\lim\limits_{n\to\infty}a_n=+\infty$,因若$\{a_n\}$有极限 a,则由递推式(6)将导出 $a=a+\dfrac{1}{a}$而出现矛盾. 从而有$\lim\limits_{n\to\infty}\dfrac{1}{a_n}=0$.

对 $x_n=a_n^2, y_n=2n$ 应用施笃茨定理得

$$\lim_{n\to\infty}\frac{a_n^2}{2n}=\lim_{n\to\infty}\frac{a_{n+1}^2-a_n^2}{2(n+1)-2n}=\frac{1}{2}\lim_{n\to\infty}(a_{n+1}^2-a_n^2). \tag{8}$$

由递推式(6)得

$$a_{n+1}^2=a_n^2+\frac{1}{a_n^2}+2,$$

即

$$a_{n+1}^2-a_n^2=2+\frac{1}{a_n^2},$$

代入(8)式并注意到$\lim\limits_{n\to\infty}\dfrac{1}{a_n^2}=0$,即得

$$\lim_{n\to\infty}\frac{a_n^2}{2n}=1. \tag{9}$$

这就证明了(7)式. □

注 本例的证明技巧是将所求证的极限式(7)转换为先证明(9)式,从而可应用施笃茨定理. 而若直接对(7)式应用施笃茨定理,就行不通了.

三、习题

1. 求下列极限:

1) $\lim\limits_{n\to\infty}\left(1+\dfrac{1}{kn}\right)^n, k\in\mathbf{N}^+$; 2) $\lim\limits_{n\to\infty}\left(1+\dfrac{1}{n}-\dfrac{1}{n^2}\right)^n$.

2. 证明$\lim\limits_{n\to\infty}\dfrac{n}{\sqrt[n]{n!}}=\mathrm{e}$.

3. 证明不等式$\left|\mathrm{e}-\left(1+\dfrac{1}{n}\right)^n\right|<\dfrac{3}{n}$.

4. 证明以下各递推数列$\{a_n\}$收敛,并求其极限:

1) $0<a_1<1$, $a_{n+1}=a_n(1-a_n)$, $n=1,2,\cdots$;

2) $0<a_1<1$, $a_{n+1}=a_n(2-a_n)$, $n=1,2,\cdots$;

3) $a_1=1$, $a_{n+1}=\sqrt{1+a_n}$, $n=1,2,\cdots$;

4) $a_1>0$, $a_{n+1}=1+\dfrac{a_n}{1+a_n}$, $n=1,2,\cdots$;

5) 给定 a_1, a_2，$a_{n+2}=\frac{1}{2}(a_{n+1}+a_n)$，$n=1,2,\cdots$.

5. 设数列$\{a_n\}$满足：$\exists\,\eta\in(0,1)$及 $n_0\in\mathbf{N}^+$，$\forall\,n>n_0$ 有

$$\left|a_{n+1}-a_n\right|\leqslant\eta\left|a_n-a_{n-1}\right|,$$

证明$\{a_n\}$收敛.

6. **(压缩映象原理)** 设定义在$[a,b]$上的函数 f 满足条件：

(i) $f([a,b])\subset[a,b]$；

(ii) $\exists$ 常数 $\eta\in(0,1)$，$\forall\,x',x''\in[a,b]$有$|f(x')-f(x'')|\leqslant\eta|x'-x''|$.

证明：1) $\forall\,a_1\in[a,b]$，由递推式

$$a_{n+1}=f(a_n),\quad n=1,2,\cdots$$

确定的数列$\{a_n\}$收敛；

2) 记$\lim\limits_{n\to\infty}a_n=\xi$，则 ξ 为 f 的唯一**不动点**，即有 $\xi=f(\xi)$.

注　满足本例中条件(i)、(ii)的函数 f 称为**压缩映象**或**压缩函数**，η 称为**压缩常数**.

7. 利用压缩映象原理证明以下数列收敛，并求极限：

1) 本节例 6 中的数列，即 $a_1=1,a_{n+1}=1+\frac{1}{a_n},n=1,2,\cdots$；

2) $\alpha>0,a_1>0,a_{n+1}=\sqrt{\alpha+a_n},n=1,2,\cdots$；

3) $c>1,x_1>0,x_{n+1}=\frac{c(1+x_n)}{c+x_n},n=1,2,\cdots$.

8. 设 $\gamma_n=1+\frac{1}{2}+\frac{1}{3}+\cdots+\frac{1}{n}-\ln n$. 证明数列$\{\gamma_n\}$收敛.

注　$\{\gamma_n\}$的极限 γ 称为**欧拉**(Euler)**常数**，

$$\gamma=0.5772156649\cdots.$$

9. 利用上题结果求极限

$$\lim_{n\to\infty}\left(\frac{1}{n+1}+\frac{1}{n+2}+\cdots+\frac{1}{2n}\right).$$

对以下各题都可应用施笃兹定理：

10. 证明$\lim\limits_{n\to\infty}(n!)^{\frac{1}{n^2}}=1$.

11. 设 $p\in\mathbf{N}^+$，证明

$$\lim_{n\to\infty}\sum_{k=1}^{n}k^p/n^{p+1}=\frac{1}{p+1}.$$

12. 求极限$\lim\limits_{n\to\infty}\left(\sum\limits_{k=1}^{n}k!\Big/n!\right)$.

*13. 设数列$\{a_n\}$满足$\lim\limits_{n\to\infty}(a_n-a_{n-2})=0$. 证明：

1) $\lim\limits_{n\to\infty}\frac{a_n-a_{n-1}}{n}=0$；　　　2) $\lim\limits_{n\to\infty}\frac{a_n}{n}=0$.

*14. 设$\{a_n\}$为第 4 题 1)中的数列. 证明

$$\lim_{n\to\infty}na_n=1.$$

*15. 设数列$\{a_n\}$满足：

(i) $\lim\limits_{n\to\infty}n(a_n-a_{n-1})=0$； (ii) $\lim\limits_{n\to\infty}\frac{1}{n}(a_1+a_2+\cdots+a_n)=a$，证明$\lim\limits_{n\to\infty}a_n=a$.

*16. 设$0<\lambda<1$，$\lim\limits_{n\to\infty}a_n=a$. 证明

$$\lim_{n\to\infty}(a_n+\lambda a_{n-1}+\lambda^2a_{n-2}+\cdots+\lambda^na_0)=\frac{a}{1-\lambda}.$$

第三章　关于实数系完备性的基本定理

关于实数系完备性的基本定理，我们在上一章讨论数列极限存在的条件时，已给出数列的单调有界定理和柯西收敛准则这两个基本定理. 此外还有确界原理、区间套定理、聚点定理和有限覆盖定理. 以上六个基本定理以不同方式从各个角度刻划了实数系的一种特性，通常称为完备性或连续性. 作为比较，可举例说明在有理数集 Q 内上述六个基本定理的结论都不能成立.

六个基本定理是等价的，即从其中任何一个可推出另外五个. 例如，我们可以确界原理出发，按以下框图所示的推导顺序来证明它们的等价性：

确界原理 $\Rightarrow$ 单调有界定理 $\Rightarrow$ 区间套定理

$\Uparrow$　　　　　　　　　　　　$\Downarrow$

柯西收敛准则 $\Leftarrow$ 聚点定理 $\Leftarrow$ 有限覆盖定理

§3.1 和§3.2 分别讨论确界原理、区间套定理和聚点定理、有限覆盖定理. §3.3 中讨论数列的上、下极限，这部分内容一方面是数列极限理论的深化，同时也为以后的诸多应用（如级数收敛性判别法、求幂级数收敛半径等）作好准备.

§3.1　确界原理 · 区间套定理

一、内容精析

1°　前面已经指出，在讨论六个基本定理的等价性时，可以从确界原理出发. 一方面这是由于确界原理的表述形式较为简单，从直观上也易于理解；另一方面，通过将实数定义为无限十进小数，可用初等方法证明确界的存在性. 当然，我们也可把确界原理作为公理，在此基础上导出其他基本定理.

2°　尽管确界原理的表述形式很简单，但对初学者而言，数集[①]的上、下确界的概念却不易理解. 对此，我们指出以下几点：

1）一个有上界（下界）的数集不一定有最大（最小）的数，如开区间 $(0,1)$ 既无最大数，也无最小数.

2）有上界数集 S 的最小上界称为 S 的**上确界**，记 $\xi=\sup S$；有下界数集 S 的最大下界称为 S 的**下确界**，记 $\eta=\inf S$. 精确地讲，S 的上确界 ξ 满足以下两

---

① 为方便起见，以下凡提到**数集**都是指**非空实数集**.

个条件：

(i) ξ是S的上界，即$\forall x\in S, x\leqslant\xi$；

(ii) 比ξ小的数不是S的上界，即$\forall\alpha<\xi, \exists x'\in S$，使得$x'>\alpha$.

类似地可写出下确界η相应满足的两个条件.

3) **确界原理**指出：有上界(下界)的数集必有上确界(下确界). 且易见上确界或下确界若存在，则都是唯一的.

4) 对于无上界(无下界)的数集S，规定$\sup S=+\infty(\inf S=-\infty)$.

3° 利用确界原理，可容易地证明数列的单调有界定理，即递增有上界(递减有下界)的数列$\{a_n\}$，收敛于数集.

$$A=\{a_n\mid n\in\mathbf{N}^+\}$$

的上确界(下确界).

4° 区间套定理 若闭区间列$\{[a_n,b_n]\}$满足条件：

(i) $[a_{n+1},b_{n+1}]\subset[a_n,b_n],\quad n=1,2,\cdots$；

(ii) $\lim\limits_{n\to\infty}(b_n-a_n)=0$，

则唯一地存在属于所有闭区间$[a_n,b_n](n=1,2,\cdots)$的点ξ.

我们指出，在条件(i)下，$\{a_n\}$为递增有上界数列，$\{b_n\}$为递减有下界数列. 由单调有界定理，存在极限$\alpha=\lim\limits_{n\to\infty}a_n$与$\beta=\lim\limits_{n\to\infty}b_n$，且$\alpha\leqslant\beta$. 若取$\xi$使$\alpha\leqslant\xi\leqslant\beta$，则$\xi\in[a_n,b_n], n=1,2,\cdots$. 这就是说，闭区间列$\{[a_n,b_n]\}$只要满足条件(i)，属于所有闭区间$[a_n,b_n]$的点$\xi$就存在(但不一定是唯一的)；再加上条件(ii)，这样的ξ就唯一地存在了.

从上面的分析，我们看到，区间套定理与单调有界定理密切关联，但这并不意味着区间套定理的重要性有所降低. 事实上，在许多问题的证明中，根据问题本身的特点构造出合适的区间套，从而用区间套定理推出结论，常比单纯地应用单调有界定理更为有效.

二、典型例题

例1 设$S=\{x\mid x^2<2, x\in Q\}$. 验证$\sup S=\sqrt{2}$，$\inf S=-\sqrt{2}$.

解 先验证$\sup S=\sqrt{2}$. $\forall x\in S$，由$x^2<2$得$x<\sqrt{2}\Rightarrow\sqrt{2}$是$S$的一个上界. 另一方面，设$\alpha<\sqrt{2}$，由有理数集在实数系中的稠密性，在区间$(\alpha,\sqrt{2})$中必有有理数$x'$，则$x'^2<2\Rightarrow x'\in S$且$\alpha<x'\Rightarrow\alpha$不是$S$的上界. 于是，按上确界的定义，$\sup S=\sqrt{2}$.

类似地验证$\inf S=-\sqrt{2}$ □

注 易见本例中数集S在有理数集Q范围内无上、下确界，这表明确界

原理在 Q 内不成立.

例 2 给定数集 A,B,记 $S=A\cup B$. 证明

1) $\sup S=\max\{\sup A,\sup B\}$;

2) $\inf S=\min\{\inf A,\inf B\}$.

证 我们只证前一式,后一式的证明类似.

若 A,B 中至少有一个无上界,则 S 也无上界,此时等式两边都为 $+\infty$.

现设 A,B 都有上界. 由 $S=A\cup B$,$x\in A$(或 $x\in B$)$\Rightarrow x\in S$,从而

$$x\leqslant \sup S \quad (\text{因 } \sup S \text{ 是 } S \text{ 的一个上界}).$$

上式表明,数 $\sup S$ 是数集 A 的一个上界,而数 $\sup A$ 是 A 的最小上界,故有 $\sup A\leqslant\sup S$. 同理得 $\sup B\leqslant\sup S$. 故有

$$\sup S\geqslant\max\{\sup A,\sup B\}.$$

另一方面,$\forall x\in S$,有 $x\in A$ 或 $x\in B\Rightarrow x\leqslant\sup A$ 或 $x\leqslant\sup B\Rightarrow$ $x\leqslant\max\{\sup A,\sup B\}$,故有

$$\sup S\leqslant\max\{\sup A,\sup B\}.$$

综上得 $\sup S=\max\{\sup A,\sup B\}$. □

设函数 f 定义在 D 上,值域 $f(D)$ 的上、下确界通常记为 $\sup\limits_{x\in D}f(x)$ 与 $\inf\limits_{x\in D}f(x)$.

例 3 设 f,g 为 D 上的有界函数. 证明

$$\sup_{x\in D}\{f(x)+g(x)\}\leqslant\sup_{x\in D}f(x)+\sup_{x\in D}g(x). \tag{1}$$

证 按上确界定义,$\forall\varepsilon>0$,$\exists x_0\in D$,使得

$$f(x_0)+g(x_0)>\sup_{x\in D}\{f(x)+g(x)\}-\varepsilon.$$

另一方面有

$$f(x_0)\leqslant\sup_{x\in D}f(x),\quad g(x_0)\leqslant\sup_{x\in D}g(x),$$

从而得

$$\sup_{x\in D}\{f(x)+g(x)\}-\varepsilon<\sup_{x\in D}f(x)+\sup_{x\in D}g(x).$$

故由 ε 的任意性,不等式(1)得证. □

注 不等式(1)中的严格不等号有可能成立. 例如,取 $f(x)=x=-g(x)$,$x\in[-1,1]$,则(1)式的左边为 0,而右边为 2.

例 4 设数集 S 有上界,$\xi=\sup S$. 证明

1) 存在数列 $\{a_n\}\subset S$,使 $\lim\limits_{n\to\infty}a_n=\xi$;

2) 若 $\xi\notin S$,则存在严格递增的 $\{a_n\}\subset S$,使 $\lim\limits_{n\to\infty}a_n=\xi$.

证 1) $\forall n\in\boldsymbol{N}^+$,$\alpha_n=\xi-\dfrac{1}{n}$ 不是 S 的上界,故 $\exists a_n\in S$,使得

$$\xi-\frac{1}{n}<a_n\leqslant\xi,$$

由迫敛性即得 $\lim\limits_{n\to\infty}a_n=\xi$.

2) 为使找出的数列 $\{a_n\}$ 严格递增,需对上面所取的 α_n 作些改变. 对 $\alpha_1=\xi-1$,$\exists a_1\in S$,使 $\xi-1<a_1$;由于 $\xi\notin S$,故有

$$\xi-1<a_1<\xi.$$

取 $\alpha_2=\max\left\{a_1,\xi-\dfrac{1}{2}\right\}$,$\exists a_2\in S$,使 $\alpha_2<a_2<\xi$,即同时满足

$$\xi-\frac{1}{2}<a_2<\xi,\quad a_1<a_2.$$

一般地,在找出 a_{n-1} 之后,取 $\alpha_n=\max\left\{a_{n-1},\xi-\dfrac{1}{n}\right\}$,则 $\exists a_n\in S$,使同时满足

$$\xi-\frac{1}{n}<a_n<\xi,\ a_{n-1}<a_n,\ n=1,2,\cdots.$$

显然数列 $\{a_n\}(\subset S)$ 严格递增,且 $\lim\limits_{n\to\infty}a_n=\xi$. □

注 关于下确界也有相应的结论. 又若数集 S 无上界($\sup S=+\infty$),则类似地可证明:存在严格递增的数列 $\{a_n\}\subset S$,使 $\lim\limits_{n\to\infty}a_n=+\infty$.

例 5 设闭区间列 $\{[a_n,b_n]\}$ 满足:$\forall i,j\in\boldsymbol{N}^+$,$i\neq j$,有

$$[a_i,b_i]\cap[a_j,b_j]\neq\phi. \tag{2}$$

证明:$\exists\xi\in[a_j,b_j]$,$j=1,2,\cdots$.

证 易见:若 $[a,b]\cap[c,d]\neq\phi$,则 $a\leqslant d$,$c\leqslant b$. 故由条件(2),$\{a_i\}$ 以任一 b_j 为上界,从而有上确界

$$\xi=\sup_i\{a_i\}.$$

显然 $a_j\leqslant\xi\leqslant b_j$,$j=1,2,\cdots$. □

注 1 本例中的闭区间列 $\{[a_n,b_n]\}$ 不一定是区间套,而只满足"两两有公共点"的条件,同样可推出此区间列有公共点的结论. 又若附加条件 $(b_n-a_n)\to0(n\to\infty)$,则可得到与区间套定理相同的结论.

注 2　开区间列$\left\{\left(0,\dfrac{1}{n}\right)\middle| n\in \mathbf{N}^+\right\}$满足两两有公共点的条件，但易见所有这些开区间无公共点. 这个例子也表明：区间套定理的结论对于开区间列一般是不成立的.

例 6　用区间套定理证明确界原理.

证　我们只证明有上界的数集 S 必有上确界(关于下确界的结论类似地可证).

设 b 是 S 的一个上界，a 不是 S 的上界，则 $a<b$.

令 $c_1=\dfrac{1}{2}(a+b)$. 若 c_1 是 S 的上界，则记 $a_1=a, b_1=c_1$；若 c_1 不是 S 的上界，则记 $a_1=c_1, b_1=b$.

令 $c_2=\dfrac{1}{2}(a_1+b_1)$. 若 c_2 是 S 的上界，则记 $a_2=a_1, b_2=c_2$；若 c_2 不是 S 的上界，则记 $a_2=c_2, b_2=b_1$.

……

上述步骤无限地进行下去，得到闭区间列$\{[a_n, b_n]\}$，显然它是区间套(即满足区间套定理中的条件(i)与(ii))，且满足：a_n 不是 S 的上界，b_n 是 S 的上界，$n=1,2,\cdots$. 由区间套定理，$\exists \xi\in[a_n,b_n], n=1,2,\cdots$. 下证 $\xi=\sup S$：

(i) $\forall x\in S, x\leqslant b_n (n\in N^+)$，而 $\xi=\lim\limits_{n\to\infty} b_n \Rightarrow x\leqslant \xi$，即 ξ 是 S 的一个上界；

(ii) $\forall \alpha<\xi$，因 $\lim\limits_{n\to\infty} a_n=\xi$，故当 n 充分大时有 $a_n>\alpha$，而 a_n 不是 S 的上界$\Rightarrow$ α 不是 S 的上界.　　□

注 1　利用区间套定理证明有关命题的关键，是构造出一个合适的区间套，使其“套”出的点 ξ 就是该命题所需要的点. 如本例中所要“套”出的点是数集 S 的上确界.

注 2　本例中区间套的构造方法，是将前一个区间二等分，取其中符合要求的一半作为后一个区间. 这种**二分法**是构造区间套的常用方法.

例 7　设函数 f 在$[a,b]$上递增，满足

$$f(a)\geqslant a,\quad f(b)\leqslant b.$$

证明：$\exists x_0\in[a,b]$，使 $f(x_0)=x_0$，即 f 在$[a,b]$上有不动点.

证　若 $f(a)=a$ 或 $f(b)=b$，则结论已成立，故可设 $f(a)>a, f(b)<b$.

记$[a_1,b_1]=[a,b]$，$c_1=\dfrac{1}{2}(a_1+b_1)$. 若 $f(c_1)=c_1$，则已得证；若 $f(c_1)<c_1$，则记 $a_2=a_1, b_2=c_1$；若 $f(c_1)>c_1$，则记 $a_2=c_1, b_2=b_1$. 按此方式继续下去，

可构造出区间套$\{[a_n,b_n]\}$,满足

$$f(a_n)>a_n,\quad f(b_n)<b_n,\quad n=1,2,\cdots.$$

若在此过程中某一$[a_n,b_n]$的中点c_n使$f(c_n)=c_n$,则已得证. 由区间套定理,$\exists x_0\in[a_n,b_n]$,$n=1,2,\cdots$. 下面证明$f(x_0)=x_0$.

倘若$f(x_0)>x_0$,则因$\{b_n\}$递减地趋于$x_0(n\to\infty)$,故存在某个b_n使

$$x_0<b_n<f(x_0).$$

另一方面有$f(b_n)<b_n\Rightarrow f(b_n)<f(x_0)$,但这与$f$的递增性相矛盾.

类似地推出$f(x_0)<x_0$也不能成立. □

注 1 本例也可用确界原理来证明. 记

$$E=\{x\,|\,f(x)\geqslant x,x\in[a,b]\},$$

则E为非空($a\in E$)有界集(b为上界). 令$x_0=\sup E$,则可证$f(x_0)=x_0$(请读者自行完成).

注 2 本例的证明方法(无论是应用区间套定理还是确界原理),都与连续函数介值性定理的证明颇为相似(见第五章§2).

下面先简要地叙述可数集的概念,然后用区间套定理证明实变函数论中的一个重要结论.

给定数集S,若存在S与正整数集$\mathbf{N}^+$之间的一一对应,则称S为**可数集**. 可数集的特点是这个集合中的一切数可按与$\mathbf{N}^+$中正整数相对应的顺序一一排列出来:

$$x_1,x_2,\cdots,x_n,\cdots.$$

可数集也称为**可列集**. 不是可数集的无穷数集称为**不可数集**.

* **例 8** 用区间套定理证明:区间$[0,1]$为不可数集.

证 用反证法. 设

$$[0,1]=\{x_1,x_2,\cdots,x_n,\cdots\}.$$

将$[0,1]$三等分,分成三个闭子区间,其中至少有一个子区间不含x_1,记此子区间为$[a_1,b_1]$;

将$[a_1,b_1]$三等分,至少有一个子区间不含x_2,记为$[a_2,b_2]$;

……

将上述步骤无限地进行下去,得到区间套$\{[a_n,b_n]\}$,它具有性质:任一$[a_n,b_n]$不含$x_1,x_2,\cdots,x_n(n=1,2,\cdots)$. 由区间套定理,$\exists\xi\in[a_n,b_n]$,$n=1,2,\cdots$. 于是,一方面有$\xi\neq x_n$,$n=1,2,\cdots\Rightarrow\xi\notin[0,1]$;另一方面有

$$\xi \in [a_n, b_n] \subset [0,1],$$

从而导至矛盾.　□

三、习题

1. 求下列数集 S 的上、下确界：

1) $\{x \mid x \in \boldsymbol{Q}, x>0\}$；　　2) $\left\{\left(1+\frac{1}{n}\right)^n \middle| n \in \boldsymbol{N}^+\right\}$；

3) $\left\{n\sin\frac{n\pi}{4} \middle| n \in \boldsymbol{N}^+\right\}$；　　4) $\{y \mid y=\arctan x, x \in \boldsymbol{R}\}$；

5) $\left\{y \mid y=x^2, x \in \left(-1, \frac{1}{2}\right)\right\}$.

2. 设 A 为有界数集，α 为常数，$B=\{x+\alpha \mid x \in A\}$. 证明：

$$\sup B = \sup A + \alpha, \quad \inf B = \inf A + \alpha.$$

3. 给定数集 S，记 $S^- = \{x \mid -x \in S\}$. 证明：

$$\sup S^- = -\inf S, \quad \inf S^- = -\sup S.$$

4. 设 A, B 为有界数集，记

$$A+B = \{x+y \mid x \in A, y \in B\}.$$

证明：$\sup(A+B)=\sup A+\sup B$，　$\inf(A+B)=\inf A+\inf B$.

5. 设 A, B 为有界数集，且 $\forall x \in A, y \in B$ 有 $x \geqslant 0, y \geqslant 0$. 记

$$AB = \{z \mid z = xy, x \in A, y \in B\}.$$

证明：$\inf AB=\inf A \cdot \inf B$，　$\sup AB=\sup A \cdot \sup B$.

6. 设 f, g 为 D 上的有界函数. 证明

$$\inf_{x \in D}\{f(x)+g(x)\} \leqslant \inf_{x \in D} f(x) + \sup_{x \in D} g(x) \leqslant \sup_{x \in D}\{f(x)+g(x)\}.$$

7. 设 $\{a_n\}$ 为单调数列. 证明：

$$\{a_n\} \text{ 收敛} \Leftrightarrow \exists \text{ 子列} \{a_{n_k}\} \text{ 收敛}.$$

8. 设数集 A, B 满足：

(i) $\forall a \in A, b \in B$ 有 $a<b$；

(ii) $\forall \varepsilon>0, \exists x \in A$ 及 $y \in B$，使 $y-x<\varepsilon$.

证明：$\sup A=\inf B$.

9. 设数集 $A(\neq \boldsymbol{R})$ 满足：

(i) 若 $x \in A$ 而 $x'<x$，则 $x' \in A$；

(ii) 若 $x \in A$，则 $\exists x_1 \in A$，使 $x<x_1$.

证明：1) A 有上界；

2) 记 $\xi=\sup A$，则 $A=(-\infty, \xi)$.

10. 用数列的柯西准则证明区间套定理.

*11. 用区间套定理证明:实数集 $\boldsymbol{R}$ 为不可数集.

12. 设函数 f 在[0,1]上递增,满足

$$f(0)\geqslant 0,\quad f(1)\leqslant 1.$$

证明:$\forall n\in\boldsymbol{N}^+$,$\exists x_0\in[a,b]$,使得 $f(x_0)=x_0^n$.

§3.2 聚点定理·有限覆盖定理

一、内容精析

1° 关于"点 ξ 是点集 S 的聚点"这个概念,可直观地理解为:在点 ξ 附近聚集了 S 中无穷多个点.精确地讲,有以下三个等价定义(等价性的证明见例1):

(i) 在 ξ 的任何邻域内含有 S 中无穷多个点;

(ii) 在 ξ 的任何空心邻域内至少含有 S 中的一个点;

(iii) 存在两两不相同的点列 $\{x_n\}$,$x_n\to\xi(n\to\infty)$.

2° 聚点定理 有界无穷点集至少有一个聚点.

聚点定理可用区间套定理来证明,采用二分法构造区间套的过程中,每次把前一个区间的含有 S 中无穷多个点的一半区间作为下一个区间,"套"出的点即为 S 的一个聚点.注意,由于如此构造出的区间套不一定是唯一的,因而 S 的聚点可以不止一个(甚至无穷多个).

3° 关于数列 $\{a_n\}$ 的聚点,其定义与点集的聚点有所不同,即须将上述等价定义(i)的"S 中无穷多个点"改为"$\{a_n\}$ 中无穷多个项"(等价定义(ii)与(iii)不成立).例如,常数数列以该常数作为其唯一聚点,而此数列所对应的点集只含一个点,因而没有聚点(任何有限点集都没有聚点);又如数列 $\{(-1)^n\}$ 有两个聚点 ± 1,而它所对应的点集为 $\{-1,1\}$,没有聚点.

在下一节中将对数列的聚点作详细讨论.

在第二章§2.2中已指出,利用任何数列必有单调子列这一结论(见该节例4)和单调有界定理,即可导出致密性定理:有界数列必有收敛子列.由此也可推出聚点定理(见以下例2);反之,致密性定理可应用聚点定理来证明.

利用聚点定理或致密性定理,可推出数列的柯西收敛准则(见例3).

4° 设 $\{O_\alpha\mid\alpha\in I\}$ 为开区间的集合,其中 I 称为**指标集**(I 可以是有限集、可数集或不可数集).若 $[a,b]\subset\bigcup\limits_{\alpha}O_\alpha$,则称 $\{O_\alpha\}$ 为 $[a,b]$ 的一个**开覆盖**;又若指标集 I 为有限集,则称 $\{O_\alpha\}$ 为 $[a,b]$ 的**有限开覆盖**.

有限覆盖定理可表述为:从 $[a,b]$ 的任一开覆盖中可取出 $[a,b]$ 的有限开覆盖.有限覆盖定理的重要作用在于它将无限转化为有限,从而能使许多问题迎刃而解.

有限覆盖定理可用区间套定理来证明(采用二分法构造区间套).利用有限覆盖定理可证明聚点定理(见例 4).

5° 开区间集合

$$\left\{\left(0,\frac{n}{n+1}\right)\middle| n\in\mathbf{N}^{+}\right\}$$

是开区间(0,1)的一个开覆盖,但易见从中不能取出(0,1)的有限开覆盖.这个例子表明,对闭区间$[a,b]$成立的有限覆盖定理对开区间(a,b)不能成立.此外,还可举例说明,有限覆盖定理的结论对半开区间和无限区间也都不能成立.由此可见,有限覆盖定理反映了闭区间$[a,b]$的一种特性,称之为**紧性**.

6° 前面已经指出:关于实数系完备性的基本定理的结论,在有理数集 Q 中不能成立.对于有限覆盖定理,要举例说明这个事实并不太容易.以下例 5 中给出了例子.

二、典型例题

例 1 证明"点 ξ 为点集 S 的聚点"的以下三个定义等价:

(i) $\forall\delta>0, U(\xi;\delta)\cap S$ 为无穷点集;

(ii) $\forall\delta>0, U^{\circ}(\xi;\delta)\cap S\neq\phi$;

(iii) $\exists\{x_n\}\subset S, x_n\neq x_m(n\neq m)$,使$\lim\limits_{n\to\infty}x_n=\xi$.

证 (i)⇒(ii):显然.

(ii)⇒(iii):$\forall\delta>0, \exists x\in U^{\circ}(\xi;\delta)\cap S$.

取 $\delta_1=1, \exists x_1\in U^{\circ}(\xi;\delta_1)\cap S$;

取 $\delta_2=\min\left\{\frac{1}{2},|\xi-x_1|\right\}, \exists x_2\in U^{\circ}(\xi;\delta_2)\cap S$;

……

取 $\delta_n=\min\left\{\frac{1}{n},|\xi-x_{n-1}|\right\}, \exists x_n\in U^{\circ}(\xi;\delta_n)\cap S;\cdots$

通过上述步骤我们得到$\{x_n\}\subset S$,满足 $x_n\neq x_m(n\neq m)$,且不难验证$\lim\limits_{n\to\infty}x_n=\xi$.

(iii)⇒(i):$\lim\limits_{n\to\infty}x_n=\xi\Rightarrow\forall\delta>0, \exists N>0, \forall n>N$ 有 $x_n\in U(\xi;\delta)$.由于$\{x_n\}$是 S 中互不相同的点列,故 $U(\xi;\delta)\cap S$ 为无穷点集. □

注 对于数列$\{a_n\}$,可以证明:

$$\xi\text{ 为}\{a_n\}\text{ 的聚点}\Leftrightarrow\exists\text{ 子列}\{a_{n_k}\},\lim_{k\to\infty}a_{n_k}=\xi.$$

但应注意,此时并不要求$\{a_{n_k}\}$的各项两两不相等,甚至$\{a_{n_k}\}$可以是常数数列(例如,可考察数列$\{(-1)^n\}$).

例 2 用致密性定理证明聚点定理.

证 设 S 为有界无穷点集. 取 $x_1\in S$,记 $S_1=S\backslash\{x_1\}$,则 S_1 仍为无穷点集;取 $x_2\in S_1$,记 $S_2=S_1\backslash\{x_2\}$;再从 S_2 中可取出 $x_3,\cdots$. 这样我们从 S 中取出了互不相同的点列 $\{x_n\}$. 由于 S 有界,故 $\{x_n\}$ 有界. 由致密性定理,存在收敛子列 $\{x_{n_k}\}$. 按聚点的等价定义(iii),$\{x_{n_k}\}$ 的极限即为 S 的一个聚点. □

例 3 用致密性定理证明数列的柯西收敛准则(充分性部分).

证 设数列 $\{a_n\}$ 满足:$\forall\varepsilon>0,\exists N\in\mathbf{N}^+,\forall n,m\geqslant N$ 有 $|a_n-a_m|<\varepsilon$. 要证 $\{a_n\}$ 收敛.

取 $\varepsilon=1,\exists N_1\in\mathbf{N}^+,\forall n\geqslant N_1$ 有

$$\left|a_n-a_{N_1}\right|<1\Rightarrow\left|a_n\right|<\left|a_{N_1}\right|+1,\ n=N_1+1,N_1+2,\cdots,$$

由此易见 $\{a_n\}$ 有界. 按致密性定理,存在收敛子列 $\{a_{n_k}\}$,设其极限为 a.

$$\forall\varepsilon>0,\exists N\in\mathbf{N}^+,\forall n,k\geqslant N(\text{此时 } n_k\geqslant k\geqslant N)\text{ 有}$$

$$\left|a_n-a_{n_k}\right|<\varepsilon,$$

即

$$a_{n_k}-\varepsilon<a_n<a_{n_k}+\varepsilon.$$

在上式中令 $k\to\infty$,由数列极限的保不等式性得

$$a-\varepsilon\leqslant a_n\leqslant a+\varepsilon.$$

这就证明了数列 $\{a_n\}$ 收敛. □

例 4 用有限覆盖定理证明聚点定理.

证 设有界无穷点集 $S\subset[-M,M]$. 易见 S 若有聚点,则必含于 $[-M,M]$ 内. 现假设 $[-M,M]$ 内每一点都不是 S 的聚点. 则 $\forall x\in[-M,M],\exists\delta_x>0$,使得 $U(x;\delta_x)\cap S$ 为有限点集. 记

$$H=\{U(x;\delta_x)\,|\,x\in[-M,M]\},$$

则 H 为 $[-M,M]$ 的一个开覆盖. 由有限覆盖定理,存在 H 中有限个开区间 $U(x_1;\delta_1),\cdots,U(x_n;\delta_n)$,使得

$$S\subset[-M,M]\subset\bigcup_i U(x_i;\delta_i),$$

由于 $U(x_i;\delta_i)\cap S$ 为有限点集 $(i=1,2,\cdots,n)$,故由上式将导出 S 为有限点集,与假设相矛盾. 所以在 $[-M,M]$ 内至少有 S 的一个聚点. □

例 5　举例说明有限覆盖定理的结论在有理数集 Q 中不成立.

解　考虑闭区间 $[1,2]$ 中所有有理数的集合，记为 $[1,2]_r$. 我们要构造 $[1,2]_r$ 的一个开覆盖，使它的任何有限开覆盖都不能盖住 $[1,2]_r$.

$\forall x\in[1,2]_r$，可取到正有理数 r_x，使

$$\sqrt{2}\notin(x-r_x,x+r_x),$$

这样就得到了 $[1,2]_r$ 的一个开覆盖 $\{O_\alpha\}$.

任取 $\{O_\alpha\}$ 的一个有限开覆盖，设为

$$(x_1-r_{x_1},x_1+r_{x_1}),\cdots,(x_n-r_{x_n},x_n+r_{x_n}).$$

由于这些开区间都不含 $\sqrt{2}$，且其 $2n$ 个端点都是有理数，故若设这 $2n$ 个有理数中与 $\sqrt{2}$ 最靠近的为 r，则在 r 与 $\sqrt{2}$ 之间的所有有理数都在上述 n 个开区间之外. 这表明 $\{O_\alpha\}$ 的任一有限开覆盖都不能盖住 $[1,2]_r$.　　□

例 6　设 $\{O_\alpha\}$ 为 $[a,b]$ 的一个开覆盖. 证明：$\exists\delta>0$，$\forall x',x''\in[a,b]$，只要 $|x'-x''|<\delta$，就有开区间 $O\in\{O_\alpha\}$ 使得 $x',x''\in O$.

证　由有限覆盖定理，从 $\{O_\alpha\}$ 中可选出有限个开区间盖住 $[a,b]$. 设这有限个开区间的端点（若有重复，只计一次）集为

$$E=\{x_1,x_2,\cdots,x_n\}，且\ x_1<x_2<\cdots<x_n.$$

令

$$\delta=\min\{x_2-x_1,\cdots,x_n-x_{n-1}\},$$

下证 δ 即为所求.

任取 $x',x''\in[a,b]$，且 $0<x''-x'<\delta$. 由 δ 的取法，在 $[x',x'']$ 内至多只有一个 E 中的点. 以下分别讨论两种情形.

(i) 在 $[x',x'']$ 内没有 E 中的点，则覆盖 x' 与 x'' 两点之一的开区间必同时覆盖了另一个点；

(ii) 在 $[x',x'']$ 内有一个 E 中的点 x_i，则在选出的有限个开区间中至少有一个开区间 O 盖住了 x_i，且 O 同时盖住了 x' 与 x''（倘若 O 不能盖住 x' 或 x''，则在 $[x',x'']$ 内将有多于一个的 E 中的点，矛盾）.　　□

注　本例中对于 $[a,b]$ 的开覆盖 $\{O_\alpha\}$ 找到的正数 δ，称为 $[a,b]$ 关于 $\{O_\alpha\}$ 的**勒贝格**（Lebesgue）**数**. 显然，任何小于 δ 的正数都是 $[a,b]$ 关于 $\{O_\alpha\}$ 的勒贝格数.

三、习题

1. 举例说明：在有理数集 Q 内，单调有界定理、区间套定理、聚点定理和柯西收敛准

则都不能成立.

2. 设有界数列$\{a_n\}$，$\{b_n\}$满足

$$\lim_{n\to\infty}(a_n-b_n)=0.$$

证明:存在相同下标的子列$\{a_{n_k}\}$与$\{b_{n_k}\}$，使得

$$\lim_{k\to\infty}a_{n_k}=\lim_{k\to\infty}b_{n_k}.$$

3. 设无界数列$\{a_n\}$不是无穷大量，证明:存在$\{a_n\}$的两个子列分别收敛于∞和有限数.

4. 设$\{x_n\}$为单调数列. 证明:若$\{x_n\}$有聚点，则必唯一，且为$\{x_n\}$的确界.

5. 证明:数列$\{x_n\}$有界$\Leftrightarrow\{x_n\}$的任一子列都存在其收敛子列.

6. 设f在$[a,b]$上无界. 证明:$\exists x_0\in[a,b]$，使f在x_0的任何邻域内无界.

7. 设f在(a,b)内满足:$\forall x\in(a,b)$，$\exists\delta_x>0$，$\forall x'\in U^\circ(x;\delta_x)\cap(a,b)$有

$$\frac{f(x)-f(x')}{x-x'}>0.$$

证明:f在(a,b)内严格递增.

8. 用有限覆盖定理证明区间套定理.

9. 用有限覆盖定理证明数列的柯西收敛准则.

§3.3 数列的上、下极限

一、内容精析

1° 关于数列$\{a_n\}$的上、下极限的概念，有以下三种等价定义，分别以聚点、ε-N语言与确界的形式来表述.

(i) 有界数列$\{a_n\}$的上(下)极限定义为$\{a_n\}$的最大(小)聚点，分别记

$$A=\overline{\lim_{n\to\infty}}a_n\text{ 与 }a=\underline{\lim_{n\to\infty}}a_n.$$

以下为书写方便起见，分别简记为$\overline{\lim}a_n$与$\underline{\lim}a_n$.

(ii) $A=\overline{\lim}a_n$的充要条件是:$\forall\varepsilon>0$，$\exists N>0$，$\forall n>N$有$a_n<A+\varepsilon$;又$\exists$子列$\{a_{n_k}\}$，使$a_{n_k}>A-\varepsilon(k\in\mathbf{N}^+)$.

$a=\underline{\lim}a_n$的充要条件是:$\forall\varepsilon>0$，$\exists N>0$，$\forall n>N$有$a_n>a-\varepsilon$;又$\exists$子列$\{a_{n_k}\}$，使$a_{n_k}<a+\varepsilon(k\in\mathbf{N}^+)$.

直观地讲，$A=\overline{\lim}a_n$意味着:$\forall\varepsilon>0$，在$A+\varepsilon$的右边至多只有$\{a_n\}$中有限个项，而在$U(A;\varepsilon)$内有$\{a_n\}$中无穷多个项.

(iii) $A=\overline{\lim}a_n$的充要条件是

$$A=\lim_{n\to\infty}\sup_{k\geqslant n}a_k=\inf_n\sup_{k\geqslant n}a_k,$$

$a=\underline{\lim}a_n$ 的充要条件是

$$a=\lim_{n\to\infty}\inf_{k\geqslant n}a_k=\sup_{n}\inf_{k\geqslant n}a_k.$$

此外,若$\{a_n\}$为无上界或无下界数列,则分别规定

$$\overline{\lim}a_n=+\infty \text{ 以及 } \underline{\lim}a_n=-\infty.$$

2° 关于有界数列的最大(最小)聚点即上(下)极限的存在性,可用区间套定理来证明.其中采用二分法构造区间套时,若前一个区间的两个子区间都含有$\{a_n\}$中无穷多个项,则总是取右边(左边)的子区间作为该区间套的后一个区间.这就保证了最终“套”出的一点即为$\{a_n\}$的最大(最小)聚点.

关于等价定义(ii)和(iii)的证明,可参阅有关的数学分析教程,这里不再赘述.

3° 数列的上、下极限有如下一些基本性质:

1) $\underline{\lim}a_n\leqslant\overline{\lim}a_n$.

2) $\lim\limits_{n\to\infty}a_n=a$ 的充要条件是$\underline{\lim}a_n=\overline{\lim}a_n=a$(其中 a 可为有限数、$+\infty$或$-\infty$).

3) 若$\{a_{n_k}\}$为$\{a_n\}$的子列,则有

$$\underline{\lim}a_n\leqslant\underline{\lim}a_{n_k}\leqslant\overline{\lim}a_{n_k}\leqslant\overline{\lim}a_n.$$

以上三个性质可从上、下极限的定义容易推出.

4) 若$\forall n\geqslant n_0$ 有 $a_n\leqslant b_n$,则

$$\underline{\lim}a_n\leqslant\underline{\lim}b_n,\overline{\lim}a_n\leqslant\overline{\lim}b_n.$$

这个性质可称为上、下极限的**保不等式性**,其证明利用等价定义(ii)或(iii)容易得到.

特别,若$\forall n\geqslant n_0$ 有 $a_n\leqslant\alpha$(常数),则有$\overline{\lim}a_n\leqslant\alpha$;若$\forall n\geqslant n_0$ 有 $b_n\geqslant\beta$,则有$\underline{\lim}b_n\geqslant\beta$.

5) 其他性质如

$$\overline{\lim}(a_n+b_n)\leqslant\overline{\lim}a_n+\overline{\lim}b_n,\quad \overline{\lim}(-a_n)=-\underline{\lim}a_n$$

等,将在以下例题和习题中给出.

为使有关上、下极限的等式或不等式的证明过程不至于太繁复,以下我们只讨论有界数列,尽管对无界数列(在不发生$(\pm\infty)+(\mp\infty)$的情形下)这些等式或不等式也是成立的.

二、典型例题

例 1 设$\{a_n\}$,$\{b_n\}$为有界数列.证明

$$\overline{\lim}(a_n+b_n)\leqslant\overline{\lim}a_n+\overline{\lim}b_n, \tag{1}$$

$$\underline{\lim}(a_n+b_n)\geqslant\underline{\lim}a_n+\underline{\lim}b_n. \tag{2}$$

证 设$\overline{\lim}a_n=A$，$\overline{\lim}b_n=B$. 按等价定义(ii)，$\forall\varepsilon>0$，$\exists N>0$，$\forall n>N$ 有

$$a_n<A+\varepsilon,\quad b_n<B+\varepsilon\Rightarrow a_n+b_n<A+B+2\varepsilon,$$

由保不等式性得

$$\overline{\lim}(a_n+b_n)\leqslant A+B+2\varepsilon.$$

故由 ε 的任意性，(1)式得证. 类似地可证(2)式. □

注 1 不等式(1)和(2)中的严格不等号有可能成立. 例如，取 $a_n=(-1)^n$，$b_n=(-1)^{n-1}$，$n\in\mathbf{N}^+$，则有

$$\underline{\lim}a_n=\underline{\lim}b_n=-1,\ \overline{\lim}a_n=\overline{\lim}b_n=1,$$

$$\underline{\lim}(a_n+b_n)=\overline{\lim}(a_n+b_n)=0.$$

注 2 若$\{a_n\}$和$\{b_n\}$中有一个收敛，比如$\{b_n\}$收敛，则(1)和(2)分别化为

$$\overline{\lim}(a_n+b_n)\leqslant\overline{\lim}a_n+\lim_{n\to\infty}b_n, \tag{1$'$}$$

$$\underline{\lim}(a_n+b_n)\geqslant\underline{\lim}a_n+\lim_{n\to\infty}b_n. \tag{2$'$}$$

例 2 设$\{a_n\}$，$\{b_n\}$为有界数列，证明不等式

$$\underline{\lim}(a_n+b_n)\leqslant\underline{\lim}a_n+\overline{\lim}b_n\leqslant\overline{\lim}(a_n+b_n). \tag{3}$$

证 存在$\{a_n\}$的子列$\{a_{n_k}\}$，使

$$\lim_{k\to\infty}a_{n_k}=\underline{\lim}a_n \tag{4}$$

(见上一节例 1 之后的注). 考虑$\{a_n+b_n\}$的子列$\{a_{n_k}+b_{n_k}\}$，它又有子列，不妨仍记为其自身$\{a_{n_k}+b_{n_k}\}$，使

$$\lim_{k\to\infty}(a_{n_k}+b_{n_k})=\underline{\lim}(a_{n_k}+b_{n_k})$$

(相应于上述$\{a_{n_k}+b_{n_k}\}$的子列，有$\{a_{n_k}\}$的子列，对于它(4)式仍成立). 由$\{a_{n_k}\}$与$\{a_{n_k}+b_{n_k}\}$的收敛性知$\{b_{n_k}\}$也收敛. 于是，利用上段中提到的基本性质 3)，得到

$$\underline{\lim}(a_n+b_n)\leqslant\underline{\lim}(a_{n_k}+b_{n_k})=\lim_{k\to\infty}(a_{n_k}+b_{n_k})$$

$$= \lim_{k\to\infty} a_{n_k} + \lim_{k\to\infty} b_{n_k}$$

$$\leqslant \underline{\lim} a_n + \overline{\lim} b_n.$$

类似地可证不等式(3)的后半部分(留给读者作为习题). □

注 1　本例的证明方法与例 1 不同,利用了数列的上、下极限分别为某子列的极限以及基本性质 3).

注 2　由不等式(3),结合不等式(2′),可推出:若$\{b_n\}$收敛,则有

$$\underline{\lim}(a_n + b_n) = \underline{\lim} a_n + \lim_{n\to\infty} b_n, \tag{5}$$

以及相应地可得

$$\overline{\lim}(a_n + b_n) = \overline{\lim} a_n + \lim_{n\to\infty} b_n. \tag{6}$$

(5)式与(6)式是关于数列上、下极限的两个很有用的等式.

例 3　利用上、下极限证明柯西收敛准则的充分性.

证　设数列$\{a_n\}$满足:$\forall \varepsilon > 0, \exists N > 0, \forall n > N, \forall p \in \mathbf{N}^+$有

$$a_n - \varepsilon < a_{n+p} < a_n + \varepsilon, \tag{7}$$

要证$\{a_n\}$收敛.

在(7)式中固定 n,令 $p\to\infty$分别取上、下极限,由保不等式性得

$$a_n - \varepsilon \leqslant \underline{\lim} a_n \leqslant \overline{\lim} a_n \leqslant a_n + \varepsilon,$$

即有

$$0 \leqslant \overline{\lim} a_n - \underline{\lim} a_n \leqslant 2\varepsilon.$$

由 ε 的任意性得$\underline{\lim} a_n = \overline{\lim} a_n$,所以$\{a_n\}$收敛. □

例 4　设$\overline{\lim} a_n \leqslant \alpha$. 证明

$$\overline{\lim} \frac{a_n}{1+|a_n|} \leqslant \frac{\alpha}{1+|\alpha|}. \tag{8}$$

证　设数列$\left\{\dfrac{a_n}{1+|a_n|}\right\}$的子列$\left\{\dfrac{a_{n_k}}{1+|a_{n_k}|}\right\}$使

$$\overline{\lim} \frac{a_n}{1+|a_n|} = \lim_{k\to\infty} \frac{a_{n_k}}{1+|a_{n_k}|} = \beta, \quad (\text{显然} |\beta| < 1) \tag{9}$$

则有

$$\left|\beta\right| = \lim_{k\to\infty}\frac{\left|a_{n_k}\right|}{1+\left|a_{n_k}\right|} = 1-\lim_{k\to\infty}\frac{1}{1+\left|a_{n_k}\right|},$$

故有

$$\lim_{k\to\infty}\frac{1}{1+\left|a_{n_k}\right|} = 1-\left|\beta\right|.$$

上式结合(9)式,并利用上一段的性质 3)得

$$\frac{\beta}{1-\left|\beta\right|} = \lim_{k\to\infty}a_{n_k} \leqslant \overline{\lim}a_n = \alpha.$$

于是,利用第一章§1.1 习题 5 的结果,得到

$$\beta\leqslant\frac{\alpha}{1+\left|\alpha\right|},$$

即(8)式成立. □

注 同例 2 的证明相类似,本例证明过程中将所涉及的上极限表示为某子列的极限,结合运用基本性质 3). 总之,这是一个行之有效的方法.

例 5 设非负数列$\{a_n\}$满足:对任何数列$\{b_n\}$成立

$$\overline{\lim}a_nb_n = (\overline{\lim}a_n)(\overline{\lim}b_n), \tag{10}$$

证明$\{a_n\}$收敛.

分析 为证$\{a_n\}$收敛,只要证

$$\underline{\lim}a_n = \overline{\lim}a_n. \tag{11}$$

为此,要设计出一个数列$\{b_n\}$,使由(10)式导出(11)式.

证 设$\{a_n\}$的子列$\{a_{n_k}\}$使

$$\underline{\lim}a_n = \lim_{k\to\infty}a_{n_k}, \tag{12}$$

令

$$b_n = \begin{cases}1, & n = n_k,\\ 0, & n\neq n_k,\end{cases}$$

则 $\overline{\lim}b_n=1$, 且

$$a_nb_n = \begin{cases}a_{n_k}, & n = n_k,\\ 0, & n\neq n_k,\end{cases}$$

于是(10)式化为

$$\overline{\lim} a_{n_k} = \overline{\lim} a_n,$$

上式结合(12)式即推出了(11)式,从而$\{a_n\}$收敛.　□

例 6　给定数列$\{a_n\}$及常数$\alpha \geqslant 2$,令

$$b_n = a_n + \alpha a_{n+1}, \quad n = 1,2,\cdots. \tag{13}$$

证明:数列$\{b_n\}$收敛的充要条件是$\{a_n\}$收敛.

证　条件的充分性是显然的;下证必要性,即$\{b_n\}$收敛$\Rightarrow\{a_n\}$收敛.

首先,我们指出:由$\{b_n\}$的有界性(因$\{b_n\}$收敛)可推出数列$\{a_n\}$有界.事实上,设正数M使$|a_1| \leqslant M$及$|b_n| \leqslant M(n=1,2,\cdots)$.假设$|a_n| \leqslant M$,则由(13)式得

$$|a_{n+1}| = \left|\frac{1}{\alpha}b_n - \frac{1}{\alpha}a_n\right| \leqslant \frac{1}{\alpha}|b_n| + \frac{1}{\alpha}|a_n| \leqslant \frac{2}{\alpha}M \leqslant M,$$

这就归纳地证明了$\{a_n\}$有界.

记

$$a = \underline{\lim} a_n, A = \overline{\lim} a_n, b = \lim_{n\to\infty} b_n,$$

对等式$a_n = b_n - \alpha a_{n+1}$两边分别取上、下极限,利用等式

$$\overline{\lim}(-a_n) = -\underline{\lim} a_n$$

及(5)式和(6)式中的结论,得到

$$A = b - \alpha a \text{ 与 } a = b - \alpha A.$$

由此立即推出$a = A$,所以$\{a_n\}$收敛.　□

*__例 7__　设正数数列$\{a_n\}$满足:$\forall p,q \in \mathbf{N}^+$,

$$a_{p+q} \leqslant a_p a_q, \tag{14}$$

且$\inf\limits_{n\geqslant 1}\left\{\frac{\ln a_n}{n}\right\} = \alpha$为有限数.证明

$$\lim_{n\to\infty} \frac{\ln a_n}{n} = \alpha.$$

证　利用下极限的等价定义(iii),易见有

$$\alpha \leqslant \underline{\lim} \frac{\ln a_n}{n}. \tag{15}$$

因此,只要证明$\overline{\lim}\dfrac{\ln a_n}{n}\leqslant\alpha$,结论就能成立.

由$\inf\limits_{n\geqslant 1}\left\{\dfrac{\ln a_n}{n}\right\}=\alpha$,$\forall\varepsilon>0$,$\exists n_0\in\mathbf{N}^+$,使

$$\frac{\ln a_{n_0}}{n_0}<\alpha+\varepsilon.$$

$\forall n\in\mathbf{N}^+$,n可表为

$$n=mn_0+r,$$

其中m为非负整数,$0\leqslant r<n_0$.反复应用(14)式得

$$a_n=a_{mn_0+r}\leqslant a_{n_0}^m a_r,$$

由此推出

$$\frac{\ln a_n}{n}\leqslant\frac{m}{n}\ln a_{n_0}+\frac{1}{n}\ln a_r$$

$$\leqslant\frac{mn_0}{n}(\alpha+\varepsilon)+\frac{1}{n}\ln a_r, \tag{16}$$

显然有

$$\lim_{n\to\infty}\frac{mn_0}{n}=1 \text{ 与 } \lim_{n\to\infty}\frac{\ln a_r}{n}=0,$$

从而对(16)式两边取上极限(利用保不等式性)得

$$\overline{\lim}\frac{\ln a_n}{n}\leqslant\alpha+\varepsilon\Rightarrow\overline{\lim}\frac{\ln a_n}{n}\leqslant\alpha,$$

结合(15)式即得所要证明的结论. □

注 1 容易看出,若$\alpha=-\infty$,则本例的结论仍然成立.事实上,只要在上述证明中将α(以及$\alpha+\varepsilon$)换成绝对值充分大的负数即可.

注 2 由本例可见,若正数数列$\{a_n\}$满足条件(14),则数列$\{\sqrt[n]{a_n}\}$收敛.

三、习题

在以下1~5题中,都假定$\{a_n\}$,$\{b_n\}$为有界数列.

1. 证明:

1) $\underline{\lim}a_n+\underline{\lim}b_n\leqslant\underline{\lim}(a_n+b_n)$; 2) $\underline{\lim}a_n+\overline{\lim}b_n\leqslant\overline{\lim}(a_n+b_n)$.

2. 证明:

1) 若$\alpha>0$,则$\overline{\lim}(\alpha a_n)=\alpha\,\overline{\lim}a_n$;

2) 若 $\alpha<0$，则 $\overline{\lim}(\alpha a_n)=\alpha\,\underline{\lim}a_n$（特别有 $\overline{\lim}(-a_n)=-\underline{\lim}a_n$）；

3) 若 $a_n>0, n=1,2,\cdots$，则

$$\overline{\lim}\sqrt{a_n}=\sqrt{\overline{\lim}a_n},\ \underline{\lim}\sqrt{a_n}=\sqrt{\underline{\lim}a_n}.$$

3. 设正数数列 $\{a_n\}$ 满足 $\underline{\lim}a_n>0$. 证明：

1) $\overline{\lim}\left(\frac{1}{a_n}\right)=\frac{1}{\underline{\lim}a_n}$；　2) $\underline{\lim}\left(\frac{1}{a_n}\right)=\frac{1}{\overline{\lim}a_n}$.

4. 设 $\{a_n\}$，$\{b_n\}$ 为正数数列，证明：

1) $(\underline{\lim}a_n)(\underline{\lim}b_n)\leqslant\underline{\lim}(a_nb_n)$；　　2) $\overline{\lim}(a_nb_n)\leqslant(\overline{\lim}a_n)(\overline{\lim}b_n)$；

3) 又设 $\underline{\lim}b_n>0$，则

$$\frac{\underline{\lim}a_n}{\overline{\lim}b_n}\leqslant\overline{\lim}\left(\frac{a_n}{b_n}\right)\leqslant\frac{\overline{\lim}a_n}{\underline{\lim}b_n}.$$

5. 设正数数列 $\{a_n\}$ 满足

$$(\overline{\lim}a_n)\left(\overline{\lim}\frac{1}{a_n}\right)=1,$$

证明 $\{a_n\}$ 收敛.

6. 设 $\{a_n\}$ 为正数数列. 证明

$$\overline{\lim}\sqrt[n]{a_n}\leqslant\overline{\lim}\frac{a_{n+1}}{a_n}.$$

7. 给定数列 $\{a_n\}$，记

$$b_n=2a_n-3a_{n+1},\quad n=1,2,\cdots.$$

证明：数列 $\{b_n\}$ 收敛的充要条件为数列 $\{a_n\}$ 收敛.

8. 设 $\{a_n\}$ 分别为第二章 §2.2 第 7 题 1)、2) 中的数列. 试利用上、下极限证明 $\{a_n\}$ 收敛，并求极限.

9. 设数列 $\{a_n\}$ 定义为

$$a_1=1,\quad a_{n+1}=\frac{1}{1+a_n},\quad n=1,2,\cdots.$$

试利用上、下极限证明 $\{a_n\}$ 收敛，并求其极限.

10. 设 $\alpha>0,\beta>0,a_1>0$，

$$a_{n+1}=\alpha+\frac{\beta}{a_n},\quad n=1,2,\cdots.$$

证明数列 $\{a_n\}$ 收敛，并求其极限.

*11. 设数列 $\{a_n\}$ 满足：$\forall\, p,q\in\mathbf{N}^+$ 有

$$a_{p+q}\leqslant a_p+a_q.$$

证明

$$\lim_{n\to\infty}\frac{a_n}{n}=\inf_{n\geqslant 1}\left\{\frac{a_n}{n}\right\}.$$

* 12. 设$\{a_n\}$为正数数列，证明

$$\varlimsup n\left(\frac{1+a_{n+1}}{a_n}-1\right)\geqslant 1.$$

第四章　函数极限

函数极限理论是研究函数连续性的基础. 前面讨论的数列极限可看成特殊的函数(定义在 $\mathbf{N}^+$ 上)极限,同时函数极限与数列极限有着密切的联系(归结原则).

§4.1 中将剖析各种类型函数极限的定义及基本性质. 在此基础上,着重讨论计算函数极限的方法. §4.2 中讨论两个重要极限及其应用,以及无穷小量和无穷大量.

§4.1　函数极限的定义、性质与存在条件

一、内容精析

1°　函数极限按自变量 x 的趋向来区分,有六种类型,即

$$\lim_{x\to x_0} f(x),\ \lim_{x\to x_0^+} f(x),\ \lim_{x\to x_0^-} f(x),$$

$$\lim_{x\to\infty} f(x),\ \lim_{x\to+\infty} f(x),\ \lim_{x\to-\infty} f(x).$$

读者应着重理解透一种基本类型,即 $\lim\limits_{x\to x_0} f(x)$,包括它的定义、性质和充要条件. 在此基础上举一反三,其他类型也就易于把握了.

2°　$\lim\limits_{x\to x_0} f(x)=A$ 的 ε-δ 定义是

$$\forall\varepsilon>0,\ \exists\delta>0,\ \forall x\in U^{\circ}(x_0;\delta)\ \text{有}\ |f(x)-A|<\varepsilon. \tag{1}$$

这里应注意,函数 f 当自变量 x 趋于 x_0 时是否有极限,与 f 在点 x_0 是否有定义、以及在有定义时取什么值,都是没有关系的. 因此在 ε-δ 定义中,只要求自变量 x 在 x_0 的空心邻域 $U^{\circ}(x_0;\delta)$ 内取值. 另外应看到,函数极限 $\lim\limits_{x\to x_0} f(x)$ 表示 f 在点 x_0 附近的函数值的变化趋势,所以它反映了函数 f 在 x_0 附近的局部性质.

$\lim\limits_{x\to\infty} f(x)=A$ 的定义是:

$$\forall\varepsilon>0,\exists M>0,\forall |x|>M\ \text{有}\ |f(x)-A|<\varepsilon. \tag{2}$$

其他四种类型的极限(都称为**单侧极限**)的定义,只要在定义(1)和(2)中作相应改变即得. 例如,对于 $\lim\limits_{x\to x_0^-} f(x)=A$, 是将(1)中的 $x\in U^{\circ}(x_0;\delta)$ 改为

$x\in(x_0-\delta, x_0)$;对于 $\lim\limits_{x\to-\infty}f(x)=A$,是将(2)中的 $|x|>M$ 改为 $x<-M$;等等.此外,当 $x\to x_0$(以及 $x\to\infty$)时 f 有极限的充要条件是相应的两个单侧极限都存在且相等.

3° 函数极限的基本性质与数列极限相类似.除了四则运算法则外,这里着重指出以下三个性质(以 $x\to x_0$ 这种类型为例):

1) **局部有界性** 若 $\lim\limits_{x\to x_0}f(x)$ 存在,则存在 $U^\circ(x_0)$,使在其内 f 有界;

2) **局部保号性** 若 $\lim\limits_{x\to x_0}f(x)=A\neq0$,则 $\forall\alpha\in(0, |A|)$,$\exists U^\circ(x_0)$,使在其内 $|f(x)|\geqslant\alpha$(在具体应用时常取 $\alpha=\dfrac{|A|}{2}$).

3) **迫敛性** 若在某 $U^\circ(x_0)$ 内有 $g(x)\leqslant f(x)\leqslant h(x)$,且 $\lim\limits_{x\to x_0}g(x)=\lim\limits_{x\to x_0}h(x)=A$,则 $\lim\limits_{x\to x_0}f(x)=A$.

4° **海涅**(Heine)**归结原则**是函数极限的一个重要性质,它建立了函数极限与数列极限的密切联系.归结原则的基本表述形式(以 $x\to x_0$ 这种类型为例)如下:$\lim\limits_{x\to x_0}f(x)=A$ 的充要条件是

$$\forall\ 数列\{x_n\}\subset U^\circ(x_0),\ x_n\to x_0(n\to\infty),有\lim_{n\to\infty}f(x_n)=A. \qquad (H_1)$$

另一种表述形式为:$\lim\limits_{x\to x_0}f(x)$ 存在的充要条件是

$$\forall\{x_n\}\subset U^\circ(x_0),\ x_n\to x_0(n\to\infty),\ \{f(x_n)\}\ 收敛. \qquad (H_2)$$

命题(H_2)比(H_1)的条件减弱了,因此在使用上有时更为方便.(H_1)与(H_2)的等价性容易证明.

对于四种类型的单侧极限,归结原则还有如下更强的形式(以 $\lim\limits_{x\to+\infty}f(x)$ 为例):$\lim\limits_{x\to+\infty}f(x)=A$ 的充要条件是

对每一个严格递增地趋于 $+\infty$ 的 $\{x_n\}$,有 $\lim\limits_{n\to\infty}f(x_n)=A$ 或:$\lim\limits_{x\to+\infty}f(x)$ 存在的充要条件是对每一个严格递增地趋于 $+\infty$ 的 $\{x_n\}$,$\{f(x_n)\}$ 收敛.

5° **函数极限的柯西收敛准则** $\lim\limits_{x\to x_0}f(x)$ 存在的充要条件是:$\forall\varepsilon>0$,$\exists\delta>0$,$\forall x', x''\in U^\circ(x_0;\delta)$,有 $|f(x')-f(x'')|<\varepsilon$.

这个命题的必要性易证;利用归结原则,将函数极限的存在性转化为相应地存在数列极限,充分性的证明也不难得到.

二、典型例题

例 1 按定义验证

$$\lim_{x\to\infty}\frac{2x^2+1}{x^2-3}=2. \tag{3}$$

分析　$\forall\varepsilon>0$,要寻求 $M>0$,使得当 $|x|>M$ 时有

$$\left|\frac{2x^2+1}{x^2-3}-2\right|=\frac{7}{|x^2-3|}<\varepsilon. \tag{4}$$

易见当 $|x|>3$ 时有

$$|x^2-3|>|x|\Rightarrow\frac{7}{|x^2-3|}<\frac{7}{|x|}.$$

于是,只要 $\frac{7}{|x|}<\varepsilon$ 即 $|x|>\frac{7}{\varepsilon}$ 时,(4)式就能成立. 故可取

$$M=\max\left\{3,\ \frac{7}{\varepsilon}\right\}.$$

证　$\forall\varepsilon>0$,取 $M=\max\left\{3,\ \frac{7}{\varepsilon}\right\}$,则 $\forall\ |x|>M$,(4)式成立. 按定义,(3)式得证.　□

注　本例在估计 x 的范围时采用适当放大的方法. 要是试图从不等式 $\left|\frac{7}{x^2-3}\right|<\varepsilon$ 中直接解出 x 的取值范围,那将会事倍功半.

例 2　按 ε-δ 定义证明 $\lim\limits_{x\to a}\ln x=\ln a\,(a>0)$.

证　$\forall\varepsilon>0$,要使 $|\ln x-\ln a|<\varepsilon$,即

$$-\varepsilon<\ln\frac{x}{a}<\varepsilon.$$

易见上式等价于

$$a(e^{-\varepsilon}-1)<x-a<a(e^{\varepsilon}-1),$$

故只要取 $\delta=\min\{a(e^{\varepsilon}-1),\ a(1-e^{-\varepsilon})\}=a(1-e^{-\varepsilon})>0$,即可得证.　□

注　本例实际上证明了对数函数 $y=\ln x$ 的连续性. 类似地可证指数函数 $y=a^x\,(a>0,\ a\neq1)$的连续性. 关于函数的连续性将在下一章中详细讨论.

例 3　讨论极限 $\lim\limits_{x\to1}\left(\frac{1}{x}-\left[\frac{1}{x}\right]\right)$ 是否存在.

分析　与取整函数 $y=[x]$ 有关的函数,在整数点的两侧以分段函数形式表示,故应考虑左、右极限.

解　在点 $x_0=1$ 的左、右两侧附近,当 $x>1$ 时有

$$0<\frac{1}{x}<1\Rightarrow\left[\frac{1}{x}\right]=0,$$

于是有

$$\lim_{x\to 1^+}\left(\frac{1}{x}-\left[\frac{1}{x}\right]\right)=\lim_{x\to 1^+}\frac{1}{x}=1;$$

当 $x<1$(限定 $x>0$)时有

$$1\leqslant\left[\frac{1}{x}\right]\leqslant\frac{1}{x},$$

故由迫敛性得 $\lim\limits_{x\to 1^-}\left[\frac{1}{x}\right]=1$，从而有

$$\lim_{x\to 1^-}\left(\frac{1}{x}-\left[\frac{1}{x}\right]\right)=0.$$

综上可知，极限 $\lim\limits_{x\to 1}\left(\frac{1}{x}-\left[\frac{1}{x}\right]\right)$ 不存在. □

例 4 设 $\lim\limits_{x\to x_0}g(x)=a$，且在某 $U^\circ(x_0)$ 内 $g(x)\neq a$. 又设 $\lim\limits_{u\to a}f(u)=A$，证明

$$\lim_{x\to x_0}f(g(x))=A.$$

证 $\lim\limits_{u\to a}f(u)=A\Rightarrow\forall\varepsilon>0$，$\exists\eta>0$，$\forall u\in U^\circ(a;\eta)$有

$$|f(u)-A|<\varepsilon. \tag{5}$$

又由 $\lim\limits_{x\to x_0}g(x)=a$，对上述 $\eta>0$，$\exists\delta>0$，$\forall x\in U^\circ(x_0;\delta)$有

$$|g(x)-a|<\eta,\quad 即\ g(x)\in U(a;\eta).$$

注意到 $g(x)\neq a$ 的条件得

$$u=g(x)\in U^\circ(a;\eta).$$

于是，结合(5)式便有 $|f(g(x))-A|<\varepsilon$. □

注 1 本例得到的是关于复合函数求极限的结论. 易见这个结论对于其他类型的函数极限也是成立的.

注 2 本例中的限制条件"在某 $U^\circ(x_0)$ 内 $g(x)\neq a$"不能缺少，例如，令 $g(x)=0$，

$$f(u)=\begin{cases}1, & u=0,\\ 0, & u\neq 0,\end{cases}$$

则 $\lim\limits_{u\to 0}f(u)=0$，而 $f(g(x))=1\Rightarrow\lim\limits_{x\to 0}f(g(x))=1$. 不过，若 f 在点 a 连续，则不必有此限制条件.

例 5 设$\lim\limits_{x\to x_0}u(x)=a>0$，$\lim\limits_{x\to x_0}v(x)=b$. 证明

$$\lim_{x\to x_0}u(x)^{v(x)}=a^b.$$

证 考虑函数$\varphi(x)=v(x)\ln u(x)$. 由以上两例得

$$\lim_{x\to x_0}\ln u(x)=\ln a\Rightarrow\lim_{x\to x_0}\varphi(x)=b\ln a.$$

从而得

$$\lim_{x\to x_0}u(x)^{v(x)}=\lim_{x\to x_0}\mathrm{e}^{\varphi(x)}=\mathrm{e}^{b\ln a}=a^b.$$ □

注 本例给出了求幂指函数极限的公式.

例 6 证明关于单侧极限的归结原则：$\lim\limits_{x\to+\infty}f(x)=A$ 的充要条件是对每一个严格递增地趋于$+\infty$的$\{x_n\}$，有$\lim\limits_{n\to\infty}f(x_n)=A$.

证 ［必要性］ 设$\lim\limits_{x\to+\infty}f(x)=A$，则$\forall\varepsilon>0$，$\exists M>0$，$\forall x>M$有

$$|f(x)-A|<\varepsilon.$$

又设$\lim\limits_{n\to\infty}x_n=+\infty$(此时$\{x_n\}$可不必限于严格递增数列)，则对上述$M$，$\exists N>0$，$\forall n>N$有$x_n>M\Rightarrow|f(x_n)-A|<\varepsilon$. 这就证明了$\lim\limits_{n\to\infty}f(x_n)=A$.

［充分性］ 用反证法. 设对任何严格递增地趋于$+\infty$的$\{x_n\}$有$\lim\limits_{n\to\infty}f(x_n)=A$，而$\lim\limits_{x\to+\infty}f(x)=A$不成立，则$\exists\varepsilon_0>0$，$\forall M>0$，$\exists x>M$使$|f(x)-A|\geqslant\varepsilon_0$.

取$M_1=1$，$\exists x_1>M_1$，使$|f(x_1)-A|\geqslant\varepsilon_0$；

取$M_2=\max\{2,x_1\}$，$\exists x_2>M_2$，使$|f(x_2)-A|\geqslant\varepsilon_0$；…

取$M_n=\max\{n,x_{n-1}\}$，$\exists x_n>M_n$，使$|f(x_n)-A|\geqslant\varepsilon_0$，…

这样我们得到了严格递增地趋于$+\infty$的数列$\{x_n\}$，而$|f(x_n)-A|\geqslant\varepsilon_0$，即$\{f(x_n)\}$不收敛于$A$，与假设相矛盾. □

关于单侧的函数极限，也有类似于数列极限的单调有界定理.

例 7 设f为$U^\circ(x_0;\delta)$上的单调递增函数. 证明：单侧极限$f(x_0-0)$与$f(x_0+0)$都存在，且有

$$f(x_0-0)=\sup_{x\in(x_0-\delta,x_0)}f(x),\ f(x_0+0)=\inf_{x\in(x_0,x_0+\delta)}f(x).$$

证 因为f在$U^\circ(x_0;\delta)$上递增. 在$(x_0-\delta,x_0)$内任取严格递增数列$\{x_n\}$，$x_n\to x_0(n\to\infty)$，则$\{f(x_n)\}$递增，且有上界$f(x')$，$x'\in(x_0,x_0+\delta)$. 故由数列的单调有界定理，$\{f(x_n)\}$收敛. 于是由归结原则(关于$x\to x_0^-$这种类型)，$\lim\limits_{x\to x_0^-}f(x)$存在，记为$A$. 又记$B=\sup\limits_{x\in(x_0-\delta,x_0)}f(x)$. 要证$A=B$.

显然，$\forall x \in (x_0-\delta, x_0)$，$f(x) \leqslant B \Rightarrow A \leqslant B$. 另一方面，$\forall \varepsilon > 0$，$\exists x' \in (x_0-\delta, x_0)$，使 $f(x') > B-\varepsilon$. 结合 f 的递增性，即可推出 $A \geqslant B-\varepsilon$. 再由 ε 的任意性得 $A=B$.

类似地证明后一等式. □

例 8 设定义在 $\mathbf{R}$ 上的函数 f 在某 $U^\circ(0;\eta)$ 内有界，并满足

$$f(\alpha x) = \beta f(x), \tag{6}$$

其中常数 $\alpha > 1, \beta > 1$，证明 $\lim\limits_{x \to 0} f(x) = 0$.

证 反复运用(6)式得

$$f(\alpha^n x) = \beta^n f(x),\ n \in \mathbf{N}^+. \tag{7}$$

又 $\exists M > 0, \forall x \in U^\circ(0, \eta)$，有 $|f(x)| \leqslant M$.

$\forall \varepsilon > 0$，由于 $\beta > 1$，可取 $n \in \mathbf{N}^+$，使 $\frac{M}{\beta^n} < \varepsilon$. 再取 $\delta > 0$，使 $\delta < \frac{\eta}{\alpha^n}$. 则 $\forall x \in U^\circ(0;\delta)$，有 $\alpha^n x \in U^\circ(0;\eta) \Rightarrow |f(\alpha^n x)| \leqslant M$. 从而由(7)式得：$\forall x \in U^\circ(0;\delta)$ 有

$$|f(x)| = \left|\frac{1}{\beta^n} f(\alpha^n x)\right| \leqslant \frac{M}{\beta^n} < \varepsilon.$$

这就证明了 $\lim\limits_{x \to 0} f(x) = 0$. □

注 若已知函数 f 满足一个函数方程(如本例中的(6)式)，要证明关于 f 的某个结论，常通过反复运用此函数方程，导出相应的关系式而使问题得到解决. 以下习题 10～12 都属这种类型.

三、习题

1. 按 ε-δ 定义验证

$$\lim_{x \to 2} \frac{x+1}{x^2-x} = \frac{3}{2}.$$

2. 求下列极限：

1) $\lim\limits_{x \to 1} \frac{x^n-1}{x^m-1}$，$m, n \in \mathbf{N}^+$；　2) $\lim\limits_{x \to 1^-} \left(\sqrt{\frac{1}{1-x}+1} - \sqrt{\frac{1}{1-x}-1}\right)$；

3) $\lim\limits_{x \to 0} \frac{\sqrt[n]{1+x}-1}{x}$，$n \in \mathbf{N}^+$；

4) $\lim\limits_{x \to +\infty} \left(\sqrt{(a+x)(b+x)} - \sqrt{(a-x)(b-x)}\right)$；

5) $\lim\limits_{x \to 0} \frac{\sqrt{1+x}-\sqrt{1-x}}{\sqrt[3]{1+x}-\sqrt[3]{1-x}}$；　6) $\lim\limits_{x \to 1} \frac{(1-\sqrt{x})(1-\sqrt[3]{x})\cdots(1-\sqrt[n]{x})}{(1-x)^{n-1}}$，$n \geqslant 2$.

3. 求下列极限：

1) $\lim\limits_{x\to0^+}\frac{[x]}{x}$；　2) $\lim\limits_{x\to\infty}\frac{[x]}{x}$；　3) $\lim\limits_{x\to0}x\left[\frac{1}{x}\right]$；

4) $\lim\limits_{x\to+\infty}\frac{[xf(x)]}{x}$，其中已知 $\lim\limits_{x\to+\infty}f(x)=A$.

4. 设 $\forall x\in U^\circ(x_0)$，$f(x)\geqslant0$，且 $\lim\limits_{x\to x_0}f(x)=A$. 证明

$$\lim_{x\to x_0}\sqrt[n]{f(x)}=\sqrt[n]{A},\quad n\in\mathbf{N}^+.$$

5. 分别利用函数极限的柯西收敛准则和归结原则证明：

1) $\lim\limits_{x\to0}\sin\frac{1}{x}$不存在；

2) 狄利克雷函数 $D(x)$在每一点都没有极限.

6. 设定义在$[a, b]$上的函数 f 在$[a, b]$上每一点都有极限(在端点处为左、右极限)，证明 f 在$[a, b]$上有界.

7. 设 f 在$[a, +\infty)$上单调有界，证明 $\lim\limits_{x\to+\infty}f(x)$存在.

8. 1) 证明：$\lim\limits_{x\to0}f(x)$与 $\lim\limits_{x\to0}f(x^3)$ 有一个存在时，另一个也存在，且两者相等；

2) $\lim\limits_{x\to0}f(x)$ 与 $\lim\limits_{x\to0}f(x^2)$ 是否一定同时存在?

9. 设 f 为$\boldsymbol{R}$上的周期函数，满足 $\lim\limits_{x\to+\infty}f(x)=0$. 证明：$f(x)\equiv0$，$x\in\boldsymbol{R}$.

10. 设函数 f 在$(0,+\infty)$上满足方程 $f(2x)=f(x)$，且 $\lim\limits_{x\to+\infty}f(x)=A$. 证明：$f(x)\equiv A$，$x\in(0, +\infty)$.

11. 设函数 f 在$(0,+\infty)$上满足方程 $f(x^2)=f(x)$，且有

$$\lim_{x\to0^+}f(x)=\lim_{x\to+\infty}f(x)=f(1).$$

证明：$f(x)\equiv f(1)$，$x\in(0, +\infty)$.

*12. 设 f 在$(0,+\infty)$上递增，$f(x)\geqslant0$，并满足

$$\lim_{x\to+\infty}\frac{f(2x)}{f(x)}=1.$$

证明：$\forall\alpha>0$，成立

$$\lim_{x\to+\infty}\frac{f(\alpha x)}{f(x)}=1.$$

§4.2　两个重要极限·无穷小量与无穷大量

一、内容精析

1°　函数极限中熟知的两个重要极限是

$$\lim_{x\to0}\frac{\sin x}{x}=1\quad 和\quad \lim_{x\to\infty}\left(1+\frac{1}{x}\right)^x=\mathrm{e}.$$

这里要顺便指出，在证明第一个极限时，通过在单位圆内比较有关的直角

三角形和扇形面积而得到如下不等式:

$$\sin x < x < \tan x, \quad 0 < x < \frac{\pi}{2}. \tag{1}$$

由不等式(1)的前半部分容易导出一个很有用的不等式

$$|\sin x| \leqslant |x|, \quad x \in \boldsymbol{R}, \tag{2}$$

其中等号仅当 $x=0$ 时成立.

利用两个重要极限,可推出以下一些基本结果:

$$\lim_{x\to 0}\frac{\tan x}{x}=1, \quad \lim_{x\to 0}\frac{\arctan x}{x}=1, \quad \lim_{x\to 0}\frac{1-\cos x}{x^2}=\frac{1}{2};$$

$$\lim_{x\to 0}(1+x)^{\frac{1}{x}}=\mathrm{e}, \quad \lim_{x\to 0}\frac{\ln(1+x)}{x}=1, \quad \lim_{x\to 0}\frac{a^x-1}{x}=\ln a\,(a>0).$$

又利用求复合函数极限的方法(见上节例 4),可得

1) 若 $\lim\limits_{t\to t_0}\varphi(t)=0$, 且当 $t\neq t_0$ 时 $\varphi(t)\neq 0$, 则

$$\lim_{t\to t_0}\frac{\sin\varphi(t)}{\varphi(t)}=1; \tag{3}$$

2) 若 $\lim\limits_{t\to t_0}\varphi(t)=\infty$,则

$$\lim_{t\to t_0}\left(1+\frac{1}{\varphi(t)}\right)^{\varphi(t)}=\mathrm{e}. \tag{4}$$

2° 在讨论数列极限时,已给出无穷小量与无穷大量的定义.对于函数极限,其定义是相仿的.但应注意以下几点:

1) 函数极限按自变量的趋向来区分有六种类型,因此在表示函数为无穷小量或无穷大量时,必须同时指出自变量的趋向.

2) 无穷大量可看成是广义的函数极限,即极限"值"为∞、$+\infty$或$-\infty$.例如,$\lim\limits_{x\to x_0}f(x)=\infty$的定义为

$$\forall G>0,\ \exists\delta>0,\ \forall x\in U^\circ(x_0;\delta)\ 有\ |f(x)|>G,$$

$\lim\limits_{x\to+\infty}f(x)=-\infty$的定义为

$$\forall G>0,\ \exists M>0,\ \forall x>M\ 有\ f(x)<-G.$$

以上两种情况分别称函数 f 为当 $x\to x_0$ 时的**无穷大量**以及当 $x\to+\infty$时的**负无穷大量**,等等.

3) 我们来归纳一下关于函数极限(包括广义的函数极限)定义的各种形式.通常的函数极限(包括数列)有 7 种.对于广义的函数极限,由于自变量的

趋向(包括数列的 $n\to\infty$)有 7 种,极限"值"有三种情况(∞,$+\infty$与$-\infty$),因此有 21 种定义形式.

综合起来,函数极限(包括广义的,以及数列)共有 28 种定义形式.尽管形式繁多,但只要掌握其规律,就能熟练自如地写出每一种定义.

3° 关于无穷小量及其阶的比较的记号作如下说明(主要以 $x\to x_0$ 这种类型为例):

1) 记号

$$f(x)=o(1)\quad(x\to x_0)\tag{5}$$

表示函数 f 是当 $x\to x_0$ 时的无穷小量.这里特别要指出:(5)式中等号的含义与通常的等号大不相同,应理解为 f 是(当 $x\to x_0$ 时的)无穷小量;或者说,(5) 式右边表示一个函数集合,即

$$o(1)(x\to x_0)=\{\varphi\mid 函数\ \varphi\ 是当\ x\to x_0\ 时的无穷小量\},$$

而整个(5)式表示 f 是该函数集合中的一个函数,即 f 属于该集合.

2) 记号

$$f(x)=O(1)\quad(x\to x_0)$$

表示 f 是某 $U^\circ(x_0)$内的有界函数,或称**局部有界量**."无穷小量必为局部有界量"这个事实可表为如下"等式":

$$o(1)=O(1)\quad(x\to x_0),\tag{6}$$

其中等号的含义可理解为两个函数集合之间的包含关系,或者说,(6)式中的等号表示包含于.显然,若将(6)式的两边交换,写成 $O(1)=o(1)(x\to x_0)$,则这是个错误的"等式".

3) 记号

$$f(x)=o(g(x))\quad(x\to x_0)$$

表示 f 是比 g **高阶的无穷小量**,即有

$$\lim_{x\to x_0}\frac{f(x)}{g(x)}=0;$$

记号 $f(x)=O(g(x))(x\to x_0)$表示:$\exists M>0$,使在某 $U^\circ(x_0)$内成立

$$|f(x)|\leqslant M|g(x)|.$$

4) 若无穷小量(或无穷大量)f 与 g 满足

$$\lim_{x\to x_0}\frac{f(x)}{g(x)}=l\neq 0,\tag{7}$$

则称 f 与 g 为**同阶无穷小量**(无穷大量);特别,当 $l=1$ 时称 f 与 g 为**等价无**

穷小量,记为

$$f(x)\approx g(x)(x\to x_0).$$

又若在(7)式中 $g(x)=(x-x_0)^{\alpha}(\alpha>0)$,则称 f 为 α 阶的无穷小量.

利用等价无穷小量的代换,常能简化函数极限的计算.

二、典型例题

例 1 计算下列极限:

1) $\lim\limits_{n\to\infty}n\sin\dfrac{1}{n}$; 2) $\lim\limits_{x\to 0}(\cos x)^{\frac{1}{x^2}}$; 3) $\lim\limits_{x\to\infty}\left(\dfrac{x^2-1}{x^2+1}\right)^{x^2}$.

解 1)

$$\lim_{n\to\infty}n\sin\frac{1}{n}=\lim_{n\to\infty}\frac{\sin\frac{1}{n}}{\frac{1}{n}}=\lim_{x\to 0}\frac{\sin x}{x}=1;$$

2) $\lim\limits_{x\to 0}(\cos x)^{\frac{1}{x^2}}=\lim\limits_{x\to 0}\left\{[1+(\cos x-1)]^{\frac{1}{\cos x-1}}\right\}^{\frac{\cos x-1}{x^2}}=e^{-\frac{1}{2}}$;

3) 原式 $=\lim\limits_{t\to+\infty}\left(\dfrac{t-1}{t+1}\right)^{t}=\dfrac{1}{\lim\limits_{t\to+\infty}\left[\left(1+\dfrac{2}{t-1}\right)^{\frac{t-1}{2}}\right]^{\frac{2t}{t-1}}}=\dfrac{1}{e^2}$. □

注 1 解 1)中间的等式是利用了函数极限的归结原则(取 $x_n=\dfrac{1}{n}\to 0$). 在计算某些数列极限时,若相应的函数极限容易求出,则常可采用此方法.

注 2 解 2)和 3)中都运用了上节例 4 和例 5 给出的复合函数求极限与幂指函数求极限的方法. 如在解 2)时,可设 $\varphi(x)=\cos x-1$,则 $\lim\limits_{x\to 0}\varphi(x)=0$, 从而由(4)式得

$$\lim_{x\to 0}[1+\varphi(x)]^{\frac{1}{\varphi(x)}}=e;$$

又易得 $\lim\limits_{x\to 0}\dfrac{\cos x-1}{x^2}=-\dfrac{1}{2}$. 由此求出计算结果.

例 2 确定以下无穷小量的阶:

1) $\sin x-\tan x\quad(x\to 0)$; 2) $a^{x^2}-b^{x^2}\quad(x\to 0)$, $a>b>0$.

解 1) $\sin x-\tan x=\dfrac{\sin x(\cos x-1)}{\cos x}$, 由

$\sin x\approx x(x\to 0)$, $(\cos x-1)\approx-\dfrac{x^2}{2}(x\to 0)$ 及 $\lim\limits_{x\to 0}\cos x=1$ 可见, $\sin x-\tan x$ 为 3 阶无穷小量$(x\to 0)$.

2) $a^{x^2}-b^{x^2}=b^{x^2}\left[\left(\dfrac{a}{b}\right)^{x^2}-1\right]$,由

$$\lim_{x\to 0} b^{x^2}=1 \quad 及\left[\left(\frac{a}{b}\right)^{x^2}-1\right]\approx x^2\ln\frac{a}{b}$$

可见，$a^{x^2}-b^{x^2}$ 为 2 阶无穷小量($x\to 0$).　　□

注 1　在确定无穷小量的阶时(以及一般地在计算函数极限时)，利用等价无穷小量的代换，能使计算过程简化. 但若无穷小量以函数的代数和的形式给出，则不能随意地对其中每一个无穷小量进行等价代换. 如对本例 1，若由 $\sin x\approx x$ 与 $\tan x\approx x(x\to 0)$，而推出

$$\sin x-\tan x\approx x-x=0,$$

则将得到错误的结果. 正确的解题途径是：设法将代数和形式的无穷小量表示成乘积的形式，再考虑对这些乘积因子进行等价代换.

注 2　并不是任何无穷小量都存在阶. 如当 $x\to 0$ 时，$f(x)=x\sin\dfrac{1}{x}$ 是无穷小量，但它没有阶：若 $\alpha>0$ 是它的阶，则显然必须 $\alpha\leqslant 1$，但当 $\alpha<1$ 时 $\lim\limits_{x\to 0} f(x)/x^{\alpha}=0$，$\alpha=1$ 时 $\lim\limits_{x\to 0} f(x)/x$ 不存在，都与无穷小量阶的定义相矛盾.

例 3　利用等价无穷小量的代换求极限：

1) $\lim\limits_{x\to+\infty}(\sin\sqrt{x+1}-\sin\sqrt{x})$；　2) $\lim\limits_{x\to 0}\dfrac{(1+x)^{\alpha}-1}{\ln(1+x)}(\alpha\neq 0)$；

3) $\lim\limits_{x\to+\infty}[(x+\eta)^{\alpha}-x^{\alpha}]$，其中 $\alpha>0,\alpha\neq 1,\eta>0$.

解　1) $\sin\sqrt{x+1}-\sin\sqrt{x}=2\sin\dfrac{\sqrt{x+1}-\sqrt{x}}{2}\cos\dfrac{\sqrt{x+1}+\sqrt{x}}{2}$,

$$\sin\frac{\sqrt{x+1}-\sqrt{x}}{2}=\sin\frac{1}{2(\sqrt{x+1}+\sqrt{x})}$$

$$\approx\frac{1}{2(\sqrt{x+1}+\sqrt{x})}\approx\frac{1}{4\sqrt{x}}\quad(x\to+\infty),$$

$$\cos\frac{\sqrt{x+1}+\sqrt{x}}{2}=O(1)\quad(x\to+\infty),$$

所以有 $\lim\limits_{x\to+\infty}(\sin\sqrt{x+1}-\sin\sqrt{x})=0$.

2) 令 $t=(1+x)^{\alpha}-1$，则当 $x\to 0$ 时 $t\to 0$，且有

$$\ln(1+x)=\frac{1}{\alpha}\ln(1+t)\approx\frac{t}{\alpha}\quad(t\to 0),$$

从而得到

$$\lim_{x\to 0}\frac{(1+x)^{\alpha}-1}{\ln(1+x)}=\lim_{t\to 0} t\Big/\frac{t}{\alpha}=\alpha.$$

3) $(x+\eta)^{\alpha}-x^{\alpha}=x^{\alpha-1}\cdot x\left[\left(1+\frac{\eta}{x}\right)^{\alpha}-1\right]$,而

$$\lim_{x\to+\infty}x\left[\left(1+\frac{\eta}{x}\right)^{\alpha}-1\right]=\eta\lim_{t\to0^{+}}\frac{(1+t)^{\alpha}-1}{t}\quad\left(令\ t=\frac{\eta}{x}\right)$$

$$=\eta\lim_{t\to0^{+}}\frac{(1+t)^{\alpha}-1}{\ln(1+t)}=\eta\alpha.$$

所以有

$$\lim_{x\to+\infty}[(x+\eta)^{\alpha}-x^{\alpha}]=\begin{cases}0, & 0<\alpha<1,\\ +\infty, & \alpha>1.\end{cases}$$ □

例 4 设 $a\geqslant0$, $b\geqslant0$, 求极限 $\lim\limits_{n\to\infty}\left(\frac{\sqrt[n]{a}+\sqrt[n]{b}}{2}\right)^{n}$.

解 考虑函数极限

$$\lim_{x\to+\infty}\left(\frac{a^{\frac{1}{x}}+b^{\frac{1}{x}}}{2}\right)^{x}=\lim_{x\to+\infty}\left[(1+\varphi(x))^{\frac{1}{\varphi(x)}}\right]^{x\varphi(x)},$$

其中 $\varphi(x)=\frac{1}{2}(a^{\frac{1}{x}}+b^{\frac{1}{x}})-1$. 利用上一段中提到的一个基本极限 $\lim\limits_{x\to0}\frac{a^{x}-1}{x}=\ln a$, 得到

$$\lim_{x\to+\infty}x\varphi(x)=\lim_{t\to0^{+}}\frac{a^{t}+b^{t}-2}{2t}$$

$$=\lim_{t\to0^{+}}\frac{a^{t}-1}{2t}+\lim_{t\to0^{+}}\frac{b^{t}-1}{2t}$$

$$=\frac{1}{2}(\ln a+\ln b).$$

另一方面,当 $x\to+\infty$ 时,$\varphi(x)\to0$,故有

$$\lim_{x\to+\infty}(1+\varphi(x))^{\frac{1}{\varphi(x)}}=\mathrm{e}.$$

于是,利用幂指函数求极限公式得

$$\lim_{x\to+\infty}\left(\frac{a^{\frac{1}{x}}+b^{\frac{1}{x}}}{2}\right)^{x}=\mathrm{e}^{\frac{1}{2}(\ln a+\ln b)}=\sqrt{ab}.$$

最后,由归结原则得

$$\lim_{n\to\infty}\left(\frac{\sqrt[n]{a}+\sqrt[n]{b}}{2}\right)^{n}=\sqrt{ab}.$$ □

例 5 求极限

$$\lim_{n\to\infty}\left(\cos\frac{\alpha}{n}+\sin\frac{\alpha}{n}\right)^n \quad (\alpha\neq 0).$$

解　先求相应的函数极限

$$\lim_{x\to+\infty}\left(\cos\frac{\alpha}{x}+\sin\frac{\alpha}{x}\right)^x=\lim_{x\to+\infty}\{[1+\varphi(x)]^{\frac{1}{\varphi(x)}}\}^{x\varphi(x)},$$

其中 $\varphi(x)=\cos\frac{\alpha}{x}+\sin\frac{\alpha}{x}-1$，且有 $\lim\limits_{x\to+\infty}\varphi(x)=0$. 又

$$\begin{aligned}\lim_{x\to+\infty}x\varphi(x)&=\lim_{t\to0^+}\frac{\sin\alpha t+\cos\alpha t-1}{t}\\&=\lim_{t\to0^+}\left(\alpha\frac{\sin\alpha t}{\alpha t}-t\cdot\frac{1-\cos t}{t^2}\right)\\&=\alpha.\end{aligned}$$

所以有

$$\lim_{x\to+\infty}\left(\cos\frac{\alpha}{x}+\sin\frac{\alpha}{x}\right)^x=\mathrm{e}^\alpha\Rightarrow\lim_{n\to\infty}\left(\cos\frac{\alpha}{n}+\sin\frac{\alpha}{n}\right)^n=\mathrm{e}^\alpha.$$ □

***例 6**　设函数 f 定义在 $(a,+\infty)$ 上，满足条件

(i) $\forall b>a$，f 在 (a,b) 内有界；

(ii) $\lim\limits_{x\to+\infty}[f(x+1)-f(x)]=A$，

证明　$\lim\limits_{x\to+\infty}\frac{f(x)}{x}=A$.

证　由条件(ii)，$\forall\varepsilon>0$，$\exists G>a$，$\forall x\geqslant G$，有

$$|f(x+1)-f(x)-A|<\frac{\varepsilon}{3}. \tag{8}$$

$\forall x\geqslant G$，x 可表为

$$x=G+k+\alpha,$$

其中 k 为非负整数，$0\leqslant\alpha<1$. 于是有

$$\begin{aligned}\left|\frac{f(x)}{x}-A\right|&=\left|\frac{f(x)-f(G+\alpha)+f(G+\alpha)}{x}-\frac{G+k+\alpha}{x}A\right|\\&\leqslant\left|\frac{f(x)-f(G+\alpha)}{x}-\frac{k}{x}A\right|+\left|\frac{f(G+\alpha)}{x}\right|+\left|\frac{G+\alpha}{x}A\right|.\end{aligned} \tag{9}$$

利用条件(i)，f 在 $(a,G+1)$ 内有界，故只要取 $x(\geqslant G)$ 充分大，就能同时成立

$$\left|\frac{f(G+\alpha)}{x}\right|<\frac{\varepsilon}{3} \quad \text{以及} \quad \left|\frac{G+\alpha}{x}A\right|<\frac{\varepsilon}{3}. \tag{10}$$

另一方面，由(8)式得

$$\left|\frac{f(x)-f(G+\alpha)}{x}-\frac{k}{x}A\right|$$

$$=\frac{1}{x}|[f(x)-f(x-1)-A]+[f(x-1)-f(x-2)-A]+\cdots$$

$$+[f(G+1+\alpha)-f(G+\alpha)-A]|$$

$$\leqslant\frac{1}{x}k\cdot\frac{\varepsilon}{3}<\frac{\varepsilon}{3}.$$

上式结合(9)与(10)，最终导出

$$\left|\frac{f(x)}{x}-A\right|<\varepsilon.$$ □

三、习题

1. 求下列极限：

1) $\lim\limits_{x\to0}(1+\tan x)^{\cot x}$；　2) $\lim\limits_{x\to0}\left(\frac{1+x}{1-x}\right)^{\frac{1}{x}}$；　3) $\lim\limits_{x\to\infty}\left(\frac{3x+2}{3x-1}\right)^{2x}$.

2. 确定以下无穷小量是否存在阶，若存在则求出之：

1) $\frac{1}{x}\sin x\ (x\to\infty)$；　2) $a^x-1\ (x\to0)$，$a>0$，$a\neq1$；

3) $\sqrt{1+\tan x}-\sqrt{1+\sin x}\ (x\to0)$；　4) $\sin\sqrt{x+1}-\sin\sqrt{x}\ (x\to+\infty)$.

3. 当 $x\to0$ 时，下列“等式”中哪些是成立的：

1) $O(1)=o(1)$；　2) $o(x^2)=o(x)$；　3) $O(x^2)=o(x)$；

4) $x\cdot o(x^2)=o(x^3)$；　5) $\frac{o(x^2)}{o(x)}=o(x)$.

4. 求下列极限：

1) $\lim\limits_{x\to+\infty}x\left(\frac{2}{\pi}\arctan x-1\right)$；　2) $\lim\limits_{x\to+\infty}\left(\frac{2}{\pi}\arctan x\right)^x$；

3) $\lim\limits_{x\to0}(\cos x)^{\cot^2 x}$.

注　应用洛必达法则(见第七章)，本题很容易计算．但运用例 4 和例 5 中的方法，也不难求解．

5. 设 $\lim\limits_{x\to0}\frac{f(x)}{x}$ 存在，又有常数 $\alpha\neq1$ 使

$$f(x)-f(\alpha x)=o(x)\ (x\to0).$$

证明 $f(x)=o(x)\ (x\to0)$.

6. 设 $a_1,\cdots,a_p$ 为正数($p\geqslant 2$),

$$f(x)=\left(\frac{a_1^x+\cdots+a_p^x}{p}\right)^{\frac{1}{x}},$$

求$\lim\limits_{x\to 0}f(x)$.

7. 设 a, b, c 为正数,求极限

$$\lim_{n\to\infty}\left(\frac{\sqrt[n]{a}+\sqrt[n]{b}+\sqrt[n]{c}}{3}\right)^n.$$

第五章 函数的连续性

连续函数是数学分析课程中所研究的主要函数类,有关它的重要性质是数学分析理论的基础之一. §5.1讨论连续函数的局部性质,§5.2中讨论闭区间上连续函数的整体性质,即有界性、最值性、介值性和一致连续性.

关于初等函数的连续性,作为熟知的基本结论,我们将不作详细讨论.

§5.1 函数连续性的定义与局部性质

一、内容精析

1° 关于函数 f 在点 x_0 连续的定义,可归纳以下几种等价形式:

1) 极限形式:$\lim\limits_{x\to x_0}f(x)=f(x_0)$.

2) 增量极限形式:$\lim\limits_{\Delta x\to 0}\Delta y=0$,其中 $\Delta y=f(x_0+\Delta x)-f(x_0)$.

3) ε-δ 语言:$\forall\varepsilon>0$, $\exists\delta>0$, $\forall x\in U(x_0;\delta)$有 $|f(x)-f(x_0)|<\varepsilon$.

4) 邻域表示形式:$\forall\varepsilon>0$, $\exists\delta>0$,使 $f(U(x_0;\delta))\subset U(f(x_0);\varepsilon)$.

5) 左、右极限:$f(x_0+0)=f(x_0-0)=f(x_0)$.

6) 归结到数列极限:$\forall\{x_n\}\subset U(x_0)$, $x_n\to x_0\,(n\to\infty)$, $\lim\limits_{n\to\infty}f(x_n)=f(x_0)$.

在讨论有关函数连续性的问题时,可根据所论问题的特点,采用适当的等价定义.

2° 连续函数的局部性质有:局部有界性,局部保号性,四则运算性质以及复合函数的连续性.这些性质都由相应的函数极限性质直接推出.

3° 函数 f 的不连续点称为**间断点**.间断点按左、右极限的存在与否来分类,分为**第一类间断点**(函数在该点的左、右极限都存在)和**第二类间断点**(左、右极限至少有一个不存在).在第一类间断点中,若左、右极限相等,则称为**可去间断点**;若不相等,则称为**跳跃间断点**.

二、典型例题

例1 试举出定义在 $\mathbf{R}$ 上的函数 f 的例子,使 f 仅在 $x=0$, 1, 2 三点处连续,而其余的点都是 f 的第二类间断点.

分析 我们知道,狄利克雷函数

$$D(x)=\begin{cases}1, & x\text{ 为有理数},\\ 0, & x\text{ 为无理数}\end{cases}$$

以 $\boldsymbol{R}$ 上每一点为其第二类间断点($D(x)$在任一点的左、右极限都不存在). 考虑到 $D(x)$是有界的,为使所构造的函数 f 在 0,1,2 三点连续,只要对 $D(x)$乘以 x、$(x-1)$与$(x-2)$三个因子.

解　令 $f(x)=x(x-1)(x-2)D(x)$,其中 $D(x)$为狄利克雷函数. 在点 $x=0$ 附近,易见$(x-1)(x-2)D(x)$有界,故有

$$\lim_{x\to 0} f(x)=0=f(0),$$

即 f 在 $x=0$ 连续. 类似地可证 f 在 $x=1$, 2 两点也连续.

另一方面,$\forall x_0\in\boldsymbol{R}\backslash\{0,\ 1,\ 2\}$,取有理点列$\{x_n\}$, $x_n\to x_0^+ (n\to\infty)$,有

$$\lim_{n\to\infty} f(x_n)=x_0(x_0-1)(x_0-2)\quad (\neq 0);$$

取无理点列$\{x'_n\}$, $x'_n\to x_0^+ (n\to\infty)$,有

$$\lim_{n\to\infty} f(x'_n)=0.$$

所以 f 在点 x_0 不存在右极限$\Rightarrow f$ 以 x_0 为其第二类间断点. □

注　以某些特殊的点为间断点的函数,熟知的如

1) 取整函数 $y=[x]$以一切整数点为跳跃间断点,它在整数点处为右连续而非左连续.

2) 黎曼函数

$$R(x)=\begin{cases}\dfrac{1}{q}, & x=\dfrac{p}{q}\left(\dfrac{p}{q}\text{ 为既约真分数},q>0\right),\\ 0, & x=0,\ 1\text{ 及}[0,1]\text{ 中无理数}\end{cases}$$

在$[0,1]$上一切无理点处连续,而$(0,1)$上一切有理点为其可去间断点($R(x)$在每一点的极限为 0),在 $x=0$ 为右连续,在 $x=1$ 为左连续.

例 2　设函数 f 在(a, b)内每一点处的左、右极限都存在,又 $\forall x,\ y\in(a, b)$有

$$f\left(\frac{x+y}{2}\right)\leqslant\frac{1}{2}[f(x)+f(y)]. \tag{1}$$

证明:f 在(a, b)内连续.

证　$\forall x_0\in(a, b)$,记 $f(x_0+0)=A^+$, $f(x_0-0)=A^-$. 要证

$$A^+=A^-=f(x_0).$$

在(1)式中令 $x=x_0$,分别以 $y\to x_0^+$ 与 $y\to x_0^-$ 取极限,得

$$A^{+}\leqslant \frac{1}{2}f(x_0)+\frac{1}{2}A^{+}\Rightarrow A^{+}\leqslant f(x_0) \tag{2}$$

以及

$$A^{-}\leqslant \frac{1}{2}f(x_0)+\frac{1}{2}A^{-}\Rightarrow A^{-}\leqslant f(x_0). \tag{3}$$

又在(1)式中令 $x=x_0+h$，$y=x_0-h$，并以 $h\to 0^{+}$ 取极限，得

$$f(x_0)\leqslant \frac{1}{2}(A^{+}+A^{-}). \tag{4}$$

由(2)，(3)与(4)三式可得 $A^{+}=A^{-}=f(x_0)$. □

注 满足条件(1)的函数 f 即为 $(a,\ b)$ 内的凸函数. 本例的结论表明：凸函数 f 只要在每一点存在左、右极限，则必连续.

例 3 设 f 为非常数的连续周期函数，证明 f 必有最小正周期.

分析 记

$$S=\{\sigma \mid \sigma \text{ 为 } f \text{ 的正周期}\}.$$

若 f 有最小正周期 σ_0，则

$$\sigma_0=\inf S.$$

σ_0 的存在性是显然的(因 S 有下界 0)，且 $\sigma_0\geqslant 0$. 因此只要证明 σ_0 是 f 的周期且 $\sigma_0>0$.

证 先设 $\sigma_0>0$. 根据§3.1例4的相应结论，存在 $\{\sigma_n\}\subset S$，使 $\lim\limits_{x\to\infty}\sigma_n=\sigma_0$. 由 f 的连续性，$\forall x\in R$ 有

$$f(x+\sigma_0)=\lim_{n\to\infty}f(x+\sigma_n)=f(x),$$

所以 σ_0 是 f 的周期.

下证 $\sigma_0=0$ 不可能成立. 倘若 $\sigma_0=0$，即 $\lim\limits_{n\to\infty}\sigma_n=0$. $\forall x\in \boldsymbol{R}$，$x$ 可表为

$$x=k_n\sigma_n+r_n,\ n=1,\ 2,\ \cdots,$$

其中 k_n 为整数，r_n 满足 $0\leqslant r_n<\sigma_n$. 记 $x_n=k_n\sigma_n$，则因 $r_n\to 0(n\to\infty)$，有 $x_n\to x$ $(n\to\infty)$. 从而由 f 的连续性得

$$f(x)=\lim_{n\to\infty}f(x_n)=\lim_{n\to\infty}f(k_n\sigma_n)=f(0),$$

这就推出 $f(x)\equiv f(0)$，与假设相矛盾. 所以必有 $\sigma_0>0$. □

注 本例中若没有连续性的假定，则结论不能成立. 例如，狄利克雷函数 $D(x)$ 以任何正有理数为周期，但它显然没有最小正周期.

例 4 设函数 f 在 $[a,b]$ 上连续. 证明：

1) 若对任何有理数 $r\in[a,b]$有 $f(r)=0$,则在$[a,b]$上 $f(x)\equiv 0$;

2) 若对任何有理数 $r_1,r_2\in[a,b]$,$r_1<r_2$,有 $f(r_1)<f(r_2)$,则 f 在$[a,b]$上严格递增.

证　1) 对任何无理数 $x_0\in[a,b]$,取有理点列$\{r_n\}\subset[a,b]$,使 $r_n\to x_0(n\to\infty)$,则由 f 的连续性以及 $f(r_n)=0$ 得

$$f(x_0)=\lim_{n\to\infty}f(r_n)=0,$$

这就证明了在$[a,b]$上 $f(x)\equiv 0$.

2) $\forall x_1,x_2\in(a,b)$, $x_1<x_2$,要证 $f(x_1)<f(x_2)$. 为此,取有理数 $r_1,r_2\in(x_1,x_2)$,$r_1<r_2$. 由 f 的连续性,对

$$\varepsilon=\frac{1}{2}(f(r_2)-f(r_1))>0, \tag{5}$$

$\exists\delta>0$(并不妨设 $\delta<\min\{r_1-x_1,x_2-r_2\}$),使得对于 $r'_1\in(x_1,x_1+\delta)$及$r'_2\in(x_2-\delta,x_2)$,且 r'_1,r'_2为有理数,有

$$f(x_1)<f(r'_1)+\varepsilon,f(x_2)>f(r'_2)-\varepsilon. \tag{6}$$

注意到 $r'_1<r_1<r_2<r'_2$,由 f 在有理点集上的严格递增性及(5)式与(6)式,得到

$$\begin{aligned}f(x_1)&<f(r'_1)+\varepsilon<f(r_1)+\varepsilon=f(r_2)-\varepsilon\\&<f(r'_2)-\varepsilon<f(x_2).\end{aligned}$$

这就证明了 f 在$[a,b]$上严格递增.　□

注　本例表明,连续函数 f 在$[a,b]$上各点的取值以及严格单调性,由 f 在$[a,b]$的一个稠密子集(如有理数集)上的取值完全确定.

例 5　设函数 f 在$[a,b]$上连续,$\forall x\in[a,b]$,记

$$M(x)=\sup_{a\leqslant t\leqslant x}f(t). \tag{7}$$

证明:$M(x)$在$[a,b]$上连续.

注　由于闭区间上连续函数能取到最大值(见下节),故(7)式确实定义了$[a,b]$上的函数.

分析　显然 $M(x)$在$[a,b]$上递增,故 $\forall x_0\in[a,b]$,f 在 x_0 的左、右极限都存在(在两端点处分别为右、左极限,以下不妨设 $x_0\in(a,b)$),且有

$$M(x_0-0)\leqslant M(x_0)\leqslant M(x_0+0). \tag{8}$$

于是,若能推出(8)式中两个等号成立,则结论得证.

证　任取 $x_0\in(a,b)$. $\forall x\in(a,x_0)$,有

$$f(x) \leqslant \sup_{a \leqslant t \leqslant x} f(t) = M(x) \leqslant M(x_0 - 0)$$

$\Rightarrow M(x_0) = \sup\limits_{a \leqslant x \leqslant x_0} f(x) \leqslant M(x_0 - 0)$，由此得 $M(x_0 - 0) = M(x_0)$.

另一方面，由 f 在 x_0 的连续性，$\forall \varepsilon > 0$，$\exists \delta > 0$，$\forall h \in (0, \delta)$ 以及 $x \in (x_0, x_0 + h)$ 有

$$f(x) < f(x_0) + \varepsilon \leqslant M(x_0) + \varepsilon \Rightarrow \sup_{x \in (x_0, x_0 + h)} f(x) \leqslant M(x_0) + \varepsilon,$$

从而有

$$M(x_0 + h) = \sup_{a \leqslant x \leqslant x_0 + h} f(x) = \max\{M(x_0), \sup_{x \in (x_0, x_0 + h)} f(x)\} \leqslant M(x_0) + \varepsilon.$$

在上式中 $h \to 0^+$，并由 ε 的任意性，即得

$$M(x_0 + 0) \leqslant M(x_0) \Rightarrow M(x_0 + 0) = M(x_0).$$ □

例 6 设定义在 $\boldsymbol{R}$ 上的函数 f 满足：

(i) f 在 $x = 0$ 连续；

(ii) $\forall x, y \in \boldsymbol{R}$ 有

$$f(x + y) = f(x) + f(y). \tag{9}$$

证明：1) f 在 $\boldsymbol{R}$ 上连续；2) $\forall x \in \boldsymbol{R}$，$f(x) = f(1)x$.

证 1) 以 $x = y = 0$ 代入(9)式，得 $f(0) = 0$.

$\forall x_0 \in \boldsymbol{R}$，由 $f(x) = f(x - x_0) + f(x_0)$ 及 f 在 $x = 0$ 的连续性得

$$\lim_{x \to x_0} f(x) = \lim_{x \to x_0} [f(x - x_0) + f(x_0)] = f(0) + f(x_0) = f(x_0),$$

所以 f 在 $\boldsymbol{R}$ 上连续.

2) 以 $y = -x$ 代入(9)式，可知 f 为奇函数. 对正整数 p, q 反复运用(9)式，可推出

$$f(p) = pf(1), \quad f\left(\frac{1}{q}\right) = \frac{1}{q} f(1).$$

结合 f 为奇函数这个事实，上式对一切整数 $p, q(\neq 0)$ 都成立. 从而对任何有理数 $r = \dfrac{p}{q}$ 有

$$f(r) = f(1) r.$$

最后，$\forall x \in \boldsymbol{R}$，取有理数列 $\{r_n\}$，$r_n \to x (n \to \infty)$，则由 f 的连续性得

$$f(x) = \lim_{n \to \infty} f(r_n) = \lim_{n \to \infty} r_n f(1) = x f(1).$$ □

设 S 为非空数集. 若 $\forall x \in S$，$\exists \delta > 0$，使 $U(x; \delta) \subset S$，则称 S 为**开集**. 按

此定义容易验证,任何开区间(包括邻域)都是开集.又规定空集为开集.

以下命题反映了 $\boldsymbol{R}$ 上连续函数的重要特性.

*例 7 证明函数 f 在 $\boldsymbol{R}$ 上连续的充要条件是:对任何开集 O,集合

$$f^{-1}(O)=\{x\,|\,f(x)\in O,\ x\in\boldsymbol{R}\}$$

为开集.

证 [必要性] $\forall$ 开集 O,若 $f^{-1}(O)=\varnothing$,则已得证.现设 $f^{-1}(O)\neq\varnothing$. $\forall x_0\in f^{-1}(O)$,要证:$\exists\delta>0$,使 $U(x_0;\delta)\subset f^{-1}(O)$.

事实上,由 $x_0\in f^{-1}(O)\Rightarrow f(x_0)\in O$.而 O 为开集 $\Rightarrow\exists\varepsilon>0$,使 $U(f(x_0);\varepsilon)\subset O$.由于 f 在 x_0 连续,对上述 $\varepsilon>0$,$\exists\delta>0$,使得 $\forall x\in U(x_0;\delta)$ 有 $f(x)\in U(f(x_0);\varepsilon)$,即有

$$f(U(x_0;\delta))\subset U(f(x_0);\varepsilon)\subset O,$$

从而 $U(x_0;\delta)\subset f^{-1}(U(f(x_0);\varepsilon))\subset f^{-1}(O)$.

[充分性] 任取 $x_0\in\boldsymbol{R}$.由于 $U(f(x_0);\varepsilon)$ 为开集,故 $f^{-1}(U(f(x_0);\varepsilon))$ 为开集.而 $x_0\in f^{-1}(U(f(x_0);\varepsilon))\Rightarrow\exists\delta>0$,使

$$U(x_0;\delta)\subset f^{-1}(U(f(x_0);\varepsilon))\Rightarrow f(U(x_0;\delta))\subset U(f(x_0);\varepsilon)$$

从而按连续性的等价定义(邻域表示形式),f 在点 x_0 连续. □

三、习题

1. 举出定义在 $\boldsymbol{R}$ 上的函数 f 的例子,使一切非整数点为 f 的间断点,同时 f 在一切整数点上分别为

1) 连续; 2)右连续而非左连续.

2. 指出下列函数的间断点及其类型:

1) $f(x)=\begin{cases}\dfrac{\sin x}{x}, & x\neq 0,\\ 0, & x=0;\end{cases}$ 2) $f(x)=\begin{cases}\dfrac{\ln(1+x^2)}{x}, & x\neq 0,\\ 1, & x=0;\end{cases}$

3) $\ln|x|$; 4) $\operatorname{sgn}(\ln|x|)$; 5) $[\ln|x|]$; 6) $\dfrac{1}{\left[\dfrac{1}{x}\right]}$.

3. 设 f,g 在区间 I 上连续,记

$$F(x)=\max\{f(x),g(x)\},\quad G(x)=\min\{f(x),g(x)\}.$$

证明:F 与 G 在 I 上连续.

4. 设函数在 $[a,b]$ 上连续. $\forall x\in[a,b]$,记

$$m(x)=\inf_{a\leqslant t\leqslant x}f(t).$$

证明 $m(x)$ 在 $[a,b]$ 上连续.

5. 设函数 f 在某邻域 $U(0)$ 内有界,满足

$$f(\alpha x)=\beta f(x),\quad \alpha>1,\beta>1.$$

证明 f 在 $x=0$ 连续.

6. 设函数 f 在 (a,b) 内单调. 证明:若 $x_0\in(a,b)$ 为 f 的间断点,则 x_0 必为跳跃间断点.

*7. 证明 f 在 R 上连续的充要条件是:对任何开区间 (α,β),集合

$$S=\{x\,|\,f(x)\in(\alpha,\beta),\ x\in R\}$$

为开集.

8. 设 f 为定义在 $\boldsymbol{R}$ 上的函数,记

$$F_c(x)=\begin{cases}-c, & f(x)\leqslant -c,\\ f(x), & |f(x)|<c,\\ c, & f(x)\geqslant c.\end{cases}$$

证明 f 在 $\boldsymbol{R}$ 上连续的充要条件是:$\forall c>0$,$F_c(x)$ 在 $\boldsymbol{R}$ 上连续.

*9. 设函数 f 定义在 $\boldsymbol{R}$ 上,在 $x=0$, 1 两点连续,且满足

$$f(x^2)=f(x),\quad x\in\boldsymbol{R}.$$

证明 f 为常量函数.

*10. 设定义在 $\boldsymbol{R}$ 上的函数 f 满足:

(i) f 在 $x=0$ 的左、右极限都存在;

(ii) $\forall x,\ y\in\boldsymbol{R}$ 有

$$f\left(\frac{x+y}{2}\right)=\frac{1}{2}[f(x)+f(y)].$$

证明:$\forall x\in\boldsymbol{R}$, $f(x)=[f(1)-f(0)]x+f(0)$.

§5.2　闭区间上连续函数的性质

一、内容精析

闭区间 $[a,b]$ 上连续函数的整体性质,表述为有界性定理、最大值与最小值定理(简称最值定理)、介值性定理和一致连续性定理. 原则上讲,这四个定理都可用关于实数完备性六个等价命题中的任何一个来证明. 而在具体证明时,当然应选用最合适的方法. 本节中我们将着重讨论如何应用这些性质来解决有关问题.

1°　有界性定理　若函数 f 在 $[a,b]$ 上连续,则 f 在 $[a,b]$ 上有界.

在§4.1 习题 6 中,已给出条件较弱的命题:若 f 在 $[a,b]$ 上每一点处有极限,f 就在 $[a,b]$ 上有界. 其证明只要利用函数极限的局部有界性以及有限覆盖定理.

2°　最值定理　若函数 f 在$[a, b]$上连续，则 f 在$[a, b]$上能取到最大值与最小值.

显然，最值定理蕴含了有界性定理. 以下例 1 中给出了最值定理的一种证明.

3°　介值性定理　若函数 f 在$[a, b]$上连续，x_1, $x_2 \in [a, b]$, $f(x_1) \neq f(x_2)$，则 f 可取到介于 $f_1(x)$ 与 $f_2(x)$ 之间的每一个值.

介值性定理的一个等价命题是**零点存在定理**（或称**根的存在定理**）：若函数 f 在$[a, b]$上连续，x_1, $x_2 \in [a, b]$，$x_1 < x_2$, $f(x_1)f(x_2) < 0$，则在(x_1, x_2)内至少有 f 的一个零点，即存在 $x_0 \in (x_1, x_2)$ 使 $f(x_0) = 0$.

介值性定理（或零点存在定理）通常用区间套定理或确界原理来证明，其具体步骤类似于 §3.1 例 8 的证明.

4°　将最值定理与介值性定理相结合，得到如下命题：若函数 f 在$[a, b]$上连续，M 与 m 分别为 f 在$[a, b]$上的最大、最小值，则有

$$f([a, b]) = [m, M]$$

（当 f 为常量函数时，区间$[m, M]$退化为一点）.

5°　一致连续性　设函数 f 定义在区间 I 上，若 $\forall \varepsilon > 0$, $\exists \delta > 0$, $\forall x'$, $x'' \in I$, $|x' - x''| < \delta$，有

$$|f(x') - f(x'')| < \varepsilon,$$

则称 f 在 I 上一致连续.

易见 f 在 I 上一致连续可推出 f 在 I 上连续（即在 I 上逐点连续），但 f 在 I 上连续却不一定能推出 f 在 I 上一致连续. 而当 I 为闭区间$[a, b]$时，f 在$[a, b]$上的连续性与一致连续性是等价的，这就是**一致连续性定理**的结论.

应用有限覆盖定理，特别是利用 §3.2 例 6 中闭区间$[a, b]$关于其开覆盖的勒贝格数，能简洁地给出一致连续性定理的证明（请读者一试）.

以上四个定理的结论对于开区间（或半开区间），或对于在$[a, b]$上至少有一点不连续的函数，都不能成立. 对此，读者应能举出相应的反例，从而加深对这些定理的理解.

二、典型例题

例 1　用确界原理和致密性定理证明最值定理.

证　设函数 f 在$[a, b]$上连续. 记

$$M = \sup_{x \in [a, b]} f(x)$$

(M可能为$+\infty$,但以下将推出M为有限数),则存在$\{x_n\}\subset[a,\ b]$,使$\lim\limits_{n\to\infty}f(x_n)=M$. 由致密性定理,存在$\{x_n\}$的子列(不妨仍记为$\{x_n\}$),使

$$\lim_{n\to\infty}x_n = x_0 \in [a,\ b],$$

故由f的连续性得

$$M = \lim_{n\to\infty} f(x_n) = f(x_0),$$

即f在点x_0取得最大值.

类似地可证关于最小值的结论. □

例 2 设函数f在$[0,1]$上连续,且$f(0)\geqslant 0$,$f(1)\leqslant 1$. 证明:$\forall n\in\mathbf{N}^+$,$\exists x_0\in[0,\ 1]$,使$f(x_0)=x_0^n$.

证 若$f(0)=0$或$f(1)=1$,则结论显然成立. 现设$f(0)>0$,$f(1)<1$、令$F(x)=f(x)-x^n$,则有

$$F(0) = f(0) > 0, \quad F(1) = f(1) - 1 < 0,$$

故由零点存在定理,$\exists x_0\in(0,\ 1)$,使$F(x_0)=0$,即$f(x_0)=x_0^n$. □

注 1 在证明与函数的介值性或零点存在性有关的问题时,构造合适的辅助函数(如本例中的函数F),能使问题迎刃而解.

注 2 在§3.1习题12中,f在$[0,1]$上"连续"的条件换成"递增",得到的结论相同.

例 3 设函数f在$[a,\ b]$上连续,且在$[a,\ b]$上有反函数,证明函数f在$[a,\ b]$上严格单调.

证 倘若f不是$[a,\ b]$上的严格单调函数,则将出现以下两种情形之一(参见§1.2习题6):

(i) $\exists x',\ x''\in[a,\ b]$,$x'<x''$,使得$f(x')=f(x'')$;

(ii) $\exists x_1,\ x_2,\ x_3\in[a,\ b]$,$x_1<x_2<x_3$,使得

$$f(x_1) < f(x_3) < f(x_2) \text{ 或 } f(x_1) > f(x_3) > f(x_2).$$

在情形(i),$[a,\ b]$上两个不同的点x'与x''对应同一个函数值,这与f在$[a,\ b]$上有反函数的假设相矛盾.

在情形(ii),对f在$[x_1,x_2]$上应用介值性定理,$\exists x_0\in(x_1,x_2)$,使$f(x_0)=f(x_3)$,这又与f在$[a,\ b]$上有反函数相矛盾. 所以f在$[a,\ b]$上严格单调. □

注 联系到严格单调函数必有反函数的这一结论,对于本例我们得到如下命题:$[a,\ b]$上的连续函数f有反函数的充要条件是f为严格单调函数.

例 4 设f在$[a,\ +\infty)$上连续,且$\lim\limits_{x\to+\infty}f(x)$存在. 证明:

1) f 在 $[a, +\infty)$ 上有界；

2) f 在 $[a, +\infty)$ 上一致连续.

分析　在有限闭区间上可应用连续函数的有界性定理与一致连续性定理.对于无限区间,可将它分成一个有限闭区间与一个无限子区间,而在无限子区间上利用 $\lim\limits_{x\to+\infty} f(x)$ 存在的条件.

证　设 $\lim\limits_{x\to+\infty} f(x)=A$，则 $\forall \varepsilon>0(\varepsilon<1)$，$\exists M(>a)$，使 $\forall x>M$ 有

$$|f(x)-A|<\varepsilon\Rightarrow|f(x)|\leqslant|A|+1,$$

以及(据函数极限的柯西收敛准则) $\forall x', x''>M$ 有

$$|f(x')-f(x'')|<\varepsilon, \tag{1}$$

1) 在闭区间 $[a, M]$ 上，f 有界 $\Rightarrow \exists K_1>0, \forall x\in[a, M]$ 有 $|f(x)|\leqslant K_1$. 令 $K=\max\{K_1, |A|+1\}$，则 $\forall x\in[a, +\infty)$ 有 $|f(x)|\leqslant K$，即 f 在 $[a, +\infty)$ 上有界.

2) 在闭区间 $[a, M+1]$ 上，f 一致连续，故对上述 $\varepsilon>0$，$\exists\delta>0$(不妨设 $\delta<1$)，$\forall x', x''\in[a, M+1]$，$|x'-x''|<\delta$，(1)式同样成立.

综上，$\forall x', x''\in[a, +\infty)$，只要 $|x'-x''|<\delta(<1)$，x' 与 x'' 必同时属于 $[a, M+1]$ 或 $[M, +\infty)$，所以(1)式恒成立. 这就证明了 f 在 $[a, +\infty)$ 上一致连续.　□

在讨论函数的一致连续性时，以下两个命题是很有用的：

1) 若函数 f 在区间 I 上满足**利普希茨**(Lipschitz)**条件**：$\exists L>0, \forall x', x''\in I$ 有

$$|f(x')-f(x'')|\leqslant L|x'-x''|,$$

则 f 在 I 上一致连续.

2) 设区间 I_2 在区间 I_1 右边，I_1 与 I_2 有一个公共端点 c，记 $I=I_1\cup\{c\}\cup I_2$. 若 f 分别在 I_1 和 I_2 上一致连续，又在点 c 连续，则 f 在 I 上一致连续.

以上前一个命题易证，后一个命题留给读者作为习题.

例 5　证明：

1) $\sin\sqrt{x}$ 在 $[0, +\infty)$ 上一致连续；

2) $\sin x^2$ 在 $[0, +\infty)$ 上不一致连续.

分析　1) $$\left|\sin\sqrt{x'}-\sin\sqrt{x''}\right|=2\left|\sin\frac{\sqrt{x'}-\sqrt{x''}}{2}\right|\left|\cos\frac{\sqrt{x'}+\sqrt{x''}}{2}\right|\leqslant\left|\sqrt{x'}-\sqrt{x''}\right|,$$

这里利用了不等式 $|\sin x|\leqslant|x|$，见§4.2中(2)式.

若 $x', x''\in[1, +\infty)$，则有

$$|\sqrt{x'}-\sqrt{x''}|=\frac{|x'-x''|}{\sqrt{x'}+\sqrt{x''}}\leqslant\frac{1}{2}|x'-x''|,$$

所以 $\sin\sqrt{x}$在$[1,+\infty)$上满足利普希茨条件.

2) 按定义,为证函数 f 在区间 I 上不一致连续,只要证: $\exists\varepsilon_0>0$, $\forall\delta>0$, $\exists x', x''\in I$,尽管$|x'-x''|<\delta$,但有$|f(x')-f(x'')|\geqslant\varepsilon_0$.

对于 $f(x)=\sin x^2$, $\forall\delta>0$,可取 $x_1=\sqrt{n\pi+\frac{\pi}{2}}$, $x_2=\sqrt{n\pi}$,则有

$$|x_1-x_2|=\frac{\pi}{2}\Big/\left(\sqrt{n\pi+\frac{\pi}{2}}+\sqrt{n\pi}\right),$$

易见当 n 充分大时有$|x_1-x_2|<\delta$,而$|\sin x_1^2-\sin x_2^2|=1=\varepsilon_0$.

证　1) $\forall x', x''\in[1,+\infty)$有

$$\left|\sin\sqrt{x'}-\sin\sqrt{x''}\right|\leqslant\frac{1}{2}|x'-x''|,$$

即 $\sin\sqrt{x}$在$[1,+\infty)$上满足利普希茨条件,故 $\sin\sqrt{x}$在$[1,+\infty)$上一致连续. 又 $\sin\sqrt{x}$在$[0,1]$上连续⇒在$[0,1]$上一致连续. 于是,由前述命题 2), $\sin\sqrt{x}$在$[0,+\infty)$上一致连续.

2) $\exists\varepsilon_0=1$, $\forall\delta>0$, 取 $x_1=\sqrt{n\pi+\frac{\pi}{2}}$, $x_2=\sqrt{n\pi}$,其中正整数 n 充分大,使$|x_1-x_2|<\delta$,则有

$$|\sin x_1^2-\sin x_2^2|=1=\varepsilon_0,$$

所以 $\sin x^2$ 在$[0,+\infty)$上不一致连续.　□

注　函数在区间 I 上的一致连续性是函数在 I 上整体变化情况的一种衡量. 如果函数在 I 的某些部分变化较为剧烈,即其图象在这些部分很陡,那么它可能在 I 上不一致连续;如果连续函数在 I 上每一个局部范围的变化都较为平缓,即其图象的陡势得到控制,那么它可能是一致连续的. 这样,我们在研究某函数的一致连续性时,可通过观察其图象的大致情况而作出一个预判.

例 6　证明: $f(x)=x^\alpha$ 在$[0,+\infty)$上当 $0<\alpha\leqslant1$ 时一致连续,当 $\alpha>1$ 时不一致连续.

分析　当 $0<\alpha\leqslant1$ 时,利用一个显然成立的不等式: $\forall x\in[0,1]$,

$$(1-x)^\alpha+x^\alpha\geqslant(1-x)+x=1\Rightarrow1-x^\alpha\leqslant(1-x)^\alpha,$$

可导出: $\forall x_1, x_2\in[0,+\infty)$, $x_1>x_2$,有

$$x_1^\alpha-x_2^\alpha=x_1^\alpha\left[1-\left(\frac{x_2}{x_1}\right)^\alpha\right]\leqslant x_1^\alpha\left(1-\frac{x_2}{x_1}\right)^\alpha$$

$$=(x_1-x_2)^{\alpha},$$

易见 $f(x)=x^{\alpha}$ 在$[0,+\infty)$上一致连续.

当 $\alpha>1$ 时,从图象可见,曲线 $y=x^{\alpha}$ 在 x 充分大的部分是很陡的,于是大致判断出 $f(x)=x^{\alpha}$ 在$[0,+\infty)$上不一致连续.具体地讲,要考察当 x 充分大时,$(x+\eta)^{\alpha}-x^{\alpha}$ 能否较大,其中正数 η 小于任意给定的 $\delta>0$.

证　当 $0<\alpha\leqslant 1$ 时,据以上分析,$f(x)=x^{\alpha}$ 在$[0,+\infty)$上一致连续.

当 $\alpha>1$ 时,由§4.2 例 3 的 3),

$$\lim_{x\to+\infty}[(x+\eta)^{\alpha}-x^{\alpha}]=+\infty,$$

于是,$\forall\delta>0$,取 x_1 充分大及 $x_2=x_1+\eta$, $0<\eta<\delta$,有

$$|x_1^{\alpha}-x_2^{\alpha}|>1=\varepsilon_0,$$

所以 $f(x)=x^{\alpha}$ 在$[0,+\infty)$上不一致连续.　□

以下的例 7 在某种意义下可看成是例 6 中命题的逆命题.

***例 7**　设 f 在 $\boldsymbol{R}$ 上一致连续,则存在正数 A,B,使 $\forall x\in\boldsymbol{R}$,有

$$|f(x)|\leqslant A|x|+B. \tag{2}$$

证　f 在 $\boldsymbol{R}$ 上一致连续$\Rightarrow$对 $\varepsilon=1$, $\exists\delta>0$, $\forall x', x''\in\boldsymbol{R}$, $|x'-x''|\leqslant\delta$,有 $|f(x')-f(x'')|<1$.

对任何 $x\in\boldsymbol{R}$,x 可表为

$$x=n\delta+x_0,$$

其中 n 为整数,$x_0\in(-\delta,\delta)$. 又因 f 连续$\Rightarrow f$ 在$[-\delta,\delta]$上有界,故 $\exists M>0$, $\forall x\in[-\delta,\delta]$,有$|f(x)|\leqslant M$. 于是有

$$\begin{aligned}|f(x)|&=\left|\sum_{k=1}^{n}[f(k\delta+x_0)-f((k-1)\delta+x_0)]+f(x_0)\right|\\&\leqslant\sum_{k=1}^{n}|f(k\delta+x_0)-f((k-1)\delta+x_0)|+|f(x_0)|\\&\leqslant|n|+M=\frac{1}{\delta}|x-x_0|+M\\&\leqslant\frac{1}{\delta}|x|+\frac{1}{\delta}|x_0|+M\\&\leqslant\frac{1}{\delta}|x|+M+1.\end{aligned}$$

记 $A=\dfrac{1}{\delta}$,$B=M+1$, 即得(2)式.　□

例 8　设函数 f 在 (a, b) 内连续，且

$$f(a+0)=f(b-0)=\alpha,$$

其中 α 为有限数、$+\infty$ 或 $-\infty$. 证明：f 在 (a, b) 内能取到最大值或最小值.

证　当 α 为有限数时，令

$$\tilde{f}(x)=\begin{cases} f(x), & x \in (a, b), \\ \alpha, & x=a \text{ 与 } b, \end{cases}$$

则易见 $\tilde{f}$ 在 $[a, b]$ 上连续 $\Rightarrow \tilde{f}$ 在 $[a, b]$ 上能取到最大值与最小值. 由此不难推出 f 在 (a, b) 内至少能取到最大值或最小值之一.

当 $\alpha=+\infty$ 时，取 $x_0 \in (a, b)$，则 $\exists \delta>0(\delta<\min\{x_0-a, b-x_0\})$，$\forall x \in (a, a+\delta) \cup (b-\delta, b)$，有 $f(x)>f(x_0)$. 而在闭区间 $[a+\delta, b-\delta]$ 上，f 能取到最小值，设为 $f(x_1)$，则 $f(x_0) \geqslant f(x_1)$. 由此可见 $f(x_1)$ 为 f 在 (a, b) 内的最小值.

类似地可证：当 $\alpha=-\infty$ 时，f 在 (a, b) 内可取到最大值.　□

注　读者可举例说明，满足本例条件的函数 f 在 (a, b) 内不一定能同时取到最大、最小值.

三、习题

1. 设函数 f 与 g 在区间 I 上一致连续.

1) 证明 $f+g$ 在 I 上一致连续；

2) $f \cdot g$ 是否一定在 I 上一致连续？

2. 设区间 I_2 在区间 I_1 的右边，I_1 与 I_2 有一个公共端点 c，记 $I=I_1 \cup \{c\} \cup I_2$. 证明：若函数 f 在 I_1 和 I_2 上都一致连续，且在点 c 连续，则 f 在 I 上一致连续.

3. 证明：

1) $\cos\sqrt{x}$ 在 $[0, +\infty)$ 上一致连续；

2) $\cos x^2$ 在 $[0, +\infty)$ 上不一致连续.

4. 证明：$\sin\dfrac{1}{x}$ 在 $(0,1)$ 内不一致连续，在 $[1, +\infty)$ 上一致连续.

5. 设 f 在 (a, b) 内一致连续，证明 f 在 (a, b) 内有界.

6. 证明：$\ln x$ 在 $(0,1]$ 上不一致连续，在 $[1, +\infty)$ 上一致连续.

7. 讨论下列函数在指定区间上是否一致连续：

1) $\dfrac{\sin x}{x}$ 在 $(0, +\infty)$ 上；

2) $x\sin\dfrac{1}{x}$ 在 $(0, +\infty)$ 上；

3) $x\sin x$ 在 $[0, +\infty)$ 上.

8. 设 f 为 $\boldsymbol{R}$ 上的连续周期函数，证明 f 在 $\boldsymbol{R}$ 上一致连续.

9. 设函数 f 在$[a, +\infty)$上$(a>0)$满足利普希茨条件. 记 $g(x)=\dfrac{f(x)}{x}$. 证明:函数 g 在$[a, +\infty)$上也满足利普希茨条件(从而 g 在$[a, +\infty)$上一致连续).

10. 证明函数 f 在区间 I 上一致连续的充要条件是:$\forall \{x_n\}, \{x'_n\}\subset I$, $x_n-x'_n\to 0$ $(n\to\infty)$,有

$$\lim_{n\to\infty}(f(x_n)-f(x'_n))=0.$$

11. 设函数 f 在$[a, +\infty)$上一致连续,g 在$[a, +\infty)$上连续,且有

$$\lim_{x\to+\infty}[f(x)-g(x)]=0.$$

证明 g 在$[a, +\infty)$上一致连续.

12. 设函数 f 在$[a, +\infty)$上连续,$\lim\limits_{x\to+\infty}f(x)$存在. 证明:$f$ 在$[a, +\infty)$上至少可取到最大、最小值中的一个.

13. 设 f 在$[0, 2a]$上连续,且 $f(0)=f(2a)$. 证明:$\exists x_0\in[0, a]$,使 $f(x_0)=f(x_0+a)$.

14. 设函数 f 在$[a, b]$上连续,且 $\forall x\in[a, b]$, $\exists y\in[a, b]$,使$|f(y)|\leqslant\dfrac{1}{2}|f(x)|$. 证明:$f$ 在$[a, b]$上至少有一个零点.

15. 设函数 f 在$[a, b]$上连续,$x_1, x_2, \cdots, x_n\in[a, b]$,又正数 $\lambda_1, \lambda_2, \cdots, \lambda_n$ 满足 $\sum\limits_{k=1}^{n}\lambda_k=1$. 证明:$\exists\xi\in[a, b]$,使

$$f(\xi)=\sum_{k=1}^{n}\lambda_k f(x_k).$$

*16. 设函数 f 在$[0,1]$上连续,$f(0)=f(1)$. 证明:$\forall n\in\mathbf{N}^+$, $\exists\xi\in[0,1]$,使得

$$f\left(\xi+\frac{1}{n}\right)=f(\xi).$$

*17. 设函数 f 与 g 在$[a, b]$上连续,f 单调,且有数列$\{x_n\}\subset[a, b]$,使$\forall n\in\mathbf{N}^+$有

$$g(x_n)=f(x_{n+1}).$$

证明:$\exists x_0\in[a, b]$,使 $f(x_0)=g(x_0)$.

*18. 设函数 f 在$[0, +\infty)$上连续且有界,又$\forall c\in R$, $f(x)-c$ 至多只有有限个零点. 证明$\lim\limits_{x\to+\infty}f(x)$存在.

第六章　一元函数的导数和微分

导数是数学分析课程中最重要的基本概念之一，它反映了一个变量对另一变量的变化率. 导数的概念是从很多实际的科学问题抽象而产生的，有着广泛的应用意义.

本章的主要内容为：导数的概念与求导法则；反函数的导数和用参数表示的函数的导数；微分及其在近似计算中的应用；高阶导数与高阶微分.

§6.1　导数概念与求导法则

一、内容精析

1°　导数定义　设函数 $y=f(x)$, $x\in U(x_0;\delta)$，称极限

$$\lim_{\Delta x\to 0}\frac{f(x_0+\Delta x)-f(x_0)}{\Delta x} \tag{1}$$

为 f 在点 x_0 的导数，记为 $y'(x_0)$，$f'(x_0)$ 或 $\left.\frac{\mathrm{d}f(x)}{\mathrm{d}x}\right|_{x=x_0}$. 若 f 在一个区间 I 上每一点的导数存在，称

$$y'(x)=f'(x)$$

为函数 f 的导函数. 极限

$$f'_-(x)=\lim_{\Delta x\to 0^-}\frac{f(x+\Delta x)-f(x)}{\Delta x} \tag{2}$$

和

$$f'_+(x)=\lim_{\Delta x\to 0^+}\frac{f(x+\Delta x)-f(x)}{\Delta x} \tag{3}$$

分别称为函数 f 在点 x 的左导数和右导数.

2°　函数可导的充要条件和性质

充要条件　若函数 f 在点 x_0 的某邻域有定义，则 $f'(x_0)$ 存在的充要条件是 $f'_+(x_0)$ 和 $f'_-(x_0)$ 都存在，且有

$$f'_+(x_0)=f'_-(x_0).$$

性质　若函数 f 在点 x_0 可导，则 f 在点 x_0 连续.

注　可导性仅是函数在该点连续的充分条件，而不是必要条件. 例如，函数 $y=|x|$ 在点 $x_0=0$ 连续，但在 $x_0=0$ 不可导.

3°　求导的基本法则　设函数 u,v 在点 x_0 可导，则有

1) $(u\pm v)'(x_0)=u'(x_0)\pm v'(x_0)$；

2) $(uv)'(x_0)=u'(x_0)v(x_0)+u(x_0)v'(x_0)$；

3) $\left(\dfrac{u}{v}\right)'(x_0)=\dfrac{u'(x_0)v(x_0)-u(x_0)v'(x_0)}{(v(x_0))^2}\qquad (v(x_0)\neq 0)$；

4) 设 $u=g(x)$ 在点 x_0 可导，$y=f(u)$ 在点 $u_0=g(x_0)$ 可导，则复合函数 $(f\circ g)(x)$ 在点 x_0 可导，且有

$$(f\circ g)'(x_0)=f'(u_0)g'(x_0)=f'(g(x_0))g'(x_0). \tag{4}$$

4°　基本初等函数求导公式

1) $c'=0$　（这里 c 为一定数）；

2) $(x^\alpha)'=\alpha x^{\alpha-1}$　（α 为实数）；

3) $(\sin x)'=\cos x$；$(\cos x)'=-\sin x$；

$(\tan x)'=\sec^2 x$；$(\cot x)'=-\csc^2 x$；

4) $(\arcsin x)'=-(\arccos x)'=\dfrac{1}{\sqrt{1-x^2}}\qquad (|x|<1)$；

$(\arctan x)'=-(\text{arccot}\, x)'=\dfrac{1}{1+x^2}$；

5) $(a^x)'=a^x\ln a$，$(\mathrm{e}^x)'=\mathrm{e}^x$；

6) $(\log_a|x|)'=\dfrac{1}{x\ln a}$，$(\ln|x|)'=\dfrac{1}{x}\qquad (x\neq 0)$.

二、典型例题

例 1　设 m 为自然数，f 在 $(-\infty,+\infty)$ 上定义，

$$f(x)=\begin{cases} x^m\sin\dfrac{1}{x}, & x\neq 0,\\ 0, & x=0.\end{cases}$$

1) m 为何值时，f 在点 $x_0=0$ 可导；

2) m 为何值时，f' 在点 $x_0=0$ 连续.

解　1) 当 $x\neq 0$ 时，$\dfrac{f(x)-f(0)}{x-0}=x^{m-1}\sin\dfrac{1}{x}$；当 $x\to 0$ 时，$\sin\dfrac{1}{x}$ 有界但无极限. 因此 $f'(0)$ 存在，当且仅当 $x^{m-1}\to 0\ (x\to 0)$，于是 $m\geqslant 2$，这时 $f'(0)=0$.

2) 当 $x\neq 0$ 时，

$$f'(x)=mx^{m-1}\sin\frac{1}{x}-x^{m-2}\cos\frac{1}{x}=x^{m-2}\left(mx\sin\frac{1}{x}-\cos\frac{1}{x}\right).$$

当 $x\to 0$ 时，$mx\sin\frac{1}{x}-\cos\frac{1}{x}$ 有界但无极限. 因此 f' 在点 $x_0=0$ 连续，当且仅当 $x^{m-2}\to 0\ (x\to 0)$，于是有 $m\geqslant 3$. □

例 2 确定常数 a, b，使函数 $f(x)=\begin{cases}ax+b, & x>1,\\ x^2, & x\leqslant 1\end{cases}$ 有连续的导数.

解 易知 f 应满足 $f(1)=f(1-0)=f(1+0)$，以及 $f'_+(1)=f'_-(1)$. 于是有

$$a+b=1,\ a=2,\ \text{即}\ a=2,\ b=-1.$$ □

例 3 设在邻域 $U(0;\delta)$ 内函数 f, g 满足 $|f(x)|\leqslant|g(x)|$. 若 $g(0)=g'(0)=0$，求 $f'(0)$.

解 由已知条件，有 $|f(0)|\leqslant|g(0)|=0$，即 $f(0)=0$. 于是当 $x\in U^\circ(0;\delta)$ 时，

$$0\leqslant\left|\frac{f(x)-f(0)}{x-0}\right|=\left|\frac{f(x)}{x}\right|\leqslant\left|\frac{g(x)-g(0)}{x-0}\right|.$$

上式中令 $x\to 0$，由于

$$g'(0)=0=\lim_{x\to 0}\frac{g(x)-g(0)}{x-0},$$

由迫敛性，$f'(0)=\lim\limits_{x\to 0}\frac{f(x)}{x}$ 存在，并且有

$$0\leqslant|f'(0)|\leqslant|g'(0)|=0,\ \text{即}\ f'(0)=0.$$ □

注 在例 1～3 中，函数 f 在其定义域内分段表示，或者 f 不是显式给出. 这时应根据导数的定义求出 f 在给定点的导数.

***例 4** 设函数 f 在点 $x=0$ 连续，并满足

$$\lim_{x\to 0}\frac{f(2x)-f(x)}{x}=A.$$

求证 $f'(0)$ 存在，并且 $f'(0)=A$.

分析 由于需要证明 $f'(0)$ 的存在性，我们应根据题设条件，按导数的定义来证明，即对任给 $\varepsilon>0$，存在 $\delta>0$，当 $|x|<\delta$ 时，有

$$\left|\frac{f(x)-f(0)}{x}-A\right|<\varepsilon.$$

证 由已知条件，$\forall\varepsilon>0$，$\exists\delta>0$，当 $z\in U^\circ(0;\delta)$ 时，有

$$\left|\frac{f(2z)-f(z)}{z}-A\right|<\frac{1}{2}\varepsilon,$$

即有

$$A-\frac{1}{2}\varepsilon<\frac{f(2z)-f(z)}{z}<A+\frac{1}{2}\varepsilon.$$

任取 $x\in U^{\circ}(0;\delta)$,并令 $z_m=2^{-m}x$, $m=1, 2,\cdots,n$,则有

$$2^{-m}\left(A-\frac{1}{2}\varepsilon\right)<\frac{f(2z_m)-f(z_m)}{x}<2^{-m}\left(A+\frac{1}{2}\varepsilon\right),\ m=1,\ 2,\ \cdots,n.$$

将上式由 $m=1, 2, \cdots, n$ 分别相加,得到

$$(1-2^{-n})\left(A-\frac{1}{2}\varepsilon\right)<\frac{f(x)-f(2^{-n}x)}{x}<(1-2^{-n})\left(A+\frac{1}{2}\varepsilon\right).$$

在上式中令 $n\to+\infty$,则由 f 在点 $x=0$ 的连续性,

$$A-\frac{1}{2}\varepsilon\leqslant\frac{f(x)-f(0)}{x}\leqslant A+\frac{1}{2}\varepsilon,$$

即

$$\left|\frac{f(x)-f(0)}{x}-A\right|\leqslant\frac{1}{2}\varepsilon<\varepsilon.$$

于是由导数的定义,有 $f'(0)=A$. □

注 若本例中条件"f 在点 $x=0$ 连续"改为"$f'(0)$存在",则证明过程可以简化. 事实上,由

$$\frac{f(2x)-f(x)}{x}=2\cdot\frac{f(2x)-f(0)}{2x}-\frac{f(x)-f(0)}{x},$$

令 $x\to0$,即得 $A=2f'(0)-f'(0)=f'(0)$.

例 5 求下列函数的导数:

1) $y=\ln(\arccos(2x))$;

2) $y=\sin^2 x\cos x^2$.

解 1) y 可表示为 $y=\ln u$, $u=\arccos v$, $v=2x$. 于是由复合函数的求导法则,

$$\begin{aligned}y'&=(\ln u)'(\arccos v)'v'\\&=\frac{1}{\arccos(2x)}\cdot\frac{-1}{\sqrt{1-(2x)^2}}\cdot2=\frac{-2}{\sqrt{1-4x^2}\arccos(2x)}.\end{aligned}$$

2) 由函数乘积和复合函数的求导法则,

$$y'=(\sin^2 x)'\cdot\cos x^2+\sin^2 x\cdot(\cos x^2)'$$
$$=2\cdot\sin x\cdot\cos x\cdot\cos x^2+\sin^2 x\cdot(-\sin x^2)\cdot(2x)$$
$$=2\sin x\cos x\cos x^2-2x\sin^2 x\sin x^2.$$ □

***例 6** (对数求导法) 求 $y=x^x(x>0)$的导数.

解 对 $y=x^x$ 两边取自然对数,得到

$$\ln y=x\ln x.$$

于是

$$\frac{y'}{y}=\ln x+x\cdot\frac{1}{x}=\ln x+1,$$

即

$$y'=x^x(\ln x+1).$$ □

注 对于形如 $y=u(x)^{v(x)}$ 的函数,都可以用对数求导法. 把函数关系式化为

$$\ln y=v(x)\ln u(x),$$

两边对 x 求导即得

$$\frac{y'}{y}=v'(x)\ln u(x)+v(x)\cdot\frac{u'(x)}{u(x)},$$

即

$$y'=u(x)^{v(x)}\left[v'(x)\ln u(x)+v(x)\cdot\frac{u'(x)}{u(x)}\right].$$ □

例 7 设函数 f 在$(0,+\infty)$上定义,且对任何 $x,y\in(0,+\infty)$,都有

$$f(xy)=f(x)+f(y).$$

若 $f'(1)$存在,求 $f'(x)$, $x\in(0,+\infty)$.

解 在等式 $f(xy)=f(x)+f(y)$中取 $y=1$, 得 $f(1)=0$. 在上式中再令 $y=1+\Delta x$, $0<|\Delta x|<1$,得到

$$x\cdot\frac{f(x+x\Delta x)-f(x)}{x\Delta x}=\frac{f(1+\Delta x)}{\Delta x}=\frac{f(1+\Delta x)-f(1)}{\Delta x}.$$

在上式中令 $\Delta x\to0$,即得

$$xf'(x)=f'(1),$$

即

$$f'(x)=\frac{f'(1)}{x}. \qquad \square$$

三、习题

1. 设 α 为实数,定义函数 $f(x)=\begin{cases}|x|^{\alpha}\sin\dfrac{1}{x}, & x\neq 0,\\ 0, & x=0.\end{cases}$

1) α 为何值时,f 在点 $x=0$ 可导?

2) α 为何值时,f' 在点 $x=0$ 连续?

2. 讨论函数 f 和 g 在点 $x=0$ 的可导性,其中

$$f(x)=\begin{cases}-x, & x\text{ 为无理数},\\ x, & x\text{ 为有理数};\end{cases}$$

$$g(x)=\begin{cases}-x^2, & x\text{ 为无理数},\\ x^2, & x\text{ 为有理数}.\end{cases}$$

3. 1) 设函数 f 在$[-1,1]$上可导,且满足$|f(x)|\leqslant|\sin x|$,求证$|f'(0)|\leqslant 1$;

2) 设函数 $f(x)=a_0+a_1\sin x+\cdots+a_n\sin(nx)$满足$|f(x)|\leqslant|x|$,$|x|\leqslant 1$,求证 $\left|\sum_{j=1}^{n}ja_j\right|\leqslant 1$.

4. 设函数 f 在区间(a, b)内定义,在点 $x_0\in(a, b)$可导.数集$\{x_n\}$,$\{y_n\}$满足

$$a<x_n<x_0<y_n<b,\quad n=1, 2, \cdots.$$

且有

$$\lim_{n\to\infty}x_n=\lim_{n\to\infty}y_n=x_0.$$

证明

$$\lim_{n\to\infty}\frac{f(y_n)-f(x_n)}{y_n-x_n}=f'(x_0).$$

5. 设函数 f 在$(-\infty,+\infty)$上定义,且对任何实数 x, y,都有

$$f(x+y)=f(x)+f(y)+2xy.$$

若 $f'(0)$存在,求 $f'(x)$.

6. 求证:

1) 可导的偶函数,其导函数为奇函数;

2) 可导的奇函数,其导函数为偶函数;

3) 可导的周期函数,其导函数为相同周期的周期函数.

*7. 1) 设函数 f 在区间$(-1, 1]$定义,$f'(0)$存在.求

$$\lim_{n\to\infty}\left\{f\left(\frac{1}{n^2}\right)+f\left(\frac{2}{n^2}\right)+\cdots+f\left(\frac{n}{n^2}\right)-nf(0)\right\};$$

2) 求$\lim\limits_{n\to\infty}\left\{\sin\frac{1}{n^2}+\sin\frac{2}{n^2}+\cdots+\sin\frac{n}{n^2}\right\}$;

3) 求$\lim\limits_{n\to\infty}\left(1+\frac{1}{n^2}\right)\left(1+\frac{2}{n^2}\right)\cdots\left(1+\frac{n}{n^2}\right)$.

8. 讨论下列函数在点 x_0 的可导性.

1) $y=|(x-1)(x-2)^2(x-3)^3|$, $x_0=1, 2, 3$;

2) $y=\begin{cases}\frac{1}{4}(x-1)(x+1)^2, & |x|\leqslant 1,\\ |x|-1, & |x|>1,\end{cases}$ $x_0=-1, 0, 1$.

9. 求下列函数的导数:

1) $y=\arcsin\frac{1}{x}$;　　2) $y=x\arctan x-\frac{1}{2}\ln(1+x^2)$;

3) $y=\arctan\left(\sqrt{\frac{a-b}{a+b}}\tan\frac{x}{2}\right)$　$(a>b>0)$;

4) $y=x^{a^a}+a^{x^a}+a^{a^x}$　$(a>0, a\neq 1)$;

5) $y=\sqrt[5]{\frac{1+x^3}{1-x^3}}$;　　6) $y=\sqrt{x+\sqrt{x+\sqrt{x}}}$;

7) $y=\ln(x+\sqrt{x^2+a^2})$;　　8) $y=\ln\sqrt{\frac{1+\cos x}{1-\cos x}}$;

9) $y=\ln\frac{\sqrt{1+x}-\sqrt{1-x}}{\sqrt{1+x}+\sqrt{1-x}}$;　　10) $y=2^{\sin x}$;

11) $y=\sin(\sin(\sin x))$;

12) $y=\frac{1}{\sqrt{a^2-b^2}}\arcsin\frac{a\sin x+b}{a+b\sin x}$　$(a>b>0)$.

10. 求下列函数的导数,其中所有的函数都可导:

1) $y=f(e^x)e^{f(x)}$;　　2) $y=f(g(h(x)))$;

3) $y=\arctan\frac{\varphi(x)}{\psi(x)}$;

4) $y=\log_{\varphi(x)}\psi(x)$　$(\varphi(x)>0, \varphi(x)\neq 1, \psi(x)>0)$.

11. 用对数求导法求下列函数的导数:

1) $y=x^{x^x}$;　　2) $y=x^{\ln x}$;

3) $y=x^{\tan x}$;　　4) $y=(\ln x)^{\ln x}$　$(x>1)$;

5) $y=(1+x^2)^{\frac{1}{x}}$.

12. 设 $f_{ij}(x)$, $i, j=1, 2, \cdots, n$,为可导函数. 求证

$$\frac{d}{dx}\begin{vmatrix}f_{11}(x) & f_{12}(x) & \cdots & f_{1n}(x)\\ f_{21}(x) & f_{22}(x) & \cdots & f_{2n}(x)\\ \vdots & \vdots & & \vdots\\ f_{n1}(x) & f_{n2}(x) & \cdots & f_{nn}(x)\end{vmatrix}=\sum_{k=1}^{n}\begin{vmatrix}f_{11}(x) & f_{12}(x) & \cdots & f_{1n}(x)\\ f_{21}(x) & f_{22}(x) & \cdots & f_{2n}(x)\\ \vdots & \vdots & & \vdots\\ f'_{k1}(x) & f'_{k2}(x) & \cdots & f'_{kn}(x)\\ \vdots & \vdots & & \vdots\\ f_{n1}(x) & f_{n2}(x) & \cdots & f_{nn}(x)\end{vmatrix}.$$

13. 设函数 φ 在点 a 连续，$f(x)=|x-a|\varphi(x)$. 求 $f'_+(a)$ 和 $f'_-(a)$. 在什么条件下 $f'(a)$ 存在？

14. 设函数 f 在点 x_0 存在左、右导数. 求证 f 在点 x_0 连续.

15. 设 $p_n(x)$ 为最高次项系数为 1 的 n 次多项式($n\geqslant 1$)，M 为它的最大实根. 求证 $p'(M)\geqslant 0$.

16. 设当 $x=1$ 时，$\frac{\mathrm{d}}{\mathrm{d}x}f(x^2)=\frac{\mathrm{d}}{\mathrm{d}x}f^2(x)$. 求证：

$$f'(1)=0 \text{ 或 } f(1)=1.$$

§6.2 反函数的导数·用参数表示的函数的导数

一、内容精析

1° 反函数的导数 设 $y=f(x)$ 为 $U(x_0;\delta)$ 内严格单调的连续函数，$y_0=f(x_0)$，$x=\varphi(y)$ 为 $y=f(x)$ 的反函数. 若 φ 在点 y_0 可导且 $\varphi'(y_0)\neq 0$，则 f 在点 x_0 也可导，且有

$$\left.\frac{\mathrm{d}y}{\mathrm{d}x}\right|_{x=x_0}=f'(x_0)=\frac{1}{\varphi'(y_0)}=\frac{1}{\left.\frac{\mathrm{d}x}{\mathrm{d}y}\right|_{y=y_0}}. \tag{1}$$

2° 用参数表示的函数的导数 设函数 $y=f(x)$ 由参数方程

$$x=\varphi(t),\ y=\psi(t),\ a\leqslant t\leqslant b \tag{2}$$

确定. 若 φ 为 $[a,b]$ 上严格单调函数，φ 和 ψ 都可导，且有 $\varphi'(t)\neq 0$，则有

$$\frac{\mathrm{d}y}{\mathrm{d}x}=\frac{\mathrm{d}y}{\mathrm{d}t}\Big/\frac{\mathrm{d}x}{\mathrm{d}t}=\frac{\psi'(t)}{\varphi'(t)}. \tag{3}$$

3° 导数的几何意义 函数 f 在点 x_0 的导数 $f'(x_0)$ 是曲线 $y=f(x)$ 过点 $(x_0,f(x_0))$ 的切线斜率，即 $f'(x_0)=\tan\alpha$，其中 α 为切线与 x 轴正向的夹角. 过点 $(x_0,f(x_0))$ 的切线和法线方程分别为

$$y-f(x_0)=f'(x_0)(x-x_0)$$

和

$$y-f(x_0)=-\frac{1}{f'(x_0)}(x-x_0). \tag{4}$$

二、典型例题

例 1 由 $(\sin x)'=\cos x$，$(\log_a x)'=\frac{1}{x\ln a}$，求

1) $(\arcsin x)'$;

2) $(a^x)'$,其中 $a>0, a\neq 1$.

解 1) 令 $y=\arcsin x$, $x\in(-1, 1)$.

则

$$x=\sin y,\ y\in\left(-\frac{\pi}{2},\ \frac{\pi}{2}\right).$$

于是由(1)式,

$$(\arcsin x)'=\frac{1}{(\sin y)'}=\frac{1}{\cos y}$$

$$=\frac{1}{\sqrt{1-\sin^2 y}}=\frac{1}{\sqrt{1-x^2}}.$$

2) 令 $y=a^x$, $x\in(-\infty, +\infty)$.

则

$$x=\log_a y,\ y\in(0, +\infty).$$

于是由(1)式,

$$(a^x)'=\frac{1}{(\log_a y)'}=\frac{1}{\left(\frac{1}{y\ln a}\right)}=y\ln a$$

$$=a^x\ln a.$$

□

例 2 在下列方程中,设 y 为 x 的函数,求 $y'(x)$.

1) $Ax^2+By^2=1 \qquad (B\neq 0)$;

2) $x^3-3xy+y^3=0$.

解 1) 方程两边对 x 求导,得到

$$2Ax+2Byy'=0,$$

于是

$$y'(x)=-\frac{Ax}{By}.$$

2) 方程两边对 x 求导,得到

$$3x^2-3xy'-3y+3y^2y'=0,$$

于是

$$y'(x)=\frac{x^2-y}{x-y^2}.$$

□

注　在 1)中可先求出 y,再对 x 求导. 而在 2)中,要显式地写出$y=f(x)$的表达式则十分困难. 本例我们采用了隐函数的求导法则. 关于方程$F(x, y)=0$所确定的隐函数的存在性和求导法则,可参阅多元微分学中相应的内容. 初学者可不看例 2 和习题第 3 题.

例 3　**星形线**的参数方程为

$$x = a\cos^3 t,\ y = a\sin^3 t \qquad (a > 0,\ 0 \leqslant t < 2\pi).$$

1) 求过点$(x(t_0),\ y(t_0))$的切线方程;

2) 证明当 $t_0 \neq 0,\ \frac{\pi}{2},\ \pi$ 和$\frac{3\pi}{2}$时,切线被坐标轴所截线段为一常数.

解　1) 由(2),(3)式,

$$\left.\frac{\mathrm{d}y}{\mathrm{d}x}\right|_{x=x(t)} = \left(\frac{\mathrm{d}y}{\mathrm{d}t}\Big/\frac{\mathrm{d}x}{\mathrm{d}t}\right)_{t=t_0} = -\tan t_0.$$

于是所求切线方程为

$$y - a\sin^3 t_0 = -\tan t_0 (x - a\cos^3 t_0).$$

2) 该切线与 x 轴和 y 轴的交点分别是$M(a\cos t_0,\ 0)$和 $N(0, a\sin t_0)$. 于是有

$$|MN| = \sqrt{(a\cos t_0 - 0)^2 + (0 - a\sin t_0)^2} = a.$$ □

例 4　设曲线 C 的极坐标方程为

$$r = f(\theta),\ \theta_1 \leqslant \theta \leqslant \theta_2,$$

其中 f 为可导函数. 求 C 上过点$M(\theta,\ f(\theta))$的切线斜率,以及过 M 的切线与向径 OM 的夹角 φ.

解　由 $r=f(\theta)$可得到以 θ 为参数的方程

$$\begin{cases} x = r\cos\theta = f(\theta)\cos\theta, \\ y = r\sin\theta = f(\theta)\sin\theta, \end{cases} \quad \theta_1 \leqslant \theta \leqslant \theta_2.$$

于是有

$$\begin{aligned} \tan\alpha = y'(x) &= \frac{\mathrm{d}y}{\mathrm{d}\theta}\Big/\frac{\mathrm{d}x}{\mathrm{d}\theta} \\ &= \frac{f'(\theta)\sin\theta + f(\theta)\cos\theta}{f'(\theta)\cos\theta - f(\theta)\sin\theta} \\ &= \frac{f'(\theta)\tan\theta + f(\theta)}{f'(\theta) - f(\theta)\tan\theta}, \end{aligned}$$

而 φ 应满足

$$\tan\varphi = \tan(\alpha - \theta) = \frac{\tan\alpha - \tan\theta}{1 + \tan\alpha \cdot \tan\theta}$$

$$= \frac{f(\theta)}{f'(\theta)},$$

于是

$$\varphi = \arctan \frac{f(\theta)}{f'(\theta)}.$$ □

三、习题

1. 定义双曲函数

$$\sinh x = \frac{e^x - e^{-x}}{2}; \quad \cosh x = \frac{e^x + e^{-x}}{2};$$

$$\tanh x = \frac{\sinh x}{\cosh x}; \quad \coth x = (\tanh x)^{-1} \qquad (x \neq 0).$$

记 arsinh$x$，arcosh$x$，artanh$x$ 和 arcoth$x$ 分别为 sinh$x$，cosh$x$，tanh$x$ 和 coth$x$ 的反函数.

1）求证：

$$(\sinh x)' = \cosh x; \quad (\cosh x)' = \sinh x;$$

$$(\tanh x)' = \frac{1}{\cosh^2 x}; \quad (\coth x)' = \frac{-1}{\sinh^2 x}.$$

2）根据反函数的求导法则计算

$$(\operatorname{arsinh} x)'; \ (\operatorname{arcosh} x)'; \ (\operatorname{artanh} x)'; \ (\operatorname{arcoth} x)'; \ [\operatorname{arsinh}(\tanh x)]'.$$

2. 试由 $(\tan x)' = \sec^2 x$ 求 $(\arctan x)'$.

3. 设下面的方程可确定 y 为 x 的函数，求 $y'(x)$.

1）$\sin x + \cos^2 y = \frac{1}{2}$；　　2）$(x^2 + y^2)^2 = x^2 - y^2$.

4. 试问在曲线 $C: y = x + \sqrt[3]{\sin x}$ 上，哪些点处有垂直切线？

5. 设 x 与 y 由参数方程

$$x = \frac{3at}{1+t^3}, \ y = \frac{3at^3}{1+t^3}, \quad a > 0$$

确定. 求 $y'(x)$.

6. 证明曲线 C：

$$\begin{cases} x = a(\cos t + t\sin t), \\ y = a(\sin t - t\cos t), \end{cases} \quad t \in (-\infty, +\infty), \quad a > 0$$

上任意一点的法线与原点的距离恒为 a.

7. 设曲线 C 的参数方程为

$$\begin{cases} x = a(\ln(\tan\dfrac{t}{2}) + \cos t), \\ y = a\sin t, \end{cases} \quad 0 < t < \pi, \quad a > 0.$$

1) 求 $y'(x)$；

2) 证明任一切线与 x 轴的交点到切点的距离为定长.

*8. 设曲线

$$\frac{x^2}{a^2} + \frac{y^2}{b^2} = 1 \text{ 与 } \quad xy = \lambda$$

相切,其中 $a>0$, $b>0$ 给定.求 λ 的值并确定切线方程.

9. 证明曲线 $y=a^x (a>0, a\neq 1)$ 的任一切线从切点到与 x 轴的交点之间线段在 x 轴上的投影为一常数.

10. 给定曲线

$$x = \sqrt{a^2 - y^2} + a\ln\frac{a - \sqrt{a^2 - y^2}}{y}, \quad 0 < y < a.$$

证明任一切线从切点到与 x 轴交点之间距离为定长.

利用例 4 的结果解 11～13 题：

11. 证明圆 $r=2a\sin\theta$ $(a>0)$ 的向径与切线的夹角等于向径的极角.

12. 证明心脏线 $r=a(1-\cos\theta)$ $(a>0)$ 的向径与切线的夹角等于向径极角的一半.

13. 证明双纽线 $r^2=a^2\cos 2\theta$ $(a>0)$ 的向径与切线的夹角等于向径极角的两倍加 $\frac{\pi}{2}$.

§6.3　微分及其在近似计算中的应用

一、内容精析

1°　微分的定义　若函数 $y=f(x)$ 在点 x_0 的增量 Δy 可表示为自变量在点 x_0 的增量 Δx 的线性函数 $A\Delta x$,与较 Δx 高阶的无穷小量之和

$$\begin{aligned} \Delta y &= f(x_0 + \Delta x) - f(x_0) \\ &= A\Delta x + o(\Delta x), \end{aligned} \tag{1}$$

其中 A 与 Δx 无关.则称函数 f 在点 x_0 可微,并记

$$\mathrm{d}y\,|_{x=x_0} = \mathrm{d}f\,|_{x=x_0} = A\Delta x (= A\mathrm{d}x) \tag{2}$$

为 $y=f(x)$ 在点 x_0 的微分.

2°　可微与可导的关系　函数 $y=f(x)$ 在点 x_0 可微的充要条件是 f 在点 x_0 可导,这时有

$$\mathrm{d}y\big|_{x=x_0}=f'(x_0)\mathrm{d}x=A\mathrm{d}x. \tag{3}$$

3° 微分的运算法则

1) $\mathrm{d}[u(x)\pm v(x)]=\mathrm{d}u(x)\pm \mathrm{d}v(x)$;

2) $\mathrm{d}[u(x)v(x)]=v(x)\mathrm{d}u(x)+u(x)\mathrm{d}v(x)$;

3) $\mathrm{d}\left[\dfrac{u(x)}{v(x)}\right]=\dfrac{v(x)\mathrm{d}u(x)-u(x)\mathrm{d}v(x)}{v^2(x)} \qquad (v(x)\neq 0)$;

4) $\mathrm{d}[(f\circ g)(x)]=f'(u)g'(x)\mathrm{d}x$

$=f'(g(x))g'(x)\mathrm{d}x \qquad (u=g(x)).$

注 在 4)式中如以 $\mathrm{d}u=g'(x)\mathrm{d}x$ 代入即得

$$\mathrm{d}f(u)=f'(u)\mathrm{d}u,$$

得到(3)式. 即(3)式中的关系式当 x 为自变量时成立,当 x 为另一可微函数的因变量时也成立. 这个性质称为**一阶微分形式的不变性**.

4° 近似计算与误差估计 设 f 为可微函数. 当自变量在点 x_0 的增量 Δx 很小时,可以得到如下的近似公式:

$$\Delta y=f(x_0+\Delta x)-f(x_0)\approx f'(x_0)\Delta x,$$

即

$$f(x_0+\Delta x)\approx f(x_0)+f'(x_0)\Delta x; \tag{4}$$

也可以用上式进行误差估计:

1) 绝对误差

$$|\Delta y|\approx|f'(x_0)|\cdot|\Delta x|;$$

2) 相对误差

$$|\delta y|=\left|\frac{\Delta y}{y}\right|\approx\left|\frac{f'(x_0)}{f(x_0)}\right|\cdot|\Delta x|.$$

二、典型例题

例 1 求 $y=x^2\ln(x^2)+\cos(x^2)$的微分.

解 由

$$y'(x)=2x\ln(x^2)+2x-\sin(x^2)\cdot 2x,$$

$$\mathrm{d}y=2x(\ln(x^2)+1-\sin(x^2))\mathrm{d}x.$$ □

例 2 求 $y=\mathrm{e}^{\sin(ax+b)}$ 的微分.

解 令 $u=\sin v$, $v=ax+b$. 则由一阶微分形式的不变性,有

$$\begin{aligned} \mathrm{d}y &= \mathrm{e}^u \mathrm{d}(\sin v) = \mathrm{e}^u \cos v \mathrm{d}(ax+b) \\ &= a\mathrm{e}^{\sin(ax+b)}\cos(ax+b)\mathrm{d}x. \end{aligned}$$ □

例 3　设 $y=\sin(u^2(x)+v^2(x))$，其中 u，v 为 x 的可微函数. 求 $\mathrm{d}y$.

解　由一阶微分形式的不变性，有

$$\begin{aligned} \mathrm{d}y &= \cos(u^2(x)+v^2(x))\mathrm{d}(u^2+v^2) \\ &= \cos(u^2(x)+v^2(x))(2u(x)\mathrm{d}u+2v(x)\mathrm{d}v) \\ &= 2\cos(u^2(x)+v^2(x))(u(x)u'(x)+v(x)v'(x))\mathrm{d}x. \end{aligned}$$ □

例 4　求 $\sqrt[4]{80}$ 的近似值.

解　令 $f(x)=\sqrt[4]{x}$，$x_0=81$，$\Delta x=-1$. 则有

$$f'(x)=\frac{1}{4\sqrt[4]{x^3}},\ f(x_0)=3,\ f'(x_0)=\frac{1}{108}.$$

于是

$$\sqrt[4]{80}\approx 3+\frac{1}{108}\times(-1)\approx 2.9907.$$

$$(\sqrt[4]{80}=2.990697\cdots)$$ □

例 5　为了使计算正方形面积的相对误差不超过 1%，度量边长所允许的最大相对误差为多少？

解　设正方形边长为 a，面积为 S，则有

$$S=a^2,\ |\Delta S|\approx|\mathrm{d}S|=|2a\Delta a|,$$

$$|\delta S|=\left|\frac{\Delta S}{S}\right|\approx\left|\frac{2a\Delta a}{a^2}\right|=2|\delta a|,$$

即

$$|\delta a|\approx\frac{1}{2}|\delta S|=0.5\%.$$ □

三、习题

1. 求下列函数的微分：

1）$y=x\ln x-x$；　　2）$y=x^2-\cos 2x$；

3）$y=\mathrm{e}^{ax}\sin bx$；　　4）$y=\arcsin\sqrt{1-x^2}$；

5）$y=\ln\left|\tan\left(\frac{x}{2}+\frac{\pi}{4}\right)\right|$；　　6）$y=x^{\sin(x^2)}$　$(x>0)$.

2. 设 u, v 是 x 的可微函数，y 是 u，v 的函数，求 $\mathrm{d}y$：

1) $y=\arctan\dfrac{u}{v}$； 2) $y=\ln\sqrt{u^2+v^2}$；

3) $y=\ln|\sin(u+v)|$； 4) $y=\sqrt{u^2+v^2}$.

3. 利用微分求下列函数值的近似值：

1) $\sqrt[3]{1.02}$； 2) $\arcsin 0.49$；

3) $\mathrm{e}^{0.01}$； 4) $\ln 1.06$.

4. 为了使计算出球的体积准确到 1%，度量半径 r 时允许发生的相对误差最多为多少?

*5. 检验一个半径为 2 米，中心角为 55°的扇形工件面积. 如果测量中心角的最大误差是 0.5°，测量中心角所对弦长的最大误差是 3 毫米(设测量半径没有误差)，用哪种测量结果较为准确?

6. 单摆的周期公式是

$$T=2\pi\sqrt{\frac{l}{g}},$$

其中 l 为摆长(单位:厘米)，g 为重力加速度(980 厘米/秒^2). 设钟摆的周期为 1 秒. 在冬季摆长缩短了 0.01 厘米，这时钟每天大约快多少?

§6.4 高阶导数与高阶微分

一、内容精析

1° 高阶导数的定义 若函数 $y=f(x)$，$(x\in I)$的 $n-1$ 阶导数 $f^{(n-1)}$ 在点 x 可导，则称该导数为 f 在点 x 的 n 阶导数，记为

$$y^{(n)}(x),\ f^{(n)}(x),\ \frac{\mathrm{d}^n f(x)}{\mathrm{d}x^n}\text{或}\frac{\mathrm{d}^n y(x)}{\mathrm{d}x^n},$$

即把函数 f 进行求导运算"$\dfrac{\mathrm{d}}{\mathrm{d}x}$"$n$ 次. 这里

$$f^{(0)}(x)\xlongequal{\text{def}}f(x).$$

2° 高阶导数的运算法则

1) $[u(x)\pm v(x)]^{(n)}=u^{(n)}(x)\pm v^{(n)}(x)$；

2) 莱布尼茨(Leibniz)公式

$$[u(x)v(x)]^{(n)}=\sum_{j=0}^{n}C_n^j u^{(n-j)}(x)v^{(j)}(x);\tag{1}$$

3) $[f(ax+b)]^{(n)}=a^n f^{(n)}(ax+b)$ (a，b 为常数).

3° 若干简单函数的 n 阶导数

1) $(x^{\alpha})^{(n)}=\alpha(\alpha-1)\cdots(\alpha-n+1)x^{\alpha-n}$;

2) $(\sin x)^{(n)}=\sin\left(x+\frac{n}{2}\pi\right)$;

$(\cos x)^{(n)}=\cos\left(x+\frac{n}{2}\pi\right)$;

3) $(\log_a x)^{(n)}=\frac{(-1)^{n-1}(n-1)!}{x^n\ln a}\qquad(a>0,\ a\neq1)$;

$(\ln x)^{(n)}=\frac{(-1)^{n-1}(n-1)!}{x^n}$;

4) $(a^x)^{(n)}=(\ln a)^n a^x\qquad(a>0,\ a\neq1)$;

$(e^x)^{(n)}=e^x$.

注　对于分段函数,应由导数定义直接考察在各段分界点处的各阶导数.

4°　高阶微分的定义　若函数 $y=f(x)$ $(x\in I)$的 $n-1$ 阶微分 $d^{n-1}y=d^{n-1}f$ 在点 x 可微,则称该微分为函数 f 在点 x 的 n 阶微分,记为

$$d^n y(x),\ d^n f(x).$$

一般地,有

$$d^n y = f^{(n)}(x)dx^n. \tag{2}$$

注　一阶微分具有形式不变性,对于二阶和二阶以上的微分则不具有这个性质.设 $y=f(x)$为二阶可导.当 x 为自变量时,有

$$d^2 y = f''(x)dx^2;$$

当 $x=g(t)$,g 为 t 的二阶可导函数时,则有

$$\begin{aligned}d^2 y &= d(dy) = d(f'(x)dx)\\ &= f''(x)dx^2 + f'(x)d^2 x.\end{aligned}$$

上面两个微分形式是不同的.

5°　复合函数的高阶导数　设 $y=f(g(x))$,$x\in I$,其中 f 和 g 有一直到 n 阶导数.先由链式法则求 $y'(x)$:

$$y'(x) = f'(g(x))\cdot g'(x).$$

由于 $f'(g(x))$仍是复合函数,因此有

$$\begin{aligned}y''(x) &= \frac{d}{dx}(f'(g(x))\cdot g'(x))\\ &= [f'(g(x))]'g'(x) + f'(g(x))\cdot g''(x)\\ &= f''(g(x))\cdot(g'(x))^2 + f'(g(x))\cdot g''(x).\end{aligned}$$

由于 $y''(x)$ 中包含新的复合函数 $f''(g(x))$ 和 $f'(g(x))$，因此求 $y'''(x)$ 时对这些函数仍需采用链式法则.

6° 反函数的高阶导数 设 $y=f(x)$ 为严格单调的连续函数，其反函数 $x=\varphi(y)$ 有一直到 n 阶导数，且 $\varphi'(y)\neq 0$. 由反函数的求导法则，

$$y'(x)=f'(x)=1\Big/\frac{\mathrm{d}x}{\mathrm{d}y}=\frac{1}{\varphi'(y)},$$

其中 $\varphi'(y)=\varphi'(f(x))$ 为复合函数. 因此，求 y 的高阶导数可按 5° 中步骤进行求导. 例如，

$$\begin{aligned}y''(x)&=\frac{\mathrm{d}}{\mathrm{d}x}\left(\frac{1}{\varphi'(y)}\right)=-\frac{\varphi''(y)y'(x)}{(\varphi'(y))^2}\\&=-\frac{\varphi''(y)}{(\varphi'(y))^3},\end{aligned}$$

$$\begin{aligned}y^{(3)}(x)&=\frac{\mathrm{d}}{\mathrm{d}x}\left(-\frac{\varphi''(y)}{(\varphi'(y))^3}\right)\\&=-(\varphi'(y))^{-6}[(\varphi'(y))^3\varphi'''(y)y'(x)\\&\quad-\varphi''(y)\cdot 3(\varphi'(y))^2\cdot\varphi''(y)\cdot y'(x)]\\&=\frac{3(\varphi''(y))^2-\varphi'(y)\cdot\varphi'''(y)}{(\varphi'(y))^5}.\end{aligned}$$

7° 由参数表示的函数的高阶导数 设 x 和 y 的函数关系由参数方程

$$x=\varphi(t),\ y=\psi(t),\quad a\leqslant t\leqslant b$$

确定，其中 φ 和 ψ 有一直到 n 阶导数，φ 严格单调且 $\varphi'(t)\neq 0$. 则由 §6.2 中 (3) 式，

$$y'(x)=\frac{\psi'(t)}{\varphi'(t)},$$

记

$$\psi_1(t)=y'(x),$$

反复应用上面的公式，有

$$\begin{aligned}y''(x)&=\frac{\psi'_1(t)}{\varphi'(t)}=\frac{1}{\varphi'(t)}\cdot\frac{\psi''(t)\varphi'(t)-\psi'(t)\varphi''(t)}{(\varphi'(t))^2}\\&=\frac{\psi''(t)\varphi'(t)-\psi'(t)\varphi''(t)}{(\varphi'(t))^3},\end{aligned}$$

记

$$\psi_2(t)=y''(x),$$

$$y^{(3)}(x)=\frac{\psi'_2(t)}{\varphi'(t)},\cdots.$$

二、典型例题

*例 1　设 m 为自然数,

$$f(x)=\begin{cases}x^m\sin\dfrac{1}{x}, & x\neq 0,\\ 0, & x=0.\end{cases}$$

1) 何时 $f''(0)$存在?

2) 何时 f''在点 $x=0$ 连续?

解　1) 由 § 6.1 的例 1,当 $m\geqslant 3$ 时,

$$f'(x)=\begin{cases}mx^{m-1}\sin\dfrac{1}{x}-x^{m-2}\cos\dfrac{1}{x}, & x\neq 0,\\ 0, & x=0,\end{cases}$$

且 f'在点 $x=0$ 连续. 于是当 $x\neq 0$ 时,

$$\begin{aligned}\frac{f'(x)-f'(0)}{x-0}&=mx^{m-2}\sin\frac{1}{x}-x^{m-3}\cos\frac{1}{x}\\&=x^{m-3}\left(mx\sin\frac{1}{x}-\cos\frac{1}{x}\right).\end{aligned}$$

由于当 $x\to 0$ 时,$mx\sin\dfrac{1}{x}-\cos\dfrac{1}{x}$有界但无极限,因此上式当 $x\to 0$ 时极限存在,当且仅当 $m\geqslant 4$,这时有

$$f''(0)=0.$$

2) 当 $x\neq 0$ 时,

$$\begin{aligned}f''(x)&=m(m-1)x^{m-2}\sin\frac{1}{x}-2(m-1)x^{m-3}\cos\frac{1}{x}-x^{m-4}\sin\frac{1}{x}\\&=x^{m-4}\left[m(m-1)x^2\sin\frac{1}{x}-2(m-1)x\cos\frac{1}{x}-\sin\frac{1}{x}\right].\end{aligned}$$

由于当 $x\to 0$ 时,

$$m(m-1)x^2\sin\frac{1}{x}-2(m-1)x\cos\frac{1}{x}-\sin\frac{1}{x}$$

有界但无极限，因此 $f''(x)$ 在点 $x=0$ 处连续，当且仅当 $m\geqslant 5$，这时有

$$\lim_{x\to 0}f''(x)=0=f''(0).$$ □

*例 2　求下列函数的 n 阶导数：

1) $y=\dfrac{x^n}{1+x}$;

2) $y=\mathrm{e}^{ax}\sin bx$　　$(a\neq 0,\ b\neq 0)$;

3) $y=\sin^2 ax\cos bx$　　$(a\neq 0,\ b\neq 0)$.

解　1) 首先将 $\dfrac{x^n}{1+x}$ 化为多项式和最简分式之和：

$$y=\frac{x^n}{1+x}=\frac{[(x+1)-1]^n}{1+x}=\frac{1}{1+x}\sum_{j=0}^{n}C_n^j(x+1)^{n-j}(-1)^j$$

$$=\frac{(-1)^n}{x+1}+\sum_{j=0}^{n-1}C_n^j(x+1)^{n-1-j}(-1)^j,$$

于是

$$y^{(n)}(x)=\left[\frac{(-1)^n}{x+1}\right]^{(n)}=(-1)^n\cdot(-1)^n\cdot n!(x+1)^{-(n+1)}$$

$$=\frac{n!}{(x+1)^{n+1}}.$$ □

2) **解法一**　由莱布尼茨公式，有

$$(\mathrm{e}^{ax}\sin bx)^{(n)}=\sum_{j=0}^{n}C_n^j(\mathrm{e}^{ax})^{(n-j)}(\sin bx)^{(j)}$$

$$=\sum_{j=0}^{n}C_n^j a^{n-j}b^j\mathrm{e}^{ax}\sin\left(bx+\frac{j}{2}\pi\right).$$

解法二　先求 $y'(x)$，得到

$$y'(x)=a\mathrm{e}^{ax}\sin bx+b\mathrm{e}^{ax}\cos bx$$

$$=\sqrt{a^2+b^2}\,\mathrm{e}^{ax}\sin(bx+\varphi),$$

其中 $\sin\varphi=\dfrac{b}{\sqrt{a^2+b^2}}$, $\cos\varphi=\dfrac{a}{\sqrt{a^2+b^2}}$. 上式容易推广到 y 的 n 阶导数：

$$y^{(n)}(x)=(a^2+b^2)^{\frac{n}{2}}\mathrm{e}^{ax}\sin(bx+n\varphi).$$

3）首先将函数化为若干个简单函数之和. 由

$$y=\sin^2 ax\cos bx=\frac{1}{2}(1-\cos 2ax)\cos bx$$

$$=\frac{1}{2}\cos bx-\frac{1}{4}\cos(2a-b)x-\frac{1}{4}\cos(2a+b)x,$$

$$y^{(n)}(x)=\frac{b^n}{2}\cos\left(bx+\frac{n\pi}{2}\right)-\frac{(2a-b)^n}{4}\cos\left((2a-b)x+\frac{n}{2}\pi\right)$$

$$-\frac{(2a+b)^n}{4}\cos\left((2a+b)x+\frac{n}{2}\pi\right).$$ □

例 3　设 $y=x^3\mathrm{e}^{2x}$，求 $y^{(10)}(x)$.

解　由于当 $j\geqslant 4$ 时，$(x^3)^{(j)}=0$，于是

$$y^{(10)}(x)=\sum_{j=0}^{10}C_{10}^{j}(x^3)^{(j)}(\mathrm{e}^{2x})^{(10-j)}$$

$$=x^3\cdot 2^{10}\cdot\mathrm{e}^{2x}+10\cdot 3x^2\cdot 2^9\mathrm{e}^{2x}$$

$$+45\cdot 6x\cdot 2^8\cdot\mathrm{e}^{2x}+120\cdot 6\cdot 2^7\cdot\mathrm{e}^{2x}$$

$$=512\mathrm{e}^{2x}(2x^3+30x^2+135x+180).$$ □

***例 4**　设 $y=\arctan x$.

1）证明 y 满足方程

$$(1+x^2)y''+2xy'=0;$$

2）求 $y^{(n)}(0)$.

分析　本题需将函数式或导数式变形后再求导，从而得到一般的递推公式.

解　1）由 $y'(x)=\dfrac{1}{1+x^2}$，得到 $y(0)=0$ 和 $y'(0)=1$. 将等式

$$(1+x^2)y'(x)=1$$

两边对 x 求一次导数，有

$$(1+x^2)y''+2xy'=0.$$

2）设 $n\geqslant 2$. 上式对 x 求 n 阶导数，有

$$(1+x^2)y^{(n+2)}+2(n+1)xy^{(n+1)}+n(n+1)y^{(n)}=0.$$

于是得到递推公式

$$y^{(n+2)}(0)=-n(n+1)y^{(n)}(0).$$

又由

$$y(0)=0,\ y'(0)=1,\ y''(0)=0,$$

$$y^{(2m)}(0)=0,\ y^{(2m+1)}(0)=(-1)^m(2m)!.$$ □

例 5 设 f 为二阶可导函数，$y=f(f(f(x)))$. 求 $y''(x)$.

解 由复合函数求导的链式法则，有

$$y'(x)=f'(f(f(x)))\cdot f'(f(x))\cdot f'(x),$$

$$\begin{aligned}y''(x)=&f''(f(f(x)))\cdot(f'(f(x))\cdot f'(x))^2\\&+f'(f(f(x)))\cdot f''(f(x))\cdot(f'(x))^2\\&+f'(f(f(x)))\cdot f'(f(x))\cdot f''(x).\end{aligned}$$ □

例 6 求由椭圆的参数方程

$$x=a\cos t,\ y=b\sin t,\ 0<t<\pi$$

所确定的函数 $y=f(x)$ 的一阶和二阶导数.

解 由 § 6.2 的(3)式，有

$$y'(x)=\frac{(b\sin t)'}{(a\cos t)'}=-\frac{b}{a}\cot t,$$

$$\begin{aligned}y''(x)&=\frac{1}{(a\cos t)'}\cdot\left(-\frac{b}{a}\cot t\right)'\\&=-\frac{b}{a^2}\csc^3 t.\end{aligned}$$ □

三、习题

1. 讨论函数 $f(x)=|x|^3$ 在点 $x=0$ 处的各阶导数.

2. 证明函数 $f(x)=\begin{cases}e^{-\frac{1}{x^2}}, & x\neq 0\\ 0, & x=0\end{cases}$ 在点 $x=0$ 处 n 阶可导，且 $f^{(n)}(0)=0$，其中 n 为任意的自然数.

3. 求下列函数的 n 阶导数：

1）$y=a^x\quad(a>0,\ a\neq 1)$；　2）$y=\log_a x\quad(a>0,\ a\neq 1)$；

3）$y=\dfrac{\ln x}{x}$；　4）$y=\dfrac{1+x}{\sqrt[3]{1-x}}$；

5）$y=\sin^3 x$；　*6）$y=\dfrac{x^n}{x^2-1}$.

4. 求证：

1) 若 $y=x^{n-1}\ln x$，则 $y^{(n)}=\dfrac{(n-1)!}{x}$；

2) 若 $y=\dfrac{ax+b}{cx+d}$，则 $y^{(n)}=(-1)^n\dfrac{n!\,c^{n-1}}{(cx+d)^{n+1}}(bc-ad)$；

*3) 若 $y=x^{n-1}e^{\frac{1}{x}}$，则 $y^{(n)}=\dfrac{(-1)^n}{x^{n+1}}e^{\frac{1}{x}}$.

5. 设 n 为自然数，

$$f(x)=\begin{cases}x^n\sin(\ln|x|), & x\neq 0,\\ 0, & x=0.\end{cases}$$

求证 f 在点 $x=0$ 有直到 $n-1$ 阶导数，但无 n 阶导数.

6. 设 $y=\arcsin x$.

1) 证明 y 满足方程

$(1-x^2)y^{(n+2)}-(2n+1)xy^{(n+1)}-n^2y^{(n)}=0\qquad(n\geqslant 0)$；

2) 求 $y^{(n)}(0)$.

7. 设 $y=(\arcsin x)^2$.

1) 证明 y 满足方程

$$(1-x^2)y^{(n+2)}-(2n+1)xy^{(n+1)}-n^2y^{(n)}=0\qquad(n\geqslant 1);$$

2) 求 $y^{(n)}(0)$.

8. 求证多项式

$$P_n(x)=\frac{1}{2^n n!}((x^2-1)^n)^{(n)},\ n=0,1,2,\cdots$$

满足方程

$$(1-x^2)P''_n(x)-2xP'_n(x)+n(n+1)P_n(x)=0.$$

9. 求证多项式

$$P_n(x)=e^x\cdot(x^ne^{-x})^{(n)}$$

满足方程

$$xP''_n(x)-(x-1)P'_n(x)+nP_n(x)=0.$$

*10. 求证：

1) $\displaystyle\sum_{k=0}^{n}kC_n^kx^k(1-x)^{n-k}=nx$；

2) $\displaystyle\sum_{k=0}^{n}k(k-1)C_n^kx^k(1-x)^{n-k}=n(n-1)x^2$；

3) $\displaystyle\sum_{k=0}^{n}(k-nx)^2C_n^kx^k(1-x)^{n-k}=nx(1-x)$.

11. 设函数 $y=f(x)$ $(x\in I)$ 是严格单调的三阶可导函数，且 $f'(x)\neq 0$.

求$(f^{-1})^{(3)}(y)$.

12. 设函数 f 二阶可导,求$\frac{d^2}{dx^2}f(f(f(x)))$.

13. 设函数 f 三阶可导,且 $f''(t)\neq 0$,

$$x = f'(t), \quad y = tf'(t) - f(t).$$

试求 $y''(x)$和 $y'''(x)$.

*14. 函数 $y=f(x)$由参数方程

$$\begin{cases} x = 2t + |t|, \\ y = 16t^4 + 9t^3\sin|t|, \end{cases} \quad -\infty < t < +\infty$$

确定. 试讨论 $y=f(x)$在点 $x=0$ 的各阶导数.

*15. 设 $f_{ij}(x)$, $i,j=1, 2, \cdots, n$ 有一直到 r 阶导数.

求证:

$$\frac{d^r}{dx^r}\begin{vmatrix} f_{11}(x) & f_{12}(x) & \cdots & f_{1n}(x) \\ f_{21}(x) & f_{22}(x) & \cdots & f_{2n}(x) \\ \vdots & \vdots & & \vdots \\ f_{n1}(x) & f_{n2}(x) & \cdots & f_{nn}(x) \end{vmatrix}$$

$$= \sum_{r_1+r_2+\cdots+r_n=r}\frac{r!}{r_1!\cdots r_n!}\begin{vmatrix} f_{11}^{(r_1)}(x) & f_{12}^{(r_1)}(x) & \cdots & f_{1n}^{(r_1)}(x) \\ f_{21}^{(r_2)}(x) & f_{22}^{(r_2)}(x) & \cdots & f_{2n}^{(r_2)}(x) \\ \vdots & \vdots & & \vdots \\ f_{n1}^{(r_n)}(x) & f_{n2}^{(r_n)}(x) & \cdots & f_{nn}^{(r_n)}(x) \end{vmatrix}.$$

16. 设 $y=y(x)$是严格单调的二阶可导函数,且满足方程

$$\frac{d^2y}{dx^2} + \left(\frac{dy}{dx}\right)^3 = 0.$$

求证其反函数 $x=x(y)$满足方程$\frac{d^2x}{dy^2}=1$, 并由此求出某一个 $y=y(x)$.

17. 求下列函数的高阶微分:

1) $u(x)=\ln x$, $v(x)=e^x$, 求 $d^3(uv)$和 $d^3\left(\frac{u}{v}\right)$;

2) $u(x)=e^{\frac{x}{2}}$, $v(x)=\cos 2x$, 求 $d^3(uv)$和 $d^3\left(\frac{u}{v}\right)$.

第七章　微分学基本定理及其应用

函数的导数反映了函数在一点附近的局部性质，但要利用导数来推断函数在区间上的整体性质，还需借助于微分学基本定理——中值定理. 因此，微分中值定理构成了微分学理论的重要内容.

本章的主要内容为：中值定理，泰勒公式，不定式极限，函数的单调性、极值与最值，函数的图象与方程求根.

§7.1　中值定理

一、内容精析

1°　极值与费马(Fermat)定理

1) **极值**定义为：若函数 f 在点 x_0 某邻域 $U(x_0;\delta)$ 内对一切 x 满足

$$f(x_0) \geqslant f(x) \quad (f(x_0) \leqslant f(x)), \tag{1}$$

则称函数 f 在点 x_0 取得**极大(小)值** $f(x_0)$，x_0 称为 f 的**极大(小)值点**.

2) **费马定理**　设函数 f 在点 x_0 的邻域内有定义，在 x_0 可导. 若 x_0 为 f 的极值点，则必有

$$f'(x_0) = 0. \tag{2}$$

注　使得 $f'(x)=0$ 的点 x 称为 f 的**稳定点**，也称为**驻点**或**静止点**. 若 x_0 为 f 的极值点，则 x_0 必为 f 的稳定点或不可导点. 但稳定点不一定是极值点. 例如 $x=0$ 为函数 $f(x)=x^2$ 的极值点，$f'(0)=0$；$x=0$ 为函数 $g(x)=|x|$ 的极值点，但 $g'(0)$不存在；$x=0$ 是函数 $h(x)=x^3$ 的稳定点，$h'(0)=0$，但 $x=0$ 不是 $h(x)=x^3$ 的极值点.

2°　微分中值定理

1) **罗尔(Rolle)中值定理**　若函数 f 满足如下条件：

(i) 在$[a, b]$上连续；

(ii) 在(a, b)内可导；

(iii) $f(a)=f(b)$，

则在(a, b)内至少存在一点 ξ，使得

$$f'(\xi)=0. \tag{3}$$

2) **拉格朗日中值定理**　若函数 f 满足如下条件：

(i) 在$[a,b]$上连续；

(ii) 在(a,b)内可导，

则在(a,b)内至少存在一点 ξ,使得

$$f'(\xi)=\frac{f(b)-f(a)}{b-a}. \tag{4}$$

注　拉格朗日中值定理中的公式有下面几种不同形式,可根据不同场合灵活运用：

$$f(b)-f(a)=f'(\xi)(b-a);$$

$$f(b)-f(a)=f'(a+\theta(b-a))(b-a) \qquad (0<\theta<1); \tag{5}$$

$$f(a+h)-f(a)=f'(a+\theta h)h \qquad (0<\theta<1).$$

推论　(i) 若 f 为区间 I 上的可微函数,且有

$$f'(x)=0,\ x\in I,$$

则

$$f(x)=c,\quad c\text{ 为常数}.$$

(ii) 若 f 和 g 都是区间 I 上的可微函数,且有

$$f'(x)=g'(x),\quad x\in I,$$

则

$$f(x)=g(x)+c,\quad c\text{ 为常数}.$$

3) **柯西中值定理**　若函数 f 和 g 满足如下条件：

(i) f 与 g 在$[a,b]$上连续；

(ii) f 与 g 在(a,b)内可导；

(iii) 在(a,b)内 f' 与 g' 不同时为零；

(iv) $g(a)\neq g(b)$,

则在(a,b)内至少存在一点 ξ,使得

$$\frac{f'(\xi)}{g'(\xi)}=\frac{f(b)-f(a)}{g(b)-g(a)}. \tag{6}$$

注 1　中值定理的几何意义.

罗尔中值定理的几何意义是,在每点都有切线的曲线上,若两端点的高度相同,则在此曲线上至少存在一条水平切线.

拉格朗日中值定理的几何意义是,在每点都有切线的曲线上,至少存在一条切线平行于两个端点的连线.

柯西中值定理的几何意义是,若在 uv 直角坐标平面内的曲线由参数方程

$$u = g(x),\ v = f(x),\ x \in [a,\ b]$$

表示,其中 f 与 g 满足柯西中值定理中的条件,则存在 $\xi \in (a,\ b)$,使得过曲线一点 $(u(\xi),\ v(\xi))$ 的切线平行于两个端点的连线.

注 2　设函数 $f,\ g,\ h$ 都在 $[a,\ b]$ 上连续,在 $(a,\ b)$ 内可导. 定义

$$F(x) = \begin{vmatrix} f(a) & g(a) & h(a) \\ f(b) & g(b) & h(b) \\ f(x) & g(x) & h(x) \end{vmatrix},$$

则在 $(a,\ b)$ 至少存在一点 ξ,使得

$$F'(\xi) = \begin{vmatrix} f(a) & g(a) & h(a) \\ f(b) & g(b) & h(b) \\ f'(\xi) & g'(\xi) & h'(\xi) \end{vmatrix} = 0.$$

这是更一般的中值定理. 事实上,由所给条件,函数 F 在 $[a,\ b]$ 上连续,在 $(a,\ b)$ 内可导,且有

$$F(a) = F(b) = 0.$$

于是由罗尔中值定理,存在 $\xi \in (a,\ b)$ 使得 $F'(\xi) = 0$.

在上式中,若令 $g(x) = x$,$h(x) = 1$, 即可得拉格朗日中值定理;若令 $h(x) = 1$, 即可得柯西中值定理中(6)式的另一种形式:

$$f'(\xi)[g(b) - g(a)] = g'(\xi)[f(b) - f(a)].$$

柯西中值定理的条件(iii), (iv)只是保证(6)式中的比式有意义.

注 3　微分中值定理可应用于解决下列问题:

(i) 判断可导函数在给定区间内根的存在性和根的个数;

(ii) 对于给定的可微函数得到相应的中值公式,并可证明某些等式和不等式;

(iii) 推出可导函数的某些整体性质,如单调性,有界性,一致连续性,以及某些导数极限的性质;

(iv) 推导泰勒公式和求不定式极限的洛必达法则.

二、典型例题

*例 1 设多项式 $p(x)$ 在区间 $[a, b]$ 上有 n 个根(计算根的重数),则 $p^{(j)}(x)$ 在 $[a, b]$ 上有 $n-j$ 个根, $j=0, 1, \cdots, n-1$.

证 设 $\alpha_1, \cdots, \alpha_k \in [a, b]$ 为 $p(x)=0$ 的根, $\alpha_1<\alpha_2<\cdots<\alpha_k$, 其重数分别为 $n_1, \cdots, n_k$, $n_1+\cdots+n_k=n$. 于是有

$$p(x) = (x-\alpha_1)^{n_1}(x-\alpha_2)^{n_2}\cdots(x-\alpha_k)^{n_k}q_0(x),$$

其中 $q_0(x)$ 为另一多项式,且

$$q_0(\alpha_i) \neq 0, \ i = 1, \cdots, k.$$

由 $p(x)$ 的表达式,

$$p'(x) = (x-\alpha_1)^{n_1-1}(x-\alpha_2)^{n_2-1}\cdots(x-\alpha_k)^{n_k-1}q_1(x),$$

其中 $q_1(x)$ 也是多项式,满足

$$q_1(\alpha_i) \neq 0, \ i = 1, \cdots, k.$$

于是, $\alpha_1, \cdots, \alpha_k$ 分别是 $p'(x)=0$ 的 $n_1-1, n_2-1, \cdots, n_k-1$ 重根. 另外,由罗尔中值定理,存在 $\xi_j \in (\alpha_j, \alpha_{j+1}) \subset (a, b)$, $j=1, 2, \cdots, k-1$, 使得

$$p'(\xi_j) = 0.$$

因而, $p'(x)=0$ 在区间 $[a, b]$ 上根的个数至少为

$$(n_1-1)+(n_2-1)+\cdots+(n_k-1)+k-1 = n-1,$$

即 $p'(x)$ 在 $[a, b]$ 上有 $n-1$ 个根. 反复使用上述方法,可知 $p^{(j)}(x)$ 在 $[a, b]$ 上有 $n-j$ 个根. □

注 若例 1 中 $p(x)$ 是 n 次多项式,易知 $p^{(j)}(x)$ 为 $n-j$ 次多项式,于是 $p^{(j)}(x)$ 的所有的根都在 $[a, b]$ 上, $j=0, 1, \cdots, n-1$.

例 2 设 $p(x)$ 为多项式,且方程 $p'(x)=0$ 没有实根,则方程 $p(x)=0$ 至多有一个重数为 1 的实根.

证 若 $p(x)$ 有两个或两个以上的实根(计算重数),则由例 1 知, $p'(x)=0$ 至少有一个实根,与已知条件矛盾. 于是 $p(x)=0$ 至多有一个重数为 1 的实根. □

例 3 证明不等式

$$\frac{h}{1+h} < \ln(1+h) < h$$

对一切 $h>-1$, $h\neq 0$ 成立.

证　令 $f(x)=\ln(1+x)$, $x>-1$. 由拉格朗日中值定理,存在 $\theta\in(0,1)$,使得

$$\ln(1+h)=\ln(1+h)-\ln 1=\frac{h}{1+\theta h}.$$

当 $h>0$ 时,由

$$\frac{1}{1+h}<\frac{1}{1+\theta h}<1$$

有

$$\frac{h}{1+h}<\ln(1+h)<h;$$

当 $0>h>-1$ 时,由

$$1<\frac{1}{1+\theta h}<\frac{1}{1+h}$$

也有

$$\frac{h}{1+h}<\ln(1+h)<h.$$ □

例 4　设 $a<b$ 且 $ab>0$,函数 f 在 $[a,b]$ 上连续,在 (a,b) 内可导. 证明在 (a,b) 内存在一点 ξ,使得

$$\frac{1}{b-a}\begin{vmatrix} f(a) & f(b) \\ a & b \end{vmatrix}=f(\xi)-\xi f'(\xi).$$

分析　为了应用微分中值定理,需确定函数 $F(x)$ 和 $G(x)$,使得所证等式中不含 ξ 的项可表示为形如

$$\frac{F(b)-F(a)}{b-a} \text{ 或 } \frac{F(b)-F(a)}{G(b)-G(a)}$$

的比式. 在本题中,有

$$\frac{1}{b-a}\begin{vmatrix} f(a) & f(b) \\ a & b \end{vmatrix}=\frac{bf(a)-af(b)}{b-a}$$

$$=\frac{\dfrac{f(b)}{b}-\dfrac{f(a)}{a}}{\dfrac{1}{b}-\dfrac{1}{a}},$$

因而,可取 $F(x)=\frac{f(x)}{x}$, $G(x)=\frac{1}{x}$.

证 令

$$F(x)=\frac{f(x)}{x},\quad G(x)=\frac{1}{x},\quad x\in[a,b],$$

则函数 F 和 G 满足柯西中值定理中所有的条件. 因此,存在 $\xi\in(a,b)$,使得

$$\begin{aligned}\frac{1}{b-a}\begin{vmatrix}f(a) & f(b)\\ a & b\end{vmatrix}&=\frac{F(b)-F(a)}{G(b)-G(a)}\\&=\frac{F'(\xi)}{G'(\xi)}\\&=\left(\frac{\xi f'(\xi)-f(\xi)}{\xi^2}\right)\Big/\left(-\frac{1}{\xi^2}\right)\\&=f(\xi)-\xi f'(\xi).\end{aligned}$$

□

例 5 1) 设 $h>0$,函数 f 在 $[a-h,a+h]$ 上可导. 证明存在 $\theta\in(0,1)$,使得

$$\frac{f(a+h)-2f(a)+f(a-h)}{h}=f'(a+\theta h)-f'(a-\theta h);$$

2) 设函数 g 在点 a 二阶可导. 证明

$$\lim_{h\to 0}\frac{g(a+h)-2g(a)+g(a-h)}{h^2}=g''(a).$$

证 1) 令

$$F(x)=f(a+x)+f(a-x),\ x\in[a,h].$$

则函数 F 在 $[0,h]$ 上满足拉格朗日中值定理的条件. 于是存在 $\theta\in(0,1)$,使得

$$\begin{aligned}\frac{f(a+h)-2f(a)+f(a-h)}{h}&=\frac{F(h)-F(0)}{h-0}=F'(\theta h)\\&=f'(a+\theta h)-f'(a-\theta h).\end{aligned}$$

2) 由于函数 g 在点 a 二阶可导,于是存在 a 的某邻域 $U(a,\delta)$, $\delta>0$,使得 g 在 $U(a,\delta)$ 内连续并存在一阶导数. 任取 $h\in(0,\delta)$, 令

$$\left.\begin{aligned}F(x)&=g(a+x)-2g(a)+g(a-x),\\G(x)&=x^2,\end{aligned}\right.\qquad x\in[0,h],$$

则函数 F 和 G 满足柯西中值定理中所有的条件，因此存在 $\xi\in(0, h)$，使得

$$\frac{F(h)-F(0)}{G(h)-G(0)}=\frac{g(a+h)-2g(a)+g(g-h)}{h^2}$$

$$=\frac{F'(\xi)}{G'(\xi)}=\frac{g'(a+\xi)-g'(a-\xi)}{2\xi}.$$

又因当 $h\to 0$ 时，$\xi\to 0$，而 g 在点 a 二阶可导，所以有

$$\lim_{h\to 0}\frac{F(h)-F(0)}{G(h)-G(0)}=\lim_{h\to 0}\frac{g(a+h)-2g(a)+g(a-h)}{h^2}$$

$$=\lim_{h\to 0}\frac{g'(a+\xi)-g'(a-\xi)}{2\xi}$$

$$=\frac{1}{2}\lim_{h\to 0}\left[\frac{g'(a+\xi)-g'(a)}{\xi}+\frac{g'(a-\xi)-g'(a)}{-\xi}\right]$$

$$=\frac{1}{2}(g''(a)+g''(a))=g''(a).$$ □

例 6　若函数 f 在区间 I 上可导且 f' 在 I 上有界，证明 f 在 I 上一致连续.

证　因为 f' 在 I 上有界，所以 $\exists M>0$，使得

$$|f'(x)|\leqslant M,\quad x\in I.$$

对于任意的 $\varepsilon>0$，取 $\delta=\frac{\varepsilon}{M}$，则

$$\forall x',\ x''\in I,\ |x'-x''|<\delta$$

时，有

$$|f(x')-f(x'')|=|f'(\xi)(x'-x'')|$$

$$\leqslant M\cdot|x'-x''|<\varepsilon,$$

其中 ξ 介于 x' 与 x'' 之间，于是 f 在 I 上一致连续.　□

***例 7**　设函数 f 在区间(0,1]内连续、可导，并且

$$\lim_{x\to 0^+}\sqrt{x}f'(x)=a,$$

求证 f 在(0, 1]内一致连续.

分析　由题设，当 $a\neq 0$ 时，$f'(x)$ 在(0, 1]内无界，因此不能用例 6 的方法. 由于

$$\sqrt{x}f'(x)=\frac{1}{2}\cdot\frac{f'(x)}{(\sqrt{x})'},$$

因此,若令 $g(x)=\sqrt{x}$,则可应用柯西中值定理,将证明 $f(x)$的一致连续性转化为证明$\sqrt{x}$的一致连续性;若应用拉格朗日中值定理,则证明的难度要大得多. 下面介绍用这两种方法的证明过程.

证法一 (用柯西中值定理) 根据函数极限的局部有界性,存在 $M>0$, $1>c>0$, 使得

$$\left|\sqrt{x}f'(x)\right|\leqslant M,\quad x\in(0,\ c].$$

于是对于任何 $x_1,\ x_2\in(0,\ c]$, $x_1\neq x_2$,由柯西中值定理,存在 $\xi\in(x_1,\ x_2)$ (或 $\xi\in(x_2,\ x_1)$),

$$\frac{f(x_2)-f(x_1)}{\sqrt{x_2}-\sqrt{x_1}}=\left.\frac{f'(x)}{(\sqrt{x})'}\right|_{x=\xi}=2\sqrt{\xi}f'(\xi),$$

即

$$\left|f(x_2)-f(x_1)\right|\leqslant 2M\left|\sqrt{x_2}-\sqrt{x_1}\right|. \tag{1}$$

由于

$$\left|\sqrt{x_2}-\sqrt{x_1}\right|^2=x_1+x_2-2\sqrt{x_1x_2}\leqslant\left|x_1-x_2\right|, \tag{2}$$

因此,任给 $\varepsilon>0$,取 $\delta=\min\left\{\left(\frac{\varepsilon}{2M}\right)^2,\ c\right\}$, 则当 $x_1,\ x_2\in(0,\ c]$, 且 $\left|x_1-x_2\right|<\delta$ 时,由(1),(2)式,有

$$\begin{aligned}\left|f(x_1)-f(x_2)\right|&\leqslant 2M\left|\sqrt{x_2}-\sqrt{x_1}\right|\\&\leqslant 2M\sqrt{\left|x_2-x_1\right|}<\varepsilon.\end{aligned}$$

于是 f 在$(0,\ c]$内一致连续. 由于 f 在$(0,\ 1]$内连续,因此 f 在$[c,\ 1]$上连续,于是 f 在$[c,\ 1]$上一致连续. 故 f 在$(0,1]$内一致连续.

证法二 (用拉格朗日中值定理) 由题设,存在正数 $M>\left|a\right|$, 及 $c\in(0,\ 1]$,使得

$$\left|\sqrt{x}f'(x)\right|\leqslant M,\quad x\in(0,\ c]. \tag{3}$$

任给 $\varepsilon>0$,取 $\delta=\min\left\{\left(\frac{\sqrt{2}-1}{M}\varepsilon\right)^2,\ c\right\}$. 对任意的

$$x',\ x''\in(0,\ c],\qquad |x'-x''|<\delta,$$

不妨设 $0<x'<x''\leqslant c$. 记 n 为满足下面不等式最小的正整数:

$$\delta_0 \xlongequal{\text{def}} \frac{x''-x'}{2^n-1}\leqslant x'.$$

记

$$x_j = x' + (2^j-1)\delta_0,\ j=0,\ 1,\ \cdots,\ n,$$

则有

$$x'=x_0,\ x''=x_n,$$

$$0<\frac{x_{j+1}-x_j}{x_j}=\frac{2^j\delta_0}{x_0+(2^j-1)\delta_0}\leqslant 1,\ j=0,\ 1,\ \cdots,\ n-1. \tag{4}$$

现在每个小区间 $[x_j,\ x_{j+1}]$ 上应用拉格朗日中值定理,故存在 $\xi_j\in(x_j,\ x_{j+1})$,并由(3),(4)式,有

$$\begin{aligned}\left|f(x_{j+1})-f(x_j)\right| &= \left|f'(\xi_j)(x_{j+1}-x_j)\right| \\ &= \left|\sqrt{x_{j+1}-x_j}\cdot\sqrt{\frac{x_{j+1}-x_j}{\xi_j}}\cdot\sqrt{\xi_j}f'(\xi_j)\right| \\ &\leqslant M\sqrt{x_{j+1}-x_j} = M\sqrt{\delta_0\cdot 2^j}.\end{aligned}$$

于是有

$$\begin{aligned}\left|f(x'')-f(x')\right| &\leqslant \sum_{j=0}^{n-1}\left|f(x_{j+1})-f(x_j)\right| \\ &\leqslant M\sqrt{\delta_0}\cdot\sum_{j=0}^{n-1}2^{\frac{j}{2}} \\ &= M\sqrt{\delta_0}\cdot\frac{\sqrt{2^n}-1}{\sqrt{2}-1} \\ &= \frac{M}{\sqrt{2}-1}\cdot\sqrt{|x''-x'|}\cdot\sqrt{\frac{(2^{\frac{n}{2}}-1)^2}{2^n-1}} \\ &\leqslant \frac{M}{\sqrt{2}-1}\sqrt{|x''-x'|}<\varepsilon,\end{aligned}$$

即函数 f 在$(0,c]$内一致连续. 又因为 f 在$(0,1]$内连续,所以在$[c,\ 1]$上也连

续，f 在 $[c,1]$ 上也一致连续．于是 f 在 $(0,1]$ 内一致连续． □

***例 8** 设函数 f 在点 a 的某邻域 $U(a;\delta)$ 内连续，在 $U^{\circ}(a;\delta)$ 内可导，而且 $\lim\limits_{x\to a}f'(x)$ 存在．证明 $f'(a)$ 存在，且有

$$f'(a)=\lim_{x\to a}f'(x).$$

证 由拉格朗日中值定理，$\forall x\in U^{\circ}(a;\delta)$，存在介于 a 和 x 之间的一点 ξ，使得

$$\frac{f(x)-f(a)}{x-a}=f'(\xi),$$

而且当 $x\to a$ 时，$\xi\to a$．由题设，$\lim\limits_{x\to a}f'(x)$ 存在．于是在上式中令 $x\to a$，即得

$$\begin{aligned}f'(a)&=\lim_{x\to a}\frac{f(x)-f(a)}{x-a}\\&=\lim_{x\to a}f'(\xi)=\lim_{x\to a}f'(x).\end{aligned}$$ □

注 由例 8 可知，若函数 f 在点 a 的某邻域 $U(a;\delta)$ 内可导，则 a 要么是 f' 的连续点，要么是 f' 的第二类不连续点．

***例 9** 1) 设函数 f 在 $[a,b]$ 上连续，在 (a,b) 内可导，且有

$$f(a)=f(b)=0.$$

证明：存在 $\xi\in(a,b)$，使得

$$f(\xi)=f'(\xi).$$

2) 设函数 f 在 $[a,b]$ 上有一直到 n 阶导数，在 (a,b) 内 $n+1$ 阶可导，且有

$$f^{(k)}(a)=f^{(k)}(b)=0,\quad k=0,1,\cdots,n.$$

证明：存在 $\xi\in(a,b)$，使得

$$f(\xi)=f^{(n+1)}(\xi).$$

证 1) 令 $h(x)=\mathrm{e}^{-x}f(x)$．则 $h(x)$ 在 $[a,b]$ 上连续，在 (a,b) 内可导，且有

$$h(a)=h(b)=0.$$

于是由罗尔中值定理，$\exists\,\xi\in(a,b)$，使得

$$0=h'(\xi)=\mathrm{e}^{-\xi}[f'(\xi)-f(\xi)],$$

即

$$f(\xi)=f'(\xi).$$

2) 当 $n=0$ 时,即为 1)中结论. 若 $n>0$,令

$$h(x)=\mathrm{e}^{-x}\sum_{k=0}^{n}f^{(k)}(x),\quad x\in[a,\ b],$$

则由题设,函数 $h(x)$ 在 $[a,\ b]$ 上连续,在 $(a,\ b)$ 内可导,且有

$$h(a)=h(b)=0.$$

应用 1)中结论,存在 $\xi\in(a,\ b)$,使得

$$0=h'(\xi)=\mathrm{e}^{-\xi}\Big[\sum_{k=0}^{n}f^{(k+1)}(\xi)-\sum_{k=0}^{n}f^{(k)}(\xi)\Big],$$

即

$$\begin{aligned}0&=\sum_{k=0}^{n}f^{(k+1)}(\xi)-\sum_{k=0}^{n}f^{(k)}(\xi)\\&=f^{(n+1)}(\xi)-f(\xi).\end{aligned}$$

□

***例 10**　设函数 f 在 $(a,\ +\infty)$ 内可导,且有

$$\lim_{x\to+\infty}f'(x)=A.$$

证明

$$\lim_{x\to+\infty}\frac{f(x)}{x}=A.$$

分析　微分中值定理给出函数与其导函数的某种关系,因此可用来从导函数的某些信息得到函数本身的某些性质. 对于本例,由已知条件,

$$\forall\varepsilon>0,\quad\exists K>0,\quad N>a,$$

使得当 $x\geqslant N$ 时,

$$\left|f'(x)-A\right|<\frac{\varepsilon}{2},\quad\left|f'(x)\right|<K.$$

又由拉格朗日中值定理,当 $x>N$ 时,

$$\begin{aligned}\left|\frac{f(x)}{x}-A\right|&=\left|\frac{f(x)-f(N)+f(N)}{x}-A\right|\\&=\left|\frac{f'(\xi)(x-N)}{x}-\frac{f(N)}{x}-A\right|,\end{aligned}$$

其中 $\xi\in(N,\ x)$. 从而能估算 $\left|\dfrac{f(x)}{x}-A\right|<\varepsilon$.

证　由 $\lim\limits_{x\to+\infty}f'(x)=A$ 和函数极限的局部有界性,$\forall\varepsilon>0$,$\exists K>0$ 和

$N'>\max\{a, 0\}$,使得

$$\left|f'(x)-A\right|<\frac{\varepsilon}{2}, \quad \left|f'(x)\right|<K \tag{1}$$

对任何 $x>N'$成立. 于是由拉格朗日中值定理,$\exists\xi\in(N', x)$,使得

$$\begin{aligned}\left|\frac{f(x)}{x}-A\right| &= \left|\frac{f(x)-f(N')+f(N')}{x}-A\right| \\ &= \left|\frac{f'(\xi)(x-N')+f(N')}{x}-A\right| \\ &\leqslant |f'(\xi)-A|+\frac{N'\left|f'(\xi)\right|+\left|f(N')\right|}{x} \\ &< \frac{\varepsilon}{2}+\frac{KN'+|f(N')|}{x}.\end{aligned} \tag{2}$$

令

$$M=KN'+|f(N')|.$$

则必存在 $N>N'$,使得当 $x>N$ 时,

$$0<\frac{M}{x}<\frac{\varepsilon}{2}.$$

于是由(2)式,当 $x>N$ 时,有

$$\left|\frac{f(x)}{x}-A\right|<\frac{\varepsilon}{2}+\frac{M}{x}<\frac{\varepsilon}{2}+\frac{\varepsilon}{2}=\varepsilon.$$

即有

$$\lim_{x\to+\infty}\frac{f(x)}{x}=A.$$ □

三、习题

1. 证明:

1) 若 n 为自然数,p、q 为实数,则方程

$$x^n+px+q=0$$

当 n 为偶数时至多有两个不同实根;当 n 为奇数时至多有三个不同实根;

2) 方程 $x^3-3x+c=0$ (c 为实数)在区间$[0, 1]$内不可能有两个不同实根.

*2. 设函数 $f(x)=((x^2-1)^n)^{(n)}$. 证明方程 $f(x)=0$ 在$(0,1)$内恰有 n 个相异实根.

3. 设 a, b, c 为实数. 求证方程

$$ax^2+bx+c=\mathrm{e}^x$$

至多有三个实根.

4. 求证方程

$$4ax^3+3bx^2+2cx=a+b+c$$

在区间(0,1)内至少有一个根.

5. 设实数 a_0, a_1, …, a_n 满足

$$\frac{a_0}{n+1}+\frac{a_1}{n}+\cdots+a_n=0.$$

求证方程

$$a_0x^n+a_1x^{n-1}+\cdots+a_n=0$$

在区间(0,1)内至少有一个根.

6. 设函数 f 和 g 在 $[a, b]$ 上连续,在 (a, b) 内可导,且对任何 $x\in(a, b)$ 有 $g'(x)\neq0$. 求证存在一点 $\xi\in(a, b)$,使得

$$\frac{f'(\xi)}{g'(\xi)}=\frac{f(\xi)-f(a)}{g(b)-g(\xi)}.$$

7. 求证对于任何 $x>0$ 都有

$$0<\frac{1}{\ln(1+x)}-\frac{1}{x}<1.$$

8. 证明:

1) 若函数 f 在区间 I 上有有界导数,则 f 在 I 上一致连续;

2) 对任何实数 x_1, x_2,都有

$$\left|\sin x_1-\sin x_2\right|\leqslant\left|x_1-x_2\right|;$$

3) 对于任何实数 x_1, x_2, 都有

$$\left|\arctan x_1-\arctan x_2\right|\leqslant\left|x_1-x_2\right|.$$

9. 证明:

1) $\dfrac{b-a}{b}<\ln\dfrac{b}{a}<\dfrac{b-a}{a}\qquad(0<a<b)$;

2) $\dfrac{h}{1+h^2}<\arctan h<h\qquad(h>0)$.

10. 设函数 f 和 g 在 $(-\infty, +\infty)$ 内可导,且有

$$f'(x)>g'(x),\quad f(a)=g(a).$$

证明当 $x>a$ 时有 $f(x)>g(x)$,当 $x<a$ 时有 $f(x)<g(x)$.

11. 设函数 f 在区间 $[a, b]$ $(0<a<b)$上连续,在 (a, b) 内可导. 求证存在 $\xi_1,\xi_2,\xi_3\in(a, b)$,使得

$$f'(\xi_1)=(b+a)\frac{f'(\xi_2)}{2\xi_2}=(b^2+ab+b^2)\frac{f'(\xi_3)}{3\xi_3^2}.$$

12. 设函数 f 在区间 $[0,c]$ 上连续，在 $(0,c)$ 内可导，且 f' 为 x 的递减函数. 若 $f(0)=0$，则对于任何 a,b，满足 $0\leqslant a\leqslant b\leqslant a+b\leqslant c$，都有

$$f(a+b)\leqslant f(a)+f(b).$$

*13. 设函数 f 在 (a,b) 内可导，且 f' 单调，求证 f' 在 (a,b) 内连续.

14. 设函数 f 在点 a 二阶可导，求证

$$\lim_{h\to0}\frac{f(a+h)-2f(a)+f(a-h)}{h^2}=f''(a).$$

15. 设函数在区间 $[a,b]$ 上二阶可导，且存在 $c\in(a,b)$，$f(a)=f(b)=0$，$f(c)>0$，求证存在一点 $\xi\in(a,b)$，使得

$$f''(\xi)<0.$$

*16. 证明若 $x\geqslant0$，则

1) $$\sqrt{x+1}-\sqrt{x}=\frac{1}{2\sqrt{x+\theta(x)}},$$

其中 $$\frac{1}{4}\leqslant\theta(x)\leqslant\frac{1}{2};$$

2) $$\lim_{x\to0^+}\theta(x)=\frac{1}{4},\quad \lim_{x\to+\infty}\theta(x)=\frac{1}{2}.$$

*17. 设函数 f 在 $[a,b]$ 上三阶可导. 证明存在一点 $\xi\in(a,b)$，使得

$$f(b)=f(a)+\frac{1}{2}(b-a)[f'(a)+f'(b)]$$

$$-\frac{1}{12}(b-a)^3f^{(3)}(\xi).$$

18. 设函数 f 在区间 (a,b) 内可导，且

$$\lim_{x\to a^+}f(x)=A,\quad \lim_{x\to b^-}f(x)=B.$$

求证存在一点 $\xi\in(a,b)$，使得

$$B-A=f'(\xi)(b-a).$$

*19. 设函数 f 在 $(a,+\infty)$ 内可导，且

$$\lim_{x\to a^+}f(x)=\lim_{x\to+\infty}f(x)=A.$$

求证存在一点 $\xi\in(a,+\infty)$，使得

$$f'(\xi)=0.$$

*20. 求证多项式

$$L_n(x)=e^x\frac{d^n}{dx^n}(x^ne^{-x})$$

恰有 n 个不同的正零点.

§7.2　泰勒公式

一、内容精析

1°　带拉格朗日型余项的泰勒(Taylor)公式　若函数 f 满足

(i) 在闭区间 $[a, b]$ 上有直到 n 阶连续导数;

(ii) 在开区间 (a, b) 内存在 $n+1$ 阶导数.

则对于任何 $x_0, x \in [a, b]$,有

$$f(x)=f(x_0)+f'(x_0)(x-x_0)+\frac{f''(x_0)}{2!}(x-x_0)^2+\cdots+\frac{f^{(n)}(x_0)}{n!}(x-x_0)^n+R_n(x), \tag{1}$$

其中

$$R_n(x)=\frac{f^{(n+1)}(\xi)}{(n+1)!}(x-x_0)^{n+1}=\frac{f^{(n+1)}(x_0+\theta(x-x_0))}{(n+1)!}(x-x_0)^{n+1}, \tag{2}$$

$$\xi=x_0+\theta(x-x_0),\quad 0<\theta<1.$$

当 $x_0=0$ 时,上述公式称为**麦克劳林(Maclaurin)公式**:

$$f(x)=f(0)+f'(0)x+\frac{f''(0)}{2!}x^2+\cdots+\frac{f^{(n)}(0)}{n!}x^n+R_n(x), \tag{3}$$

其中

$$R_n(x)=\frac{f^{(n+1)}(\theta x)}{(n+1)!}x^{n+1}\qquad(0<\theta<1). \tag{4}$$

2°　带佩亚诺(Peano)型余项的泰勒公式　若函数 f 满足

(i) 在 x_0 的某邻域 $U(x_0;\delta)$ 有直到 $n-1$ 阶的连续导数;

(ii) $f^{(n)}(x_0)$ 存在.

则有

$$f(x)=f(x_0)+f'(x_0)(x-x_0)+\frac{f''(x_0)}{2!}(x-x_0)^2+\cdots+\frac{f^{(n)}(x_0)}{n!}(x-x_0)^n+o((x-x_0)^n), \tag{5}$$

其中 $x\in U(x_0,\delta)$.

3° 若干初等函数的泰勒公式

1) $e^x=1+x+\frac{x^2}{2!}+\cdots+\frac{x^n}{n!}+\frac{e^{\theta x}}{(n+1)!}x^{n+1}$;

2) $\ln(1+x)=x-\frac{x^2}{2}+\cdots+\frac{(-1)^{n-1}}{n}x^n+(-1)^n\frac{x^{n+1}}{(n+1)(1+\theta x)^{n+1}}$;

3) $\sin x=x-\frac{x^3}{3!}+\frac{x^5}{5!}+\cdots+(-1)^{m-1}\frac{x^{2m-1}}{(2m-1)!}$

$+(-1)^m\frac{x^{2m+1}}{(2m+1)!}\sin\left(\theta x+\frac{\pi}{2}\right)$;

4) $\cos x=1-\frac{x^2}{2!}+\frac{x^4}{4!}+\cdots+(-1)^m\frac{x^{2m}}{(2m)!}$

$+(-1)^{m+1}\frac{x^{2m+2}}{(2m+2)!}\cos(\theta x)$;

5) $\tan x=x+\frac{1}{3}x^3+\frac{2}{15}x^5+o(x^5)$;

6) $(1+x)^\alpha=1+\frac{\alpha}{1!}x+\frac{\alpha(\alpha-1)}{2!}x^2+\cdots+\frac{\alpha(\alpha-1)\cdots(\alpha-n+1)}{n!}x^n$

$$+\frac{\alpha(\alpha-1)\cdots(\alpha-n)}{(n+1)!}x^{n+1}(1+\theta x)^{\alpha-n-1},$$

其中 $0<\theta<1$.

二、典型例题

例 1 求下列函数在点 $x=0$ 处的带有佩亚诺型余项的泰勒公式

1) $f(x)=\frac{1}{(1+x)^2}$;

2) $f(x)=\sin x^2$.

解 1) 易知

$$f^{(j)}(x)=(-1)^j(j+1)!(1+x)^{-2-j},\quad j=0,1,\cdots,n.$$

于是

$$\frac{1}{(1+x)^2}=1-2x+3x^2+\cdots+(-1)^n(n+1)x^n+o(x^n).$$

2) 令 $u=x^2$，于是有

$$\begin{aligned}\sin x^2 &= \sin u \\ &= u-\frac{u^3}{3!}+\cdots+\frac{(-1)^{m-1}}{(2m-1)!}u^{2m-1}+o(u^{2m-1}) \\ &= x^2-\frac{1}{3!}x^6+\cdots+\frac{(-1)^{m-1}}{(2m-1)!}x^{4m-2}+o(x^{4m-2}).\end{aligned}$$ □

例 2　若函数 f 在区间 (a,b) 内二阶可导，且恒有 $f''(x)>0$. 证明对于任何 $x_1, x_2\in(a,b)$，都有

$$\frac{1}{2}[f(x_1)+f(x_2)]\geqslant f\left(\frac{x_1+x_2}{2}\right),$$

其中等号仅当 $x_1=x_2$ 时才成立.

证　将 $f(x_1)$ 和 $f(x_2)$ 在点 $\frac{1}{2}(x_1+x_2)$ 处展为泰勒公式，有

$$f(x_1)=f\left(\frac{x_1+x_2}{2}\right)+f'\left(\frac{x_1+x_2}{2}\right)\left(x_1-\frac{x_1+x_2}{2}\right)+\frac{f''(\xi_1)}{2!}\left(x_1-\frac{x_1+x_2}{2}\right)^2,$$

$$f(x_2)=f\left(\frac{x_1+x_2}{2}\right)+f'\left(\frac{x_1+x_2}{2}\right)\left(x_2-\frac{x_1+x_2}{2}\right)+\frac{f''(\xi_2)}{2!}\left(x_2-\frac{x_1+x_2}{2}\right)^2,$$

其中 ξ_1 在 x_1 与 $\frac{x_1+x_2}{2}$ 之间，而 ξ_2 在 x_2 与 $\frac{x_1+x_2}{2}$ 之间. 于是有

$$\begin{aligned}f(x_1)+f(x_2) &= 2f\left(\frac{x_1+x_2}{2}\right)+\frac{(x_2-x_1)^2}{8}(f''(\xi_1)+f''(\xi_2)) \\ &\geqslant 2f\left(\frac{x_1+x_2}{2}\right).\end{aligned}$$

上式中若 $x_1\neq x_2$，则由 $f''(\xi_1)>0, f''(\xi_2)>0$，有

$$f(x_1)+f(x_2)>2f\left(\frac{x_1+x_2}{2}\right).$$ □

***例 3**　若函数 f 在点 a 二阶可导，且 $f''(a)\neq 0$，证明对于拉格朗日中值公式

$$f(a+h)-f(a)=f'(a+\theta h)h,\quad 0<\theta<1$$

中的 θ 有 $\lim\limits_{h\to 0}\theta=\frac{1}{2}$.

证　由佩亚诺型余项的泰勒公式

$$f(a+h)=f(a)+f'(a)h+\frac{f''(a)}{2}h^2+o(h^2),$$

$$f'(a+\theta h)=f'(a)+f''(a)\theta h+o(\theta h),$$

可得到

$$f''(a)h^2\theta=\frac{1}{2}f''(a)h^2+o(h^2).$$

由于 $f''(a)\neq 0$，故由上式得

$$\theta=\frac{1}{2}+o(1)\to\frac{1}{2}\qquad(h\to 0).$$ □

例 4 设函数 f 在 $(a,+\infty)$ 上可导，而且

$$\lim_{x\to+\infty}f(x)=A,\quad \lim_{x\to+\infty}f'(x)=B.$$

求证 $B=0$.

证 任何 $x\in(a,+\infty)$，由拉格朗日中值定理，

$$f(x+1)-f(x)=f'(\xi),\ \xi\in(x,x+1),$$

而且当 $x\to+\infty$ 时，$\xi\to+\infty$. 上式两边令 $x\to+\infty$，即得

$$0=A-A=B.$$ □

例 5 利用泰勒公式求极限

$$\lim_{x\to 0}\frac{\cos x-\mathrm{e}^{-\frac{x^2}{2}}}{x^4}.$$

解 由于当 $x\to 0$ 时，

$$\cos x=1-\frac{x^2}{2!}+\frac{x^4}{4!}+o(x^4),$$

$$\mathrm{e}^{-\frac{x^2}{2}}=1+\left(-\frac{x^2}{2}\right)+\frac{1}{2}\left(-\frac{x^2}{2}\right)^2+o(x^4),$$

因而有

$$\lim_{x\to 0}\frac{\cos x-\mathrm{e}^{-\frac{x^2}{2}}}{x^4}=\lim_{x\to 0}\frac{\frac{x^4}{24}-\frac{x^4}{8}+o(x^4)}{x^4}$$

$$=-\frac{1}{12}.$$ □

例 6 1) 计算 e 的值使其误差不超过 10^{-6}；

*2) 证明 e 为无理数.

解 1) 由 $f(x)=\mathrm{e}^x$ 的麦克劳林公式，有

$$\mathrm{e}=\mathrm{e}^1=1+1+\frac{1}{2!}+\cdots+\frac{1}{n!}+\frac{\mathrm{e}^\theta}{(n+1)!}\qquad(0<\theta<1).$$

由于

$$\left|R_n(1)\right|=\frac{\mathrm{e}^\theta}{(n+1)!}<\frac{\mathrm{e}^1}{(n+1)!}<\frac{3}{(n+1)!},$$

于是当 $n=9$ 时,有 $\left|R_n(1)\right|<10^{-6}$,这时有

$$\mathrm{e}\approx 1+1+\frac{1}{2!}+\cdots+\frac{1}{9!}\approx 2.7182815.$$

2) 如果 e 是有理数,设 $\mathrm{e}=\dfrac{p}{q}$, 其中 p 和 q 为正整数. 由

$$\mathrm{e}=1+1+\frac{1}{2!}+\cdots+\frac{1}{n!}+\frac{\mathrm{e}^\theta}{(n+1)!},$$

$$0<n!\left[\mathrm{e}-\left(1+1+\frac{1}{2!}+\cdots+\frac{1}{n!}\right)\right]=\frac{\mathrm{e}^\theta}{n+1}<\frac{3}{n+1}.$$

由假设,当 $n>\max\{q,\ 3\}$ 时,数

$$n!\left[\mathrm{e}-\left(1+1+\frac{1}{2!}+\cdots+\frac{1}{n!}\right)\right]$$

应为整数,它不可能在 0 与 $\dfrac{3}{n+1}$ 之间,因此矛盾. 于是 e 必为无理数. □

***例 7**　设函数 f 在区间 $[0,\ 2]$ 上二阶可导,且在 $[0,\ 2]$ 上有

$$\left|f(x)\right|\leqslant 1,\quad \left|f''(x)\right|\leqslant 1.$$

求证在 $[0,\ 2]$ 上有 $\left|f'(x)\right|\leqslant 2$.

证　任取 $x\in[0,\ 2]$,由泰勒公式

$$f(0)=f(x)+f'(x)(0-x)+\frac{f''(\xi_1)}{2!}(0-x)^2,$$

$$f(2)=f(x)+f'(x)(2-x)+\frac{f''(\xi_2)}{2!}(2-x)^2,$$

其中 $\xi_1\in(0,\ x)$,$\xi_2\in(x,\ 2)$. 上面两式相减得到

$$2f'(x)=f(2)-f(0)+\frac{f''(\xi_1)}{2!}x^2-\frac{f''(\xi_2)}{2!}(2-x)^2.$$

于是当 $x\in[0,\ 2]$ 时,有

$$2\left|f'(x)\right| \leqslant \left|f(2)\right| + \left|f(0)\right| + \frac{\left|f''(\xi_1)\right|}{2}x^2 + \frac{\left|f''(\xi_2)\right|}{2}(2-x)^2$$

$$\leqslant 2 + \frac{1}{2}[x^2 + (2-x)^2]$$

$$= 3 + (1-x)^2 \leqslant 3 + 1 = 4,$$

即有

$$\left|f'(x)\right| \leqslant 2.$$ □

例 8 设函数 f 在区间[0, 1]上二阶可导,且有

$$f(0) = f(1) = 0, \quad \min_{x\in[0,1]} f(x) = -1.$$

证明存在 $\xi\in(0, 1)$，使得

$$f''(\xi) \geqslant 8.$$

证 设 $x_0\in(0, 1)$满足 $f(x_0)=-1$. 因为点 x_0 是最小值点,也是稳定点,于是有 $f'(x_0)=0$. 将 $f(0)$和 $f(1)$在点 x_0 展开为泰勒公式

$$0 = f(0) = f(x_0) + f'(x_0)(0-x_0) + \frac{f''(\xi_1)}{2!}(0-x_0)^2$$

$$= -1 + \frac{1}{2}f''(\xi_1){x_0}^2, \qquad \xi_1 \in (0, x_0),$$

$$0 = f(1) = f(x_0) + f'(x_0)(1-x_0) + \frac{f''(\xi_2)}{2!}(1-x_0)^2$$

$$= -1 + \frac{1}{2}f''(\xi_2)(1-x_0)^2, \qquad \xi_2 \in (x_0, 1),$$

于是有

$$f''(\xi_1) = \frac{2}{{x_0}^2}, \ f''(\xi_2) = \frac{2}{(1-x_0)^2}.$$

记 $\xi\in(0,1)$并满足

$$f''(\xi) = \max\{f''(\xi_1), f''(\xi_2)\},$$

于是有

$$f''(\xi) = \max\left\{\frac{2}{x_0^2}, \frac{2}{(1-x_0)^2}\right\} \geqslant \frac{2}{\left(\frac{1}{2}\right)^2} = 8.$$ □

三、习题

1. 写出下列函数在点 $x=0$ 处的带佩亚诺型余项的泰勒公式：

1) e^{-x}；　　2) $\ln(1-x)$；

3) $\dfrac{x^3+2x+1}{x-1}$；　　4) $\sin^3 x$.

2. 写出下列函数在点 $x=0$ 处的泰勒公式至阶数 $n=4$：

1) $\dfrac{x}{\sin x}$；　　2) $e^x\sin x$；

3) $\ln(\cos x+\sin x)$；　　4) $\dfrac{1-x+x^2}{1+x+x^2}$.

3. 确定常数 a，b，使得当 $x\to 0$ 时

1) $f(x)=(a+b\cos x)\sin x-x$ 是 x 的 5 阶无穷小量；

2) $f(x)=e^x-\dfrac{1+ax}{1-bx}$ 是 x 的 3 阶无穷小量.

4. 求下列极限：

1) $\lim\limits_{x\to 0}\left(\dfrac{1}{x}-\dfrac{1}{\sin x}\right)$；　　2) $\lim\limits_{x\to 0}\dfrac{e^{x^3}-1-x^3}{\sin^6 2x}$；

3) $\lim\limits_{x\to+\infty}\left(\sqrt[3]{x^3+3x}-\sqrt{x^2-2x}\right)$；　　4) $\lim\limits_{x\to+\infty}\left(x+\dfrac{1}{2}\right)\ln\left(1+\dfrac{1}{x}\right)$；

5) $\lim\limits_{x\to 0}\left(\dfrac{\tan x}{x}\right)^{\frac{1}{x^2}}$；　　6) $\lim\limits_{x\to+\infty}x^2\ln\left(x\sin\dfrac{1}{x}\right)$.

*5. 设函数 f 在 $(a,+\infty)$ 上有直到 n 阶导数，且有

$$\lim_{x\to+\infty}f(x)=A,\quad \lim_{x\to+\infty}f^{(n)}(x)=B.$$

求证

$$\lim_{x\to+\infty}f^{(k)}(x)=0,\quad k=1,2,\cdots,n.$$

*6. 设函数 f 在点 a 的某邻域 $U(a;\delta)$ 内有直到 $n+2$ 阶导数，而且 $f^{(n+2)}(a)\neq 0$. 当 $|h|<\delta$ 时，f 的泰勒公式

$$f(a+h)=f(a)+f'(a)h+\cdots+\frac{f^{(n)}(a)}{n!}h^n+\frac{f^{(n+1)}(a+\theta h)}{(n+1)!}h^{n+1}\qquad(0<\theta<1)$$

中，求证有

$$\lim_{h\to 0}\theta=\frac{1}{n+2}.$$

*7. 设函数 f 在 $(0,+\infty)$ 上三次可导，而且有

$$|f(x)|\leqslant M_0,\ |f'''(x)|\leqslant M_3,\ x\in(0,+\infty).$$

求证 $f'(x)$和 $f''(x)$在$(0,+\infty)$上有界.

8. 设函数 f 在 $x=0$ 的某邻域 $U(0;\delta)$内二阶可导，且有

$$\lim_{x\to 0}\left(\frac{\sin 3x}{x^3}+\frac{f(x)}{x^2}\right)=0.$$

1) 求 $f(0)$，$f'(0)$，$f''(0)$；

2) 求$\lim\limits_{x\to 0}\left(\dfrac{3}{x^2}+\dfrac{f(x)}{x^2}\right)$.

*9. 设函数 f 在 $x=0$ 的某邻域 $U(0;\delta)$内二阶可导，且有

$$\lim_{x\to 0}\left(1+x+\frac{f(x)}{x}\right)^{\frac{1}{x}}=e^3.$$

1) 求 $f(0)$，$f'(0)$，$f''(0)$；

2) 求$\lim\limits_{x\to 0}\left(1+\dfrac{f(x)}{x}\right)^{\frac{1}{x}}$.

*10. 设函数 f 在点 a 的某邻域 $U(a;\delta)$内有直到 $n-1$ 阶连续导数，而且有

$$f^{(n)}(a)\neq 0,\ f''(a)=\cdots=f^{(n-1)}(a)=0.$$

则当$|h|<\theta$时，拉格朗日中值定理

$$f(a+h)=f(a)+f(a+\theta h)h \qquad (0<\theta<1)$$

中，必有

$$\lim_{h\to 0}\theta=n^{-\frac{1}{n-1}}.$$

*11. 设 g 是 $U(a,\delta)$内的连续函数. 令

$$f(x)=(x-a)g(x),\ x\in U(a,\delta).$$

1) 求证：$f'(a)=g(a)$；

2) 求证：若 $g'(a)$不存在，则 $f''(a)$不存在.

*12. 设函数 f 在$[a,b]$上二阶可导，且有

$$f'(a)=f'(b)=0.$$

求证：存在 $\xi\in(a,b)$，使得

$$\left|f''(\xi)\right|\geqslant\frac{4}{(b-a)^2}\left|f(b)-f(a)\right|.$$

*13. 若函数 f 在$[-1,1]$上三阶可导，且有

$$f(0)=f'(0)=0,\ f(1)=1,\ f(-1)=0,$$

求证：存在 $\xi\in(-1,1)$，使得

$$f'''(\xi)\geqslant 3.$$

*14. 设函数 f 在$(-\infty,+\infty)$上二阶可导，且有

$$\left|f(x)\right|\leqslant M_0,\ \left|f''(x)\right|\leqslant M_2,\quad x\in(-\infty,+\infty).$$

求证对任何 $x\in(-\infty,+\infty)$ 都有

$$\left|f'(x)\right|\leqslant\sqrt{2M_0M_2}.$$

§7.3　不定式极限

一、内容精析

1°　$\frac{0}{0}$ 型不定式极限　设函数 f 与 g 在点 x_0 的某邻域 $U^\circ(x_0;\delta)$ 有定义,并且满足

(i) $\lim\limits_{x\to x_0}f(x)=0$, $\lim\limits_{x\to x_0}g(x)=0$;

(ii) f 与 g 在 $U^\circ(x_0;\delta)$ 内可导,并且

$$g'(x)\neq 0;$$

(iii) $\lim\limits_{x\to x_0}\dfrac{f'(x)}{g'(x)}=A$,

其中 A 可为实数,也可为 ∞ 或 $\pm\infty$. 则有

$$\lim_{x\to x_0}\frac{f(x)}{g(x)}=\lim_{x\to x_0}\frac{f'(x)}{g'(x)}=A.$$

2°　$\frac{\infty}{\infty}$ 型不定式极限　设函数 f 与 g 在点 x_0 的某邻域 $U^\circ_+(x_0;\delta)$ 有定义,并且满足

(i) $\lim\limits_{x\to x_0^+}f(x)=\infty$, $\lim\limits_{x\to x_0^+}g(x)=\infty$;

(ii) f 与 g 在 $U^\circ_+(x_0;\delta)$ 内可导,且 $g'(x)\neq 0$;

(iii) $\lim\limits_{x\to x_0^+}\dfrac{f'(x)}{g'(x)}=A$,

其中 A 可为实数,也可为 ∞ 或 $\pm\infty$. 则有

$$\lim_{x\to x_0^+}\frac{f(x)}{g(x)}=\lim_{x\to x_0^+}\frac{f'(x)}{g'(x)}=A.$$

3°　其他类型的不定式极限　对于像

$$0\cdot\infty,\infty-\infty,1^\infty,0^0,\infty^0$$

等类型的不定式极限,经过适当的变换都可以化为 $\frac{0}{0}$ 型或 $\frac{\infty}{\infty}$ 型的不定式极限,然后可根据 1°或 2°中的方法求出它们的极限. 例如,设函数 f 与 g 在点 x_0 的某邻域 $U^\circ(x_0;\delta)$ 有定义,且有

$$\lim_{x\to x_0} f(x) = 0,\ \lim_{x\to x_0} g(x) = \infty,$$

则

$$\lim_{x\to x_0} f(x)\cdot g(x) = \lim_{x\to x_0} \frac{f(x)}{\dfrac{1}{g(x)}}; \tag{1}$$

若

$$\lim_{x\to x_0} f(x) = \infty,\qquad \lim_{x\to x_0} g(x) = 1,$$

则

$$\lim_{x\to x_0} g(x)^{f(x)} = \lim_{x\to x_0} \mathrm{e}^{f(x)\ln g(x)}; \tag{2}$$

若

$$\lim_{x\to x_0} f(x) = 0,\qquad \lim_{x\to x_0} g(x) = 0,$$

且当 $x\in U^{\circ}(x_0,\ \delta)$时，$g(x)>0$，则有

$$\lim_{x\to x_0} g(x)^{f(x)} = \lim_{x\to x_0} \mathrm{e}^{f(x)\ln g(x)}; \tag{3}$$

若

$$\lim_{x\to x_0} f(x) = 0,\ \lim_{x\to x_0} g(x) = +\infty,$$

则

$$\lim_{x\to x_0} g(x)^{f(x)} = \lim_{x\to x_0} \mathrm{e}^{f(x)\ln g(x)}, \tag{4}$$

其中(2)，(3)，(4)式中的极限，由指数函数的连续性，有

$$\lim_{x\to x_0} \mathrm{e}^{f(x)\ln g(x)} = \mathrm{e}^{\lim\limits_{x\to x_0} f(x)\ln g(x)}.$$

注 1 1°～2°中的不定式极限的求法，也称**洛必达**(L'Hospital)**法则**．洛必达法则中的 $x\to x_0$ 换成 $x\to x_0\pm$，$x\to\infty$，$x\to\pm\infty$，只要相应地修正条件，也可得到相应的结果.

注 2 1°和 2°中，如果$\dfrac{f'(x)}{g'(x)}$仍然是$\dfrac{0}{0}$型或$\dfrac{\infty}{\infty}$型不定式，只要 f' 与 g' 仍满足相应的条件，可以再次应用洛必达法则，直到求出这个极限为止．但每一步应用洛必达法则之前，应将表达式简化，以减少运算次数或简化运算；也可以与§7.2 中应用泰勒公式计算不定式极限的方法结合起来进行演算.

注 3 不能对任何比式极限按洛必达法则求解．首先$\dfrac{f(x)}{g(x)}$必须是不定

式，其次$\lim\limits_{x\to x_0}\dfrac{f'(x)}{g'(x)}$必须存在．如果$\lim\limits_{x\to x_0}\dfrac{f'(x)}{g'(x)}$不存在，不能推出$\lim\limits_{x\to x_0}\dfrac{f(x)}{g(x)}$不存在，只能说该极限不能采用洛必达法则．例如，极限

$$\lim_{x\to\infty}\frac{x+\sin x}{x}=1$$

是$\dfrac{\infty}{\infty}$型不定式极限，如果盲目地应用洛必达法则，

$$\lim_{x\to\infty}\frac{x+\sin x}{x}=\lim_{x\to\infty}\frac{1+\cos x}{1},$$

就会由等式右边的极限不存在而推出原极限也不存在的错误结论．

二、典型例题

例 1　求$\lim\limits_{x\to\pi}\dfrac{1+\cos x}{\tan^2 x}$．

解　此式为$\dfrac{0}{0}$型不定式极限．于是

$$\lim_{x\to\pi}\frac{1+\cos x}{\tan^2 x}=\lim_{x\to\pi}\frac{-\sin x}{2\tan x\ \sec^2 x}$$

$$=\lim_{x\to\pi}\frac{-\cos^3 x}{2}=\frac{1}{2}.$$ □

例 2　求$\lim\limits_{x\to 0}\dfrac{e^x-(1+2x)^{\frac{1}{2}}}{\ln(1+x^2)}$．

解　此式为$\dfrac{0}{0}$型不定式极限．于是

$$\lim_{x\to 0}\frac{e^x-(1+2x)^{\frac{1}{2}}}{\ln(1+x^2)}=\lim_{x\to 0}\frac{e^x-(1+2x)^{-\frac{1}{2}}}{\dfrac{2x}{1+x^2}}$$

$$=\lim_{x\to 0}\frac{1+x^2}{2}\cdot\frac{e^x-(1+2x)^{-\frac{1}{2}}}{x}$$

$$=\frac{1}{2}\lim_{x\to 0}\frac{e^x+(1+2x)^{-\frac{3}{2}}}{1}$$

$$=\frac{1}{2}\cdot\frac{2}{1}=1.$$ □

例 3　求$\lim\limits_{x\to+\infty}\dfrac{e^x}{x^3}$．

解 上述极限为$\frac{\infty}{\infty}$型不定式极限. 于是

$$\begin{aligned}\lim_{x\to+\infty}\frac{e^x}{x^3}&=\lim_{x\to+\infty}\frac{e^x}{3x^2}\\&=\lim_{x\to+\infty}\frac{e^x}{6x}\\&=\lim_{x\to+\infty}\frac{e^x}{6}=+\infty.\end{aligned}$$

□

例 4 求 $\lim\limits_{x\to0^+}x\ln x$.

解 此题为 $0\cdot\infty$型不定式极限. 于是

$$\begin{aligned}\lim_{x\to0^+}x\ln x&=\lim_{x\to0^+}\frac{\ln x}{\frac{1}{x}}\\&=\lim_{x\to0^+}\frac{\frac{1}{x}}{-\frac{1}{x^2}}=\lim_{x\to0^+}(-x)\\&=0.\end{aligned}$$

□

例 5 求$\lim\limits_{x\to0}\left(\frac{1}{x}-\frac{1}{e^x-1}\right)$.

解 上述极限为$\infty-\infty$型不定式极限,通分后即得$\frac{0}{0}$型不定式极限. 于是

$$\begin{aligned}\lim_{x\to0}\left(\frac{1}{x}-\frac{1}{e^x-1}\right)&=\lim_{x\to0}\frac{e^x-1-x}{x(e^x-1)}\\&=\lim_{x\to0}\frac{e^x-1}{e^x-1+xe^x}\\&=\lim_{x\to0}\frac{e^x}{2e^x+xe^x}=\frac{1}{2}.\end{aligned}$$

□

例 6 求 $\lim\limits_{x\to0^+}x^x$.

解 此式为 0^0型不定式极限. 先由

$$\lim_{x\to0^+}x\ln x=\lim_{x\to0^+}\frac{\ln x}{\frac{1}{x}}$$

$$= \lim_{x \to 0^+} \frac{\frac{1}{x}}{-\frac{1}{x^2}} = 0,$$

再由指数函数的连续性，得到

$$\lim_{x \to 0^+} x^x = \lim_{x \to 0^+} e^{\ln x^x} = e^{\lim\limits_{x \to 0^+}(x \ln x)} = e^0 = 1.$$

□

例 7　求 $\lim\limits_{x \to 0^+}\left(1+\frac{1}{x}\right)^x$.

解　上述极限为 ∞^0 型不定式极限. 先由

$$\lim_{x \to 0^+} x \ln\left(1+\frac{1}{x}\right) = \lim_{x \to 0^+} \frac{\ln\left(1+\frac{1}{x}\right)}{\frac{1}{x}} = \lim_{x \to 0^+} \frac{\frac{1}{x+1}-\frac{1}{x}}{-\frac{1}{x^2}} = \lim_{x \to 0^+} \frac{x}{1+x} = 0,$$

再由指数函数的连续性，得到

$$\lim_{x \to 0^+}\left(1+\frac{1}{x}\right)^x = \lim_{x \to 0^+} e^{\ln\left(1+\frac{1}{x}\right)^x} = e^{\lim\limits_{x \to 0^+} x \ln\left(1+\frac{1}{x}\right)} = e^0 = 1.$$

□

例 8　设函数 g 在 $U(0;\delta)$ 内有定义，且有

$$g(0) = g'(0) = 0, \quad g''(0) = 3.$$

令

$$f(x) = \begin{cases} \frac{g(x)}{x}, & x \neq 0; \\ 0, & x = 0, \end{cases}$$

试求 $f'(0)$.

解 由于当 $x\in U^{\circ}(0;\delta)$ 时，

$$\frac{f(x)-f(0)}{x-0}=\frac{g(x)}{x^2}=\frac{g(x)-g(0)}{x^2},$$

于是由洛必达法则，

$$\begin{aligned} f'(0)&=\lim_{x\to 0}\frac{f(x)-f(0)}{x-0}=\lim_{x\to 0}\frac{g(x)-g(0)}{x^2}\\ &=\lim_{x\to 0}\frac{g'(x)}{2x}=\lim_{x\to 0}\frac{g'(x)-g'(0)}{2x}\\ &=\frac{1}{2}g''(0)=\frac{3}{2}. \end{aligned}$$

□

三、习题

1. 求下列极限：

1) $\lim\limits_{x\to 1}\dfrac{\ln\cos(x-1)}{1-\sin\dfrac{\pi x}{2}}$；

2) $\lim\limits_{x\to +\infty}(\pi-2\arctan x)\cdot\ln x$；

3) $\lim\limits_{x\to 0^+}x^{\sin x}$；

4) $\lim\limits_{x\to\frac{\pi}{4}}(\tan x)^{\tan 2x}$；

5) $\lim\limits_{x\to 0}\left(\dfrac{\ln(1+x)^{(1+x)}}{x^2}-\dfrac{1}{x}\right)$；

6) $\lim\limits_{x\to 0}\left(\cot x-\dfrac{1}{x}\right)$；

7) $\lim\limits_{x\to 0}\dfrac{(1+x)^{\frac{1}{x}}-\mathrm{e}}{x}$；

8) $\lim\limits_{x\to +\infty}\left(\dfrac{\pi}{2}-\arctan x\right)^{\frac{1}{\ln x}}$；

9) $\lim\limits_{x\to 0}\left(\dfrac{\tan x}{x}\right)^{\frac{1}{x^2}}$；

10) $\lim\limits_{x\to 0^+}\sin x\cdot\ln x$.

2. 求下列极限：

1) $\lim\limits_{x\to 1^-}(1-x^2)^{\frac{1}{\ln(1-x)}}$；

2) $\lim\limits_{x\to 0}\dfrac{x\mathrm{e}^x-\ln(1+x)}{x^2}$；

3) $\lim\limits_{x\to 0}\dfrac{x^2\sin\dfrac{1}{x}}{\sin x}$.

*3. 求下列极限，其中 a,b 为正实数：

1) $\lim\limits_{x\to 0^+}\left(\dfrac{1+x^a}{1+x^b}\right)^{\frac{1}{\ln x}}$；

2) $\lim\limits_{x\to +\infty}\left(\dfrac{1+x^a}{1+x^b}\right)^{\frac{1}{\ln x}}$.

4. 设函数 f 在 $U(0;\delta)$ 内有连续的一阶导数，且有

$$f(0)=0,\quad f'(0)\neq 0.$$

证明：$$\lim_{x\to 0^+}x^{f(x)}=1.$$

*5. 设 $a_1>0,\cdots,a_n>0$. 定义

$$f(x)=\left(\frac{a_1{}^x+\cdots+a_n{}^x}{n}\right)^{\frac{1}{x}}.$$

证明：

$$\lim_{x\to 0}f(x)=\sqrt[n]{a_1\cdots a_n};$$

$$\lim_{x\to+\infty}f(x)=\max\{a_1,\cdots,a_n\}.$$

6. 设函数 f 在 $U(x,\delta)$ 内二阶可导，求证：

$$\lim_{h\to 0}\frac{f(x+2h)-2f(x+h)+f(x)}{h^2}=f''(x).$$

*7. 设函数 f 在 $(a,+\infty)$ 上可导，且有

$$\lim_{x\to+\infty}[f(x)+f'(x)]=k,$$

其中 k 为实数或 $\pm\infty$. 求证：

$$\lim_{x\to+\infty}f(x)=k.$$

§7.4　函数的单调性与极值、最值

一、内容精析

1°　函数的单调性　设函数 f 在区间 (a,b) 内可导. 则

1) f 在 (a,b) 内递增(递减)的充要条件是

$$f'(x)\geqslant 0\quad(f'(x)\leqslant 0),\quad x\in(a,b); \tag{1}$$

2) f 在 (a,b) 内严格递增(严格递减)的条件是 f' 在 (a,b) 上满足(1)式，并且在 (a,b) 内的任一子区间 (α,β)，都有

$$f'(x)\not\equiv 0. \tag{2}$$

推论　若函数 f 在区间 (a,b) 内可导，而且

$$f'(x)>0\quad(f'(x)<0),\ x\in(a,b) \tag{3}$$

则 f 在 (a,b) 内严格递增(严格递减).

注　利用函数 f 的导数符号确定 f 的单调区间，可以用来证明不等式，或确定 f 在给定区间内不同实根的个数.

2°　函数的极值、最值

极值的必要条件　若函数 f 在点 x_0 可导，且在 x_0 处取得极值，则 x_0 必为 f 的稳定点，即有

$$f'(x_0)=0.$$

极值的第一充分条件　设函数 f 在某邻域 $U(x_0,\delta)$ 内连续，在

$U^{\circ}(x_0;\delta)$内可导.

(i) 若

$$f'(x)\geqslant 0,\quad x\in(x_0-\delta,\ x_0),$$

$$f'(x)\leqslant 0,\quad x\in(x_0,\ x_0+\delta),$$

则 f 在点 x_0 取得极大值;

(ii) 若

$$f'(x)\leqslant 0,\quad x\in(x_0-\delta,\ x_0),$$

$$f'(x)\geqslant 0,\quad x\in(x_0,\ x_0+\delta),$$

则 f 在点 x_0 取得极小值.

极值的第二充分条件 设函数 f 在某邻域 $U(x_0;\ \delta)$ 内一阶可导,$f''(x_0)$存在,而且

$$f'(x_0)=0,\ f''(x_0)\neq 0.$$

(i) 若 $f''(x_0)<0$,则 f 在点 x_0 取得极大值;

(ii) 若 $f''(x_0)>0$,则 f 在点 x_0 取得极小值.

注 若函数 f 在 x_0 的某邻域有 $n(>2)$阶导数,且有

$$f'(x_0)=f''(x_0)=\cdots=f^{(n-1)}(x_0)=0,\ f^{(n)}(x_0)\neq 0.$$

则可应用带佩亚诺型余项的泰勒公式得到如下结论:

(i) 当 n 为偶数时,f 在点 x_0 处取得极值. 当 $f^{(n)}(x_0)<0$ 时,f 在点 x_0 处取得极大值;当 $f^{(n)}(x_0)>0$ 时,f 在点 x_0 处取得极小值;

(ii) 当 n 为奇数时,f 在点 x_0 处无极值.

函数的最值 若函数 f 在闭区间$[a,\ b]$上连续,则 f 在$[a,\ b]$上取得最大值和最小值. 我们可以通过比较函数在$[a,\ b]$上所有的稳定点、不可导点和端点的函数值的大小确定 f 的最大值和最小值.

当 f 为区间 I 上的连续函数,其中 I 不是有限的闭区间,则 f 可能无最值. 我们有时可以通过考察 f 在 I 上所有的稳定点和不可导点的函数值,以及当 x 趋于 I 的端点(或趋于$\pm\infty$)时 f 的变化趋势来确定 f 是否有最值.

3° 函数的凸性和拐点 设函数 f 在区间 I 上有定义. 若对任何 x_1,$x_2\in I$,$\lambda\in(0,1)$,总有

$$f(\lambda x_1+(1-\lambda)x_2)\leqslant\lambda f(x_1)+(1-\lambda)f(x_2),\tag{4}$$

则称 f 为 I 上的**凸函数**. 如果上述不等式当 $x_1\neq x_2$ 时严格成立,则称 f 为 I

上的严格凸函数. 如果函数 g 是 I 上的凸函数,则称 $f=-g$ 为 I 上的**凹函数.**

凸函数的充要条件　若函数 f 在区间 I 上有定义. 则下列条件等价:

(i) f 是 I 上的凸函数;

(ii) 对于 I 上任意三点 $x_1<x_2<x_3$,总有

$$\frac{f(x_2)-f(x_1)}{x_2-x_1}\leqslant\frac{f(x_3)-f(x_2)}{x_3-x_2}; \tag{5}$$

若 f 在 I 一阶可导,则(i)等价于

(iii) f' 是 I 上的递增函数;

(iv) 对于 I 上的任意两点 x_1, x_2,总有

$$f(x_2)\geqslant f(x_1)+f'(x_1)(x_2-x_1); \tag{6}$$

若 f 在 I 上二阶可导,则(i)还等价于

(v) $f''(x)\geqslant 0,\ x\in I.$ 　(7)

注　在求解有关凸函数的问题时,要根据题设条件来确定采用哪个等价性条件. 另外,还可用更一般的形式表述凸函数的定义:

詹森(Jensen)**不等式**　若函数 f 在区间 I 上有定义,则 f 为 I 上的凸函数的充要条件是,对于任意 $x_1,\cdots,x_n\in I$,和实数

$$\lambda_1\geqslant 0,\ \cdots,\ \lambda_n\geqslant 0,\ \lambda_1+\cdots+\lambda_n=1,$$

总有

$$f(\lambda_1x_1+\cdots+\lambda_nx_n)\leqslant\lambda_1f(x_1)+\cdots+\lambda_nf(x_n). \tag{8}$$

拐点的定义　设曲线 $y=f(x)$ 在点 $(x_0,\ f(x_0))$ 处有切线穿过,且在切点的近旁,曲线在切线的两侧分别是严格凸的和严格凹的,则称点 $(x_0,\ f(x_0))$ 为曲线的拐点.

定理　设函数 f 在区间 I 上有定义,$x_0\in I$.

(i) 若点 $(x_0,\ f(x_0))$ 为曲线 $y=f(x)$ 的拐点,而且 $f''(x_0)$ 存在. 则必有

$$f''(x_0)=0; \tag{9}$$

(ii) 若 f 在 $U(x_0,\delta)$ 内可导,在 $U^\circ(x_0;\delta)$ 二阶可导,且在 $(x_0-\delta,\ x_0)$ 和 $(x_0,\ x_0+\delta)$ 内 $f''(x)$ 的符号相反,则 $(x_0,\ f(x_0))$ 为曲线 $y=f(x)$ 的拐点.

二、典型例题

例 1　证明当 $x>0$ 时,

$$x > \ln(1+x).$$

证 令

$$f(x) = x - \ln(1+x),\ x \in [0, +\infty).$$

由于当 $x>0$ 时有

$$f'(x) = 1 - \frac{1}{1+x} = \frac{x}{1+x} > 0,$$

又 f 在点 $x=0$ 处连续,因此 f 在 $[0, +\infty)$ 严格递增. 从而当 $x>0$ 时,有

$$f(x) = x - \ln(1+x) > f(0) = 0,$$

即有

$$x > \ln(1+x).$$ □

例 2 设 $a>0$, $b>0$. 证明方程

$$x^3 + ax + b = 0$$

有唯一负实根 x_0.

证 令

$$f(x) = x^3 + ax + b, \quad x \in (-\infty, +\infty),$$

则有

$$f'(x) = 3x^2 + a > 0, \quad x \in (-\infty, +\infty).$$

因而 f 为 $(-\infty, +\infty)$ 上的严格递增函数. 又由于

$$\lim_{x \to -\infty} f(x) = -\infty,\ f(0) = b > 0,$$

因此当 $x \geqslant 0$ 时,有

$$f(x) \geqslant b > 0.$$

由连续函数的介值性定理和 f 的严格单调性,存在唯一实数 $x_0<0$,使得 $f(x_0)=0$. □

* **例 3** 设 $k>0$. 试问 k 为何值时,方程

$$\arctan x - kx = 0$$

存在正根?

解 令

$$f(x) = \arctan x - kx,\ x \in [0, +\infty).$$

则有

$$f(0)=0,\ f'(x)=\frac{1}{1+x^2}-k,\ f'(0)=1-k.$$

因为 $f'(x)$ 是 $[0,+\infty)$ 上的严格递减函数，而且有

$$\lim_{x\to+\infty}f(x)=-\infty,\quad \lim_{x\to+\infty}f'(x)=-k.$$

当 $k\geqslant1$ 时，$f'(x)<0$，$x>0$，于是

$$f(x)<f(0)=0,\ x>0,$$

即当 $k\geqslant1$ 时，原方程没有正根. 当 $0<k<1$ 时，则有

$$f'(x)>0,\quad x\in\left[0,\sqrt{\frac{1-k}{k}}\right),$$

$$f'(x)<0,\quad x\in\left(\sqrt{\frac{1-k}{k}},+\infty\right).$$

于是 f 在 $\left[0,\sqrt{\frac{1-k}{k}}\right]$ 上严格递增，在区间 $\left[\sqrt{\frac{1-k}{k}},+\infty\right)$ 上严格递减. 于是有

$$f\left(\sqrt{\frac{1-k}{k}}\right)>f(0)=0,\ \lim_{x\to+\infty}f(x)=-\infty.$$

根据连续函数的介值性定理和 f 的单调性，方程 $f(x)=0$ 在 $\left(\sqrt{\frac{1-k}{k}},+\infty\right)$ 内有唯一正根 x_0. □

例 4　试求函数

$$f(x)=x^4(x-1)^3$$

的极值.

解　由于 f 在 $(-\infty,+\infty)$ 上可导，且有

$$f'(x)=x^3(x-1)^2(7x-4),$$

所有的稳定点为 $x=0,\ 1,\ \frac{4}{7}$. 由于

$$f'(x)>0,\quad x\in(-\infty,0),$$

$$f'(x)<0,\quad x\in\left(0,\frac{4}{7}\right),$$

$$f'(x)>0,\quad x\in\left(\frac{4}{7},1\right)\cup(1,+\infty).$$

于是由极值的第一充分条件，$x=0$ 是 f 的极大值点，$x=\frac{4}{7}$ 是 f 的极小值点，且有

$$f(0)=0,\quad f\left(\frac{4}{7}\right)=-\frac{4^4\times 3^3}{7^7}.$$ □

例 5 从一块边长为 a 的正方形铁皮四角截去同样大小的正方形，然后把四边折起来做成一个无盖盒子. 问要截去多大的正方形，才能使盒子的容积最大?

解 用 x 表示截去的正方形的边长. 则盒子的容积为

$$V(x)=x(a-2x)^2,\ x\in\left(0,\ \frac{a}{2}\right).$$

由

$$V'(x)=a^2-8ax+12x^2=12\left(x-\frac{a}{6}\right)\left(x-\frac{a}{2}\right).$$

于是 $x=\frac{a}{6}$ 是 $\left(0,\ \frac{a}{2}\right)$ 内唯一稳定点，必是最值点. 由

$$V\left(\frac{a}{6}\right)=\frac{2}{27}a^3,\qquad \lim_{x\to 0^+}V(x)=\lim_{x\to \frac{a}{2}^-}V(x)=0,$$

$x=\frac{a}{6}$ 是 $V(x)$ 的最大值点. 于是要截去边长为 $\frac{a}{6}$ 的小正方形，能做成容积最大的盒子. □

***例 6** 设实数 p, q 满足 $\frac{1}{p}+\frac{1}{q}=1$. 求证：

1) 当 $x>0$ 时，

$$x^{\frac{1}{p}}\leqslant\frac{1}{p}x+\frac{1}{q},\quad p>1;$$

$$x^{\frac{1}{p}}\geqslant\frac{1}{p}x+\frac{1}{q},\quad 0<p<1 \text{ 或 } p<0;$$

当且仅当 $x=1$ 时等式成立；

2) 当 $a>0$, $b>0$ 时，

$$ab\leqslant\frac{1}{p}a^p+\frac{1}{q}b^q,\ p>1;$$

$$ab\geqslant\frac{1}{p}a^p+\frac{1}{q}b^q,\ 0<p<1 \text{ 或 } p<0;$$

当且仅当 $a^p=b^q$ 时等式成立；

3）当 $a_i>0$，$b_i>0, i=1, \cdots, n$，则有

$$\sum_{i=1}^{n} a_i b_i \leqslant \left(\sum_{i=1}^{n} a_i{}^p\right)^{\frac{1}{p}}\left(\sum_{i=1}^{n} b_i{}^q\right)^{\frac{1}{q}}, \ p>1;$$

$$\sum_{i=1}^{n} a_i b_i \geqslant \left(\sum_{i=1}^{n} a_i{}^p\right)^{\frac{1}{p}}\left(\sum_{i=1}^{n} b_i{}^q\right)^{\frac{1}{q}}, \ 0<p<1 \text{ 或 } p<0;$$

当且仅当

$$\frac{a_1{}^p}{b_1{}^q}=\cdots=\frac{a_n{}^p}{b_n{}^q}$$

时等式成立.

证　1)　令函数

$$f(x)=x^{\frac{1}{p}}-\frac{1}{p}x-\frac{1}{q}, \ x \in (0, +\infty).$$

则有

$$f'(x)=\frac{1}{p}\left(x^{\frac{1}{p}-1}-1\right).$$

因而 $x=1$ 为 f 的唯一稳定点. 由

$$f''(1)=\frac{1}{p}\left(\frac{1}{p}-1\right),$$

当 $p>1$ 时，

$$f''(1)<0, \ f(x) \leqslant f(1)=0, \ x \in (0, +\infty);$$

当 $p<0$ 或 $0<p<1$ 时，

$$f''(1)>0, \ f(x) \geqslant f(1)=0, \ x \in (0, +\infty),$$

其中等式当且仅当 $x=1$ 时成立.

2) 在 1)中的不等式中，令 $x=\dfrac{a^p}{b^q}$ 即得题中结论.

3) 若 $p>1$，在 2)中第一个不等式中分别令

$$a=\frac{a_i}{\left(\sum_{j=1}^{n} a_j{}^p\right)^{\frac{1}{p}}}, \ b=\frac{b_i}{\left(\sum_{j=1}^{n} b_j{}^q\right)^{\frac{1}{q}}}, \quad i=1, \cdots, n,$$

并将所得 n 个不等式相加，即有

$$\sum_{i=1}^{n}\frac{a_ib_i}{\left(\sum\limits_{j=1}^{n}a_j{}^p\right)^{\frac{1}{p}}\left(\sum\limits_{j=1}^{n}b_j{}^q\right)^{\frac{1}{q}}}\leqslant\frac{1}{p}\sum_{i=1}^{n}\frac{a_i{}^p}{\sum\limits_{j=1}^{n}a_j{}^p}+\frac{1}{q}\sum_{i=1}^{n}\frac{b_i{}^q}{\sum\limits_{j=1}^{n}b_j{}^q}$$

$$=\frac{1}{p}+\frac{1}{q}=1,$$

于是

$$\sum_{i=1}^{n}a_ib_i\leqslant\left(\sum_{j=1}^{n}a_j{}^p\right)^{\frac{1}{p}}\left(\sum_{j=1}^{n}b_j{}^q\right)^{\frac{1}{q}},$$

其中等式当且仅当

$$\frac{a_i{}^p}{\sum\limits_{j=1}^{n}a_j{}^p}=\frac{b_i{}^q}{\sum\limits_{j=1}^{n}b_j{}^q},\quad i=1,\cdots,n,$$

即

$$\frac{a_1{}^p}{b_1{}^q}=\cdots=\frac{a_n{}^p}{b_n{}^q}$$

时成立. 同理可证当 $0<p<1$ 或 $p<0$ 时,第二个不等式成立. □

例 7 利用凸函数的知识求证

1) $\arctan(\lambda_1a_1+\cdots+\lambda_na_n)\geqslant\lambda_1\arctan a_1+\cdots+\lambda_n\arctan a_n$;

2) $\lambda_1a_1+\cdots+\lambda_na_n\geqslant a_1{}^{\lambda_1}\cdots a_n{}^{\lambda_n}$,

其中

$$a_j\geqslant 0,\ \lambda_j>0,\ j=1,\cdots,n,\ \lambda_1+\cdots+\lambda_n=1.$$

证 1) 令 $f(x)=\arctan x$, $x\in(0,+\infty)$, 则有

$$f'(x)=\frac{1}{1+x^2},\ f''(x)=\frac{-2x}{(1+x^2)^2}<0,\quad x\in(0,+\infty).$$

于是 f 是$(0,+\infty)$上的凹函数,$-f$ 是$(0,+\infty)$上的凸函数. 由詹森不等式即可得 1)中不等式.

2) 令

$$f(x)=\ln x,\quad x\in(0,+\infty).$$

于是有

$$f'(x)=\frac{1}{x},\ f''(x)=-\frac{1}{x^2}<0,\ x\in(0,+\infty).$$

于是$-f$ 是$(0,+\infty)$上的凸函数,即有

$$-\ln(\lambda_1 a_1+\cdots+\lambda_n a_n)\leqslant-\lambda_1\ln a_1-\cdots-\lambda_n\ln a_n$$
$$=-\ln(a_1^{\lambda_1}\cdots a_n^{\lambda_n}),$$

即有

$$\lambda_1 a_1+\cdots+\lambda_n a_n\geqslant a_1^{\lambda_1}\cdots a_n^{\lambda_n}.$$ □

注　在 2)中若取 $\lambda_1=\cdots=\lambda_n=\dfrac{1}{n}$，则得到平均值不等式：

$$\frac{a_1+\cdots+a_n}{n}\geqslant\sqrt[n]{a_1\cdots a_n};$$

在 2)中若取

$\lambda_1=\dfrac{1}{p}$，$\lambda_2=\dfrac{1}{q}$，$\dfrac{1}{p}+\dfrac{1}{q}=1$，即得到例 6 的 2)中不等式.

***例 8**　设 f 为区间 I 上的严格凸函数. 证明若 $x_0\in I$ 是 f 的极小值点，则 x_0 是 f 在 I 上唯一的极小值点.

证　若 f 有异于 x_0 的另一极小值点 $x_1\in I$. 不妨设

$$f(x_1)\leqslant f(x_0).$$

由于 f 是 I 上的严格凸函数，对于任何 $\lambda\in(0,1)$，都有

$$f(\lambda x_0+(1-\lambda)x_1)<\lambda f(x_0)+(1-\lambda)f(x_1)$$
$$\leqslant f(x_0).$$

于是 $\forall\delta>0$，只要 λ 充分接近 1 时，总有

$$x=\lambda x_0+(1-\lambda)x_1\in U^\circ(x_0,\delta)\cap I.$$

但是

$$f(x)<f(x_0),$$

这与 x_0 是 f 在 I 上的极小值点的条件矛盾. 于是 x_0 是 f 在 I 上唯一的极小值点.　□

例 9　问 a 和 b 为何值时，点(1,3)是曲线

$$y=ax^3+bx^2$$

的拐点？

解　由

$$y''(x)=6ax+2b=2(3ax+b),$$

及点(1,3)为曲线的拐点，a 与 b 应满足

$$a+b=3,\quad 3a+b=0,$$

即

$$a=-\frac{3}{2},\quad b=\frac{9}{2}.$$

这时，当 $x>1$ 时，

$$y''(x)=-9(x-1)<0,$$

当 $x<1$ 时

$$y''(x)=-9(x-1)>0,$$

于是(1,3)是曲线的拐点. □

三、习题

1. 证明下列不等式：

1) $\tan x>x+\dfrac{x^3}{3},\quad x\in\left(0,\dfrac{\pi}{2}\right)$；　2) $\dfrac{2x}{\pi}<\sin x<x,\quad x\in\left(0,\dfrac{\pi}{2}\right)$；

*3) $x-\dfrac{x^2}{2}<\ln(1+x)<x-\dfrac{x^2}{2(1+x)},\quad x\in(0,+\infty)$；

*4) $\dfrac{\tan x}{x}>\dfrac{x}{\sin x},\quad x\in\left(0,\dfrac{\pi}{2}\right)$.

2. 证明下列不等式：

1) $\dfrac{1}{2^{p-1}}\leqslant x^p+(1-x)^p\leqslant 1,\quad x\in[0,1],\ p>1$；

2) $\dfrac{1-x}{1+x}<e^{-2x},\quad x\in(0,1)$；　3) $e^{-x^2}<\dfrac{1}{1+x^2},\quad x\neq 0$；

*4) $\ln(1+x)\geqslant\dfrac{\arctan x}{1+x},\ x\geqslant 0$.

3. 证明：

1) 函数 $y=\left(1+\dfrac{1}{x}\right)^x$ 当 $x\in(0,+\infty)$ 时严格递增；

2) 函数 $y=\left(1+\dfrac{1}{x}\right)^{1+x}$ 当 $x\in(0,+\infty)$ 时严格递减；

3) $\left(1+\dfrac{1}{x}\right)^x<e<\left(1+\dfrac{1}{x}\right)^{1+x},\quad x\in(0,+\infty)$.

4. 求下列函数的极值：

1) $f(x)=2x^3-x^4$；　2) $f(x)=\dfrac{2x}{1+x^2}$；

3) $f(x)=\dfrac{(\ln x)^2}{x}$； 4) $f(x)=\arctan x-\dfrac{1}{2}\ln(1+x^2)$；

5) $f(x)=\left|x(x^2-1)\right|$； 6) $f(x)=\dfrac{x(x^2+1)}{x^4-x^2+1}$.

5. 求下列函数在给定区间上的最值：

1) $y=x^5-5x^4+5x^3+1$， $[-1, 2]$；

2) $y=2\tan x-\tan^2 x$，$\left[0, \dfrac{\pi}{2}\right)$；

3) $y=\sqrt{x}\ln x$， $(0, +\infty)$.

6. 求证方程

$$\arctan x-\ln(1+x)=0$$

有两个不同实根.

*7. 1) 讨论方程

$$x^3-px+q=0$$

有三个不同实根的条件；

2) 讨论方程

$$\ln x-mx=0$$

有两个不同实根的条件.

*8. 设函数 f 与 g 在区间 I 上可导，记

$$F(x)=f(x)g'(x)-f'(x)g(x), \quad x\in I.$$

1) 求证：若在 I 上

$$F(x)\equiv 0, \text{且 } g(x)\neq 0,$$

则存在常数 c，使得 $f(x)=cg(x)$；

2) 若在 I 上恒有 $F(x)>0$，求证在方程

$$f(x)=0$$

的两个不同实根之间一定有 $g(x)=0$ 的根.

9. 设函数 f 在 $(-\infty,+\infty)$ 上可导，且有

$$f(x)+f'(x)>0.$$

求证方程 $f(x)=0$ 至多有一个实根.

*10. 设函数 f 在 $[0,+\infty)$ 上可导，且有

$$0\leqslant f'(x)\leqslant f(x), \ f(0)=0.$$

求证在 $[0, +\infty)$ 上恒有

$$f(x)\equiv 0.$$

*11. 设函数 f 在区间 $[a, b]$ 上二次可导，且满足

$$f''(x)+b(x)f'(x)+c(x)f(x)=0,\quad x\in[a,b],$$

其中 $c(x)<0$，$x\in[a,b]$.

1) 求证 f 不能在 (a,b) 内取得正的最大值或负的最小值；

2) 若

$$f(a)=f(b),$$

则

$$f(x)\equiv 0,\ x\in[a,b].$$

12. 设函数 f 在区间 $[0,+\infty)$ 上连续，f' 在 $(0,+\infty)$ 内严格递增，且有 $f(0)=0$. 求证 $\dfrac{f(x)}{x}$ 在 $(0,+\infty)$ 内也是严格递增的.

13. 设 $p>0$. 试问在抛物线

$$y^2=2px$$

上哪一点的法线被抛物线所截的线段最短？

14. 一个无盖的圆柱形容器，当给定的容积 V 给定时，要使容器的表面积最小，试求容器的底的半径与高的比值.

15. 证明：若 f 为区间 I 上的凸函数，g 为 $J\supset f(I)$ 上的凸递增函数，则 $g\circ f$ 为 I 上的凸函数.

*16. 证明：若 f 与 g 均为区间 I 上的凸函数，则

$$F(x)=\max\{f(x),\ g(x)\},\quad x\in I$$

也为 I 上的凸函数.

17. 设函数 f 在区间 I 上有定义. 证明：

1) f 为 I 上的凸函数的充要条件是，对于 I 上任何三点 $x_1<x_2<x_3$，恒有

$$\Delta\xlongequal{\text{def}}\begin{vmatrix}1 & x_1 & f(x_1)\\ 1 & x_2 & f(x_2)\\ 1 & x_3 & f(x_3)\end{vmatrix}\geqslant 0;$$

2) f 为 I 上的严格凸函数的充要条件是，对于 I 上任何三点 $x_1<x_2<x_3$，恒有

$$\Delta>0.$$

*18. 设函数 f 在区间 I 上二阶可导. 求证 f 为 I 上严格凸函数的充要条件为

(i) $f''(x)\geqslant 0$，　$x\in I$；

(ii) 在 I 的任意子区间上，

$$f''(x)\not\equiv 0.$$

*19. 设 f 为区间 $(0,+\infty)$ 内可导凸函数，且

$$f(x)=x^2+x^2\cdot\varepsilon(x),\quad x\in(0,+\infty),$$

其中

$$\varepsilon(x) \to 0 \qquad (x \to +\infty).$$

求证：1)

$$\frac{f(x)-f(x-h)}{h} \leqslant f'(x) \leqslant \frac{f(x+h)-f(x)}{h},\quad x \in (0,+\infty) \qquad \left(0<h\leqslant \frac{x}{2}\right);$$

2) 对任意 $\eta>0$，当 x 充分大时，总有

$$2x-h-\frac{\eta}{h}x^2 \leqslant f'(x) \leqslant 2x+h+\frac{\eta}{h}x^2 \qquad \left(0<h\leqslant \frac{x}{2}\right);$$

3) $\lim\limits_{x\to+\infty}\frac{f'(x)}{2x}=1.$

*20. 设 n 是自然数. 给定方程

$$x^n+x=1.$$

求证：1) 方程有唯一正根 x_n；

2) $\lim\limits_{n\to+\infty} x_n=1$；

3) $1-x_n\approx\frac{\ln n}{n} \qquad (n\to+\infty).$

*21. 设椭圆

$$\frac{x^2}{a^2}+\frac{y^2}{b^2}=1$$

的切线分别与 x 轴、y 轴交于 A、B 两点.

1) 求线段 AB 的最小值；

2) 求线段 AB 与坐标轴所围三角形的最小面积.

§7.5　函数的图象与方程求根

一、内容精析

1° 曲线的渐近线　若曲线 C 上的动点 P 沿着曲线无限地远离原点时，点 P 与某一固定直线 L 的距离趋于零，则称直线 L 为曲线 C 的**渐近线**.

若曲线 $y=f(x)$ 有**斜渐近线** $y=kx+b$，则有

$$k=\lim_{x\to+\infty}\frac{f(x)}{x} \quad \left(\text{或 } k=\lim_{x\to-\infty}\frac{f(x)}{x}\right), \tag{1}$$

$$b=\lim_{x\to+\infty}(f(x)-kx)\ (\text{或 } b=\lim_{x\to-\infty}(f(x)-kx)). \tag{2}$$

若曲线 $y=f(x)$ 有**垂直渐近线** $x=a$，则有

$$\lim_{x\to a^+}f(x)=\infty \quad (\text{或}\lim_{x\to a^-}f(x)=\infty). \tag{3}$$

2° 讨论函数图象的一般步骤

(i) 讨论函数的定义域和值域；

(ii) 考察函数的奇偶性和周期性；

(iii) 求出函数图象的特殊点，如与坐标轴的交点，函数的不连续点和不可导点；

(iv) 确定函数的单调区间、极值点、凹凸性区间和拐点；

(v) 考察曲线的渐近线；

(vi) 根据讨论结果列表并作出函数图象.

3° 方程求根 设 f 为区间 $[a, b]$ 上二阶可导函数，且有

$$f(a) \cdot f(b) < 0,$$

$$f'(x) \neq 0,\ f''(x) \neq 0, \quad x \in [a, b].$$

则由 f 的严格单调性及连续函数的介值性定理，存在唯一的 $\xi \in (a, b)$，使得

$$f(\xi) = 0.$$

牛顿(Newton)**切线法**是常用的方程求根的迭代方法之一. 其方法为，首先取一点 $x_0 \in [a, b]$，

$$x_{n+1} = x_n - \frac{f(x_n)}{f'(x_n)}, \quad n = 0, 1, 2, \cdots,$$

直至收敛为止. 当 f'' 在 $[a, b]$ 上不变号时，为了保证方法的收敛性，x_0 有如下取法.

(i) $f'(x)<0$, $f''(x)>0$, $x\in[a, b]$,

则

$$f(a) > 0,\ f(b) < 0, \quad x_0 = a;$$

(ii) $f'(x)>0$, $f''(x)>0$, $x\in[a, b]$,

则

$$f(a) < 0,\ f(b) > 0, \quad x_0 = b;$$

(iii) $f'(x)>0$, $f''(x)<0$, $x\in[a, b]$,

则

$$f(a) < 0,\ f(b) > 0, \quad x_0 = a;$$

(iv) $f'(x)<0$, $f''(x)<0$, $x\in[a, b]$,

则

$$f(a) > 0,\ f(b) < 0, \quad x_0 = b.$$

二、典型例题

例 1 考察曲线

$$y=\frac{x^3}{x^2+2x-3}$$

的渐近线.

解　由

$$k=\lim_{x\to\infty}\frac{y(x)}{x}=\lim_{x\to\infty}\frac{x^2}{x^2+2x-3}=1,$$

$$b=\lim_{x\to\infty}(y(x)-kx)=\lim_{x\to\infty}\frac{-2x^2+3x}{x^2+2x-3}=-2,$$

曲线有斜渐近线 $y=x-2$，而且曲线向左，向右无限伸展时都以 $y=x-2$ 为渐近线. 又由

$$\lim_{x\to-3}\frac{x^3}{x^2+2x-3}=\infty,\qquad \lim_{x\to1}\frac{x^3}{x^2+2x-3}=\infty,$$

曲线有垂直渐近线 $x=-3$ 和 $x=1$，而且曲线向上、向下无限伸展时都以 $x=-3$ 和 $x=1$ 为渐近线.　□

***例 2**　设曲线 C 的方程为

$$x^3+y^3-3axy=0\qquad(a>0).$$

求 C 的渐近线方程.

解　将 C 上任一点 $P(x,\ y)$ 的坐标化为极坐标

$$x=r\cos\theta,\ y=r\sin\theta,$$

代入原方程即得到

$$r=\frac{3a\sin\theta\cos\theta}{\sin^3\theta+\cos^3\theta}\qquad(\sin^3\theta+\cos^3\theta\neq0),$$

于是曲线 C 的参数方程为

$$x=\frac{3a\tan\theta}{\tan^3\theta+1},\quad y=\frac{3a\tan^2\theta}{\tan^3\theta+1},\quad \theta\in[0,\ \pi)\Big\backslash\left\{\frac{3\pi}{4}\right\},$$

其中

$$x\left(\frac{\pi}{2}\right)\overset{\text{def}}{=\!=}\lim_{\theta\to\frac{\pi}{2}}x(\theta)=0,$$

$$y\left(\frac{\pi}{2}\right)\overset{\text{def}}{=\!=}\lim_{\theta\to\frac{\pi}{2}}y(\theta)=0.$$

于是当 $\theta\to\frac{3\pi}{4}$ 时，$x\to\infty$，并且有

$$k=\lim_{x\to\infty}\frac{y(x)}{x}=\lim_{\theta\to\frac{3\pi}{4}}\frac{y(\theta)}{x(\theta)}$$

$$=\lim_{\theta\to\frac{3\pi}{4}}\tan\theta=-1,$$

$$b=\lim_{x\to\infty}(y(x)-kx)=\lim_{\theta\to\frac{3\pi}{4}}(y(\theta)+x(\theta))$$

$$=\lim_{\theta\to\frac{3\pi}{4}}\frac{3a\tan\theta(\tan\theta+1)}{\tan^3\theta+1}$$

$$=\lim_{\theta\to\frac{3\pi}{4}}\frac{3a\tan\theta}{\tan^2\theta-\tan\theta+1}$$

$$=-a,$$

于是曲线 C 的斜渐近线为 $y=-x-a$.

对于任何 $\theta_0\in[0,\pi]\setminus\left\{\frac{3\pi}{4}\right\}$,由于 $x(\theta_0)$ 和 $y(\theta_0)$ 都是有限的实数,因此曲线 C 没有垂直渐近线. □

例 3 讨论函数 $y=\dfrac{x^3}{x^2+2x-3}$ 的性态并作出其图象.

解 函数的定义域为

$$D=(-\infty,+\infty)\setminus\{-3,1\},$$

值域为 $(-\infty,+\infty)$. 曲线与坐标轴交于 $O(0,0)$ 点. 当 $x\in D$ 时,

$$y'(x)=\frac{(x^2+4x-9)x^2}{(x^2+2x-3)^2}=\frac{x^2(x+2+\sqrt{13})(x+2-\sqrt{13})}{(x+3)^2(x-1)^2},$$

$$y''(x)=\frac{2x(7x^2-18x+27)}{(x+3)^3(x-1)^3},$$

得到函数的稳定点为

$$x_1=0,\ x_2=-2-\sqrt{13},\ x_3=-2+\sqrt{13},$$

曲线的拐点为 $O(0,0)$. 由 $y'(x)$ 和 $y''(x)$ 的符号确定函数的单调区间、极值点和凹凸性区间的结果列表如下:

x	$(-\infty, x_2)$	x_2	$(x_2, -3)$	$(-3, 0)$	0	$(0, 1)$	$(1, x_3)$	x_3	$(x_3, +\infty)$
y'	+	0	−	−	0	−	−	0	+
y''	−	−	−	+	0	−	+	+	+
y	↗凹	极大	↘凹	↘凸	拐点	↘凹	↘凸	极小	↗凸

又由例 1 知,曲线的渐近线方程为

$$y = x - 2,\ x = -3,\ x = 1.$$

函数的图象如图 7-1 所示.

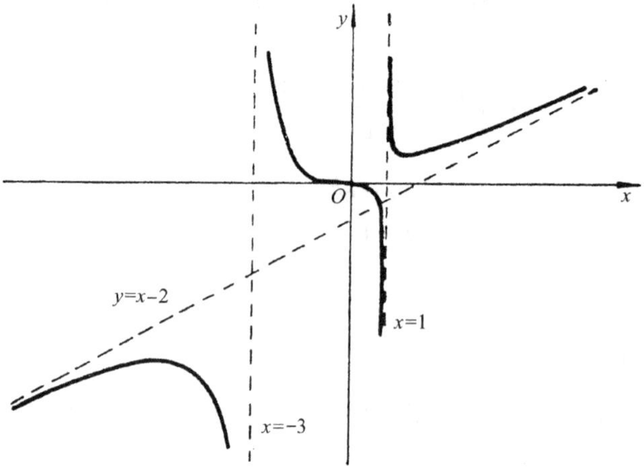

图 7-1 □

*例 4　设函数 f 在区间 $[a, b]$ 上二阶可导,并满足

$$f(a)\cdot f(b) < 0,\ f'(x) \neq 0,\ x \in [a, b].$$

求证: 1) f' 在 $[a, b]$ 上不变号,而且

$$m_1 = \min_{x\in[a, b]}\{|f'(x)|\} > 0;$$

2) 方程 $f(x)=0$ 在 (a, b) 内有唯一实根 ξ;

3) 设 $\xi=\dfrac{1}{2}(a+b)$, 而且

$$M_2 = \sup_{x\in[a, b]}\{|f''(x)|\} < +\infty,$$

$$c = \frac{M_2}{2m_1}(b-a) < 1.$$

则用牛顿切线法,

$$x_0 \in [a, b],\ x_{n+1} = x_n - \frac{f(x_n)}{f'(x_n)},\ n = 0, 1, 2, \cdots$$

得到的数列 $\{x_n\}$ 收敛于 ξ.

证 1) 由于 f 在$[a, b]$上二次可导,因此 f' 为$[a, b]$上的连续函数. 若存在 $\alpha, \beta \in [a, b]$,使得

$$f'(\alpha) < 0, \ f'(\beta) > 0,$$

则由连续函数的介值性定理,在 α 与 β 之间存在一点 γ,使得

$$f'(\gamma) = 0,$$

与已知条件矛盾,故 f' 在$[a, b]$上不变号. 又由于 $|f'(x)|$ 也是$[a, b]$上的连续函数,因而存在一点 $\eta \in [a, b]$,使得

$$m_1 = |f'(\eta)|.$$

若 $m_1 = 0$, 则有 $f'(\eta) = 0$, 又与已知条件矛盾. 故 $m_1 > 0$;

2) 由于 f' 在$[a, b]$上不变号,因此 f 为$[a, b]$上的严格单调函数. 又因为 $f(a)$ 和 $f(b)$ 异号,所以存在唯一的 $\xi \in (a, b)$,使得 $f(\xi) = 0$;

3) 将 $f(\xi) = 0$ 在点 x_n 展为泰勒公式,

$$0 = f(\xi) = f(x_n) + f'(x_n)(\xi - x_n) + \frac{f''(\eta_n)}{2}(\xi - x_n)^2,$$

其中 η_n 介于 ξ 和 x_n 之间. 记

$$\varepsilon_n = x_n - \xi, \quad n = 0, 1, 2, \cdots,$$

则由牛顿切线法的迭代公式,有

$$\begin{aligned} \varepsilon_{n+1} &= \varepsilon_n - \frac{f(x_n)}{f'(x_n)} \\ &= \varepsilon_n - \frac{f'(x_n)\varepsilon_n - \frac{1}{2}\varepsilon_n^2 f''(\eta_n)}{f'(x_n)} \\ &- \frac{f''(\eta_n)}{2f'(x_n)}\varepsilon_n^2. \end{aligned} \tag{1}$$

由已知条件,

$$x_0 \in [a, b], \ \eta_0 \in [a, b].$$

若当 $0 \leqslant n \leqslant k$ 时,有

$$x_n, \ \eta_n \in [a, b],$$

则由于

$$|\varepsilon_k| = |\xi - x_k| \leqslant \frac{1}{2}(b-a),$$

$$|\varepsilon_{k+1}| = \frac{|f''(\eta_k)|}{|2f'(x_k)|} \cdot |\varepsilon_k| \cdot |\varepsilon_k|$$

$$\leqslant \frac{M_2}{2m_1}(b-a)\frac{|\varepsilon_k|}{2}$$

$$= \frac{c}{2}|\varepsilon_k| \leqslant \frac{1}{2}(b-a),$$

于是 $x_{k+1} \in [a, b]$，从而 $\eta_{k+1} \in [a, b]$，因此由数学归纳法，

$$\{x_n\} \subseteq [a, b], \{\eta_n\} \subseteq [a, b].$$

更进一步，有

$$|\varepsilon_{n+1}| \leqslant \frac{c}{2}|\varepsilon_n| \leqslant \cdots$$

$$\leqslant \left(\frac{c}{2}\right)^{n+1}|\varepsilon_0|, \quad 0 \leqslant c < 1.$$

于是当 $n \to +\infty$ 时，有

$$|\varepsilon_{n+1}| \to 0, \text{即 } x_n \to \xi. \qquad \square$$

注　本例中的数列 $\{x_n\}$ 满足

$$|\varepsilon_{n+1}| \leqslant \frac{M_2}{2m_1}|\varepsilon_n|^2, \ n = 0, 1, 2, \cdots.$$

当 $|\varepsilon_n|$ 充分小时，只需用少数几次迭代便可得到 ξ 的非常精确的近似值.

若迭代方法得到的数列 $\{x_n\}$ 当 n 充分大时满足

$$|\varepsilon_{n+1}| \leqslant c|\varepsilon_n|^2,$$

则称该方法为二阶收敛或平方收敛方法. 因而牛顿切线法是二阶收敛方法.

三、习题

1. 求下列函数曲线的渐近线：

1) $y = \dfrac{x^3}{2(1+x)^2}$；　　2) $y = x + 2\arctan x$；

3) $y = xe^{-x}$；　　4) $y = x^{-\frac{1}{2}}e^{-x}$.

2. 求下列曲线的渐近线：

1) $2x^2-3xy+y^2+x-y+1=0$；　　2) $e^{x+y}-2^{\arcsin\frac{1}{x}}=0$.

3. 讨论下列函数的性态并作出它们的图象：

1) $y=3x^5-5x^3$；　　2) $y=e^{-x^2}$；

3) $y=(x-1)x^{\frac{2}{3}}$；　　4) $y=\left|x\right|^{\frac{2}{3}}(x-2)^2$.

4. 求方程

$$\frac{x^3}{3}-x^2+2=0$$

的实根，并精确到三位有效数字.

*5. 设函数 f 在点 x_0 的某邻域 $U(x_0,\delta)$ 内一阶可导，并满足

$$f(x_0)=0,\ q=\sup_{x\in U(x_0;\delta)}\left|1-\alpha f'(x)\right|<1,$$

其中 α 为常数，求证由迭代公式：

$$x_1\in U(x_0;\delta),\ x_{n+1}=x_n-\alpha f(x_n),\quad n=1,2,\cdots,$$

得到的数列 $\{x_n\}$ 收敛于 x_0.

*6. 设函数列 $\{f_n\}$ 如下定义：对任何 $x\in(-\infty,+\infty)$，

$$f_0(x)\equiv 1,\ f_{k+1}(x)=xf_k(x)-f'_k(x),\quad k=0,1,2,\cdots.$$

1) 求证 $f_n(x)$ 是首项系数为 1 的 n 次多项式；

2) 求证方程 $f_n(x)=0$ 有 n 个不同实根.

第八章　一元函数积分学

本章包括不定积分和定积分两部分内容，它们构成一元函数积分学的主体. 其中，不定积分在一般微积分课程里已有足够多的训练，这里只花一节篇幅把一些较有代表性的方法介绍给读者. 另一方面，为避免本章篇目过于庞大，我们把定积分的应用和定积分的推广(即反常积分)合起来另列一章. 这样，除不定积分外，本章其余四节是对定积分的概念和可积性、定积分的性质和积分不等式、积分中值定理及其应用、变限积分和定积分计算分别作出专题性的讨论.

§8.1　不定积分

一、内容精析

不定积分计算的熟练与否，不仅与后面学习定积分和多元函数的各类积分直接相关，而且还是学好后继课程(如微分方程，复变函数等)的必备技能.

必须牢记的不定积分基本公式如下：

1. $\int 0\mathrm{d}x = C$.

2. $\int \mathrm{d}x = x + C$.

3. $\int x^{\alpha}\mathrm{d}x = \frac{1}{\alpha+1}x^{\alpha+1} + C\ (\alpha \neq -1)$.

4. $\int \frac{1}{x}\mathrm{d}x = \ln|x| + C$.

5. $\int \mathrm{e}^{ax}\mathrm{d}x = \frac{1}{a}\mathrm{e}^{ax} + C$.

6. $\int a^{x}\mathrm{d}x = \frac{1}{\ln a}a^{x} + C$.

7. $\int \cos ax\,\mathrm{d}x = \frac{1}{a}\sin ax + C$.

8. $\int \sin ax\,\mathrm{d}x = -\frac{1}{a}\cos ax + C$.

9. $\int \sec^{2}x\,\mathrm{d}x = \tan x + C$.

10. $\int \csc^2 x\mathrm{d}x = -\cot x + C.$

11. $\int \sec x \tan x\mathrm{d}x = \sec x + C.$

12. $\int \csc x \cot x\mathrm{d}x = -\csc x + C.$

13. $\int \frac{\mathrm{d}x}{\sqrt{a^2 - x^2}} = \arcsin \frac{x}{a} + C = -\arccos \frac{x}{a} + C.$

14. $\int \frac{\mathrm{d}x}{a^2 + x^2} = \frac{1}{a}\arctan \frac{x}{a} + C = -\frac{1}{a}\mathrm{arccot} \frac{x}{a} + C.$

15. $\int \ln x\mathrm{d}x = x\ln x - x + C.$

16. $\int \tan x\mathrm{d}x = -\ln|\cos x| + C.$

17. $\int \cot x\mathrm{d}x = \ln|\sin x| + C.$

18. $\int \sec x\mathrm{d}x = \ln|\sec x + \tan x| + C.$

19. $\int \csc x\mathrm{d}x = \ln|\csc x - \cot x| + C = -\ln|\csc x + \cot x| + C.$

其他不定积分的计算，都要通过使用适当的运算法则，化为上述基本公式中的不定积分而求得. 不定积分的运算法则如下：

1. 线性性质：

$$\int [\alpha f(x) + \beta g(x)]\mathrm{d}x = \alpha\int f(x)\mathrm{d}x + \beta\int g(x)\mathrm{d}x.$$

2. 第一换元积分法：

$$\begin{aligned}\int f(\varphi(x))\varphi'(x)\mathrm{d}x &= \int f(u)\mathrm{d}u \,\Big|_{u=\varphi(x)} \\ &= F(u)\,\Big|_{u=\varphi(x)} + C \qquad (F'(u) = f(u)).\end{aligned}$$

3. 第二换元积分法：

$$\begin{aligned}\int f(x)\mathrm{d}x &= \int f(\varphi(t))\varphi'(t)\mathrm{d}t = \int g(t)\mathrm{d}t \\ &= G(t)\,\Big|_{t=\varphi^{-1}(x)} + C \qquad (G'(t) = g(t)).\end{aligned}$$

4. 分部积分法：

$$\int u(x)v'(x)\mathrm{d}x = u(x)v(x) - \int u'(x)v(x)\mathrm{d}x.$$

5. 有理函数积分法：对有理函数用待定系数法化为部分分式之和，然后使用换元积分法或分部积分法来逐项计算.

6. 三角有理式和某些无理根式的积分：经适当换元后，化为有理函数的积分.

其中，第一换元积分法与第二换元积分法在数学形式上互呈逆反，在实际使用时则以新得的积分比原来的积分更易"积出"作为选择换元方式的依据. 同理，在使用分部积分法时，也依此来选择公式中的 $u(x)$ 与 $v(x)$.

二、典型例题

以下例 1 与例 2 两个不定积分，需要对被积函数作适当变形，并结合使用线性运算法则而求得.

例 1　求不定积分

$$I_1=\int(\cos^4 x+\sin^4 x)\mathrm{d}x \quad 与 \quad I_2=\int(\cos^4 x-\sin^4 x)\mathrm{d}x,$$

并进而求出 $\int\cos^4 x\mathrm{d}x$ 与 $\int\sin^4 x\mathrm{d}x$.

解　利用三角函数的倍角、半角公式易得

$$\begin{aligned}I_1&=\int[(\cos^2 x+\sin^2 x)^2-2\cos^2 x\sin^2 x]\mathrm{d}x\\&=\int(1-\frac{1}{2}\sin^2 2x)\mathrm{d}x=\frac{1}{4}\int(3+\cos 4x)\mathrm{d}x\\&=\frac{1}{4}(3x+\frac{1}{4}\sin 4x)+C_1;\end{aligned}$$

$$\begin{aligned}I_2&=\int(\cos^2 x+\sin^2 x)(\cos^2 x-\sin^2 x)\mathrm{d}x\\&=\int\cos 2x\mathrm{d}x=\frac{1}{2}\sin 2x+C_2.\end{aligned}$$

从而又有

$$\begin{aligned}\int\cos^4 x\mathrm{d}x&=\frac{1}{2}(I_1+I_2)\\&=\frac{1}{32}(12x+\sin 4x+8\sin 2x)+C_3;\end{aligned}$$

$$\int\sin^4 x\mathrm{d}x=\frac{1}{2}(I_1-I_2)$$

$$=\frac{1}{32}(12x+\sin 4x-8\sin 2x)+C_4.$$

其中 C_1, C_2, C_3, C_4 都是任意常数. □

例 2 求不定积分

$$I_1=\int(2^x-3^x)^2\mathrm{d}x \quad 与 \quad I_2=\int\frac{\mathrm{d}x}{x^4(1+x^2)}.$$

解

$$I_1=\int(4^x-2\cdot 6^x+9^x)\mathrm{d}x$$

$$=\frac{4^x}{\ln 4}-\frac{2\cdot 6^x}{\ln 6}+\frac{9^x}{\ln 9}+C_1;$$

$$I_2=\int\frac{(1+x^2)-x^2}{x^4(1+x^2)}\mathrm{d}x$$

$$=\int\left[\frac{1}{x^4}-\frac{1}{x^2(1+x^2)}\right]\mathrm{d}x$$

$$=\int\left(\frac{1}{x^4}-\frac{1}{x^2}+\frac{1}{1+x^2}\right)\mathrm{d}x$$

$$=-\frac{1}{3x^3}+\frac{1}{x}+\arctan x+C_2.$$ □

以下例 3～例 5 采用第一换元积分法来计算.

例 3 求不定积分

$$I_1=\int(1+\sqrt{x})^5\mathrm{d}x \quad 与 \quad I_2=\int(1+\sqrt{x})^{100}\mathrm{d}x.$$

解 用线性性质可直接求得

$$I_1=\int(1+5x^{\frac{1}{2}}+10x+10x^{\frac{3}{2}}+5x^2+x^{\frac{5}{2}})\mathrm{d}x$$

$$=x+\frac{10}{3}x^{\frac{3}{2}}+5x^2+4x^{\frac{5}{2}}+\frac{5}{3}x^3+\frac{2}{7}x^{\frac{7}{2}}+C_1.$$

若仍用求 I_1 的方法来计算 I_2，显然是不可想象的. 为此，可用第一换元法来计算：

$$(1+\sqrt{x})'=\frac{1}{2\sqrt{x}},$$

$$I_2 = \int 2\sqrt{x}(1+\sqrt{x})^{100}(1+\sqrt{x})'\mathrm{d}x$$

$$= 2\int[(\sqrt{x}+1)-1](1+\sqrt{x})^{100}\mathrm{d}(1+\sqrt{x})$$

$$= 2\int(u-1)u^{100}\mathrm{d}u$$

$$= 2\left(\frac{1}{102}u^{102} - \frac{1}{101}u^{101}\right) + C_2$$

$$= \frac{1}{51}(1+\sqrt{x})^{102} - \frac{2}{101}(1+\sqrt{x})^{101} + C_2.$$

若用计算 I_2 的方法来计算 I_1,应得

$$I_1 = \frac{2}{7}(1+\sqrt{x})^7 - \frac{1}{3}(1+\sqrt{x})^6 + C_3.$$

它与前面求得的结果至多相差一个常数.　□

例 4　求不定积分

$$I_1 = \int\frac{\ln(x+1)-\ln x}{x(x+1)}\mathrm{d}x \quad 与 \quad I_2 = \int\frac{\arctan\sqrt{x}}{\sqrt{x}+\sqrt{x^3}}\mathrm{d}x.$$

解　由于

$$[\ln(x+1)-\ln x]' = \frac{1}{x+1} - \frac{1}{x} = -\frac{1}{x(x+1)},$$

因此

$$I_1 = -\int[\ln(x+1)-\ln x]\mathrm{d}[\ln(x+1)-\ln x]$$

$$= -\frac{1}{2}[\ln(x+1)-\ln x]^2 + C.$$

又因 $(\arctan\sqrt{x})' = \dfrac{1}{2\sqrt{x}(1+x)}$,所以

$$I_2 = 2\int\arctan\sqrt{x}\,\mathrm{d}(\arctan\sqrt{x})$$

$$= (\arctan\sqrt{x})^2 + C.$$

□

例 5　求不定积分

$$I_1 = \int\frac{\mathrm{d}x}{\sqrt{x}(1-x)} \quad 与 \quad I_2 = \int\frac{\mathrm{d}x}{\sqrt{x(1-x)}}.$$

解

$$I_1=\int\frac{2(\sqrt{x})'}{1-(\sqrt{x})^2}\mathrm{d}x=2\int\frac{\mathrm{d}u}{1-u^2}$$

$$=\int\left(\frac{1}{1+u}+\frac{1}{1-u}\right)\mathrm{d}u$$

$$=\int\frac{\mathrm{d}(1+u)}{1+u}-\int\frac{\mathrm{d}(u-1)}{u-1}$$

$$=\ln\left|\frac{u+1}{u-1}\right|+C$$

$$=\ln\left|\frac{\sqrt{x}+1}{\sqrt{x}-1}\right|+C.$$

$$I_2=\int\frac{2(\sqrt{x})'}{\sqrt{1-(\sqrt{x})^2}}\mathrm{d}x=2\int\frac{\mathrm{d}u}{\sqrt{1-u^2}}$$

$$=2\arcsin u+C=2\arcsin\sqrt{x}+C.$$ □

以下例 6～例 8 采用第二换元积分法和两种换元积分法的综合来计算.

例 6 求不定积分

$$I_1=\int\frac{x^2}{\sqrt{a^2-x^2}}\mathrm{d}x \quad 与 \quad I_2=\int\frac{\mathrm{d}x}{x\sqrt{x^2+1}}.$$

解 经三角函数变换,就能顺利求出这两个不定积分.

对 I_1,令 $x=a\sin t$,$\mathrm{d}x=a\cos t\mathrm{d}t$,且当 $|t|<\frac{\pi}{2}$ 时,有 $t=\arcsin\frac{x}{a}$,$\cos t=\frac{1}{a}\sqrt{a^2-x^2}$ $(a>0)$. 从而求得

$$I_1=\int\frac{a^2\sin^2 t}{a\cos t}\cdot a\cos t\mathrm{d}t=\frac{a^2}{2}\int(1-\cos 2t)\mathrm{d}t$$

$$=\frac{a^2}{2}\left(t-\frac{1}{2}\sin 2t\right)+C=\frac{a^2}{2}(t-\sin t\cos t)+C$$

$$=\frac{a^2}{2}\left(\arcsin\frac{x}{a}-\frac{x}{a^2}\sqrt{a^2-x^2}\right)+C.$$

对 I_2,令 $x=\tan t$,从而有

$$I_2=\int\frac{1}{\tan t\sec t}\sec^2 t\mathrm{d}t=\int\csc t\mathrm{d}t$$

$$=-\ln|\csc t+\cot t|+C$$

$$=-\ln\left|\frac{\sqrt{1+x^2}}{x}+\frac{1}{x}\right|+C$$

$$=\ln\frac{|x|}{1+\sqrt{1+x^2}}+C.$$

如果已经求得

$$\int\frac{\mathrm{d}x}{\sqrt{1+x^2}}=\ln|x+\sqrt{1+x^2}|+C,$$

还可用第一换元法计算 I_2：

$$I_2=\int\frac{\mathrm{d}x}{x^2\sqrt{1+\frac{1}{x^2}}}=-\int\frac{1}{\sqrt{1+\frac{1}{x^2}}}\mathrm{d}\left(\frac{1}{x}\right)$$

$$=-\int\frac{\mathrm{d}u}{\sqrt{1+u^2}}=-\ln|u+\sqrt{1+u^2}|+C$$

$$=-\ln\left|\frac{1}{x}+\sqrt{1+\frac{1}{x^2}}\right|+C$$

$$=\ln\frac{|x|}{1+\sqrt{1+x^2}}+C.$$

除此之外，还可用多种换元方式来计算 I_2（类似于例 8）. □

例 7　求不定积分

$$I=\int\frac{\mathrm{d}x}{\sqrt{(x-a)(b-x)}}\qquad(a<x<b).$$

解　考虑到

$$\frac{x-a}{b-a}+\frac{b-x}{b-a}=1,$$

可令 $x-a=(b-a)\sin^2 t$，$b-x=(b-a)\cos^2 t$. 于是有

$$I=\int\frac{2(b-a)\sin t\cos t}{(b-a)\sin t\cos t}\mathrm{d}t$$

$$=2t+C=2\arctan\sqrt{\frac{x-a}{b-x}}+C.$$

对于这类不定积分，在后面例 15 中还有其他较一般的解法. □

例 8 试用多种方法求不定积分

$$I=\int\frac{\mathrm{d}x}{x\sqrt{4-x^2}}.$$

解一 相继使用第一、第二换元积分法，得到

$$I=\int\frac{\mathrm{d}x}{x^2\sqrt{\frac{4}{x^2}-1}}=-\int\frac{1}{2\sqrt{\left(\frac{2}{x}\right)^2-1}}\mathrm{d}\left(\frac{2}{x}\right)$$

$$=-\frac{1}{2}\int\frac{\mathrm{d}u}{\sqrt{u^2-1}}\qquad(令\ u=\sec t)$$

$$=-\frac{1}{2}\int\frac{\sec t\tan t}{\tan t}\mathrm{d}t$$

$$=-\frac{1}{2}\ln|\sec t+\tan t|+C$$

$$=-\frac{1}{2}\ln\left|u+\sqrt{u^2-1}\right|+C$$

$$=\frac{1}{2}\ln\left|\frac{x}{2+\sqrt{4-x^2}}\right|+C.$$

解二 令 $x=2\sin t$，得到

$$I=\int\frac{2\cos t}{4\sin t\cos t}\mathrm{d}t=\frac{1}{2}\int\csc t\mathrm{d}t$$

$$=\frac{1}{2}\ln|\csc t-\cot t|+C$$

$$=\frac{1}{2}\ln\left|\frac{2-\sqrt{4-x^2}}{x}\right|+C.$$

解三 令 $x^2=\frac{1}{t}$，于是有 $\frac{\mathrm{d}x}{x}=\frac{-1}{2t}\mathrm{d}t$，从而得到

$$I=-\frac{1}{2}\int\frac{\mathrm{d}t}{t\sqrt{4-\frac{1}{t}}}=-\frac{1}{2}\int\frac{\mathrm{d}t}{\sqrt{4t^2-t}}$$

$$=-\frac{1}{4}\int\frac{1}{\sqrt{\left(t-\frac{1}{8}\right)^2-\left(\frac{1}{8}\right)^2}}\mathrm{d}(t-\frac{1}{8})$$

$$=-\frac{1}{4}\ln\left|t-\frac{1}{8}+\sqrt{t^2-\frac{t}{4}}\right|+C_1$$

$$=-\frac{1}{4}\ln\left|\frac{1}{x^2}-\frac{1}{8}+\sqrt{\frac{1}{x^4}-\frac{1}{4x^2}}\right|+C_1$$

$$=\frac{1}{2}\ln\left|\frac{x}{2+\sqrt{4-x^2}}\right|+C.$$

解四 令 $\sqrt{4-x^2}=t$，于是 $x=\pm\sqrt{4-t^2}$，从而得到

$$I=\int\frac{1}{\pm t\sqrt{4-t^2}}\cdot\frac{\mp t}{\sqrt{4-t^2}}\mathrm{d}t$$

$$=-\int\frac{\mathrm{d}t}{4-t^2}=\frac{1}{4}\int\left(\frac{1}{t-2}-\frac{1}{t+2}\right)\mathrm{d}t$$

$$=\frac{1}{4}\ln\left|\frac{t-2}{t+2}\right|+C$$

$$=\frac{1}{2}\ln\left|\frac{x}{2+\sqrt{4-x^2}}\right|+C.$$

解五 由于

$$I=\int\frac{1}{x(2-x)}\sqrt{\frac{2-x}{2+x}}\mathrm{d}x,$$

因此又可令 $t=\sqrt{\frac{2-x}{2+x}}$，由此解出

$$x=\frac{2(1-t^2)}{1+t^2},\quad 2-x=\frac{4t^2}{1+t^2},\quad \mathrm{d}x=\frac{-8t}{(1+t^2)^2}\mathrm{d}t,$$

并得到

$$I=\int\frac{1+t^2}{2(1-t^2)}\cdot\frac{1+t^2}{4t^2}\cdot t\cdot\frac{-8t}{(1+t^2)^2}\mathrm{d}t$$

$$=-\int\frac{\mathrm{d}t}{1-t^2}=\frac{1}{2}\ln\left|\frac{t-1}{t+1}\right|+C$$

$$=\frac{1}{2}\ln\left|\frac{\sqrt{2-x}-\sqrt{2+x}}{\sqrt{2-x}+\sqrt{2+x}}\right|+C.$$

$$=\frac{1}{2}\ln\left|\frac{x}{2+\sqrt{4-x^2}}\right|+C.$$ □

在以上五种解法中，某些解法对例 8 本身而言可能不是很方便的，但在别的场合也许是值得采用的.

以下例 9～例 12 是使用分部积分法的四种典型情形.

设 $P_n(x)$ 为一 n 次多项式. 对于形如

$$\int P_n(x)e^{ax}dx, \quad \int P_n(x)\sin bx\,dx, \quad \int P_n(x)\cos bx\,dx$$

的不定积分,总可经分部积分(设 $u=P_n(x)$)后,使多项式因子的次数逐次降低. 不妨称这类分部积分为"降幂型",例如:

例 9 求不定积分

$$I_1=\int(2x-1)\cos 3x\,dx \quad 与 \quad I_2=\int x^2e^{-x}dx.$$

解 对于 I_1,令 $u=2x-1, v'=\cos 3x$,则得

$$\begin{aligned}I_1&=\int(2x-1)d(\frac{1}{3}\sin 3x)\\&=\frac{1}{3}(2x-1)\sin 3x-\frac{2}{3}\int\sin 3x\,dx\\&=\frac{1}{3}(2x-1)\sin 3x+\frac{2}{9}\cos 3x+C.\end{aligned}$$

类似地,经两次分部积分,又可求得

$$\begin{aligned}I_2&=\int x^2d(-e^{-x})=-x^2e^{-x}+2\int xe^{-x}dx\\&=-x^2e^{-x}-2xe^{-x}+2\int e^{-x}dx\\&=-(x^2+2x+2)e^{-x}+C.\end{aligned}$$

□

对于被积函数形如

$$P_n(x)\arcsin x, \ P_n(x)\arccos x, \ P_n(x)(\ln x)^m,$$
$$P_n(x)(\arctan x)^m \quad (m 为正整数)$$

的不定积分,则应设 $v'=P_n(x)$, u 为另一超越函数因子. 经一次分部积分后,在新的积分 $\int u'v\,dx$ 中,虽然 v 升幂为 $n+1$ 次的多项式,但 u' 却变为无理根式或有理分式. 称这类分部积分为"升幂型",例如:

例 10 求不定积分

$$I_1=\int(2x-1)\ln x\,dx \quad 与 \quad I_2=\int x^2\arcsin x\,dx.$$

解 依以上所述,分别求得

$$\begin{aligned}I_1&=\int \ln x\mathrm{d}(x^2-x)\\&=(x^2-x)\ln x-\int (x^2-x)\frac{1}{x}\mathrm{d}x\\&=(x^2-x)\ln x-\frac{1}{2}x^2+x+C.\end{aligned}$$

$$\begin{aligned}I_2&=\int \arcsin x\mathrm{d}\left(\frac{x^3}{3}\right)\\&=\frac{1}{3}x^3\arcsin x-\frac{1}{3}\int \frac{x^3}{\sqrt{1-x^2}}\mathrm{d}x,\end{aligned}$$

由于

$$\begin{aligned}\int \frac{x^3}{\sqrt{1-x^2}}\mathrm{d}x&=-\int x^2\mathrm{d}(\sqrt{1-x^2})\\&=-x^2\sqrt{1-x^2}-\frac{2}{3}\sqrt{(1-x^2)^3}+C_1,\end{aligned}$$

因此

$$I_2=\frac{1}{3}x^3\arcsin x+\frac{1}{3}x^2\sqrt{1-x^2}+\frac{2}{9}\sqrt{(1-x^2)^3}+C.$$ □

第三种分部积分,会出现形如

$$\int f(x)\mathrm{d}x=\cdots=\Phi(x)+\lambda\int f(x)\mathrm{d}x \qquad (\lambda\neq 1)$$

的"自反演"形式,由此得到

$$\int f(x)\mathrm{d}x=\frac{1}{1-\lambda}\Phi(x)+C.$$

例如$\int P_n(\cos bx)\mathrm{e}^{ax}\mathrm{d}x$,$\int P_n(\sin bx)\mathrm{e}^{ax}\mathrm{d}x$ 和下面例 11 中的不定积分都属于这种类型.

例 11　求不定积分

$$I_1=\int \sec^3 x\mathrm{d}x \quad 与 \quad I_2=\int \sqrt{x^2+a^2}\mathrm{d}x.$$

解　由于

$$I_1=\int \sec x\mathrm{d}(\tan x)$$

$$= \sec x \tan x - \int \sec x \tan^2 x \mathrm{d}x$$

$$= \sec x \tan x + \int \sec x \mathrm{d}x - \int \sec^3 x \mathrm{d}x$$

$$= \sec x \tan x + \ln|\sec x + \tan x| - I_1,$$

故得

$$I_1 = \frac{1}{2}(\sec x \tan x + \ln|\sec x + \tan x|) + C.$$

对于 I_2，若令 $x=a\tan t$，则得

$$I_2 = \int a\sec t \cdot a\sec^2 t \mathrm{d}t = a^2\int \sec^3 t \mathrm{d}t$$

$$= \frac{a^2}{2}(\sec t \tan t + \ln|\sec t + \tan t|) + C_1$$

$$= \frac{a^2}{2}\left(\frac{x}{a}\sqrt{1+\frac{x^2}{a^2}} + \ln\left|\sqrt{1+\frac{x^2}{a^2}} + \frac{x}{a}\right|\right) + C_1$$

$$= \frac{1}{2}(x\sqrt{a^2+x^2} + a^2\ln|x+\sqrt{a^2+x^2}|) + C.$$

它也可利用 $\int \frac{\mathrm{d}x}{\sqrt{x^2+a^2}} = \ln|x+\sqrt{x^2+a^2}| + C$ 而求得：

$$I_2 = x\sqrt{x^2+a^2} - \int \frac{x^2}{\sqrt{x^2+a^2}}\mathrm{d}x$$

$$= x\sqrt{x^2+a^2} + \int \frac{a^2\mathrm{d}x}{\sqrt{x^2+a^2}} - \int \sqrt{x^2+a^2}\mathrm{d}x$$

$$= x\sqrt{x^2+a^2} + a^2\ln|x+\sqrt{x^2+a^2}| - I_2,$$

$$I_2 = \frac{1}{2}(x\sqrt{x^2+a^2} + a^2\ln|x+\sqrt{x^2+a^2}|) + C.$$ □

第四种分部积分可用来建立递推公式. 例如：

例 12 求以下不定积分：

1) $I_n = \int x^n \cos x \mathrm{d}x$；　　2) $I_n = \int \frac{\mathrm{d}x}{(x^2+a^2)^n}$；

3) $I_{n,m} = \int x^n (\ln x)^m \mathrm{d}x$.

解 1) 用降幂法可得

$$I_n = \int x^n \mathrm{d}(\sin x) = x^n \sin x - n\int x^{n-1}\sin x \mathrm{d}x$$

$$= x^n \sin x + n[x^{n-1}\cos x - (n-1)\int x^{n-2}\cos x \mathrm{d}x]$$

$$= x^n \sin x + nx^{n-1}\cos x - n(n-1)I_{n-2},\ n = 2,3,\cdots;$$

递推的初值为

$$I_0 = \sin x + C,\ I_1 = x\sin x + \cos x + C.$$

2）由于

$$I_n = \frac{1}{a^2}\int \frac{(x^2+a^2)-x^2}{(x^2+a^2)^n}\mathrm{d}x$$

$$= \frac{1}{a^2}I_{n-1} - \frac{1}{a^2}\int \frac{x^2}{(x^2+a^2)^n}\mathrm{d}x,$$

而

$$\int \frac{x^2}{(x^2+a^2)^n}\mathrm{d}x = \frac{-1}{2(n-1)}\int x\mathrm{d}\left[\frac{1}{(x^2+a^2)^{n-1}}\right]$$

$$= \frac{-1}{2(n-1)}\left[\frac{x}{(x^2+a^2)^{n-1}} - I_{n-1}\right],$$

因此得到

$$I_n = \left[\frac{1}{a^2} - \frac{1}{2a^2(n-1)}\right]I_{n-1} + \frac{1}{2a^2(n-1)}\cdot\frac{x}{(x^2+a^2)^{n-1}}$$

$$= \frac{2n-3}{2a^2(n-1)}I_{n-1} + \frac{x}{2a^2(n-1)(x^2+a^2)^{n-1}},\quad n = 2,3,\cdots,$$

$$I_1 = \int \frac{\mathrm{d}x}{x^2+a^2} = \frac{1}{a}\arctan\frac{x}{a} + C.$$

这个递推公式在求有理分式的不定积分时是常会用到的.

3）用升幂法可得

$$I_{n,m} = \int (\ln x)^m \mathrm{d}\left(\frac{x^{n+1}}{n+1}\right)$$

$$= \frac{1}{n+1}\left[x^{n+1}(\ln x)^m - m\int (\ln x)^{m-1}x^n \mathrm{d}x\right]$$

$$= \frac{1}{n+1}x^{n+1}(\ln x)^m - \frac{m}{n+1}I_{n,m-1}.$$

重复使用此递推公式,最终归为计算

$$I_{n,0}=\int x^n\mathrm{d}x=\frac{1}{n+1}x^{n+1}+C. \qquad \square$$

下例是有理函数的不定积分.

例 13 求不定积分

$$I=\int\frac{3x^2-9}{(x^2-x-2)(x^2-2x+5)^2}\mathrm{d}x.$$

解 对被积函数作部分分式分解,设

$$\begin{aligned}R(x)&=\frac{3x^2-9}{(x^2-x-2)(x^2-2x+5)^2}\\&=\frac{3x^2-9}{(x+1)(x-2)(x^2-2x+5)^2}\\&=\frac{A}{x+1}+\frac{B}{x-2}+\frac{Cx+D}{x^2-2x+5}+\frac{Ex+F}{(x^2-2x+5)^2}.\end{aligned}$$

通分后的分子为

$$\begin{aligned}&A(x-2)(x^2-2x+5)^2+B(x+1)(x^2-2x+5)^2\\&\quad+(Cx+D)(x+1)(x-2)(x^2-2x+5)\\&\quad+(Ex+F)(x+1)(x-2)\equiv 3x^2-9.\end{aligned}$$

令 $x=-1$,得 $-3\times 64A=-6 \Rightarrow A=\frac{1}{32}$;

令 $x=2$,得 $3\times 25B=3 \Rightarrow B=\frac{1}{25}$;

x^5 项的系数:$A+B+C=0 \Rightarrow C=-(A+B)=-\frac{57}{800}$;

常数项为:$-50A+25B-10D-2F=-9 \Rightarrow 5D+F=\frac{135}{32}$;

令 $x=1+2i$,得$(E+F+2Ei)(-6+2i)=-18+12i$,

$$\Rightarrow \begin{cases}-10E-6F=-18\\-10E+2F=12\end{cases} \Rightarrow \begin{cases}E=-\dfrac{9}{20}\\F=\dfrac{15}{4}\end{cases} \Rightarrow D=\frac{3}{32}.$$

由此得到

$$R(x)=\frac{1}{32(x+1)}+\frac{1}{25(x-2)}-\frac{57x-75}{800(x^2-2x+5)}-\frac{9x-75}{20(x^2-2x+5)^2}.$$

分别求出各部分分式的不定积分：

$$\int\frac{\mathrm{d}x}{x+1}=\ln|x+1|+C_1;\quad \int\frac{\mathrm{d}x}{x-2}=\ln|x-2|+C_2;$$

$$\int\frac{57x-75}{x^2-2x+5}\mathrm{d}x=\int\frac{57(x-1)-18}{(x-1)^2+4}\mathrm{d}x$$

$$=\frac{57}{2}\ln|x^2-2x+5|-9\arctan\frac{x-1}{2}+C_3;$$

由例 12 中的递推公式 2)，又有

$$\int\frac{9x-75}{(x^2-2x+5)^2}\mathrm{d}x=\frac{9}{2}\int\frac{\mathrm{d}(x^2-2x+5)}{(x^2-2x+5)^2}-66\int\frac{\mathrm{d}(x-1)}{[(x-1)^2+4]^2}$$

$$=-\frac{9}{2}\cdot\frac{1}{x^2-2x+5}-\frac{33}{4}\left[\frac{x-1}{x^2-2x+5}+\int\frac{\mathrm{d}(x-1)}{(x-1)^2+4}\right]$$

$$=\frac{15-33x}{4(x^2-2x+5)}-\frac{33}{8}\arctan\frac{x-1}{2}+C_4.$$

把这些结果代入原不定积分，经整理得到

$$I=\frac{1}{32}\ln|x+1|+\frac{1}{25}\ln|x-2|-\frac{57}{1600}\ln(x^2-2x+5)+\frac{33x-15}{80(x^2-2x+5)}+\frac{87}{400}\arctan\frac{x-1}{2}+C.$$ □

说明：例 13 所示是有理函数不定积分的一般算法. 在不太复杂的情形下，应选择尽可能简便的方法来计算.

对于三角有理式的不定积分

$$\int R(\sin x,\ \cos x)\mathrm{d}x,$$

一般令 $t=\tan\dfrac{x}{2}$，总能化为有理函数的不定积分. 此时

$$\sin x=\frac{2t}{1+t^2},\quad \cos x=\frac{1-t^2}{1+t^2},\quad \mathrm{d}x=\frac{2}{1+t^2}\mathrm{d}t.$$

在某些特殊情形下，要会选择更方便的变量替换. 例如

(i) 若 $R(-\sin x, \cos x)=-R(\sin x, \cos x)$，可令 $t=\cos x$；

(ii) 若 $R(\sin x, -\cos x)=-R(\sin x, \cos x)$，可令 $t=\sin x$；

(iii) 若 $R(-\sin x, -\cos x)=R(\sin x, \cos x)$，可令 $t=\tan x$.

特别当被积函数是 $\sin 2x$ 及 $\cos 2x$（或是 $\sin^2 x$，$\cos^2 x$ 及 $\sin x\cos x$）的有理式时，即属于情形(iii). 这时

$$\sin 2x = \frac{2t}{1+t^2}, \quad \cos 2x = \frac{1-t^2}{1+t^2}, \quad \mathrm{d}x = \frac{\mathrm{d}t}{1+t^2}.$$

例 14 求以下三角有理式的不定积分：

1) $\int \frac{\cos^5 x}{\sin^4 x}\mathrm{d}x$； 2) $\int \frac{\cos 2x}{\sin^4 x+\cos^4 x}\mathrm{d}x$； 3) $\int \frac{3\sin x+2\cos x}{2\sin x+3\cos x}\mathrm{d}x$.

解 1) 本题属上述特殊情形之(ii)，令 $t=\sin x$，则有

$$\int \frac{\cos^5 x}{\sin^4 x}\mathrm{d}x = \int \frac{(1-t^2)^2}{t^4}\mathrm{d}t = \int (t^{-4}-2t^{-2}+1)\mathrm{d}t$$

$$= -\frac{1}{3\sin^3 x} + \frac{2}{\sin x} + \sin x + C.$$

2) 本题属上述特殊情形之(iii)，令 $t=\tan x$，则有

$$\int \frac{\cos 2x}{\sin^4 x+\cos^4 x}\mathrm{d}x = \int \frac{1-\tan^2 x}{\tan^4 x+1}\cdot \sec^2 x\mathrm{d}x$$

$$= \int \frac{1-t^2}{1+t^4}\mathrm{d}t = \int \frac{\frac{1}{t^2}-1}{\frac{1}{t^2}+t^2}\mathrm{d}t$$

$$= \int \frac{-\left(\frac{1}{t}+t\right)'}{\left(\frac{1}{t}+t\right)^2-2}\mathrm{d}t = -\int \frac{\mathrm{d}u}{u^2-2}$$

$$= \frac{1}{2\sqrt{2}}\int \left(\frac{1}{u+\sqrt{2}} - \frac{1}{u-\sqrt{2}}\right)\mathrm{d}u$$

$$= \frac{1}{2\sqrt{2}}\ln\left|\frac{t^2+\sqrt{2}t+1}{t^2-\sqrt{2}t+1}\right| + C$$

$$= \frac{1}{2\sqrt{2}}\ln\left|\frac{\sec^2 x+\sqrt{2}\tan x}{\sec^2 x-\sqrt{2}\tan x}\right| + C.$$

3) 本题除可用 $t=\tan\frac{x}{2}$ 和 $t=\tan x$ 作变换外，还有更简便的计算方法：

化被积函数为

$$f(x)=\frac{3\sin x+2\cos x}{2\sin x+3\cos x}=\frac{12}{13}-\frac{5}{13}\cdot\frac{2\cos x-3\sin x}{2\sin x+3\cos x}$$

$$=\frac{12}{13}-\frac{5}{13}\cdot\frac{(2\sin x+3\cos x)'}{2\sin x+3\cos x},$$

(这可用待定系数法获得)由此求得

$$\int f(x)\mathrm{d}x=\frac{12x}{13}-\frac{5}{13}\ln|2\sin x+3\cos x|+C. \qquad \square$$

下面来讨论某些简单无理根式的不定积分,如

$$\int R\left(x,\sqrt[n]{\frac{ax+b}{cx+d}}\right)\mathrm{d}x, \qquad \int R(x,\sqrt{ax^2+bx+c})\mathrm{d}x.$$

前者一般令 $t=\sqrt[n]{\dfrac{ax+b}{cx+d}}$,便可化为有理函数的不定积分;后者除了一般课本中介绍的把它先化为三角有理式的不定积分外,还可采用如下**欧拉**(Euler)**变换**,使之直接化为有理函数的不定积分:

$$\sqrt{ax^2+bx+c}=\begin{cases}\sqrt{a}x\pm t, & \text{若 } a>0,\\ tx\pm\sqrt{c}, & \text{若 } c>0,\\ t(x-\alpha), & \text{若 } ax^2+bx+c=a(x-\alpha)(x-\beta).\end{cases}$$

例 15　求下列不定积分:

1) $I_1=\displaystyle\int\frac{x^2}{\sqrt{x^2+2x+5}}\mathrm{d}x$;　　　2) $I_2=\displaystyle\int\frac{\mathrm{d}x}{x-\sqrt{x^2+2x-8}}$.

解　1) 由于根式中二次三项式的系数

$$a=1>0,\ c=5>0,$$

故可令 $\sqrt{x^2+2x+5}=x-t$(或 $tx+\sqrt{5}$). 若取前者,则经两边各自平方后,得到

$$x=\frac{t^2-5}{2(t+1)}, \qquad \mathrm{d}x=\frac{t^2+2t+5}{2(t+1)^2}\mathrm{d}t,$$

$$\sqrt{x^2+2x+5}=\frac{t^2-5}{2(t+1)}-t=\frac{-(t^2+2t+5)}{2(t+1)}.$$

从而有

$$I_1=\frac{-1}{4}\int\frac{(t^2-5)^2}{(t+1)^3}\mathrm{d}t.$$

由于$(t^2-5)^2=16+16(t+1)-4(t+1)^2-4(t+1)^3+(t+1)^4$,因此

$$I_1=-\frac{1}{4}\int\left[\frac{16}{(t+1)^3}+\frac{16}{(t+1)^2}-\frac{4}{t+1}-4+(t+1)\right]\mathrm{d}t$$

$$=\frac{2}{(t+1)^2}+\frac{4}{t+1}+\ln|t+1|-\frac{t^2}{8}+\frac{3}{4}t+C.$$

最后以 $t=x-\sqrt{x^2+2x+5}$代入,即得所求结果为

$$I_1=\frac{x-3}{2}\sqrt{x^2+2x+5}+\ln\left|x+1-\sqrt{x^2+2x+5}\right|+C.$$

2) 由于 $x^2+2x-8=(x+4)(x-2)$,因此本题可令$\sqrt{x^2+2x-8}=x\pm t$,也可令

$$\sqrt{x^2+2x-8}=t(x+4)\qquad(\text{或 } t(x-2)).$$

这里选择第二种换元式,两边平方后约去因式$(x+4)$,得到

$$x-2=t^2(x+4)\quad\Rightarrow\quad x=\frac{4t^2+2}{1-t^2}.$$

由此又得

$$\mathrm{d}x=\frac{12t}{(1-t^2)^2}\mathrm{d}t,$$

$$\sqrt{x^2+2x-8}=t\left(\frac{4t^2+2}{1-t^2}+4\right)=\frac{6t}{1-t^2},$$

$$x-\sqrt{x^2+2x-8}=\frac{2(1-2t)}{t+1}.$$

这就求得

$$I_2=\int\frac{t+1}{2(1-2t)}\cdot\frac{12t}{(1-t^2)^2}\mathrm{d}t=\int\frac{6t}{(1-2t)(t+1)(t-1)^2}\mathrm{d}t$$

$$=\int\left[\frac{9}{2(t-1)}-\frac{1}{2(t+1)}-\frac{8}{2t-1}-\frac{3}{(t-1)^2}\right]\mathrm{d}t$$

$$=\frac{9}{2}\ln|t-1|-\frac{1}{2}\ln|t+1|-4\ln|2t-1|+\frac{3}{t-1}+C_1.$$

最后以 $t=\sqrt{x^2+2x-8}/(x+4)$代回上式,即得所求结果为

$$I_2=\frac{1}{2}\ln\left|x+1-\sqrt{x^2+2x-8}\right|+4\ln\left|\frac{\sqrt{x^2+2x-8}-x+8}{x-4}\right|$$
$$-\frac{1}{2}(\sqrt{x^2+2x-8}+x)+C.$$ □

注 1　题 1)若选择$\sqrt{x^2+2x+5}=xt+\sqrt{5}$,则所求不定积分将化为

$$I_1=8\int\frac{(\sqrt{5}t-1)^2}{(1-t^2)^3}\mathrm{d}t.$$

注 2　题 2)若改写成

$$\int\frac{\mathrm{d}x}{x-\sqrt{x^2+2x-8}}=\int\frac{\mathrm{d}x}{x-(x+4)\sqrt{\frac{x-2}{x+4}}},$$

那么欧拉变换$\sqrt{x^2+2x-8}=\sqrt{(x+4)(x-2)}=t(x+4)$就相当于令$t=\sqrt{\frac{x-2}{x+4}}$.

注 3　如果把本例中的不定积分先化为三角有理式的积分,则分别有

$$I_1=\int\frac{x^2}{\sqrt{(x+1)^2+4}}\mathrm{d}x\qquad(令\ x+1=2\tan t)$$
$$=\int\frac{(2\tan t-1)^2}{2\sec t}\cdot 2\sec^2 t\mathrm{d}t$$
$$=\int(4\sec^3 t-3\sec t-4\sec t\cdot\tan t)\mathrm{d}t;$$

$$I_2=\int\frac{\mathrm{d}x}{x-\sqrt{(x+1)^2-9}}\qquad(令\ x+1=3\sec t)$$
$$=\int\frac{3\sec t\cdot\tan t}{3\sec t-1-3\tan t}\mathrm{d}t$$
$$=\int\frac{3\tan t}{3-\cos t-3\sin t}\mathrm{d}t.$$

最后指出,在今后学习和工作中遇到需要计算不定积分时,可以查阅容量较大的《积分表》. 特别还可使用具有符号运算功能的电脑软件,如 Maple, Mathematica, Matlab 等. 下面是用 Matlab 计算例 15 题 1)的示范:

f = 'x^2/(x^2+2*x+5)^(1/2)';　　（定义 $f(x)$）

int(f)　　（求 $\int f(x)\mathrm{d}x$）

ans =

1/2*x*(x^2+2*x+5)^(1/2)

　-3/2*(x^2+2*x+5)^(1/2)

　-asinh(1/2*x+1/2)　　（答案）

上面答案中最末一项是反双曲正弦函数(asinh 即 arsinh)，事实上

$$\operatorname{arsinh} x = \ln(x + \sqrt{x^2+1}).$$

只是在积分技巧上这类软件还称不上尽善尽美.

三、习题

求下列不定积分(用尽可能简单的方法)：

1. $\int\left(\sqrt{\frac{1+x}{1-x}}+\sqrt{\frac{1-x}{1+x}}\right)\mathrm{d}x$；　　2. $\int \frac{3x^2}{1+x^2}\mathrm{d}x$；

3. $\int \frac{\mathrm{d}x}{1+\cos x}$；　　4. $\int \frac{\mathrm{d}x}{1+\sin x}$；

5. $\int \frac{\mathrm{d}x}{3+2x^2}$；　　6. $\int \frac{\mathrm{d}x}{3-2x^2}$；

7. $\int \frac{\mathrm{d}x}{\sqrt{3-2x^2}}$；　　8. $\int \frac{x}{2+x^4}\mathrm{d}x$；

9. $\int \frac{\mathrm{d}x}{1+\mathrm{e}^x}$；　　10. $\int \frac{\mathrm{d}x}{\sqrt{x}(1+x)}$；

11. $\int \frac{\mathrm{d}x}{x\sqrt{x^2+1}}$；　　12. $\int \frac{\sin^3 x}{\sqrt[3]{\cos^4 x}}\mathrm{d}x$；

13. $\int \frac{\mathrm{d}x}{\sin^2 x\cos x}$；　　14. $\int \frac{\mathrm{d}x}{\sqrt{1-\sin^4 x}}$；

15. $\int \sqrt{x}\ln^2 x\,\mathrm{d}x$；　　16. $\int \frac{\arcsin x}{x^2}\mathrm{d}x$；

17. $\int \arcsin\sqrt{\frac{x}{1+x}}\mathrm{d}x$；　　18. $\int \frac{\cos x}{\sin x+2\cos x}\mathrm{d}x$；

19. $\int \frac{\mathrm{d}x}{1+\sqrt{1-2x-x^2}}$；　　20. $I_n = \int \frac{x^n}{\sqrt{1-x^2}}\mathrm{d}x$　($n\in\mathbb{N}$，求递推式).

§8.2　定积分概念与可积条件

一、内容精析

1°　定积分定义　设 $f(x)$，$x\in[a, b]$，I 为某一实数. 若任给正数 ε，总存在相应的正数 δ，使得对 $[a, b]$ 的任何分割 $T=\{x_0, x_1, \cdots, x_n\}$，和任意的 $\xi_i\in\Delta_i=[x_{i-1}, x_i]$，$i=1,2,\cdots,n$，只要

$$\|T\| = \max_{1\leqslant i\leqslant n}\{\Delta x_i\} < \delta\ (\Delta x_i = x_i - x_{i-1}),$$

就有

$$\left|\sum_{i=1}^{n} f(\xi_i)\Delta x_i - I\right| < \varepsilon,$$

则称 $f(x)$ 在 $[a, b]$ 上**可积或黎曼可积**，记为

$$f(x) \in \mathscr{R}[a, b].$$

并称

$$\int_a^b f(x)\mathrm{d}x \xlongequal{\text{def}} \lim_{\|T\|\to 0}\sum_{i=1}^{n} f(\xi_i)\Delta x_i = I \tag{1}$$

为 $f(x)$ 在 $[a, b]$ 上的**定积分**.

2°　可积的必要条件　若 $f(x)\in\mathscr{R}[a, b]$，则它在 $[a, b]$ 上必定有界. 有界而不可积的典型例子是狄利克雷函数：

$$D(x) = \begin{cases} 1, & x\text{ 为有理数} \\ 0, & x\text{ 为无理数}. \end{cases}$$

3°　达布和及其性质　设 $f(x)$ 是 $[a, b]$ 上的一个有界函数；T 是对 $[a, b]$ 的任一分割(常写作 $T[a, b]$)，$\Delta_i\,(i=1,2,\cdots,n)$ 是属于 T 的 n 个小区间；记

$$M = \sup_{x\in[a, b]} f(x), \quad m = \inf_{x\in[a, b]} f(x);$$

$$M_i = \sup_{x\in\Delta_i} f(x), \quad m_i = \inf_{x\in\Delta_i} f(x),$$

$$i = 1,2,\cdots,n.$$

称

$$S(T) = \sum_{i=1}^{n} M_i\Delta x_i \quad 与 \quad s(T) = \sum_{i=1}^{n} m_i\Delta x_i$$

为 $f(x)$相对于 $T[a, b]$的**上和**与**下和**，通称**达布(Darboux)和**. 它们与积分和之间显然有

$$m(b-a) \leqslant s(T) \leqslant \sum_{i=1}^{n} f(\xi_i)\Delta x_i \leqslant S(T) \leqslant M(b-a). \tag{2}$$

达布和具有如下一系列重要性质：

(i) 对同一个分割 T，有

$$S(T) = \sup_{\{\xi_i\}} \sum_{i=1}^{n} f(\xi_i)\Delta x_i,$$

$$s(T) = \inf_{\{\xi_i\}} \sum_{i=1}^{n} f(\xi_i)\Delta x_i.$$

(ii) 当分割中的分点加密时，上和不增，下和不减. 即若 T 为 T'增加分点后的分割，则

$$S(T) \leqslant S(T'), \ s(T) \geqslant s(T').$$

(iii) 对任意两个分割 T'与 T''，把它们叠合而成的分割记为 $T=T'+T''$，则由(ii)可得

$$s(T') \leqslant s(T) \leqslant S(T) \leqslant S(T'').$$

这说明对任意两个分割而言，一个分割的上和恒大于或等于另一分割的下和. 于是，上和 $S(T)$对一切 T 存在下确界，下和 $s(T)$对一切 T 存在上确界，分别记作

$$\overline{I} = \inf_{T} S(T), \ \underline{I} = \sup_{T} s(T).$$

并称 $\overline{I}$ 为 $f(x)$在$[a, b]$上的**上积分**，$\underline{I}$ 为 $f(x)$在$[a, b]$上的**下积分**. 上积分与下积分也写作

$$\overline{I} = \overline{\int_a^b} f(x)\mathrm{d}x, \ \underline{I} = \underline{\int_a^b} f(x)\mathrm{d}x.$$

由性质(iii)和不等式(2)立即可得

$$m(b-a) \leqslant \underline{I} \leqslant \sum_{i=1}^{n} f(\xi_i)\Delta x_i \leqslant \overline{I} \leqslant M(b-a). \tag{3}$$

(iv) 达布定理：上积分与下积分分别是上和与下和当 $\|T\| \to 0$ 时的极限，即

$$\lim_{\|T\|\to 0} S(T) = \overline{I}, \ \lim_{\|T\|\to 0} s(T) = \underline{I}.$$

4° 可积的充要条件 借助达布定理和不等式(3)便得如下定理：

(i) $f(x) \in \mathscr{R}[a, b]$的第一充要条件为

$$\overline{\int_a^b} f(x)\mathrm{d}x = \underline{\int_a^b} f(x)\mathrm{d}x .$$

(ii) $f(x)\in\mathscr{R}[a, b]$的第二充要条件为

$\forall\varepsilon>0$, $\exists T[a, b]$,使

$$S(T)-s(T)=\sum_{(T)}\omega_i\Delta x_i<\varepsilon,$$

其中 $\omega_i=M_i-m_i(i=1,2,\cdots,n)$ 称为 $f(x)$在 Δ_i 上的**振幅**,有时为明确起见,又写作 ω_i^f.

(iii) $f(x)\in\mathscr{R}[a, b]$的第三充要条件为

$\forall\eta>0$, $\sigma>0$, $\exists T[a, b]$,使 T 所属的所有小区间中,$\omega_{k'}\geqslant\sigma$ 的那些小区间 $\Delta_{k'}$ 的总长 $\sum_{k'}\Delta x_{k'}<\eta$.

图 8-1 所示,说明可积第二充要条件的两种表述①与②是等价的,其中③是可积第一充要条件.

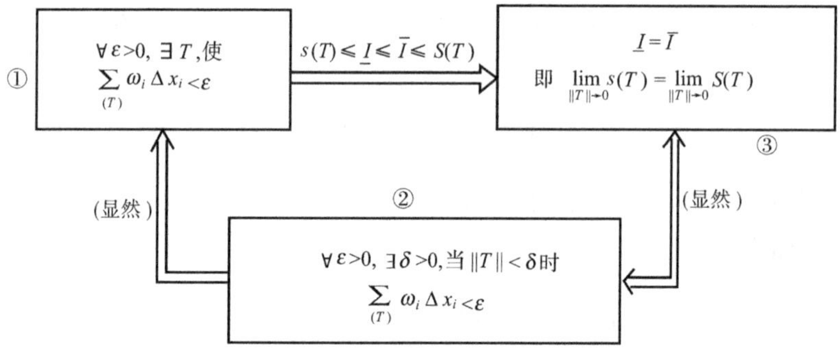

图 8-1

5° 可积的充分条件(可积函数类) 以下三类函数在$[a, b]$上必定可积:

(i) $[a, b]$上的连续函数;

(ii) $[a, b]$上只有有限个间断点的有界函数;

(iii) $[a, b]$上的单调函数.

在证明连续函数必定可积时,它在闭区间上的一致连续性起着关键性的

作用. 再有,对于单调函数来说,不论它在$[a, b]$上只有有限个间断点,还是有无穷多个间断点,它在$[a, b]$上总是可积的.

二、典型例题

为了能尽快求得定积分的值,可以提前给出**牛顿-莱布尼茨公式**(只须暂时补充一个条件).

例 1 证明:若 $f(x)$在$[a, b]$上连续,且存在原函数 $F(x)$,即 $F'(x)=f(x)$, $x\in[a, b]$,则 $f(x)$在$[a, b]$上可积,且有以下公式(即牛顿-莱布尼茨公式):

$$\int_a^b f(x)\mathrm{d}x = F(b) - F(a) = F(x)\big|_a^b. \tag{4}$$

在证明此命题之前先作两点说明:一是在具体使用公式(4)时,$f(x)$的原函数 $F(x)$可通过求不定积分$\int f(x)\mathrm{d}x$ 而得;二是在§8.5 证得"连续函数必有原函数"之后,本定理对存在 $F(x)$的假设便是多余的了.

证 由定积分定义,$\forall\varepsilon>0$,要证$\exists\delta>0$,当$\|T\|<\delta$时,有

$$\left|\sum_{i=1}^n f(\xi_i)\Delta x_i - [F(b)-F(a)]\right| < \varepsilon.$$

下面证明满足如此要求的 δ 确实是存在的.

$\forall T[a, b]$,在其中每个小区间$[x_{i-1}, x_i]$上对 $F(x)$使用微分中值定理,则$\exists\eta_i\in(x_{i-1}, x_i)$,$i=1,2,\cdots,n$,使得

$$\begin{aligned} F(b)-F(a) &= \sum_{i=1}^n [F(x_i)-F(x_{i-1})] \\ &= \sum_{i=1}^n F'(\eta_i)\Delta x_i = \sum_{i=1}^n f(\eta_i)\Delta x_i. \end{aligned} \tag{5}$$

另一方面,因为 $f(x)$在$[a, b]$上一致连续,所以对上述$\varepsilon>0$,$\exists\delta>0$,当 x'、$x''\in[a, b]$,$|x'-x''|<\delta$时,有

$$|f(x')-f(x'')| < \frac{\varepsilon}{b-a}.$$

于是,当$\Delta x_i\leqslant\|T\|<\delta$时,$\forall\xi_i\in[x_{i-1}, x_i]$,便有$|\xi_i-\eta_i|<\delta$,这就证得

$$\begin{aligned} &\left|\sum_{i=1}^n f(\xi_i)\Delta x_i - [F(b)-F(a)]\right| \\ &= \left|\sum_{i=1}^n [f(\xi_i)-f(\eta_i)]\Delta x_i\right| \end{aligned}$$

$$\leqslant \sum_{i=1}^{n} |f(\xi_i) - f(\eta_i)| \Delta x_i$$

$$< \frac{\varepsilon}{b-a} \sum_{i=1}^{n} \Delta x_i = \varepsilon. \qquad \square$$

注　本命题的条件尚可适当减弱，例如：

(i) 对 $F(x)$ 的要求可减弱为在 $[a, b]$ 上连续，在 (a, b) 内除有限个点外有 $F'(x)=f(x)$. 这不影响上面的证明（只要把这有限个点添作 T 的分点）.

(ii) 对 $f(x)$ 的要求可减弱为在 $[a, b]$ 上可积（不一定连续）. 因为这时等式(5)仍成立，而由 $f(x)\in\mathscr{R}[a, b]$，(5)式右边当 $\|T\|\to 0$ 时的极限就是 $\int_a^b f(x)\mathrm{d}x$，但因(5)式左边恒为一常数 $F(b)-F(a)$，故公式(4)仍成立.

下面举例说明这两个注意点的重要性. 例如对于

$$f(x) = \begin{cases} -1, & x \in [-1, 0) \\ \mathrm{e}^x, & x \in [0, 1], \end{cases}$$

若取

$$F_1(x) = \begin{cases} -x, & x \in [-1, 0) \\ \mathrm{e}^x, & x \in [0,1], \end{cases}$$

$$F_2(x) = \begin{cases} -x+1, & x \in [-1, 0) \\ \mathrm{e}^x, & x \in [0,1], \end{cases}$$

易见在 $[-1,1]$ 上除点 $x=0$ 外恒有 $F'_1(x)=f(x)=F'_2(x)$. 然而

$$F_1(1) - F_1(-1) = \mathrm{e}-1, \quad F_2(1) - F_2(-1) = \mathrm{e}-2,$$

试问 $\int_{-1}^{1} f(x)\mathrm{d}x = ?$ 正确的选择应是后者 $\mathrm{e}-2$，因为 $F_1(x)$ 在 $x=0$ 处不连续，不符合注(i)的要求.

又如对于函数

$$F(x) = \begin{cases} x^{\frac{4}{3}} \sin\frac{1}{x}, & x \neq 0 \\ 0, & x = 0, \end{cases}$$

$$f(x) = F'(x) = \begin{cases} \frac{4}{3} x^{\frac{1}{3}} \sin\frac{1}{x} - x^{-\frac{2}{3}} \cos\frac{1}{x}, & x \neq 0 \\ 0, & x = 0, \end{cases}$$

是否有 $\int_{-1}^{1} f(x)\mathrm{d}x = F(1) - F(-1) = 2\sin 1$ 呢？事实上这是错误的，因为 $f(x)$ 在 $[-1,1]$ 上不可积（无界）. 这说明：当 $F'(x)$ 在 $[a, b]$ 上可积时，才有

$$\int_a^b F'(x)\mathrm{d}x = F(b) - F(a).$$

例 2 利用定积分求下列极限：

1) $I=\lim\limits_{n\to\infty}\left(\dfrac{1}{n+1}+\dfrac{1}{n+2}+\cdots+\dfrac{1}{2n}\right)$；

*2) $J=\lim\limits_{n\to\infty}\dfrac{[1^p+3^p+\cdots+(2n-1)^p]^{q+1}}{[2^q+4^q+\cdots+(2n)^q]^{p+1}}$ $(p,\ q>0)$.

解 1) 把 I 化为某一积分和的极限，以便用定积分来计算它. 为此作如下变形：

$$I = \lim_{n\to\infty}\sum_{i=1}^{n}\frac{1}{1+\dfrac{i}{n}}\cdot\frac{1}{n}, \tag{6}$$

这是函数 $f(x)=\dfrac{1}{1+x}$ 在区间 $[0,1]$ 上的一个积分和的极限，这里所取的是等分分割 $\left(\Delta x_i=\dfrac{1}{n}\right)$，而 $\xi_i=\dfrac{i}{n}$ 恒为小区间 $[x_{i-1},\ x_i]=\left[\dfrac{i-1}{n},\ \dfrac{i}{n}\right]$ 的右端点. 这时就有

$$I = \int_0^1 \frac{\mathrm{d}x}{1+x} = \ln(1+x)\Big|_0^1 = \ln 2.$$

当然，也可把(6)式看作

$$I = \int_1^2 \frac{\mathrm{d}x}{x} = \ln x\Big|_1^2 = \ln 2.$$

2) 类似地，需把 J 中分子和分母的极限分别化为积分和的极限来计算：

$$J = \lim_{n\to\infty}\frac{\left\{\left[\left(\dfrac{1}{n}\right)^p+\left(\dfrac{3}{n}\right)^p+\cdots+\left(\dfrac{2n-1}{n}\right)^p\right]\dfrac{2}{n}\right\}^{q+1}}{\left\{\left[\left(\dfrac{2}{n}\right)^q+\left(\dfrac{4}{n}\right)^q+\cdots+\left(\dfrac{2n}{n}\right)^q\right]\dfrac{2}{n}\right\}^{p+1}}\cdot 2^{p-q}$$

$$= 2^{p-q}\cdot\frac{\left[\lim\limits_{n\to\infty}\sum\limits_{i=1}^{n}\left(\dfrac{2i-1}{n}\right)^p\dfrac{2}{n}\right]^{q+1}}{\left[\lim\limits_{n\to\infty}\sum\limits_{i=1}^{n}\left(\dfrac{2i}{n}\right)^q\dfrac{2}{n}\right]^{p+1}}$$

$$= 2^{p-q} \cdot \frac{\left(\int_0^2 x^p \mathrm{d}x\right)^{q+1}}{\left(\int_0^2 x^q \mathrm{d}x\right)^{p+1}}$$

$$= 2^{p-q} \cdot \frac{\left(\frac{1}{p+1}2^{p+1}\right)^{q+1}}{\left(\frac{1}{q+1}2^{q+1}\right)^{p+1}}$$

$$= 2^{p-q} \cdot \frac{(q+1)^{p+1}}{(p+1)^{q+1}}.$$

(题设 $p,q>0$，是为了使 $\int_0^2 x^p \mathrm{d}x$ 与 $\int_0^2 x^q \mathrm{d}x$ 有意义.)　□

一般教科书中关于两个可积函数的和、差、积、商的可积性都已有证明(商的分母不能无限接近于零). 下面对复合函数的可积性作出讨论.

例 3　设外函数 $g(u)$ 在 $[A, B]$ 上连续，内函数 $u=f(x)$ 在 $[a, b]$ 上可积，且当 $x\in[a, b]$ 时，$A\leqslant f(x)\leqslant B$. 试证复合函数 $G(x)=g(f(x))$ 在 $[a, b]$ 上可积.

证　现用可积第三充要条件来证明.

$\forall \sigma>0, \eta>0$，由 $g(u)$ 在 $[A,B]$ 上一致连续，对上述 $\sigma>0$，$\exists \delta>0$，当 u'，$u''\in[A,B]$，且 $|u'-u''|<\delta$ 时，恒有

$$|g(u')-g(u'')|<\frac{\sigma}{2}.$$

由此可证：在每个分割 $T[a, b]$ 所属的任一小区间 Δ_i 上，如果 $\omega_i^f<\delta$，则必有 $\omega_i^G<\sigma$. 这是因为当 x'，$x''\in\Delta_i$ 时，由

$$|u'-u''|=|f(x')-f(x'')|\leqslant\omega_i^f<\delta,$$

可得

$$|G(x')-G(x'')|=|g(u')-g(u'')|<\frac{\sigma}{2},$$

所以

$$\omega_i^G=\sup_{x',x''\in\Delta_i}|G(x')-G(x'')|\leqslant\frac{\sigma}{2}<\sigma.$$

这个结论说明：在 Δ_i 上，若 $\omega_i^G\geqslant\sigma$，则 $\omega_i^f\geqslant\delta$. 由此推知

$$\sum_{\omega_i^G\geqslant\sigma}\Delta x_i\leqslant\sum_{\omega_i^f\geqslant\delta}\Delta x_i. \tag{7}$$

最后，由 $f(x)\in\mathscr{R}[a,b]$，利用可积第三充要条件（必要性），对上述 $\delta>0$ 与 $\eta>0$，$\exists\, T[a,b]$，使

$$\sum_{\omega_i^f\geqslant\delta}\Delta x_i<\eta,$$

从而由(7)式证得

$$\sum_{\omega_i^G\geqslant\sigma}\Delta x_i<\eta.$$

再由可积第三充要条件（充分性），知道

$$G(x)\in\mathscr{R}[a,b]. \qquad \square$$

注意：如果外函数 $g(u)$ 只假定在 $[A,B]$ 上可积，则复合函数 $G(x)$ 可能是不可积的. 例如取内函数 $f(x)$ 为黎曼函数（其可积性在下例中将作进一步证明），外函数为

$$g(u)=\begin{cases}1,\ 0<u\leqslant 1\\ 0,\ u=0,\end{cases}$$

它在 $[0,1]$ 上也是可积的；可是 $G(x)=g(f(x))$ 恰好就是狄利克雷函数，它在任何区间 $[a,b]$ 上都不可积.

例 4 设黎曼函数

$$f(x)=\begin{cases}\dfrac{1}{q},\ x=\dfrac{p}{q}\,(p、q\text{ 互素},q>p)\\ 0,\quad x=0,1\text{ 以及}(0,1)\text{ 内的无理数}.\end{cases}$$

试用可积第二充要条件和第三充要条件分别证明它在 $[0,1]$ 上可积，且 $\int_0^1 f(x)\mathrm{d}x=0$.

证一 $\forall\varepsilon>0$，取足够大的 q，满足 $\dfrac{1}{q}<\dfrac{\varepsilon}{2}$. 从而在 $[0,1]$ 内能使 $f(x)=\dfrac{1}{q}\geqslant\dfrac{\varepsilon}{2}$ 的有理点 x 只有有限个，设它们为 $r_1,r_2,\cdots,r_k$. 现对 $[0,1]$ 作分割 T，使 $\|T\|<\dfrac{\varepsilon}{2k}$，并把 T 中的小区间分为 $\{\Delta_{i'}\}$ 和 $\{\Delta_{i''}\}$ 两类. 其中 $\Delta_{i'}$ 为含有 $\{r_i\}$ 中点的小区间，这类小区间设有 m 个（$m\leqslant 2k$，当所有 k 个 r_i 都是 T 的分点时才可能出现 $m=2k$ 的情形），$f(x)$ 在 $\Delta_{i'}$ 上的振幅 $\omega_{i'}$ 满足

$$\frac{\varepsilon}{2}\leqslant\omega_{i'}\leqslant\frac{1}{2},$$

于是

$$\sum_{i'}\omega_{i'}\Delta x_{i'} \leqslant \frac{1}{2}\sum_{i'}\Delta x_{i'} < \frac{1}{2}\cdot 2k\cdot\frac{\varepsilon}{2k} = \frac{\varepsilon}{2}.$$

另一类$\{\Delta_{i''}\}$为 T 中除去$\{\Delta_{i'}\}$之后所剩余的 $n-m$ 个小区间,在 $\Delta_{i''}$上 $f(x)$的振幅 $\omega_{i''}\leqslant\frac{\varepsilon}{2}$,于是

$$\sum_{i''}\omega_{i''}\Delta x_{i''} \leqslant \frac{\varepsilon}{2}\sum\Delta x_{i''} \leqslant \frac{\varepsilon}{2}.$$

把两部分合起来,便证得对上述 T 满足

$$\sum_{i}\omega_{i}\Delta x_{i} = \sum_{i'}\omega_{i'}\Delta x_{i'} + \sum_{i''}\omega_{i''}\Delta x_{i''} < \varepsilon,$$

即 $f(x)\in\mathscr{R}[0,1]$.

证二　$\forall\sigma>0,\eta>0$. 由于满足$\frac{1}{q}\geqslant\sigma$ 即 $q\leqslant\frac{1}{\sigma}$的有理点$\frac{p}{q}$只有有限个(设为 k 个),因此 T 中含有这类点的小区间 $\Delta_{i'}$至多有 $2k$ 个,在其上 $\omega_{i'}\geqslant\sigma$. 当$\|T\|<\frac{\eta}{2k}$时,就能保证这些小区间的总长为

$$\sum_{i'}\Delta x_{i'} \leqslant 2k\cdot\|T\| < \eta.$$

由可积第三充要条件(充分性),便证得

$$f(x)\in\mathscr{R}[0,1].$$

由于 $m_i=\inf\limits_{x\in\Delta_i}f(x)=0$, $i=1,2,\cdots,n$,因此使得

$$s(T)=0 \Rightarrow \int_0^1 f(x)\mathrm{d}x = \underline{\int_0^1} f(x)\mathrm{d}x = 0.$$ □

在函数极限的章节里,已知黎曼函数在区间[0,1]上处处极限为零,从而它在(0,1)内的一切无理点处连续. 我们这里讨论黎曼函数的可积性,是由于它具体体现了可积函数的一般特征:可积函数必存在处处稠密的连续点. 这就是下例所要证明的结论.

***例 5**　证明:若 $f(x)\in\mathscr{R}[a,b]$,则 $f(x)$在$[a,b]$上存在处处稠密的连续点.

分析　所谓 $f(x)$的连续点在$[a,b]$上处处稠密,是指$\forall(\alpha,\beta)\subset[a,b]$, $f(x)$在(α,β)内必有连续点. 因此,问题归为证明 $f(x)$在开区间(a,b)内必有连续点——由于 $f(x)\in\mathscr{R}[\alpha,\beta]$,同理可证 $f(x)$在(α,β)内必有连续点.

本命题一般采用区间套方法来证明. 关键是要构造一区间套$\{[a_n, b_n]\}$，使$f(x)$在$[a_n, b_n]$上的振幅$\omega_n<\dfrac{1}{2^n}$, $n=1,2,\cdots$. 由此便可进一步证明区间套的公共点x_0必为$f(x)$的一个连续点，而且为保证$x_0\in(a, b)$，应使$[a_n, b_n]\subset(a, b)$.

证 因为$f(x)\in\mathscr{R}[a, b]$等价于

$$\lim_{\|T\|\to 0}\sum_{(T)}\omega_i\Delta x_i=0,$$

所以对于$\varepsilon_1=\dfrac{1}{2}$，$\exists\, T_1[a, b]$，使

$$\sum_{(T_1)}\omega_i\Delta x_i<\frac{1}{2}(b-a). \tag{8}$$

由此易知：在T_1的某一小区间$[x_{j-1}, x_j]$上$f(x)$的振幅

$$\omega^f[x_{j-1}, x_j]<\varepsilon_1=\frac{1}{2}.$$

如若不然，将导致

$$\sum_{(T_1)}\omega_i\Delta x_i\geqslant\frac{1}{2}\sum_{(T_1)}\Delta x_i=\frac{1}{2}(b-a),$$

这与(8)式相矛盾. 现取$[a_1, b_1]\subset(x_{j-1}, x_j)$，满足

$$b_1-a_1\leqslant\frac{1}{2}(b-a),\ a<a_1<b_1<b,$$

$$\omega^f[a_1, b_1]\leqslant\omega^f[x_{j-1}, x_j]<\frac{1}{2}.$$

以$[a_1, b_1]$代替$[a, b]$，对于$\varepsilon_2=\dfrac{1}{2^2}$，同样存在$T_2[a_1, b_1]$和属于$T_2$的某一小区间的子区间$[a_2, b_2]$，满足

$$b_2-a_2\leqslant\frac{1}{2}(b_1-a_1),\ a_1<a_2<b_2<b_1,$$

$$\omega^f[a_2, b_2]<\varepsilon_2=\frac{1}{2^2}.$$

依次做下去，得一区间套$\{[a_n, b_n]\}$：

$$a<a_1<\cdots<a_n<\cdots<b_n<\cdots<b_1<b,$$

$$b_n-a_n\leqslant\frac{1}{2^n}(b-a)\to 0\ (n\to\infty),$$

$$\omega^f[a_n, b_n] < \varepsilon_n = \frac{1}{2^n},$$

且 $\exists x_0 \in (a_n, b_n) \subset (a, b)$. 容易证明 x_0 为 $f(x)$ 的一个连续点：

$\forall \varepsilon > 0$，$\exists n$，使 $\frac{1}{2^n} < \varepsilon$，$U(x_0; \delta) \subset [a_n, b_n]$，其中 $\delta = \min\{x_0 - a_n, b_n - x_0\}$. 故当 $x \in U(x_0; \delta)$ 时，

$$|f(x) - f(x_0)| \leqslant \omega^f[a_n, b_n] < \frac{1}{2^n} < \varepsilon. \qquad \square$$

例 6　证明：设 $f(x)$ 为 $[a, b]$ 上的非负、可积函数，则 $\int_a^b f(x)\mathrm{d}x = 0$ 的充要条件为 $f(x)$ 在其连续点上恒为零.

证　［必要性］　倘若存在 $x_0 \in [a, b]$ 为 $f(x)$ 的某一连续点，使 $f(x_0) > 0$，则 $\exists \delta > 0$，使

$$f(x) \geqslant \frac{1}{2} f(x_0),\ x \in (x_0 - \delta, x_0 + \delta) \cap [a, b].$$

从而导致

$$\int_a^b f(x)\mathrm{d}x \geqslant \int_{x_0-\delta}^{x_0+\delta} f(x)\mathrm{d}x \geqslant f(x_0)\delta > 0 \quad (\text{矛盾}).$$

*［充分性］　由例 5 知 $f(x)$ 在 $[a, b]$ 上的连续点处处稠密，又假设 $f(x)$ 非负，且在连续点处的值为零，故对任何 $T[a, b]$，$f(x)$ 的下和 $s(T) \equiv 0$，从而

$$\int_a^b f(x)\mathrm{d}x = \underline{\int_a^b} f(x)\mathrm{d}x = \lim_{\|T\| \to 0} s(T) = 0. \qquad \square$$

注　至此，函数的连续性与可积性之间的联系，在数学分析课程范围内已讨论得很深刻了. 更透彻的研究将会在《实变函数论》中继续进行下去.

三、习题

1. 设 $f(x) \in \mathscr{R}[a, b]$，$g(x)$ 在 $[a, b]$ 上的值仅在 k 个点 $\alpha_1, \alpha_2, \cdots, \alpha_k$ 处与 $f(x)$ 不同. 试用定义证明 $g(x) \in \mathscr{R}[a, b]$，且

$$\int_a^b g(x)\mathrm{d}x = \int_a^b f(x)\mathrm{d}x.$$

2. 通过化为定积分求下列极限：

1) $\lim\limits_{n\to\infty} \sum\limits_{k=0}^{n-1} \frac{2n}{n^2 + k^2}$；　　2) $\lim\limits_{n\to\infty} \frac{1}{n}\sqrt[n]{n(n+1)\cdots(2n-1)}$；

* 3) $\lim\limits_{n\to\infty}\frac{1}{n^4}\prod\limits_{i=1}^{2n}(n^2+i^2)^{\frac{1}{n}}$.

3. 据理说明：

1) 当且仅当 $f(x)\equiv$常数时，具有“任意下和等于任意上和”的性质；

2) 对于连续函数 $f(x)$，当且仅当 $f(x)\equiv$常数时，具有“所有下和(或所有上和)都相等”的性质；

3) 对于可积函数，当其所有下和(或所有上和)都相等时，它是否恒为常数？

4. 设

$$f(x)=\begin{cases} x, & x\text{ 为}[0,1]\text{ 中有理数} \\ 0, & x\text{ 为}[0,1]\text{ 中无理数}. \end{cases}$$

通过求出 $f(x)$在$[0,1]$上的下积分和上积分，来判断它在$[0,1]$上是否可积？

5. 证明：若 $f(x)$在$[\alpha,\beta]$上有界，则

$$\omega^f[\alpha,\beta]=\sup_{x',x''\in[\alpha,\beta]}|f(x')-f(x'')|.$$

6. 证明：若 T'是 T 增加若干个分点后所得的分割，则

$$\sum_{(T')}\omega_{i'}\Delta x_{i'}\leqslant\sum_{(T)}\omega_i\Delta x_i.$$

7. 设 $f(x)$在$[a,b]$上有界，$\{a_n\}\subset[a,b]$为一收敛数列. 证明：若 $f(x)$在$[a,b]$上只有 $a_n(n=1,2,\cdots)$为其间断点，则 $f(x)\in\mathscr{R}[a,b]$.

8. 设

$$f(x)=\begin{cases} \frac{1}{x}-\left[\frac{1}{x}\right], & x\in(0,1] \\ 0, & x=0. \end{cases}$$

证明 $f(x)\in\mathscr{R}[0,1]$.

9. 设 $f(x)$、$g(x)\in\mathscr{R}[a,b]$. 证明：任给 $T[a,b]$，在 T 所属的每个小区间 Δ_i 上任取两点 ξ_i，$\eta_i(i=1,2,\cdots,n)$，则有

$$\lim_{\|T\|\to0}\sum_{i=1}^{n}f(\xi_i)g(\eta_i)\Delta x_i=\int_a^b f(x)g(x)\mathrm{d}x.$$

10. 证明：若 $f(x)\in\mathscr{R}[a,b]$，且 $f(x)\geqslant0$，则 $\sqrt{f(x)}\in\mathscr{R}[a,b]$.

* 11. 任给 $x_0\in[a,b]$，$\lim\limits_{x\to x_0}f(x)=0$，试证

$$f(x)\in\mathscr{R}[a,b]\quad\text{且}\quad\int_a^b f(x)\mathrm{d}x=0.$$

又若任给 $x_0\in[a,b]$，$\lim\limits_{x\to x_0}f(x)=1$，此时 $\int_a^b f(x)\mathrm{d}x=$？

* 12. 证明：若 $f(x)\in\mathscr{R}[a,b]$，且 $f(x)>0$，$x\in[a,b]$，则 $\int_a^b f(x)\mathrm{d}x>0$.

* 13. 设 $f(x)\in\mathscr{R}[a,b]$. 证明：若任给 $g(x)\in\mathscr{R}[a,b]$，总有 $\int_a^b f(x)g(x)\mathrm{d}x=0$，则

$f(x)$在其连续点处恒为零.

*14. 证明:若 $f(x)$在$[a, b]$上连续,且

$$\int_a^b f(x)\mathrm{d}x = \int_a^b x f(x)\mathrm{d}x = 0,$$

则至少存在两点 $x_1, x_2 \in (a, b)$,使 $f(x_1) = f(x_2) = 0$.

§8.3　定积分的性质与积分不等式

一、内容精析

1°　线性　设 $f(x), g(x) \in \mathscr{R}[a, b]$,$\alpha$ 与 β 为任意常数,则 $\alpha f(x) + \beta g(x) \in \mathscr{R}[a, b]$,且

$$\int_a^b [\alpha f(x) + \beta g(x)]\mathrm{d}x = \alpha\int_a^b f(x)\mathrm{d}x + \beta\int_a^b g(x)\mathrm{d}x.$$

2°　积分区间可加性　$f(x) \in \mathscr{R}[a, b]$等价于:$\forall c \in [a, b]$,$f(x)$在$[a, c]$与$[c, b]$上都可积;且有

$$\int_a^b f(x)\mathrm{d}x = \int_a^c f(x)\mathrm{d}x + \int_c^b f(x)\mathrm{d}x.$$

3°　积分不等式性　设 $f(x), g(x) \in \mathscr{R}[a, b]$. 若 $f(x) \leqslant g(x)$,$x \in [a, b]$,则

$$\int_a^b f(x)\mathrm{d}x \leqslant \int_a^b g(x)\mathrm{d}x;$$

若 $f(x) < g(x)$,$x \in [a, b]$,则(据§8.2 习题 12)

$$\int_a^b f(x)\mathrm{d}x < \int_a^b g(x)\mathrm{d}x.$$

4°　绝对可积性　若 $f(x) \in \mathscr{R}[a, b]$,则$|f(x)| \in \mathscr{R}[a, b]$(可积必绝对可积),且

$$\left|\int_a^b f(x)\mathrm{d}x\right| \leqslant \int_a^b |f(x)|\mathrm{d}x.$$

由性质 1°可知:在以下四个函数:

$$f(x),\ g(x),\ f(x)+g(x),\ f(x)-g(x)$$

中,若有任意两个在$[a, b]$上可积,则另外两个也在$[a, b]$上可积;若有一个可积,一个不可积,则另外两个都不可积;若有两个都不可积,则另外两个是否可积没有肯定结论.

由两个可积函数的乘积必定可积，也可提出类似的问题：若 $f(x)$ 与 $f(x)\cdot g(x)$ 都在 $[a,b]$ 上可积，试问 $g(x)$ 在 $[a,b]$ 上是否也可积？

由性质 2°与 3°不难证明诸如："若 $f(x)$ 在 $[a,b]$ 上非负、可积，且至少在一连续点处的值为正，则必有 $\int_a^b f(x)\mathrm{d}x>0$" 一类简单命题，和类似于 "$\frac{\pi}{2}<\int_0^{\frac{\pi}{2}}\frac{\mathrm{d}x}{\sqrt{1-\frac{1}{2}\sin^2x}}<\frac{\pi}{\sqrt{2}}$" 那样的积分估值不等式.

再有，性质 4°一般不可逆. 例如

$$f(x)=\begin{cases}1, & x\text{ 为}[a,b]\text{ 中有理数}\\ -1, & x\text{ 为}[a,b]\text{ 中无理数,}\end{cases}$$

它在 $[a,b]$ 上不可积（$\underline{I}=a-b$, $\overline{I}=b-a$）；但 $|f(x)|\equiv1, x\in[a,b]$，它在 $[a,b]$ 上显然可积.

有关积分中值定理的内容，我们另辟一节（§8.4）作更细致的讨论.

二、典型例题

下面例 1～例 3 是积分形式下的极限问题，例 4～例 6 是积分不等式问题，这是两类内容极其丰富的问题.

例 1 设 $f(x)$ 在 $[a,b]$ 上非负、连续. 证明

$$\lim_{n\to\infty}\sqrt[n]{\int_a^b f^n(x)\mathrm{d}x}=\max_{a\leqslant x\leqslant b}f(x). \tag{1}$$

证 设 $M=\max\limits_{a\leqslant x\leqslant b}f(x)>0$（若 $M=0$，则 $f(x)\equiv0$，(1) 式显然成立）. $\forall\varepsilon>0(\varepsilon<M)$，由保号性，$\exists[\alpha,\beta]\subset[a,b]$，使得

$$0<M-\varepsilon\leqslant f(x)\leqslant M,\ x\in[\alpha,\beta].$$

于是有

$$(M-\varepsilon)^n\leqslant f^n(x)\leqslant M^n,\ x\in[\alpha,\beta],$$

$$(M-\varepsilon)^n(\beta-\alpha)=\int_\alpha^\beta(M-\varepsilon)^n\mathrm{d}x\leqslant\int_\alpha^\beta f^n(x)\mathrm{d}x$$

$$\leqslant\int_a^b f^n(x)\mathrm{d}x\leqslant\int_a^b M^n\mathrm{d}x=M^n(b-a),$$

$$(M-\varepsilon)\sqrt[n]{\beta-\alpha}\leqslant\sqrt[n]{\int_a^b f^n(x)\mathrm{d}x}\leqslant M\sqrt[n]{b-a}.$$

由于 $\lim\limits_{n\to\infty}\sqrt[n]{\beta-\alpha}=\lim\limits_{n\to\infty}\sqrt[n]{b-a}=1$，因此

$$M-\varepsilon \leqslant \lim_{n\to\infty}\sqrt[n]{\int_a^b f^n(x)\mathrm{d}x} \leqslant M.$$

由 ε 的任意性,证得(1)式成立.　□

注 1　若设 $m=\min\limits_{a\leqslant x\leqslant b} f(x)$,是否可由

$$m^n \leqslant f^n(x) \leqslant (m+\varepsilon)^n,\ x\in[\alpha',\beta']\subset[a,\ b],$$

类似地推出

$$m\leqslant \lim_{n\to\infty}\sqrt[n]{\int_a^b f^n(x)\mathrm{d}x}\leqslant m+\varepsilon,$$

和 $\lim\limits_{n\to\infty}\sqrt[n]{\int_a^b f^n(x)\mathrm{d}x}=m$? 显然,这至少与极限的唯一性相悖. 请指出它错在何处?

注 2　如果与积分中值定理相联系,设

$$\int_a^b f^n(x)\mathrm{d}x = f^n(\xi_n)(b-a),$$

则有

$$\lim_{n\to\infty}\sqrt[n]{\int_a^b f^n(x)\mathrm{d}x} = \lim_{n\to\infty} f(\xi_n) = M.$$

这说明 $\{\xi_n\}$ 必有一子列收敛于 $f(x)$ 的最大值点,即 $\exists\{\xi_{n_k}\}\subset\{\xi_n\}$,使

$$\lim_{k\to\infty}\xi_{n_k} = x_0,\ f(x_0) = M.$$

例 2　证明:

$$\lim_{n\to\infty}\int_0^{\frac{\pi}{2}} \mathrm{e}^x\cos^n x\,\mathrm{d}x = 0. \tag{2}$$

分析　设 $f(x)=\mathrm{e}^x\cos^n x$. 由

$$f'(x) = \mathrm{e}^x\cos^{n-1}x(\cos x - n\sin x) = 0,$$

当 $n\geqslant 2$ 时解出 $x=\dfrac{\pi}{2}, \arctan\dfrac{1}{n}\in\left[0,\ \dfrac{\pi}{2}\right]$. 易证

$$\max_{0\leqslant x\leqslant\frac{\pi}{2}} f(x) = \mathrm{e}^{\arctan\frac{1}{n}}\left(\frac{n}{\sqrt{n^2+1}}\right)^n \to 1(n\to\infty).$$

如图 8-2 所示,这时需要按积分区间可加性,化为

$$\int_0^{\frac{\pi}{2}} f(x)\mathrm{d}x = \int_0^{\delta} f(x)\mathrm{d}x + \int_{\delta}^{\frac{\pi}{2}} f(x)\mathrm{d}x.$$

当 δ 足够小时,上式右边第一项依赖积分区间长度 δ 而可任意小;第二项依赖

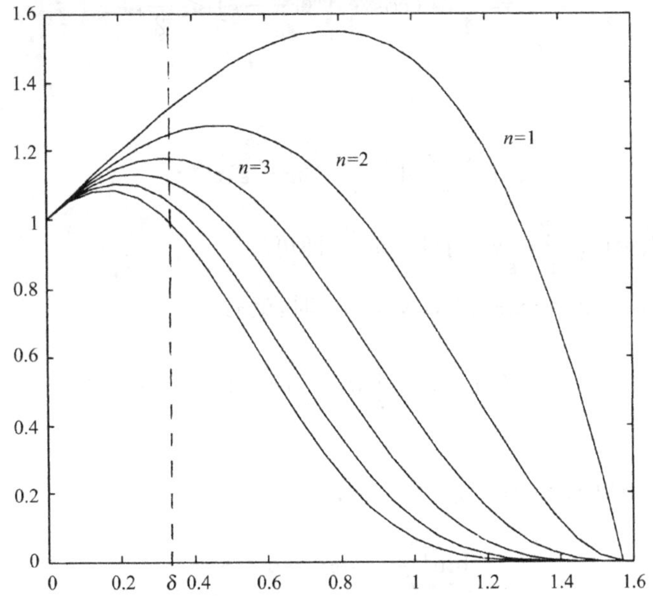

图 8-2

$f(x)$的递减性和$\lim\limits_{n\to\infty}f(\delta)=0$而可任意小.

证 $\forall\varepsilon>0$,取$\delta=\dfrac{\varepsilon}{4}$. 记$x_n=\arctan\dfrac{1}{n}$,因

$$\lim_{n\to\infty}x_n=0,$$

故$\exists N_1>0$,当$n>N_1$时,$0<x_n<\delta$. 这时,在$[0,\ \delta]$上有

$$f(x)=e^x\cos^n x\leqslant e^{x_n}\cos^n x_n=M_n.$$

又因$\lim\limits_{n\to\infty}M_n=\lim\limits_{n\to\infty}e^{\arctan\frac{1}{n}}\left(\dfrac{n}{\sqrt{n^2+1}}\right)^n=1$,故$\exists N_2>0$,当$n>N_2$时有$0<M_n<2$. 于是当$n>\max\{N_1,\ N_2\}$时,有

$$0<\int_0^\delta f(x)\,dx\leqslant\int_0^\delta M_n\,dx=M_n\cdot\frac{\varepsilon}{4}<\frac{\varepsilon}{2}.$$

再有,当$n>N_1$时$f(x)$在$[\delta,\ \dfrac{\pi}{2}]$上递减,因此要使

$$0<\int_\delta^{\frac{\pi}{2}}f(x)\,dx<e^\delta\cos^n\delta\cdot\left(\frac{\pi}{2}-\delta\right)$$

$$= \frac{1}{4} e^{\frac{\varepsilon}{4}} (\cos \frac{\varepsilon}{4})^n (2\pi - \varepsilon) < \frac{\varepsilon}{2},$$

或者

$$(\cos \frac{\varepsilon}{4})^n < \frac{2\varepsilon}{(2\pi - \varepsilon) e^{\varepsilon/4}},$$

只须 $n > N_3 = \ln\left(\frac{2\varepsilon}{2\pi - \varepsilon} e^{-\frac{\pi}{4}}\right) / \ln\cos \frac{\varepsilon}{4}$ 即可.

所以当 $n > N = \max\{N_1, N_2, N_3\}$ 时,就有

$$0 < \int_0^{\frac{\pi}{2}} f(x) dx = \int_0^{\delta} f(x) dx + \int_{\delta}^{\frac{\pi}{2}} f(x) dx < \varepsilon,$$

即(2)式成立.　□

****例 3**　证明:若 $f(x) \in \mathscr{R}[a, b]$,则

$$\lim_{p \to \infty} \int_a^b f(x) \sin px \, dx = 0, \tag{3}$$

$$\lim_{p \to \infty} \int_a^b f(x) \cos px \, dx = 0. \tag{3'}$$

证　这里只证(3),同理可证(3′).

$\forall \varepsilon > 0$, $\exists T[a, b]$,使

$$\sum_{i=1}^{n} \omega_i^f \Delta x_i < \frac{\varepsilon}{2}.$$

记 $m_i = \inf_{x \in (x_{i-1}, x_i)} f(x)$, $i = 1, 2, \cdots, n$,则有

$$\int_a^b f(x) \sin px \, dx = \sum_{i=1}^{n} \int_{x_{i-1}}^{x_i} f(x) \sin px \, dx$$

$$= \sum_{i=1}^{n} \int_{x_{i-1}}^{x_i} [f(x) - m_i] \sin px \, dx + \sum_{i=1}^{n} m_i \int_{x_{i-1}}^{x_i} \sin px \, dx.$$

由于

$$|f(x) - m_i| \leqslant \omega_i^f, \ x \in [x_{i-1}, x_i], \ i = 1, 2, \cdots, n,$$

$$\left| \int_{\alpha}^{\beta} \sin px \, dx \right| = \left| \frac{1}{p} (\cos p\alpha - \cos p\beta) \right| \leqslant \frac{2}{p},$$

因此又有

$$\left| \int_a^b f(x) \sin px \, dx \right| \leqslant \sum_{i=1}^{n} \omega_i^f \Delta x_i + \frac{2}{p} \sum_{i=1}^{n} |m_i|.$$

当分割 T 随 ε 而确定后，$\sum_{i=1}^{n}|m_i|$ 为一非负常数，故当 $|p|>P=\frac{4}{\varepsilon}\sum_{i=1}^{n}|m_i|$ 时，$\frac{2}{p}\sum_{i=1}^{n}|m_i|<\frac{\varepsilon}{2}$. 从而证得 $|p|>P$ 时，有

$$\left|\int_a^b f(x)\sin px\,\mathrm{d}x\right|<\frac{\varepsilon}{2}+\frac{\varepsilon}{2}=\varepsilon,$$

即(3)式成立. □

注 (3)和(3′)这两个极限式有很直观的几何意义：当 $|p|$ 越来越大时，曲线

$$y=f(x)\sin px \quad 和 \quad y=f(x)\cos px$$

的振荡越来越密. 以致当 $p\to\infty$ 时，该曲线在 x 轴上方部分曲边梯形的面积与 x 轴下方部分曲边梯形的面积趋于正、负相消而为零. 在以后证明傅里叶级数收敛定理时，本例是一个很重要的准备.

例 4 证明：若 $f(x)$ 为 $[0,1]$ 上的递减函数，则对任给的 $a\in(0,1)$ 恒有

$$a\int_0^1 f(x)\mathrm{d}x\leqslant\int_0^a f(x)\mathrm{d}x. \tag{4}$$

分析 把不等式(4)稍作变形：

$$a\int_0^1 f(x)\mathrm{d}x=a\int_0^a f(x)\mathrm{d}x+a\int_a^1 f(x)\mathrm{d}x\leqslant\int_0^a f(x)\mathrm{d}x,$$

即得便于证明的形式(两个积分区间不再叠合)

$$\frac{1}{1-a}\int_a^1 f(x)\mathrm{d}x\leqslant\frac{1}{a}\int_0^a f(x)\mathrm{d}x. \tag{4′}$$

证 由于 $f(x)$ 为递减函数，因此有

$$\frac{1}{1-a}\int_a^1 f(x)\mathrm{d}x\leqslant\frac{1}{1-a}\int_a^1 f(a)\mathrm{d}x=f(a),$$

$$\frac{1}{a}\int_0^a f(x)\mathrm{d}x\geqslant\frac{1}{a}\int_0^a f(a)\mathrm{d}x=f(a),$$

从而(4′)式成立，也就是(4)式成立. □

例 5 设 $\varphi(t)$ 在 $[a,b]$ 上连续，$E=\varphi([a,b])$，$f(x)$ 在 E 上为可微凸函数. 证明：

$$\frac{1}{b-a}\int_a^b f(\varphi(t))\mathrm{d}t\geqslant f\left(\frac{1}{b-a}\int_a^b\varphi(t)\mathrm{d}t\right). \tag{5}$$

分析　设 $c=\frac{1}{b-a}\int_a^b\varphi(t)\mathrm{d}t$，问题转而证明

$$\int_a^b f(\varphi(t))\mathrm{d}t\geqslant(b-a)f(c).\tag{5'}$$

由 $f(x)$ 为可微凸函数，$\forall x\in E$，有

$$f(x)\geqslant f(c)+f'(c)(x-c).$$

以 $x=\varphi(t)$ 代入，并在 $[a,b]$ 上求积分，便可证得结论.

证　由以上分析，则有

$$f(\varphi(t))\geqslant f(c)+f'(c)[\varphi(t)-c],$$

$$\int_a^b f(\varphi(t))\mathrm{d}t\geqslant(b-a)f(c)+f'(c)\int_a^b\varphi(t)\mathrm{d}t$$

$$-f'(c)c(b-a)=(b-a)f(c).$$

这就证得(5′)式，也就是(5)式成立.　□

注 1　$\varphi(t)$ 为连续函数的条件，保证它的值域 E 为一闭区间，在其上定义了凸函数 $f(x)$.

注 2　不等式(5)揭示了在题设条件下，先复合而后取积分平均与先取积分平均而后复合，两者之间的大小关系.

注 3　若 $f(x)$ 改为可微凹函数，则(5)式中不等号反向.

例 6　证明施瓦茨(Schwarz)不等式：

$$\left(\int_a^b f(x)g(x)\mathrm{d}x\right)^2\leqslant\int_a^b f^2(x)\mathrm{d}x\cdot\int_a^b g^2(x)\mathrm{d}x,\tag{6}$$

其中 $f(x),\ g(x)\in\mathscr{R}[a,b]$.

此不等式的证明有多种方法，这里只介绍两种证法.

证一　利用有限形式的柯西不等式

$$\left(\sum_{i=1}^n a_ib_i\right)^2\leqslant\sum_{i=1}^n a_i^2\cdot\sum_{i=1}^n b_i^2\tag{7}$$

来证明. 为此将 $[a,b]$ n 等分，分点为

$$x_i=a+\frac{i}{n}(b-a),\ i=0,1,2,\cdots,n.$$

由 $f(x)$ 与 $g(x)$ 为可积函数，有

$$\int_a^b f(x)g(x)\mathrm{d}x=\lim_{n\to\infty}\frac{b-a}{n}\sum_{i=1}^n f(x_i)g(x_i),$$

$$\int_a^b f^2(x)\mathrm{d}x = \lim_{n\to\infty}\frac{b-a}{n}\sum_{i=1}^n f^2(x_i),$$

$$\int_a^b g^2(x)\mathrm{d}x = \lim_{n\to\infty}\frac{b-a}{n}\sum_{i=1}^n g^2(x_i).$$

由不等式(7),得到

$$\left(\frac{b-a}{n}\sum_{i=1}^n f(x_i)g(x_i)\right)^2 \leqslant \frac{b-a}{n}\sum_{i=1}^n f^2(x_i)\cdot\frac{b-a}{n}\sum_{i=1}^n g^2(x_i).$$

上式两边各取 $n\to\infty$ 时的极限,便证得(6)式.

证二 对一切实数 t,恒有

$$[tf(x)-g(x)]^2 \geqslant 0,$$

从而又有

$$\int_a^b [tf(x)-g(x)]^2\mathrm{d}x$$

$$= t^2\int_a^b f^2(x)\mathrm{d}x - 2t\int_a^b f(x)g(x)\mathrm{d}x + \int_a^b g^2(x)\mathrm{d}x \geqslant 0.$$

由此推得关于 t 的二次三项式的判别式非正,即

$$\left(2\int_a^b f(x)g(x)\mathrm{d}x\right)^2 - 4\int_a^b f^2(x)\mathrm{d}x\cdot\int_a^b g^2(x)\mathrm{d}x \leqslant 0.$$

把它移项后即为不等式(6). □

注 (i) 施瓦茨不等式(6)可看作柯西不等式(7)的推广.

(ii) 对不等式(7),当且仅当 $a_1=\cdots=a_n=0$ 或 a_i 与 $b_i(i=1,2,\cdots,n)$ 成定比时,等号才成立. 但是对施瓦茨不等式(6)而言,当 $f(x)\equiv 0, x\in[a,b]$ 或 $f(x)$ 与 $g(x)$ 在 $[a,b]$ 上成定比时,固然能使等号成立,然而其逆不真. 例如,除了一点外,有 $f(x)=g(x)$,此时两者虽不成定比,而(6)式中等号仍成立.

(iii) 如果假设 $f(x)$ 与 $g(x)$ 都是连续函数,且 $f(x)\neq 0, x\in[a,b]$,则当(6)式中等号成立时,必有某实数 t,使 $g(x)=tf(x), x\in[a,b]$. 事实上,若 $\forall t, \exists x\in[a,b]$,使 $g(x)\neq tf(x)$,则由

$$[tf(x)-g(x)]^2 \geqslant 0,$$

但在 $[a,b]$ 上不恒为零,可推知

$$\int_a^b [tf(x)-g(x)]^2\mathrm{d}x > 0.$$

这时(6)只能是严格不等式,矛盾.

施瓦茨不等式有很多应用,我们把它们放到本节习题和以后章节中去体现.

三、习题

1. 证明下列定积分估值不等式:

1) $\int_0^{\pi} \frac{\sin x}{x}\mathrm{d}x < \frac{\pi}{2} + \frac{2}{\pi}$;　　2) $0 < \frac{\pi}{2} - \int_0^{\frac{\pi}{2}} \frac{\sin x}{x}\mathrm{d}x < \frac{\pi^3}{144}$;

3) $3\sqrt{\mathrm{e}} < \int_{\mathrm{e}}^{4\mathrm{e}} \frac{\ln x}{\sqrt{x}}\mathrm{d}x < 6$.

2. 设 $f(x)$在$[0, 1]$上连续可微,$f(1)-f(0)=1$. 证明:

$$\int_0^1 f'^2(x)\mathrm{d}x \geqslant 1.$$

3. 讨论 $f(x)$, $|f(x)|$, $f^2(x)$三者间可积性的关系.

4. 设 $f(x)$, $g(x) \in \mathscr{R}[a, b]$,

$$m(x) = \min\{f(x), g(x)\},\ x \in [a, b],$$

$$M(x) = \max\{f(x), g(x)\},\ x \in [a, b].$$

证明 $m(x)$, $M(x) \in \mathscr{R}[a, b]$.

5. 设 $a>1$, $f'(x) \in \mathscr{R}[1, a]$. 证明:

$$\int_1^a [x]f'(x)\mathrm{d}x = [a]f(a) - f(1) - f(2) - \cdots - f([a]);$$

并求出 $\int_1^a [x^2]f'(x)\mathrm{d}x$ 与上式相当的表达式.

6. 设 $f(x)$, $g(x)$为$[a, b]$上的连续函数,且 $f(x)>0$, $g(x)\geqslant 0$. 试求极限:

$$\lim_{n\to\infty}\int_a^b g(x)\sqrt[n]{f(x)}\,\mathrm{d}x.$$

*7. 设 $f(x)$在$[a, b]$上可积,在$[a, b]$外恒为零. 证明 $f(x)$具有积分连续性,即

$$\lim_{h\to 0}\int_a^b |f(x+h) - f(x)|\,\mathrm{d}x = 0.$$

*8. 设 $f(x)$在$[0,1]$上连续,严格递减,且 $f(0)=1$, $f(1)=0$. 证明:任给 $a\in(0, 1)$,恒有

$$\lim_{n\to\infty}\frac{\int_a^1 f^n(x)\mathrm{d}x}{\int_0^a f^n(x)\mathrm{d}x} = 0.$$

9. 设 $f(x)$在$[a, b]$上连续可微,且 $f(a)=0$. 证明:

$$\left|\int_a^b f(x)\mathrm{d}x\right| \leqslant \frac{(b-a)^2}{2}\max_{a\leqslant x\leqslant b}|f'(x)|.$$

10. 设 $f(x)$在$[a,b]$上连续,且 $f(x)>0$. 证明:

$$\frac{1}{b-a}\int_a^b \ln f(x)\mathrm{d}x \leqslant \ln\left(\frac{1}{b-a}\int_a^b f(x)\mathrm{d}x\right).$$

11. 借助定积分证明:

1) $\ln(n+1)<1+\frac{1}{2}+\cdots+\frac{1}{n}<1+\ln n$;

2) $\lim\limits_{n\to\infty}\dfrac{1+\frac{1}{2}+\cdots+\frac{1}{n}}{\ln n}=1$.

12. 设 $f(x)$在$(0,+\infty)$上连续,递减,且 $f(x)>0$;并设

$$a_n=\sum_{k=1}^{n}f(k)-\int_1^n f(x)\mathrm{d}x,\ n=1,2,\cdots.$$

证明$\{a_n\}$为收敛数列.

13. 设 $f'(x)\in\mathscr{R}[a,b]$, $f(a)=0$, $M=\max\limits_{a\leqslant x\leqslant b}|f(x)|$. 证明:

1) $\forall x_0\in[a,b]$,有$\int_a^b f'^2(x)\mathrm{d}x\geqslant\frac{1}{x_0-a}f^2(x_0)$;

2) $\int_a^b f'^2(x)\mathrm{d}x\geqslant\frac{M^2}{b-a}$;

3) $\int_a^b f'^2(x)\mathrm{d}x\geqslant\frac{1}{(b-a)^2}\int_a^b f^2(x)\mathrm{d}x$.

14. 设 $f(x)$在$[a,b]$上有 $f''(x)\geqslant 0$. 证明:

$$f\left(\frac{a+b}{2}\right)\leqslant\frac{1}{b-a}\int_a^b f(x)\mathrm{d}x\leqslant\frac{1}{2}[f(a)+f(b)].$$

*15. 设在$[0,1]$上 $f''(x)$存在且连续,$f(0)=f(1)=0$,并在$(0,1)$内 $f(x)\neq 0$. 证明:

$$\int_0^1\left|\frac{f''(x)}{f(x)}\right|\mathrm{d}x>4.$$

16. 设在$[a,b]$上 $f''(x)$存在且连续,$f\left(\frac{a+b}{2}\right)=0$. 证明:

$$\left|\int_a^b f(x)\mathrm{d}x\right|\leqslant\frac{M(b-a)^3}{24},$$

其中 $M=\max\limits_{a\leqslant x\leqslant b}|f''(x)|$.

*17. 设在$[a,b]$上 $f'(x)$存在且连续,$f(a)=f(b)=0$. 证明:

$$\max_{a\leqslant x\leqslant b}|f'(x)|\geqslant\frac{4}{(b-a)^2}\int_a^b|f(x)|\mathrm{d}x.$$

18. 应用施瓦茨不等式证明:

1) 若 $f(x)\in\mathscr{R}[a,b]$,则

$$\left(\int_a^b f(x)\mathrm{d}x\right)^2\leqslant(b-a)\int_a^b f^2(x)\mathrm{d}x;$$

2) 若 $f(x)\in\mathscr{R}[a,b]$，且 $f(x)\geqslant m>0$，则

$$\int_a^b f(x)\mathrm{d}x\cdot\int_a^b\frac{1}{f(x)}\mathrm{d}x\geqslant(b-a)^2;$$

3) 若 $f(x),\ g(x)\in\mathscr{R}[a,b]$，则

$$\sqrt{\int_a^b[f(x)+g(x)]^2\mathrm{d}x}\leqslant\sqrt{\int_a^b f^2(x)\mathrm{d}x}+\sqrt{\int_a^b g^2(x)\mathrm{d}x};$$

4) 若 $f(x)$ 在 $[a,b]$ 上非负、连续，$\int_a^b f(x)\mathrm{d}x=1$，则

$$\left[\int_a^b f(x)\cos kx\,\mathrm{d}x\right]^2+\left[\int_a^b f(x)\sin kx\,\mathrm{d}x\right]^2\leqslant 1.$$

*19. 设 $f(x)$ 在 $[a,b]$ 上连续，在 (a,b) 内可导，且

$$f(a)=0,\ f(x)>0,\ x\in(a,b].$$

证明：不存在 $M>0$，使

$$0\leqslant f'(x)\leqslant Mf(x),\ x\in(a,b].$$

20. 利用积分不等式证明：

$$\ln\left(1+\frac{1}{x}\right)>\frac{1}{1+x},\ x>0.$$

21. 设在 $[0,1]$ 上 $f'(x)$ 存在且连续. 证明：

$$\int_0^1|f(x)|\mathrm{d}x\leqslant\max\left\{\int_0^1|f'(x)|\mathrm{d}x,\ \left|\int_0^1 f(x)\mathrm{d}x\right|\right\}.$$

*22. 设 $f(x)$ 处处连续，$F(x)=\dfrac{1}{2\delta}\displaystyle\int_{-\delta}^{\delta}f(x+t)\mathrm{d}t$，其中 δ 为任意正数. 证明：在任何闭区间 $[a,b]$ 上，当 δ 足够小时，可使 $F(x)$ 与 $f(x)$ 在 $[a,b]$ 上一致逼近（即 $\forall\varepsilon>0,\ \exists\delta>0$，使对一切 $x\in[a,b]$，均有 $|F(x)-f(x)|<\varepsilon$）.

§8.4　积分中值定理及其应用

一、内容精析

1°　积分第一中值定理　若 $f(x),\ g(x)$ 在 $[a,b]$ 上都可积，且 $g(x)$ 不变号，则存在 μ（$m\leqslant\mu\leqslant M$，m 与 M 分别是 $f(x)$ 在 $[a,b]$ 上的下确界与上确界），使得

$$\int_a^b f(x)g(x)\mathrm{d}x=\mu\int_a^b g(x)\mathrm{d}x.\tag{1}$$

特别当 $g(x)\equiv 1$ 时，上式成为

$$\int_a^b f(x)\mathrm{d}x=\mu(b-a),\tag{2}$$

并称

$$\mu=\frac{1}{b-a}\int_a^b f(x)\mathrm{d}x \tag{3}$$

为 $f(x)$在$[a, b]$上的**平均值**.

如果(1)、(2)两式中的 $f(x)$为$[a, b]$上的连续函数,则必定存在 $\xi\in[a, b]$,使 $\mu=f(\xi)$,即有

$$\int_a^b f(x)g(x)\mathrm{d}x=f(\xi)\int_a^b g(x)\mathrm{d}x, \tag{1'}$$

$$\int_a^b f(x)\mathrm{d}x=f(\xi)(b-a). \tag{2'}$$

注 1 当 $f(x)$给定后,(1)式中的 μ 一般随 $g(x)$而异. 所以,(1)、(2)两式中的 μ 一般并不相同. 同理,(1′)、(2′)两式中的 ξ 一般也不相同.

注 2 (1′)、(2′)两式中的中值点 ξ 必定能从开区间(a, b)内取得. 事实上,对于(2′)而言,如果

$$f(x)\neq\mu=\frac{1}{b-a}\int_a^b f(x)\mathrm{d}x,\ x\in(a, b),$$

则由 $f(x)$的连续性,必有

$$f(x)>\mu\ (\text{或}<\mu), x\in(a, b),$$

从而又有

$$\int_a^b f(x)\mathrm{d}x>\mu(b-a)\ (\text{或}<\mu(b-a)),$$

导致矛盾. (1′)与此同理.

注 3 积分中值定理与微分中值定理有密切联系. 这是因为当设 $F(x)$在$[a, b]$上连续,在(a, b)内可导,且 $F'(x)=f(x)$时,存在 $\xi\in(a, b)$,使得

$$\begin{aligned}\int_a^b f(x)\mathrm{d}x&=F(b)-F(a)=F'(\xi)(b-a)\\&=f(\xi)(b-a).\end{aligned}$$

由此可知,只要 $f(x)\in\mathscr{R}[a, b]$,且存在原函数 $F(x)$,便有 $\xi\in(a, b)$,使

$$\int_a^b f(x)\mathrm{d}x=f(\xi)(b-a).$$

2° 积分第二中值定理 设 $g(x)\in\mathscr{R}[a, b]$.

(i) 若 $f(x)$在$[a, b]$上单调,则存在 $\xi\in[a, b]$,使得有

$$\int_a^b f(x)g(x)\mathrm{d}x = f(a)\int_a^{\xi} g(x)\mathrm{d}x + f(b)\int_{\xi}^b g(x)\mathrm{d}x; \tag{4}$$

(ii) 若 $f(x)$在$[a, b]$上非负、递减,则存在 $\xi_1\in[a, b]$,使得有

$$\int_a^b f(x)g(x)\mathrm{d}x = f(a)\int_a^{\xi_1} g(x)\mathrm{d}x; \tag{5}$$

(iii) 若 $f(x)$在$[a, b]$上非负、递增,则存在 $\xi_2\in[a, b]$,使得有

$$\int_a^b f(x)g(x)\mathrm{d}x = f(b)\int_{\xi_2}^b g(x)\mathrm{d}x. \tag{6}$$

注　上述公式(4)、(5)、(6)中的 $f(a)$和 $f(b)$也可分别改为 $f(a+0)$和 $f(b-0)$.

二、典型例题

积分中值定理在定积分估值、含参量积分的极限和积分不等式的证明等问题中,同样起着广泛的作用. 积分第二中值定理又是在反常积分中建立阿贝尔判别法和狄利克雷判别法的准备. 下面举例说明积分中值定理在这些方面的应用.

例 1　利用积分中值定理验证:

1) $\dfrac{1}{200}<\displaystyle\int_0^{100}\dfrac{\mathrm{e}^{-x}}{x+100}\mathrm{d}x<\dfrac{1}{100}$;

2) $\displaystyle\int_a^b \sin x^2\mathrm{d}x=\dfrac{\theta}{a}$, $|\theta|\leqslant 1$ $(0<a<b)$.

分析　如果用公式(2)或(2′)来估计定积分的值,只能得出

$$m(b-a)\leqslant\int_a^b f(x)\mathrm{d}x\leqslant M(b-a), \tag{7}$$

其中 M 和 m 分别是 $f(x)$在$[a, b]$上的上、下确界(或最大、小值). 由于这是一个较粗略的估计,难以完成对本例的验证. 如果改用(1)或(1′)来估计,若 $g(x)\geqslant 0$, $x\in[a, b]$,则可得出

$$m\int_a^b g(x)\mathrm{d}x\leqslant\int_a^b f(x)g(x)\mathrm{d}x\leqslant M\int_a^b g(x)\mathrm{d}x. \tag{8}$$

或者用第二中值公式(4)～(6)来估计,通常都能获得优于(7)式的结果. 本例中的 1)和 2)适宜用(8)和(5)来验证.

证　1) 利用估计式(8),取 $f(x)=\dfrac{1}{x+100}$, $g(x)=\mathrm{e}^{-x}$,则有

$$\frac{1}{200}\int_0^{100} e^{-x}dx \leqslant \int_0^{100}\frac{e^{-x}}{x+100}dx \leqslant \frac{1}{100}\int_0^{100} e^{-x}dx.$$

由于

$$\frac{1}{100}\int_0^{100} e^{-x}dx = \frac{1}{100}(1-e^{-100}) < \frac{1}{100},$$

$$\frac{1}{200}\int_0^{100} e^{-x}dx = \frac{1}{200}(1-e^{-100}) < \frac{1}{200},$$

因此 1)的右部不等式得证,而左部不等式尚差些许. 为此可用以下方法来弥补:

$$\int_0^{100}\frac{e^{-x}}{x+100}dx > \int_0^{50}\frac{e^{-x}}{x+100}dx \geqslant \frac{1}{150}\int_0^{50} e^{-x}dx$$

$$= \frac{1}{150}(1-e^{-50}) > \frac{1}{150}\cdot\frac{3}{4} = \frac{1}{200}.$$

(读者应能理解这步"弥补"的指导思想.)

2) 作变换 $t=x^2$,化为适宜用第二中值定理的形式:

$$I = \int_a^b \sin x^2 dx = \frac{1}{2}\int_{a^2}^{b^2}\frac{\sin t}{\sqrt{t}}dt.$$

由于 $f(t)=\frac{1}{\sqrt{t}}$在$[a^2, b^2]$上大于零,且为递减函数,因此由公式(5),$\exists\xi\in[a^2, b^2]$,使有

$$I = \frac{1}{2a}\int_{a^2}^{\xi}\sin t dt = \frac{1}{2a}(\cos a^2 - \cos\xi).$$

取 $\theta=\frac{1}{2}(\cos a^2-\cos\xi)$,显然$|\theta|\leqslant 1$,从而 2)式成立. □

例 2 证明下列极限:

1) $\lim\limits_{n\to\infty}\int_0^1\frac{x^n}{1+x}dx = 0$; 2) $\lim\limits_{x\to+\infty}\frac{1}{x}\int_0^x\sqrt{t}\sin t dt = 0$.

证 1) 由积分第一中值公式(1′),$\exists\xi_n\in[0,1]$,使得有

$$0 \leqslant \int_0^1\frac{x^n}{1+x}dx = \frac{1}{1+\xi_n}\int_0^1 x^n dx \leqslant \frac{1}{n+1} \to 0(n\to\infty).$$

说明:(i) 此处中值点 ξ_n 随 n 而异,应予注意. 再则,若换个方式:

$$\int_0^1\frac{x^n}{1+x}dx = \xi^n\int_0^1\frac{dx}{1+x} = \xi_n^n\ln 2,$$

由于 $n\to\infty$ 时不能肯定 $\xi_n^n\to 0$，因此无法完成证明.

(ii) 本题证法并不唯一. 例如直接可由

$$0\leqslant\frac{x^n}{1+x}\leqslant x^n,x\in[0,1],$$

借助积分不等式的性质来证明；也可以用第二中值定理来证明：$\exists\,\xi_n\in[0,1]$，使

$$0\leqslant\int_0^1\frac{x^n}{1+x}\mathrm{d}x=\int_0^{\xi_n}x^n\mathrm{d}x=\frac{\xi_n^{n+1}}{n+1}$$

$$\leqslant\frac{1}{n+1}\to 0\ (n\to\infty).$$

2) 利用积分第二中值公式(6)，$\exists\,\xi_x\in[0,\ x]$，使得

$$\left|\frac{1}{x}\int_0^x\sqrt{t}\sin t\mathrm{d}t\right|=\frac{\sqrt{x}}{x}\left|\int_{\xi_x}^x\sin t\mathrm{d}t\right|$$

$$=\frac{1}{\sqrt{x}}|\cos\xi_x-\cos x|\leqslant\frac{2}{\sqrt{x}}\to 0\ (x\to+\infty).\qquad\square$$

例 3　证明：若 $f(x)$ 为 $[0,\ +\infty)$ 上的连续函数，且 $\lim\limits_{x\to+\infty}f(x)=A$，则有

$$\lim_{x\to+\infty}\frac{1}{x}\int_0^x f(t)\mathrm{d}t=A.\tag{9}$$

证　由条件知 $f(x)$ 在 $[0,\ +\infty)$ 上有界，设 $|f(x)|\leqslant M$. 把(9)式左边的积分拆成两项：

$$\frac{1}{x}\int_0^x f(t)\mathrm{d}t=\frac{1}{x}\int_0^{\sqrt{x}}f(t)\mathrm{d}t+\frac{1}{x}\int_{\sqrt{x}}^x f(t)\mathrm{d}t.$$

其中第一项当 $x\to+\infty$ 时必趋于零：

$$\left|\frac{1}{x}\int_0^{\sqrt{x}}f(t)\mathrm{d}t\right|\leqslant\frac{1}{x}\int_0^{\sqrt{x}}|f(t)|\mathrm{d}t$$

$$\leqslant\frac{1}{\sqrt{x}}M\to 0\ (x\to+\infty).$$

对第二项使用第一中值公式，$\exists\,\xi_x\in(\sqrt{x},\ x)$，使

$$\frac{1}{x}\int_{\sqrt{x}}^x f(t)\mathrm{d}t=\frac{1}{x}(x-\sqrt{x})f(\xi_x).$$

由于 $x\to+\infty$ 时 $\sqrt{x}\to+\infty$，因此 $\xi_x\to+\infty$，从而

$$\lim_{x\to+\infty}\frac{1}{x}\int_{\sqrt{x}}^{x}f(t)\mathrm{d}t=\lim_{x\to+\infty}(1-\frac{1}{\sqrt{x}})f(\xi_x)=A.$$

故证得

$$\lim_{x\to+\infty}\frac{1}{x}\int_0^x f(t)\mathrm{d}t=\lim_{x\to+\infty}\frac{1}{x}\int_0^{\sqrt{x}}f(t)\mathrm{d}t+\lim_{x\to+\infty}\frac{1}{x}\int_{\sqrt{x}}^{x}f(t)\mathrm{d}t$$

$$=0+A=A.$$ □

注 极限(9)可看作 $f(x)$在$[0,+\infty)$上的平均值. 本例给出了此平均值存在的一个充分条件,而例 2 之 2)恰好能用来说明本命题一般并不可逆. 再则,命题中 $f(x)$为连续函数的条件尚可减弱为它在$[0,+\infty)$的任一有限区间上可积. 条件经此改动,试问证明过程应如何修改?

例 4 证明:

1) 若 $f(x)$在$[0, 2\pi]$上为递减函数,则有

$$\int_0^{2\pi}f(x)\sin nx\,\mathrm{d}x\geqslant 0,\ n=1,2,\cdots;\tag{10}$$

2) 若 $f(x)$在$[0,2\pi]$上为凸函数,在$(0,2\pi)$内 $f'(x)$存在且有界,则有

$$\int_0^{2\pi}f(x)\cos nx\,\mathrm{d}x\geqslant 0,\ n=1,2,\cdots.\tag{11}$$

证 1) 设 $g(x)=f(x)-f(2\pi)$,则 $g(x)$在$[0, 2\pi]$上为非负、递减函数. 由第二中值定理,$\exists\,\xi_n\in[0, 2\pi]$,使

$$\int_0^{2\pi}f(x)\sin nx\,\mathrm{d}x=\int_0^{2\pi}g(x)\sin nx\,\mathrm{d}x+\int_0^{2\pi}f(2\pi)\sin nx\,\mathrm{d}x$$

$$=\int_0^{2\pi}g(x)\sin nx\,\mathrm{d}x=g(0)\int_0^{\xi_n}\sin nx\,\mathrm{d}x$$

$$=g(0)\cdot\frac{1-\cos n\xi_n}{n}\geqslant 0.$$

2) 通过分部积分,得

$$\int_0^{2\pi}f(x)\cos nx\,\mathrm{d}x=-\frac{1}{n}\int_0^{2\pi}f'(x)\sin nx\,\mathrm{d}x.$$

由于 $f(x)$为凸函数,因此 $f'(x)$为递增函数,而$-f'(x)$则为递减函数. 用这里的$-f'(x)$替代(10)式中的 $f(x)$,便证得

$$-\frac{1}{n}\int_0^{2\pi}f'(x)\sin nx\,\mathrm{d}x\geqslant 0,\ n=1,2,\cdots.$$ □

说明：题 2)中关于 $f'(x)$ 在 $(0,2\pi)$ 内有界的假设，是为了保证存在 $f'(0+0)$ 与 $f'(2\pi-0)$，从而 $f'(x)\in\mathscr{R}[0,\ 2\pi]$，并使得前面的分部积分可行.

***例 5**　设

$$f(x)=\begin{cases}\displaystyle\int_0^x\sin\frac{1}{t}\mathrm{d}t, & x\neq 0\\ 0, & x=0.\end{cases}$$

试证　$f'(0)=0$.

证一　这里可先行证明

$$\lim_{x\to 0}\frac{f(2x)-f(x)}{x}=0. \tag{12}$$

当 $x>0$ 时，利用第二中值定理，$\exists\,\xi_x\in[\frac{1}{2x},\ \frac{1}{x}]$，使得(先作变换 $u=\frac{1}{t}$)

$$\begin{aligned}\left|\frac{f(2x)-f(x)}{x}\right|&=\frac{1}{x}\left|\int_x^{2x}\sin\frac{1}{t}\mathrm{d}t\right|=\frac{1}{x}\left|\int_{\frac{1}{2x}}^{\frac{1}{x}}\frac{\sin u}{u^2}\mathrm{d}u\right|\\&=\frac{4x^2}{x}\left|\int_{\frac{1}{2x}}^{\xi_x}\sin u\mathrm{d}u\right|\\&=4x\left|\cos\frac{1}{2x}-\cos\xi_x\right|\leqslant 8x\to 0\ (x\to 0^+).\end{aligned}$$

同理可证 $x\to 0^-$ 时(12)式也成立.

根据第六章§6.1 例 4，便知 $f'(0)=0$.

证二　直接按导数定义，需证

$$f'(0)=\lim_{x\to 0}\frac{1}{x}\int_0^x\sin\frac{1}{t}\mathrm{d}t=0.$$

为避免积分下限为 0 所带来的麻烦，不妨取充分小的 $\delta>0$，先考察

$$\frac{1}{x}\int_\delta^x\sin\frac{1}{t}\mathrm{d}t=\frac{1}{x}\int_{\frac{1}{x}}^{\frac{1}{\delta}}\frac{\sin u}{u^2}\mathrm{d}u\ (u=\frac{1}{t}).$$

由第二中值定理，$\exists\,\xi_x\in[\frac{1}{x},\ \frac{1}{\delta}]$，使

$$\left|\frac{1}{x}\int_\delta^x\sin\frac{1}{t}\mathrm{d}t\right|=\left|\frac{x^2}{x}\int_{\frac{1}{x}}^{\xi_x}\sin u\mathrm{d}u\right|\leqslant 2|x|.$$

由于这个不等式与 δ 无关，因此

$$\left|\frac{1}{x}\int_0^x\sin\frac{1}{t}\mathrm{d}t\right|=\lim_{\delta\to 0^+}\left|\frac{1}{x}\int_\delta^x\sin\frac{1}{t}\mathrm{d}t\right|$$

$$\leqslant 2|x| \to 0\ (x \to 0).$$ □

*例 6 设 $f(x)$在$[0,1]$上为非负、严格递增的连续函数. 若记 $F_n(x)=f^n(x)$,并由积分第一中值定理,$\exists\,\theta_n\in[0,1]$,使

$$F_n(\theta_n)=\int_0^1 F_n(x)\mathrm{d}x,\ n=1,2,\cdots.$$

试证 $\lim\limits_{n\to\infty}\theta_n=1$.

证 由条件,对每一正整数 n, $F_n(x)$在$[0,1]$上也都是非负、严格递增的连续函数. $\forall\,\varepsilon>0$,因为

$$0<\frac{f(1-2\varepsilon)}{f(1-\varepsilon)}<1\quad\Rightarrow\quad\lim_{n\to\infty}\left[\frac{f(1-2\varepsilon)}{f(1-\varepsilon)}\right]^n=0,$$

所以$\exists\,N>0$,当 $n>N$ 时,有

$$\left[\frac{f(1-2\varepsilon)}{f(1-\varepsilon)}\right]^n=\frac{F_n(1-2\varepsilon)}{F_n(1-\varepsilon)}<\varepsilon.$$

从而又有

$$F_n(1-2\varepsilon)<\varepsilon F_n(1-\varepsilon)<\int_{1-\varepsilon}^1 F_n(x)\mathrm{d}x<\int_0^1 F_n(x)\mathrm{d}x=F_n(\theta_n).$$

再由 $F_n(x)$的严格递增性,得知 $n>N$ 时满足

$$1-2\varepsilon<\theta_n\leqslant 1,$$

这就证得$\lim\limits_{n\to\infty}\theta_n=1$. □

注 如把 $f(x)$为严格递增改为严格递减,试问是否有$\lim\limits_{n\to\infty}\theta_n=0$(如何证明)? 又若把$[0,1]$改为$[a,b]$,情形又如何?

三、习题

1. 设 $\int_0^x f(t)\mathrm{d}t=xf(\theta x)$, $0\leqslant\theta\leqslant 1$. 试对下列 $f(t)$分别求 θ,$\lim\limits_{x\to 0}\theta$ 与 $\lim\limits_{x\to+\infty}\theta$:

1) $f(t)=t^n\quad(n>1)$; 2) $f(t)=\ln t$;

3) $f(t)=\mathrm{e}^t$.

2. 试用积分中值定理证明§8.3 中的例 4.

3. 设 $f(x)=\int_x^{x+1}\sin t^2\mathrm{d}t$. 证明:当 $x>0$ 时,有$|f(x)|\leqslant\dfrac{1}{x}$.

4. 设 $f(x)$在$[0,1]$上严格递减. 证明:

1) 存在 $\xi\in(0,1)$,使

$$\int_0^1 f(x)\mathrm{d}x = \xi f(0) + (1-\xi)f(1);$$

2) 任给 $c>f(0)$，存在 $\eta\in(0,1)$，使

$$\int_0^1 f(x)\mathrm{d}x = \eta c + (1-\eta)f(1).$$

5. 设 $f(x)$ 为 $[0,1]$ 上的正值、递减函数，且 $f(0)=a$，$f(1)=b$. 证明：任给 $c\in(0, b)$，存在 $\theta\in(0,1]$，使

$$\int_0^1 f(x)\mathrm{d}x = a\theta + c(1-\theta).$$

6. 用积分中值定理证明：分别存在 $\theta(|\theta|\leqslant 1)$，使得

1) $\displaystyle\int_0^{2\pi}\frac{\mathrm{d}x}{1+0.5\cos x} = \frac{8\pi}{3} + \frac{4\pi}{3}\theta$;　　2) $\displaystyle\int_{100\pi}^{200\pi}\frac{\sin x}{x}\mathrm{d}x = \frac{|\theta|}{50\pi}$;

3) $\displaystyle\int_a^b \frac{\sin x}{x}\mathrm{e}^{-px}\mathrm{d}x = \frac{2}{a}\theta$　$(p\geqslant 0,\ 0<a<b)$.

7. 证明下列极限：

1) $\displaystyle\lim_{n\to\infty}\int_0^{\frac{\pi}{2}}\sin^n x\mathrm{d}x = 0$;　　2) $\displaystyle\lim_{n\to\infty}\int_n^{n+p}\frac{\sin x}{x}\mathrm{d}x = 0\ (p>0)$.

8. 设 $f(x)$ 在 $[-\pi,\pi]$ 上单调递减，证明：

1) $\displaystyle\int_{-\pi}^{\pi} f(x)\sin 2nx\mathrm{d}x \geqslant 0$;　　2) $\displaystyle\int_{-\pi}^{\pi} f(x)\sin(2n+1)x\mathrm{d}x \leqslant 0$.

9. 设 $f(x)$ 在 $[-\pi,\pi]$ 上为凸函数，$f'(x)$ 在 $(-\pi,\pi)$ 内存在，且有界. 证明：

$$\int_{-\pi}^{\pi} f(x)\cos(2n+1)x\mathrm{d}x \leqslant 0.$$

*10. 证明：

1) 当 $m<2$ 时，$\displaystyle\lim_{x\to 0^+}\frac{1}{x^m}\int_0^x \sin\frac{1}{t}\mathrm{d}t = 0$；

2) 当 $p<3$ 时，$\displaystyle\lim_{n\to\infty}\int_{\frac{1}{n}}^1 \frac{1}{x^p}\sin\frac{n}{x}\mathrm{d}x = 0$.

11. 设 $f(x)$ 在 $[0, 2\pi]$ 上单调有界. 证明：

1) $\displaystyle\lim_{\lambda\to\infty}\int_0^{2\pi} f(x)\sin\lambda x\mathrm{d}x = 0$;　　2) $\displaystyle\lim_{\lambda\to\infty}\int_0^{2\pi} f(x)\cos\lambda x\mathrm{d}x = 0$.

12. 设 $\varphi(x)$ 在 $[0, a]$ 上连续. 证明：

1) $\displaystyle\lim_{t\to 0^+}\int_0^t \frac{\varphi(x)}{x^2+t}\mathrm{d}x = \varphi(0)$;　　2) $\displaystyle\lim_{t\to 0^+}\int_0^a \frac{t}{x^2+t^2}\varphi(x)\mathrm{d}x = \frac{\pi}{2}\varphi(0)$.

*13. 设 $f(x)$ 是 $[0,1]$ 上的可微函数，且

$$|f'(x)|\leqslant M,\ x\in(0, 1).$$

试证：

$$\left|\int_0^1 f(x)\mathrm{d}x-\frac{1}{n}\sum_{k=1}^{n}f\left(\frac{k}{n}\right)\right|\leqslant\frac{M}{n}.$$

* 14. 设 $f(x)$是在$[0,+\infty)$上的正值、递增函数，$y=y(x)$是微分方程

$$y''+f(x)y=0,$$

且满足条件 $y(0)=A$, $y'(0)=B$ 的解. 试证 $y(x)$在$[0,+\infty)$上为有界函数.

* 15. 设 $f(x)$是$[0,1]$上的连续函数，且满足

$$\int_0^1 x^n f(x)\mathrm{d}x=1,\ \int_0^1 x^k f(x)\mathrm{d}x=0, k=0,1,\cdots,n-1.$$

证明：

$$\max_{0\leqslant x\leqslant 1}|f(x)|\geqslant 2^n(n+1).$$

* 16. 设 $f(x)$是$[0,1]$上的连续函数，且满足$\int_0^1 x^2 f(x)\mathrm{d}x=1$. 证明：

1) $\max\limits_{0\leqslant x\leqslant 1}|f(x)|\geqslant 3$；

2) 又若$\int_0^1 xf(x)\mathrm{d}x=0$，则有

$$\max_{0\leqslant x\leqslant 1}|f(x)|\geqslant 10.2.$$

§8.5 变限积分与定积分计算

一、内容精析

1° 变限积分及其性质 若 $f(t)\in\mathscr{R}[a, b]$，则任给 $x\in[a, b]$，$f(t)\in\mathscr{R}[a, x]$. 由此定义变动上限积分函数

$$\Phi(x)=\int_a^x f(t)\mathrm{d}t, x\in[a, b];$$

同理，变动下限积分函数定义为

$$\Psi(x)=\int_x^b f(t)\mathrm{d}t,\ x\in[a, b].$$

更一般地还有变限复合函数

$$\int_a^{u(x)} f(t)\mathrm{d}t,\quad \int_{v(x)}^b f(t)\mathrm{d}t,\quad \int_{v(x)}^{u(x)} f(t)\mathrm{d}t,$$

其中 $u(x)$, $v(x)\in[a, b]$，$x\in[\alpha,\beta]$.

变限积分有如下重要性质：

(i) 若 $f(x)$在$[a, b]$上可积，则 $\Phi(x)$与 $\Psi(x)$在$[a, b]$上连续；

(ii) 若 $f(x)$在$[a, b]$上连续，则 $\Phi(x)$与 $\Psi(x)$在$[a, b]$上可导，且

$$\Phi'(x)=\frac{\mathrm{d}}{\mathrm{d}x}\int_a^x f(t)\mathrm{d}t=f(x), \tag{1}$$

$$\Psi'(x)=\frac{\mathrm{d}}{\mathrm{d}x}\int_x^b f(t)\mathrm{d}t=-f(x); \tag{1'}$$

(iii) 若 $f(t)$在$[a, b]$上连续，$u(x)$、$v(x)$在$[\alpha,\beta]$上可导，$u([\alpha,\beta])$、$v([\alpha,\beta])\subset[a, b]$，则由复合求导法则可得

$$\frac{\mathrm{d}}{\mathrm{d}x}\int_{v(x)}^{u(x)} f(t)\mathrm{d}t=f(u(x))u'(x)-f(v(x))v'(x). \tag{2}$$

2° 微积分学基本定理　若 $f(x)$在$[a, b]$上连续，则 $f(x)$在$[a, b]$上的任一原函数为

$$F(x)=\Phi(x)+C,$$

C 为任意常数；并重新得到牛顿-莱布尼茨公式

$$\int_a^b f(x)\mathrm{d}x=F(b)-F(a).$$

至此，"连续函数必有原函数"得以确立无疑. 与§8.2 例 1 导出牛顿-莱布尼茨公式时相比较，现在对原函数 $F(x)$的存在性已不需作为假设条件.

3° 换元积分定理　若 $f(x)$在$[a, b]$上连续，$x=\varphi(t)$在$[\alpha,\beta]$上有连续的导数 $\varphi'(t)$，且满足

$$\varphi(\alpha)=a,\ \varphi(\beta)=b,\ a\leqslant\varphi(t)\leqslant b,\ t\in[\alpha,\beta],$$

则有定积分换元公式：

$$\int_a^b f(x)\mathrm{d}x=\int_\alpha^\beta f(\varphi(t))\varphi'(t)\mathrm{d}t. \tag{3}$$

注　本定理的条件可改为：$f(x)\in\mathscr{R}[a, b]$，$x=\varphi(t)$在$[\alpha,\beta]$上严格递增，$\varphi(\alpha)=a$，$\varphi(\beta)=b$，且有连续的 $\varphi'(t)$. 在此条件下换元公式(3)依然成立.（当 $\varphi(t)$为严格递减，$\varphi(\alpha)=b$，$\varphi(\beta)=a$ 时，公式(3)右边积分的上、下限需交换.）

4° 分部积分定理　若 $u(x)$，$v(x)$是$[a, b]$上的两个连续可微函数，则有定积分的分部积分公式：

$$\int_a^b u(x)v'(x)\mathrm{d}x=u(x)v(x)\Big|_a^b-\int_a^b u'(x)v(x)\mathrm{d}x. \tag{4}$$

又若在$[a, b]$上存在连续的 $u^{(n+1)}(x)$和 $v^{(n+1)}(x)$，则有推广的分部积分公式：

$$\int_a^b u \cdot v^{(n+1)} \mathrm{d}x = [u \cdot v^{(n)} - u' \cdot v^{(n-1)} + \cdots + (-1)^n u^{(n)} \cdot v]\Big|_a^b$$

$$+ (-1)^{n+1} \int_a^b u^{(n+1)} \cdot v \mathrm{d}x \qquad (n = 1, 2, \cdots). \tag{5}$$

注 当 $u'(x)$, $v'(x) \in \mathscr{R}[a, b]$时,公式(4)也能成立;类似地,当 $u^{(n+1)}(x)$, $v^{(n+1)}(x) \in \mathscr{R}[a, b]$时,公式(5)也成立.

换元积分法与分部积分法不仅能直接服务于求定积分的值,而且还能用来推导公式和论证命题. 例如

(i) 若 $f(x) \in \mathscr{R}[-a, a]$,且为奇函数(或偶函数),则有

$$\int_{-a}^a f(x) \mathrm{d}x = \begin{cases} 0, & f(x) \text{ 为奇函数} \\ 2\int_0^a f(x) \mathrm{d}x, & f(x) \text{ 为偶函数}. \end{cases}$$

(ii) 若 $f(x)$是$(-\infty, +\infty)$上以 p 为周期的周期函数,且在任何有限区间$[a, a+p]$上可积,则有

$$\int_a^{a+p} f(x) \mathrm{d}x = \int_0^p f(x) \mathrm{d}x.$$

(iii) 若 $f(u)$为连续函数,则有

$$\int_0^{\frac{\pi}{2}} f(\sin x) \mathrm{d}x = \int_0^{\frac{\pi}{2}} f(\cos x) \mathrm{d}x;$$

$$\int_0^{\pi} x f(\sin x) \mathrm{d}x = \frac{\pi}{2} \int_0^{\pi} f(\sin x) \mathrm{d}x;$$

$$\int_0^{\frac{\pi}{2}} \sin^n x \mathrm{d}x = \int_0^{\frac{\pi}{2}} \cos^n x \mathrm{d}x = \begin{cases} \dfrac{(2m)!!}{(2m+1)!!}, & n = 2m+1 \\ \dfrac{(2m-1)!!}{(2m)!!} \dfrac{\pi}{2}, & n = 2m. \end{cases}$$

(iv) 若 $f(x)$在某邻域$U(x_0)$内有 $n+1$ 阶连续导数,则 $f(x)$在 x_0 处的 n 阶泰勒公式有如下积分形式的余项:

$$R_n(x) = \frac{1}{n!} \int_{x_0}^x f^{(n+1)}(t)(x-t)^n \mathrm{d}t, \ x \in U(x_0).$$

二、典型例题

例 1 求定积分

$$I=\int_0^2 \frac{x}{\mathrm{e}^x+\mathrm{e}^{2-x}}\mathrm{d}x.$$

解　在无法直接求出原函数的情形下，常采用分段积分，而后消去难以求得的部分. 为此设

$$I=\int_0^1 \frac{x}{\mathrm{e}^x+\mathrm{e}^{2-x}}\mathrm{d}x+\int_1^2 \frac{x}{\mathrm{e}^x+\mathrm{e}^{2-x}}\mathrm{d}x=I_1+I_2.$$

由于

$$\begin{aligned}I_2&=\int_1^2 \frac{x-2}{\mathrm{e}^x+\mathrm{e}^{2-x}}\mathrm{d}x+\int_1^2 \frac{2}{\mathrm{e}^x+\mathrm{e}^{2-x}}\mathrm{d}x\\&=\int_1^0 \frac{t}{\mathrm{e}^{2-t}+\mathrm{e}^t}\mathrm{d}t+\int_1^2 \frac{2}{\mathrm{e}^x+\mathrm{e}^{2-x}}\mathrm{d}x\\&=-I_1+2\int_1^2 \frac{\mathrm{e}^x}{\mathrm{e}^{2x}+\mathrm{e}^2}\mathrm{d}x\\&=-I_1+\frac{2}{\mathrm{e}}\left(\arctan \mathrm{e}-\frac{\pi}{4}\right),\end{aligned}$$

因此通过消去 I_1 而求得

$$I=\frac{2}{\mathrm{e}}(\arctan \mathrm{e}-\frac{\pi}{4}).$$ □

例 2　设 $f(x)$在$[0,1]$上连续可微. 证明：

$$\lim_{n\to\infty} n\int_0^1 x^n f(x)\mathrm{d}x=f(1). \tag{6}$$

证　由于 $f'(x)$在$[0, 1]$上连续，因此存在 $M=\max\limits_{0\leqslant x\leqslant 1}|f'(x)|$，且可通过分部积分得到

$$\begin{aligned}\int_0^1 x^n f(x)\mathrm{d}x&=\frac{x^{n+1}}{n+1}f(x)\Big|_0^1-\frac{1}{n+1}\int_0^1 x^{n+1}f'(x)\mathrm{d}x\\&=\frac{1}{n+1}f(1)-\frac{1}{n+1}\int_0^1 x^{n+1}f'(x)\mathrm{d}x.\end{aligned}$$

又因

$$\left|\int_0^1 x^{n+1}f'(x)\mathrm{d}x\right|\leqslant M\int_0^1 x^{n+1}\mathrm{d}x=\frac{M}{n+2}\to 0\ (n\to\infty),$$

所以就能证得

$$\lim_{n\to\infty} n\int_0^1 x^n f(x)\mathrm{d}x = \lim_{n\to\infty}\frac{n}{n+1}\left[f(1)-\int_0^1 x^{n+1}f'(x)\mathrm{d}x\right]$$

$$= f(1). \qquad \square$$

注 在所设条件下，上面极限式(6)可改写成积分估计式：

$$\int_0^1 x^n f(x)\mathrm{d}x = \frac{f(1)}{n} + o\left(\frac{1}{n}\right).$$

***例 3** 设 $g(x)$ 是 $[0,1]$ 上的连续函数，而 $f(x)$ 是周期为 1 的连续周期函数. 证明：

$$\lim_{n\to\infty}\int_0^1 g(x)f(nx)\mathrm{d}x = \int_0^1 g(x)\mathrm{d}x\int_0^1 f(x)\mathrm{d}x. \tag{7}$$

证 本题证明要用到 $g(x)$ 在 $[0,1]$ 上的一致连续性和周期函数 $f(x)$ 的积分性质(上段 4°后的注(ii)).

$\forall\varepsilon>0$，$\exists N>0$，当 $n>N$ 且 $|x'-x''|<\frac{1}{n}$，x'、$x''\in[0,1]$ 时，恒有

$$|g(x')-g(x'')|<\varepsilon\Big/\int_0^1|f(x)|\mathrm{d}x.$$

对上述 n，把(7)式左边的定积分写成

$$\int_0^1 g(x)f(nx)\mathrm{d}x = \sum_{k=0}^{n-1}\int_{\frac{k}{n}}^{\frac{k+1}{n}} g(x)f(nx)\mathrm{d}x$$

$$= \sum_{k=0}^{n-1}\int_{\frac{k}{n}}^{\frac{k+1}{n}}\left[g(x)-g\left(\frac{k}{n}\right)\right]f(nx)\mathrm{d}x + \sum_{k=0}^{n-1}\int_{\frac{k}{n}}^{\frac{k+1}{n}} g\left(\frac{k}{n}\right)f(nx)\mathrm{d}x$$

$$= I_1 + I_2.$$

其中，

$$|I_1| \leqslant \sum_{k=0}^{n-1}\int_{\frac{k}{n}}^{\frac{k+1}{n}}\left|g(x)-g\left(\frac{k}{n}\right)\right|\cdot|f(nx)|\mathrm{d}x$$

$$< \frac{\varepsilon}{\int_0^1|f(x)|\mathrm{d}x}\sum_{k=0}^{n-1}\frac{1}{n}\int_k^{k+1}|f(t)|\mathrm{d}t$$

$$= \frac{\varepsilon}{\int_0^1|f(x)|\mathrm{d}x}\cdot\frac{1}{n}\cdot n\int_0^1|f(t)|\mathrm{d}t = \varepsilon,$$

故有 $\lim\limits_{n\to\infty} I_1 = 0$；而

$$\lim_{n\to\infty} I_2 = \lim_{n\to\infty}\sum_{k=0}^{n-1} g\left(\frac{k}{n}\right)\frac{1}{n}\int_k^{k+1} f(t)\mathrm{d}t$$

$$= \int_0^1 g(x)\mathrm{d}x \cdot \int_0^1 f(x)\mathrm{d}x.$$

从而(7)式得证. □

下面例 4 和例 5 是通过引入变限积分来证明不等式.

***例 4** 设 $f(x)$ 在 $(0,+\infty)$ 上为递减的可微函数,且满足 $0<f(x)<|f'(x)|$. 证明:

$$xf(x) > \frac{1}{x}f(\frac{1}{x}),\ x\in(0,\ 1). \tag{8}$$

证 由 $f(x)$ 递减可知 $f'(x)<0$,且由

$$0<f(x)<-f'(x) \quad\Rightarrow\quad -\frac{f'(x)}{f(x)}>1.$$

在 $[x,\ \frac{1}{x}]$ 上作定积分,得到

$$\ln\frac{f(x)}{f\left(\frac{1}{x}\right)} = -\int_x^{\frac{1}{x}}\frac{f'(t)}{f(t)}\mathrm{d}t > \int_x^{\frac{1}{x}}\mathrm{d}t = \frac{1}{x}-x,\ x\in(0,1),$$

此即

$$\frac{f(x)}{f\left(\frac{1}{x}\right)} > \mathrm{e}^{\frac{1}{x}-x},\ x\in(0,1).$$

由于不等式(8)即为 $\dfrac{f(x)}{f\left(\frac{1}{x}\right)}>\dfrac{1}{x^2}$,因此只需证明 $\mathrm{e}^{\frac{1}{x}-x}>\dfrac{1}{x^2}$ 即可. 为此考察 $\varphi(x)=x^2\mathrm{e}^{\frac{1}{x}-x}$ 的单调性:由于

$$\varphi'(x) = \mathrm{e}^{\frac{1}{x}-x}(2x-\frac{1}{x^2}-1)$$

$$= \frac{2x^2+x+1}{x^2}(x-1)\mathrm{e}^{\frac{1}{x}-x} < 0, x\in(0,1),$$

因此 $\varphi(x)$ 在 $(0,1)$ 上严格递减. 又 $\varphi(x)$ 在 $x=1$ 处连续,从而证得

$$x^2\mathrm{e}^{\frac{1}{x}-x} > \varphi(1) = 1,\ x\in(0,1). \qquad □$$

例 5 设 $f(x)$ 在 $[0,1]$ 上连续可微,且满足 $f(0)=0, 0<f'(x)\leqslant 1$. 证明:

$$\left(\int_0^1 f(x)\mathrm{d}x\right)^2 \geqslant \int_0^1 f^3(x)\mathrm{d}x; \tag{9}$$

并给出使等号成立的例子.

证 作辅助函数

$$F(t)=\left(\int_0^t f(x)\mathrm{d}x\right)^2-\int_0^t f^3(x)\mathrm{d}x,\ t\in[0,1].$$

由于 $F(0)=0$,因此若能证得 $F(t)$递增,则得 $F(1)\geqslant F(0)=0$,即(9)式成立.为此求 $F(t)$的导数:

$$\begin{aligned}F'(t)&=2f(t)\int_0^t f(x)\mathrm{d}x-f^3(t)\\&=f(t)\left[2\int_0^t f(x)\mathrm{d}x-f^2(t)\right]\\&\xlongequal{\text{def}} f(t)G(t),\ t\in[0,1].\end{aligned}$$

由于 $f(0)=0$, $f'(t)>0$,故 $f(t)>0, x\in(0,1]$. 而 $G(0)=0$,

$$\begin{aligned}G'(t)&=2f(t)-2f(t)f'(t)\\&=2f(t)[1-f'(t)]\geqslant 0,\end{aligned}$$

故 $G(t)\geqslant G(0)=0, t\in[0,1]$. 这就证得

$$F'(t)\geqslant 0 \quad\Rightarrow\quad F(t)\geqslant F(0)=0 \quad\Rightarrow\quad F(1)\geqslant 0.$$

从以上证明过程易见,当 $f'(t)\equiv 1$,即取

$$f(t)=t$$

时,将导致 $G'(t)\equiv 0 \quad\Rightarrow\quad G(t)=G(0)=0 \quad\Rightarrow\quad F'(t)\equiv 0 \quad\Rightarrow\quad F(t)=F(0)=0 \quad\Rightarrow\quad F(1)=0$. 此时(9)式等号成立. 另外,$f(t)\equiv 0$ 亦能使(9)式成为等式,但这与条件 $f'(t)>0$ 不符. □

下面例 6 和例 7 是求解函数方程和积分方程(未知函数含在积分式内)的问题,需要通过引入变限积分来进行.

例 6 设 $f(x)$在任何有限区间上可积,且满足

$$f(x+y)=f(x)+f(y).$$

试求 $f(x)$.

解 一方面,由条件可得

$$\int_0^x f(t+y)\mathrm{d}t=\int_0^x [f(t)+f(y)]\mathrm{d}t$$

$$= \int_0^x f(t)\,\mathrm{d}t + xf(y);$$

另一方面,由换元积分又得

$$\int_0^x f(t+y)\,\mathrm{d}t = \int_y^{x+y} f(u)\,\mathrm{d}u$$
$$= \int_0^{x+y} f(u)\,\mathrm{d}u - \int_0^y f(u)\,\mathrm{d}u.$$

所以有

$$xf(y) = \int_0^{x+y} f(t)\,\mathrm{d}t - \int_0^x f(t)\,\mathrm{d}t - \int_0^y f(t)\,\mathrm{d}t.$$

同理又有

$$yf(x) = \int_0^{y+x} f(t)\,\mathrm{d}t - \int_0^y f(t)\,\mathrm{d}t - \int_0^x f(t)\,\mathrm{d}t.$$

由此可见,对不等于零的任意两数 x 和 y,恒有

$$\frac{f(x)}{x} = \frac{f(y)}{y} \equiv \text{常数},$$

即 $f(x)=ax$, $x\neq 0$. 再由题设条件,知道

$$f(1) = f(1+0) = f(1) + f(0) \quad \Rightarrow \quad f(0) = 0.$$

所以对 $x=0$,$f(x)=ax$ 同样成立;且 $a=f(1)$. □

例 7　求满足下列条件的所有函数 $f(x)$:

(i) 在 $[0,+\infty)$ 上有定义,且非负、连续;

(ii) 任给 $x\in(0, +\infty)$,$f(x)$ 在 $[0, x]$ 上的积分平均等于 $f(0)$ 与 $f(x)$ 的几何平均.

解　条件(ii)即为

$$\frac{1}{x}\int_0^x f(t)\,\mathrm{d}t = \sqrt{f(0)f(x)}.$$

若记 $F(x) = \int_0^x f(t)\,\mathrm{d}t, a = f(0)$,则由 $f(x)$ 连续可知 $F'(x)=f(x)$;且条件(ii)亦即

$$\left[\frac{1}{x}F(x)\right]^2 = af(x) = aF'(x).$$

这样,问题化为关于 $F(x)$ 的微分方程求解.

把上式改写成

$$a \cdot \frac{F'(x)}{[F(x)]^2} = \frac{1}{x^2},$$

两边积分后得到

$$\frac{a}{F(x)} = \frac{1}{x} - C$$

即

$$F(x) = \frac{ax}{1 - Cx},$$

其中 C 为任意常数. 从而求得

$$f(x) = F'(x) = \frac{a}{(1-Cx)^2},\ x > 0.$$

考虑到当 $C>0$ 时,上述 $f(x)$在$[0,\ \frac{1}{C}]$上已不可积,所以

$$f(x) = \frac{a}{(1-Cx)^2}\begin{cases} \text{当}\ C > 0\ \text{时},x \in [0,\ \frac{1}{C}); \\ \text{当}\ C \leqslant 0\ \text{时},x \in [0,\ +\infty) \end{cases}$$

就是所求的函数. □

例 8 设 $f(x)$是$[0,+\infty)$上的凸函数. 证明:

$$H(x) = \frac{1}{x}\int_0^x f(t)\,\mathrm{d}t$$

也是$(0,+\infty)$上的凸函数.

证 首先,由 $f(x)$为凸函数,$f(t)$在任意开区间$(0,x)$内连续,故 $f(t)\in \mathscr{R}[0,\ x]$. 由凸函数定义,$\forall \lambda \in (0,1)$,$\forall x_1,\ x_2>0$,恒有

$$f(\lambda x_1 + (1-\lambda)x_2) \leqslant \lambda f(x_1) + (1-\lambda)f(x_2).$$

由此便可证得

$$\begin{aligned} H(\lambda x_1 + (1-\lambda)x_2) &= \frac{1}{\lambda x_1 + (1-\lambda)x_2}\int_0^{\lambda x_1+(1-\lambda)x_2} f(t)\,\mathrm{d}t \\ &= \int_0^1 f(x(\lambda x_1 + (1-\lambda)x_2))\,\mathrm{d}x \\ &\leqslant \int_0^1 [\lambda f(x_1 x) + (1-\lambda)f(x_2 x)]\,\mathrm{d}x \\ &= \frac{\lambda}{x_1}\int_0^{x_1} f(t)\,\mathrm{d}t + \frac{1-\lambda}{x_2}\int_0^{x_2} f(t)\,\mathrm{d}t \end{aligned}$$

$$= \lambda H(x_1) + (1-\lambda) H(x_2),$$

所以 $H(x)$是$(0, +\infty)$上的凸函数. □

例 9　设在$[a, b]$上 $g(x)$为连续函数,$f(x)$为单调的连续可微函数. 证明:存在 $\xi\in[a, b]$,使得

$$\int_a^b f(x)g(x)\mathrm{d}x = f(a)\int_a^\xi g(x)\mathrm{d}x + f(b)\int_\xi^b g(x)\mathrm{d}x.$$

证　这是加强条件的积分第二中值定理,可望有一个不难的证明.

设 $G(x) = \int_a^x g(t)\mathrm{d}t$, $x\in[a, b]$,则有

$$\begin{aligned}\int_a^b f(x)g(x)\mathrm{d}x &= \int_a^b f(x)\mathrm{d}G(x)\\ &= f(x)G(x)\Big|_a^b - \int_a^b f'(x)G(x)\mathrm{d}x\\ &= f(b)G(b) - \int_a^b f'(x)G(x)\mathrm{d}x.\end{aligned}$$

由假设 $f(x)$为单调函数,故 $f'(x)$不变号,从而$\exists\,\xi\in[a, b]$,使得

$$\begin{aligned}\int_a^b f(x)g(x)\mathrm{d}x &= f(b)G(b) - G(\xi)\int_a^b f'(x)\mathrm{d}x\\ &= f(b)\int_a^b g(x)\mathrm{d}x - [f(b)-f(a)]\int_a^\xi g(x)\mathrm{d}x\\ &= f(a)\int_a^\xi g(x)\mathrm{d}x + f(b)\int_\xi^b g(x)\mathrm{d}x.\end{aligned}$$ □

注　又若 $f(x)$为非负、递减(或增)的连续可微函数,则有 ξ_1(或 ξ_2)$\in[a, b]$,使得

$$\int_a^b f(x)g(x)\mathrm{d}x = f(a)\int_a^{\xi_1} g(x)\mathrm{d}x$$

$$\left(或\int_a^b f(x)g(x)\mathrm{d}x = f(b)\int_{\xi_2}^b g(x)\mathrm{d}x\right).$$

证明留作本节习题第 22 题.

三、习题

1. 求下列定积分:

1) $\int_0^{2\pi} \frac{\mathrm{d}x}{2+\sin x}$;　　2) $\int_0^{\frac{\pi}{2}} \frac{\mathrm{d}x}{1+(\tan x)^{\sqrt{2}}}$;

3) $\int_{-1}^{1}|x-y|\mathrm{e}^{x}\mathrm{d}x$ （$|y|\leqslant 1$）； 4) $\int_{0}^{1}x^{m}(1-x)^{n}\mathrm{d}x$ （n，m 为自然数）.

2. 求下列极限：

1) $\lim\limits_{x\to 0}\left\{\int_{0}^{1}[bt+a(1-t)]^{x}\mathrm{d}t\right\}^{\frac{1}{x}}$ （$0<a<b$）；

2) $\lim\limits_{x\to 0}\dfrac{\int_{x}^{x^{2}}\mathrm{e}^{y\sqrt{1-y^{2}}}\mathrm{d}y}{\arctan x}$.

*3. 设在$[0,1]$上 $f(x)$有连续的 $f''(x)$. 证明：

$$\int_{0}^{1}x^{n}f(x)\mathrm{d}x=\frac{f(1)}{n}-\frac{f(1)+f'(1)}{n^{2}}+o\left(\frac{1}{n^{2}}\right);$$

并用以给出 $\int_{0}^{1}\dfrac{x^{n}}{1+x^{3}}\mathrm{d}x$ 当 n 很大时的一个近似估计式.

4. 设 $a_{n}=\int_{0}^{1}x^{n}\sqrt{1-x^{2}}\mathrm{d}x$. 证明：

1) $\lim\limits_{n\to\infty}a_{n}=0$； 2) $\lim\limits_{n\to\infty}\dfrac{a_{n}}{a_{n-1}}=1$.

5. 设 $f(x)$为周期为 p 的连续周期函数. 证明：

$$\lim_{x\to+\infty}\frac{1}{x}\int_{0}^{x}f(t)\mathrm{d}t=\frac{1}{p}\int_{0}^{p}f(t)\mathrm{d}t.$$

*6. 设 $f(x)$在(A,B)上连续，$[a,b]\subset(A,B)$. 证明：

$$\lim_{h\to 0}\int_{a}^{b}\frac{f(x+h)-f(x)}{h}\mathrm{d}x=f(b)-f(a).$$

7. 设 $f(x)$在$[a,b]$上连续可微，且满足

$$f(a)=f(b)=0,\quad \int_{a}^{b}f^{2}(x)\mathrm{d}x=1.$$

证明：

$$\int_{a}^{b}f'^{2}(x)\mathrm{d}x\cdot\int_{a}^{b}x^{2}f^{2}(x)\mathrm{d}x>\frac{1}{4}.$$

8. 设 $f'(x)\in\mathscr{R}[a,b]$，$f(a)=0$. 证明：

1) $|f(x)|\leqslant\int_{a}^{x}|f'(t)|\mathrm{d}t$，$x\in[a,b]$；

2) $2\int_{a}^{b}f^{2}(x)\mathrm{d}x\leqslant(b-a)^{2}\int_{a}^{b}f'^{2}(x)\mathrm{d}x$.

9. 设 $f(x)$在$[a,b]$上有连续的 $f''(x)$，且 $f(a)=f(b)=0$. 证明：

1) $\int_{a}^{b}f(x)\mathrm{d}x=\dfrac{1}{2}\int_{a}^{b}(x-a)(x-b)f''(x)\mathrm{d}x$；

2) $\left|\int_{a}^{b}f(x)\mathrm{d}x\right|\leqslant\dfrac{1}{12}(b-a)^{3}\cdot\max\limits_{a\leqslant x\leqslant b}|f''(x)|$.

10. 设 $f(x)$为$[a, b]$上的连续递增函数. 证明：

$$\int_a^b xf(x)\mathrm{d}x \geqslant \frac{a+b}{2}\int_a^b f(x)\mathrm{d}x.$$

11. 设 $f(x)$在 $x>0$ 时连续，对任何正数 x 和 y，变限积分

$$\int_y^{xy} f(t)\mathrm{d}t$$

仅为 x 的函数(与 y 无关). 试求符合如此要求的 $f(x)$.

12. 设 $f(x)$在$(-\infty,+\infty)$上连续，且满足

$$\int_0^x f(t)\mathrm{d}t = \frac{1}{2}xf(x),\ x\in(-\infty,+\infty).$$

试求符合如此要求的 $f(x)$.

13. 设 $f(x)$在$(0,+\infty)$上可微，且满足

$$3\int_0^x tf(t)\mathrm{d}t = x\int_0^x f(t)\mathrm{d}t,\ x>0.$$

试求符合如此要求的 $f(x)$.

*14. 设 $f(x)$为严格单调函数，且满足

$$f(x+y) = f(x)\cdot f(y),\qquad x,\ y\in(-\infty,+\infty).$$

证明：1) $f(x)$在$(-\infty,+\infty)$上连续；

2) $f(x)$在$(-\infty,+\infty)$上可微；

3) $f(x)$满足微分方程 $f(x)f''(x)-f'^2(x)=0$；

4) 若 $f(1)=2$，求出满足上述微分方程的 $f(x)$.

15. 设

$$F(x) = \int_0^x t\sin\frac{1}{t}\mathrm{d}t,\quad G(x) = \int_0^x \cos\frac{1}{t}\mathrm{d}t.$$

请你说明 $F'(0)=G'(0)=0$ 的理由.

16. 设 $A(x)$, $B(x)$, $C(x)$, $D(x)$都是 x 的多项式. 证明：

$$P(x) = \int_1^x A(t)B(t)\mathrm{d}t\cdot\int_1^x C(t)D(t)\mathrm{d}t - \int_1^x A(t)D(t)\mathrm{d}t\cdot\int_1^x B(t)C(t)\mathrm{d}t$$

能被$(x-1)^4$ 整除.

17. 证明：连续奇函数的一切原函数皆为偶函数；连续偶函数的原函数中只有一个为奇函数.

18. 设 $f(x)$是$(-\infty,+\infty)$上的连续函数. 证明：当且仅当积分

$$\int_0^{2\pi} f(x+y)\mathrm{d}x$$

与 y 无关时，$f(x)$为周期函数(周期为 2π).

19. 设

$$f(x)=\int_0^x \sin^n t\,\mathrm{d}t.$$

证明:1) 当 n 为奇数时,$f(x)$是以 2π 为周期的周期函数;

*2) 当 n 为偶数时,$f(x)$是线性函数与周期函数之和.

20. 证明:若 $f(x)$在$[0,+\infty)$上为递增函数,则 $F(x)=\dfrac{1}{x}\int_0^x f(t)\mathrm{d}t$ 在$(0,+\infty)$上亦为递增函数.

21. 证明:

1) 若 $f(x)$在$[a, b]$上为连续递增函数,则

$$F(x)=\begin{cases}\dfrac{1}{x-a}\displaystyle\int_a^x f(t)\mathrm{d}t, & x\in(a, b]\\ f(a), & x=a\end{cases}$$

在$[a, b]$上亦为递增函数;

2) 若 $f(x)$在$[0,+\infty)$上为连续函数,且 $f(x)>0$,则

$$G(x)=\begin{cases}\displaystyle\int_0^x tf(t)\mathrm{d}t\Big/\int_0^x f(t)\mathrm{d}t, & x>0\\ 0, & x=0\end{cases}$$

在$[0,+\infty)$上为严格递增函数.

*22. 证明:若在$[a, b]$上 $g(x)$为连续函数,$f(x)$为非负、递减(增)的连续可微函数,则存在 $\xi_1(\xi_2)\in[a, b]$,使得

$$\int_a^b f(x)g(x)\mathrm{d}x=f(a)\int_a^{\xi_1} g(x)\mathrm{d}x$$

$$\left(\int_a^b f(x)g(x)\mathrm{d}x=f(b)\int_{\xi_2}^b g(x)\mathrm{d}x\right).$$

(类似于例 9,这也是加强条件的积分第二中值定理.)

第九章　定积分的应用与反常积分

定积分有着极广泛的应用，这里着重讨论它在几何上的应用和物理上的应用. 希望通过对这些应用问题的实践，读者能对定积分在处理实际问题中的思想方法有进一步的认识.

反常积分是定积分概念的推广，也是对变限积分的极限所作的进一步讨论. 在应用数学领域中，反常积分起着极重要的作用.

§9.1　定积分在几何上的应用

一、内容精析

1°　平面图形的面积　对常见图形的面积计算公式归结如下：

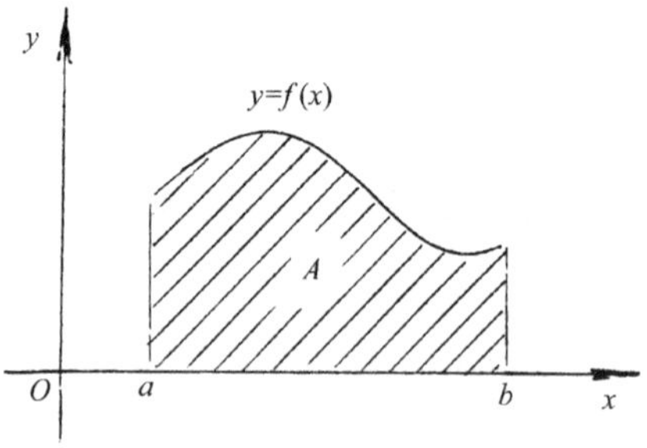

$$A=\int_a^b f(x)\mathrm{d}x$$

图 9-1

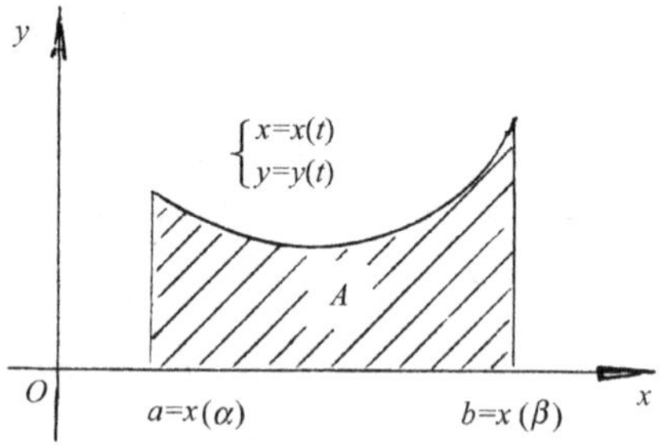

$$A=\int_\alpha^\beta y(t)x'(t)\mathrm{d}t$$

图 9-2

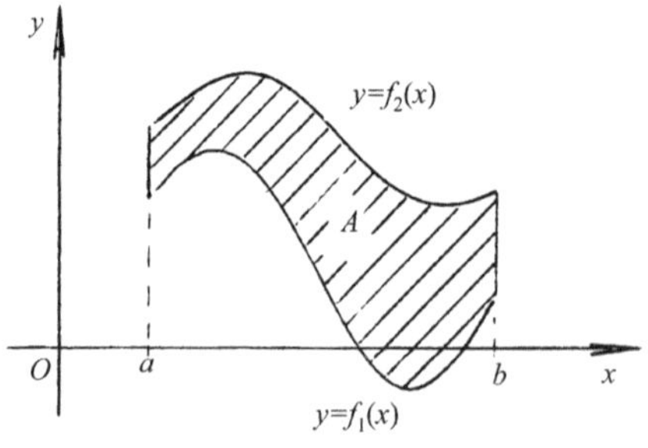

$$A=\int_a^b[f_2(x)-f_1(x)]\mathrm{d}x$$

图 9-3

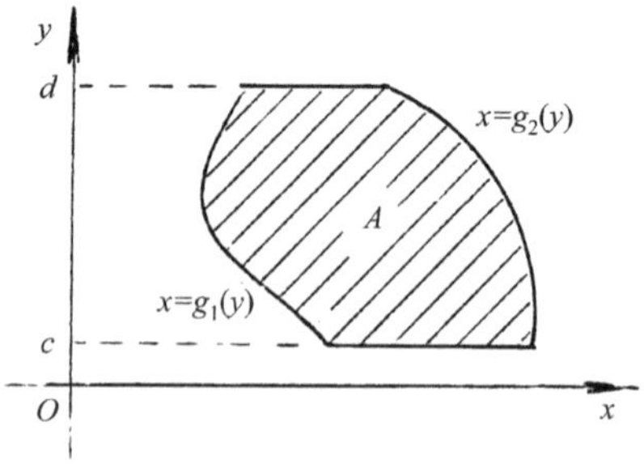

$$A=\int_c^d[g_2(y)-g_1(y)]\mathrm{d}y$$

图 9-4

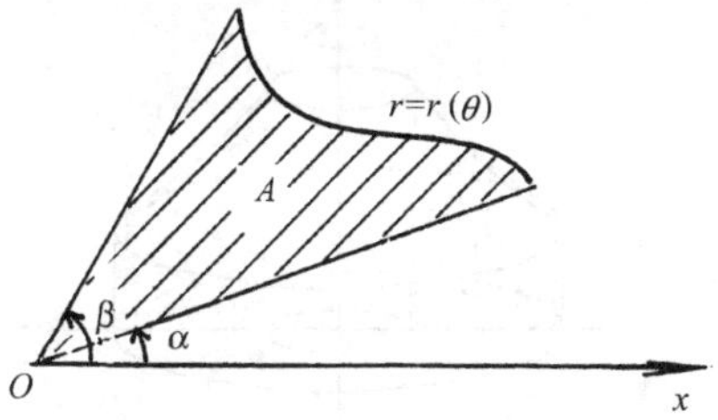

$$A=\frac{1}{2}\int_{\alpha}^{\beta}r^2(\theta)\mathrm{d}\theta$$

图 9-5

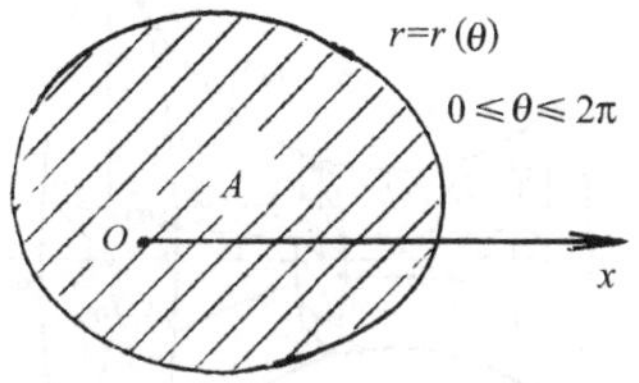

$$A=\frac{1}{2}\int_{0}^{2\pi}r^2(\theta)\mathrm{d}\theta$$

图 9-6

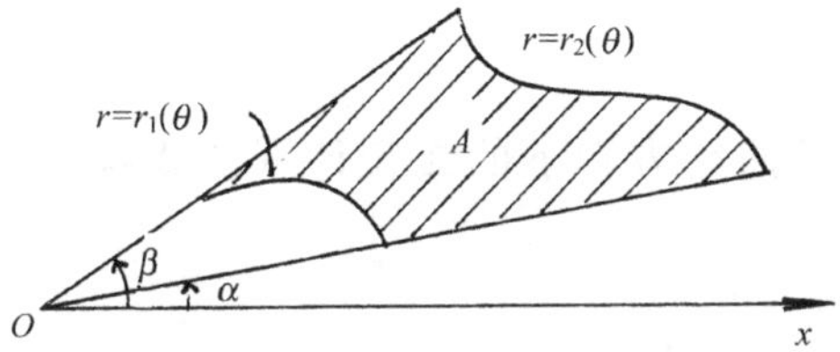

$$A=\frac{1}{2}\int_{\alpha}^{\beta}[r_2^2(\theta)-r_1^2(\theta)]\mathrm{d}\theta$$

图 9-7

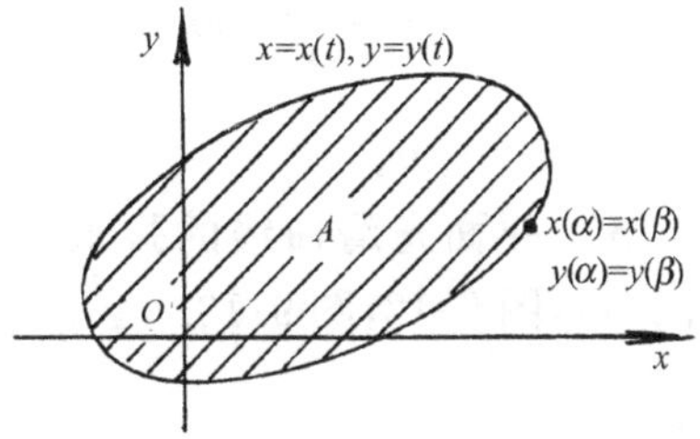

$$A=\left|\int_{\alpha}^{\beta}y(t)x'(t)\mathrm{d}t\right|$$

图 9-8

2° 由平行截面面积求体积 一般情形与旋转体的体积公式分别示于图 9-9和图 9-10.

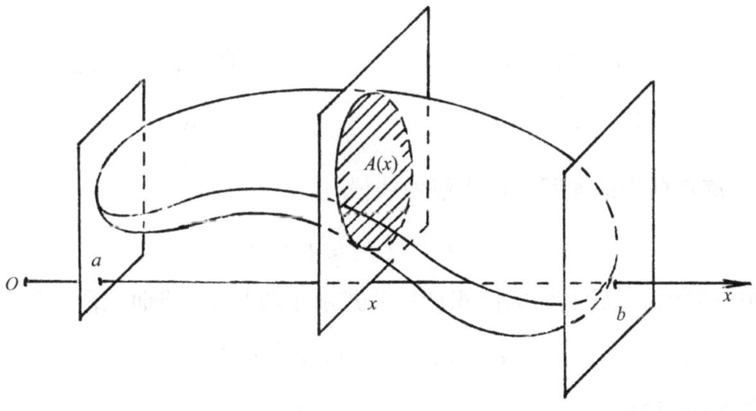

$$V=\int_{a}^{b}A(x)\mathrm{d}x$$

图 9-9

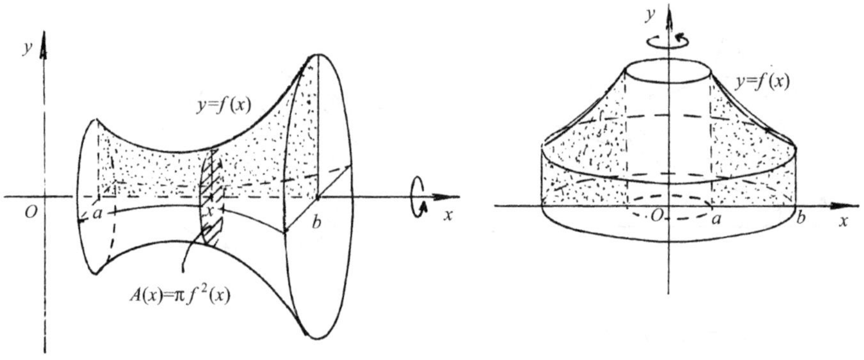

$$V=\pi\int_a^b f^2(x)\mathrm{d}x \qquad\qquad V=2\pi\int_a^b xf(x)\mathrm{d}x$$

图 9-10

3° 平面光滑曲线的弧长　三种曲线方程下的弧长计算公式各示于图 9-11,图 9-12,图 9-13.

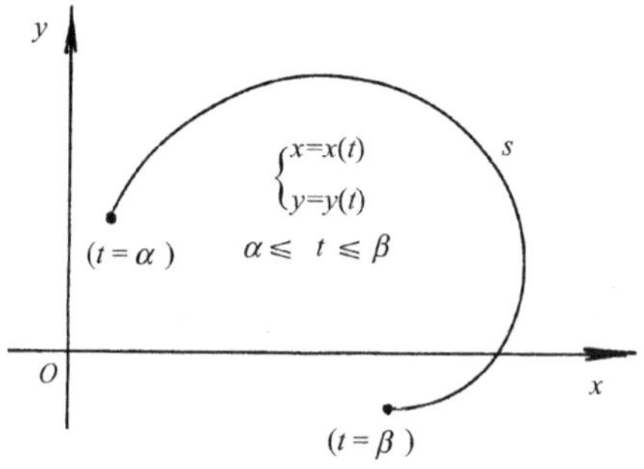

$$s=\int_\alpha^\beta \sqrt{x'^2(t)+y'^2(t)}\,\mathrm{d}t$$

图 9-11

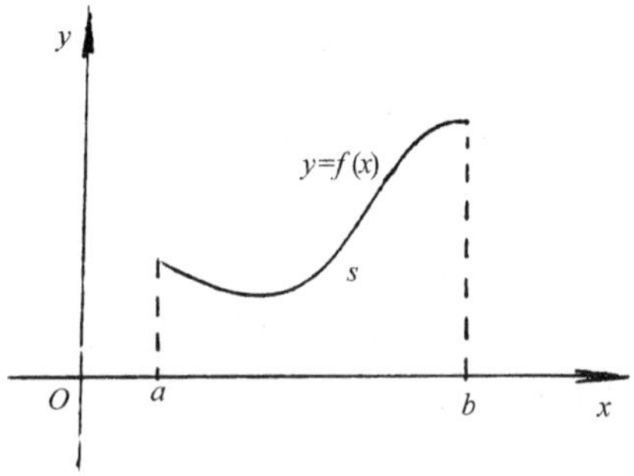

$$s=\int_a^b \sqrt{1+f'^2(x)}\,\mathrm{d}x$$

图 9-12

4° 旋转曲面的面积　由光滑曲线段

$$y=f(x),\ a\leqslant x\leqslant b$$

绕 x 轴旋转所得旋转曲面的面积计算公式示于图 9-14. 当曲线段方程为

$$x=x(t),y=y(t),\ \alpha\leqslant t\leqslant\beta$$

时,该曲面面积为

$$S=2\pi\int_\alpha^\beta |y(t)|\sqrt{x'^2(t)+y'^2(t)}\,\mathrm{d}t.$$

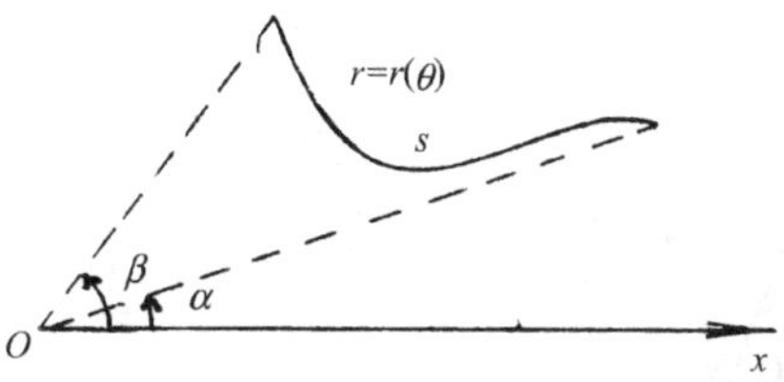

$$s=\int_{\alpha}^{\beta}\sqrt{r^2(\theta)+r'^2(\theta)}\,\mathrm{d}\theta$$

图 9-13

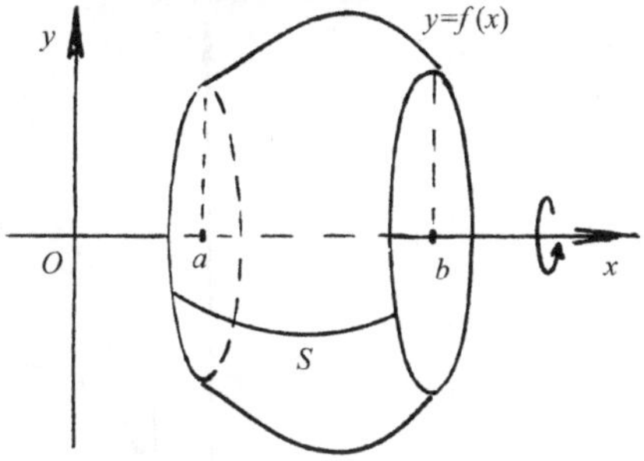

$$S=2\pi\int_a^b|f(x)|\sqrt{1+f'^2(x)}\,\mathrm{d}x$$

图 9-14

5° 曲率、曲率半径与曲率圆 设光滑曲线 C 为

$$y=f(x),\ x\in[a,b],$$

或

$$\begin{cases}x=x(t),\\ y=y(t),\end{cases}\quad t\in[\alpha,\beta].$$

当它们二阶可导时,曲线 C 上各点处的**曲率**为

$$K=\frac{|f''(x)|}{[1+f'^2(x)]^{3/2}},$$

或

$$K=\frac{|x'(t)y''(t)-x''(t)y'(t)|}{[x'^2(t)+y'^2(t)]^{3/2}}.$$

对于极坐标曲线 $r=r(\theta)$,其曲率计算公式为

$$K=\frac{|r^2(\theta)+2r'^2(\theta)-r(\theta)r''(\theta)|}{[r^2(\theta)+r'^2(\theta)]^{3/2}}.$$

又设曲线 C 在其上一点 P 处的曲率 $K\neq0$. 如图 9-15 所示,在曲线上的点 P 处的凹侧法线上取点 G,使 $|PG|=\dfrac{1}{K}=\rho$,并以 G 为圆心,ρ 为半径作圆. 此圆及其半径和圆心分别称为曲线 C 在点 P 处的**曲率圆**、**曲率半径**和**曲率中心**.

由于圆的曲率各点相同,且等于其半径的倒数,因此曲线 C 在点 P 处与曲率圆不仅有公共的切线,而且有相同的凹向与相同的曲率. 或者说两者在点

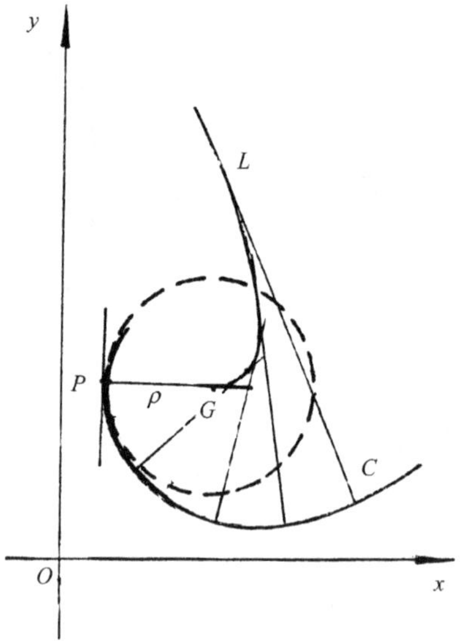

图 9-15

P 处有相同的一阶导数和二阶导数.

若点 P 的坐标为 $(x,f(x))$ 或 $(x(t),y(t))$，则曲率中心 $G(\xi,\eta)$ 的坐标为

$$\begin{cases} \xi = x - \dfrac{f'(x)[1+f'^2(x)]}{f''(x)}, \\ \eta = f(x) + \dfrac{1+f'^2(x)}{f''(x)}, \end{cases} \tag{1}$$

或

$$\begin{cases} \xi = x(t) - \dfrac{y'(t)[x'^2(t)+y'^2(t)]}{x'(t)y''(t)-x''(t)y'(t)}, \\ \eta = y(t) + \dfrac{x'(t)[x'^2(t)+y'^2(t)]}{x'(t)y''(t)-x''(t)y'(t)}. \end{cases} \tag{2}$$

当点 P 沿曲线 C 变动时，式(1)或式(2)即为曲率中心 G 的轨迹曲线(L)，我们称 L 为曲线 C 的**渐屈线**，而 C 为曲线 L 的**渐伸线**(如此命名的理由，见后面例 7). 下面给出公式(1)的来源：由曲率中心定义，$P(x,y)$ 与 $G(\xi,\eta)$ 应满足

$$(x-\xi)^2+(y-\eta)^2=\rho^2,$$

$$f'(x)=-\frac{x-\xi}{y-\eta}.$$

经消去 $x-\xi$ 后,得到

$$(y-\eta)^2=\frac{\rho^2}{1+f'^2(x)}=\frac{[1+f'^2(x)]^2}{f''^2(x)}.$$

由于 G 在曲线 C 的凹侧法线上,因此 $y-\eta$ 恒与 $f''(x)$ 异号. 故有

$$y-\eta=-\frac{1+f'^2(x)}{f''(x)},$$

$$x-\xi=-f'(x)(y-\eta)=\frac{f'(x)[1+f'^2(x)]}{f''(x)}.$$

这就得出(1)式. 在此基础上再以

$$f'(x)=\frac{\mathrm{d}y}{\mathrm{d}x}=\frac{y'(t)}{x'(t)},$$

$$f''(x)=\frac{\mathrm{d}^2y}{\mathrm{d}x^2}=\frac{x'(t)y''(t)-x''(t)y'(t)}{x'^3(t)}$$

代入,便得(2)式.

当物体作曲线运动时,向心加速度 $a=\frac{v^2}{\rho}$,这里 v 是即时速度,ρ 是运动轨迹在即时位置的曲率半径. 由此可见,曲率在力学中也是一个不可或缺的量.

二、典型例题

例 1 如图 9-16 所示,由点 $M(2a,0)$ 向椭圆 $\frac{x^2}{a^2}+\frac{y^2}{b^2}=1$ 作两条切线 MP 和 MQ. 试求椭圆与切线所围阴影区域的面积 A,和该区域绕 y 轴旋转所得旋转体的体积 V.

解 本题的关键是求切线 MP 和 MQ 的方程,通常有两种方法.

[方法一] 设 MP 的方程为 $y=k(x-2a)$,k 为待定斜率. 当此直线与椭圆相切时,方程组

$$\begin{cases}\dfrac{x^2}{a^2}+\dfrac{y^2}{b^2}=1\\ y=k(x-2a)\end{cases}$$

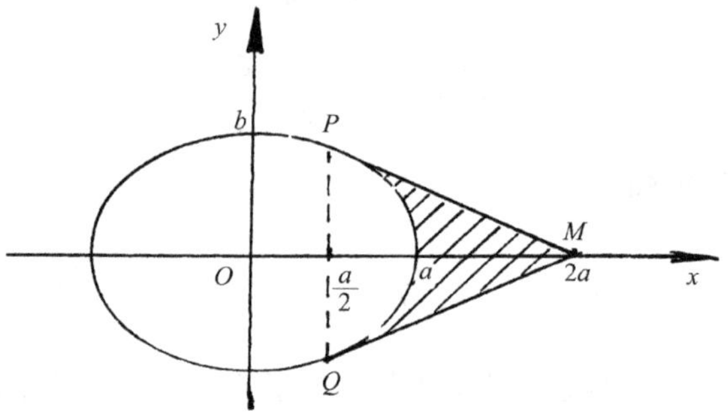

图 9-16

对 x 只有唯一解. 为此消去 y,得到关于 x 的二次方程:

$$(b^2+a^2k^2)x^2-4a^3k^2x+4a^4k^2-a^2b^2=0.$$

使其判别式为零,即

$$16a^6k^4-4(b^2+a^2k^2)(4a^4k^2-a^2b^2)=0,$$

由此解出 $k^2=\dfrac{b^2}{3a^2}$, $k=\pm\dfrac{b}{\sqrt{3}a}$. 这就是 MP 和 MQ 的斜率.

［方法二］ 对椭圆方程 $b^2x^2+a^2y^2=a^2b^2$ 两边分别对 x 求导数(把 y 看作 x 的函数),得

$$2b^2x+2a^2yy'=0,$$

并由此解出在椭圆上任一点 (x,y) 处的切线斜率 $y'=-\dfrac{b^2x}{a^2y}$. 于是过点 (x,y) 的切线方程为

$$b^2x(X-x)+a^2y(Y-y)=0.$$

使它通过点 $M(2a,0)$,即以 $(X,Y)=(2a,0)$ 代入,得到

$$b^2x(2a-x)+a^2y(0-y)=0,$$

则有

$$2ab^2x=b^2x^2+a^2y^2=a^2b^2.$$

这就求得切点 P 和 Q 的 x 坐标为 $x=\dfrac{a}{2}$,而 y 坐标为 $y=\pm\dfrac{\sqrt{3}}{2}b$.

由于 MP 的方程为 $x=2a-\dfrac{\sqrt{3}a}{b}y$,由对称性,分别计算 A 和 V 如下:

$$A=2\int_0^{\frac{\sqrt{3}}{2}b}\left(2a-\frac{\sqrt{3}a}{b}y-\frac{a}{b}\sqrt{b^2-y^2}\right)\mathrm{d}y$$

$$=2\left[2ay-\frac{\sqrt{3}a}{2b}y^2-\frac{a}{2b}\left(y\sqrt{b^2-y^2}+b^2\arcsin\frac{y}{b}\right)\right]_0^{\frac{\sqrt{3}}{2}b}.$$

$$=\left(\sqrt{3}-\frac{\pi}{3}\right)ab;$$

$$V=2\pi\int_0^{\frac{\sqrt{3}}{2}b}\left[\left(2a-\frac{\sqrt{3}a}{b}y\right)^2-\frac{a^2}{b^2}(b^2-y^2)\right]\mathrm{d}y$$

$$=2\pi a^2\int_0^{\frac{\sqrt{3}}{2}b}\left(3-\frac{4\sqrt{3}}{b}y+\frac{4}{b^2}y^2\right)\mathrm{d}y$$

$$=\sqrt{3}\pi a^2b.$$ □

例 2 设阿基米德(Archimedes)螺线 $r=a\theta(a>0,\theta\geqslant 0)$，记螺线每相邻两卷之间的面积为 $S_0,S_1,S_2,\cdots$(见图 9-17). 证明 $S_1,S_2,\cdots$成等差数列.

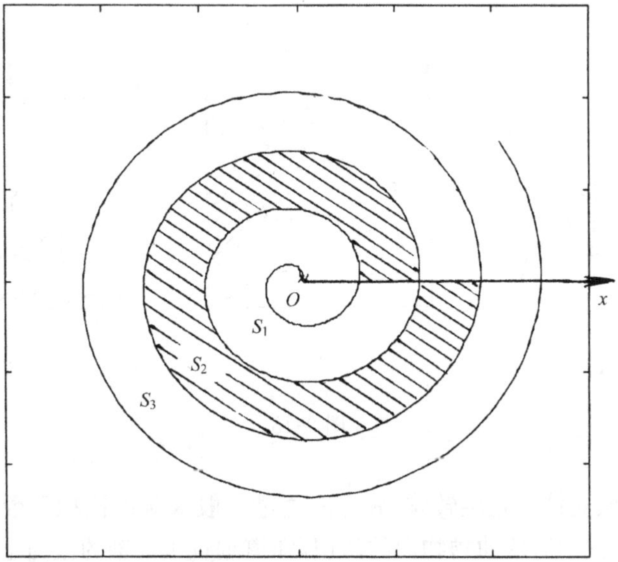

图 9-17

证 根据极坐标形式下的面积计算公式，先求出：

$$
\begin{aligned}
A_k &= \frac{1}{2}\int_{2k\pi}^{2(k+1)\pi}(a\theta)^2\mathrm{d}\theta \\
&= \frac{4}{3}a^2\pi^3(3k^2+3k+1), \\
& k = 0,1,2,\cdots.
\end{aligned}
$$

注意到

$$S_0 = A_0,\ S_1 = A_1 - A_0,\ S_2 = A_2 - A_1,\cdots,$$

故得

$$
\begin{aligned}
S_k = A_k - A_{k-1} &= \frac{4}{3}a^2\pi^3[(3k^2+3k+1)-(3k^2-3k+1)] \\
&= 8a^2\pi^3 k,\ k = 1,2,\cdots.
\end{aligned}
$$

由此可见 $S_1, S_2, \cdots$成等差数列(公差为 $8a^2\pi^3$). □

注意:不要把 A_k 误认为 S_k,因为 A_k 表示矢径从 $\theta=2k\pi$ 至 $\theta=2k\pi+2\pi$ 所扫过的面积,它不仅扫过了 S_k,同时也扫过了 $S_0, S_1, \cdots, S_{k-1}$.

例 3 求由双曲抛物面 $z=x^2-y^2$,平面 $x=1$ 与 $z=0$ 所围立体的体积(图 9-18(a)).

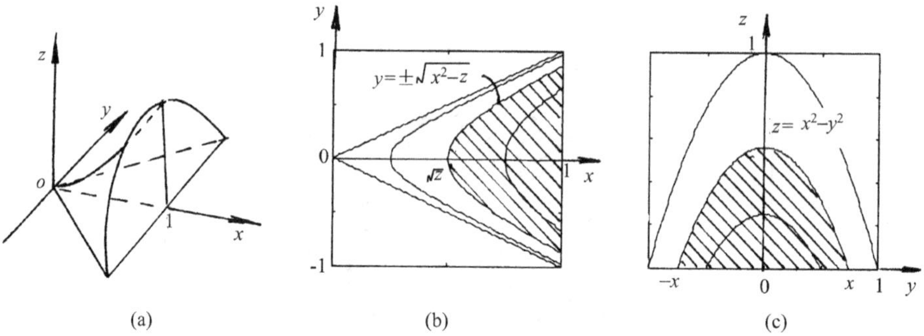

(a) (b) (c)

图 9-18

分析 该立体不是旋转体,故只能通过一般求截面面积函数的积分来计算体积 V. 从我们对双曲抛物面的认识,知道垂直于 z 轴的截面是一族双曲线弓形(图 9-18(b)),垂直于 x 轴的截面是一族抛物线弓形(图 9-18(c)). 若能求得 $A(z)$或 $A(x)$,便有

$$V = \int_0^1 A(z)\mathrm{d}z = \int_0^1 A(x)\mathrm{d}x.$$

解

$$A(x)=2\int_0^x(x^2-y^2)\mathrm{d}y=\frac{4}{3}x^3;$$

$$\begin{aligned}A(z)&=2\int_{\sqrt{z}}^1\sqrt{x^2-z}\,\mathrm{d}x\\&=\left[x\sqrt{x^2-z}-z\ln(x-\sqrt{x^2-z})\right]_{\sqrt{z}}^1\\&=\sqrt{1-z}-z\ln(1-\sqrt{1-z})+z\ln\sqrt{z}.\end{aligned}$$

显见,应该选择由 $A(x)$ 求 V:

$$V=\frac{4}{3}\int_0^1 x^3\,\mathrm{d}x=\frac{1}{3}.$$ □

本例也可由 $A(y)$,$y\in[-1,1]$来求 V,读者不妨一试.

例 4 设悬链线 $y=\dfrac{\mathrm{e}^x+\mathrm{e}^{-x}}{2}$ 在 $x\in[0,u]$上的一段弧长和曲边梯形面积分别记为 $s(u)$和 $A(u)$(图 9-19);该曲边梯形绕 x 轴旋转所得旋转体的体积

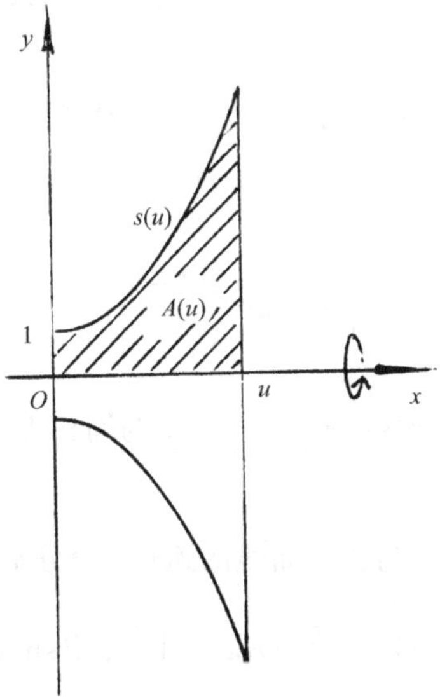

图 9-19

和旋转侧面积分别记为 $V(u)$和 $S(u)$;该旋转体在 $x=u$ 处的端面积记为 $F(u)$. 证明:

1) $s(u)=A(u)$, $S(u)=2V(u)$, $\forall\, u>0$;

2) $\lim\limits_{u\to+\infty}\dfrac{S(u)}{F(u)}=1$.

证 1)由于$\sqrt{1+y'^2}=\sqrt{1+\dfrac{1}{4}(e^x-e^{-x})^2}=\dfrac{1}{2}(e^x+e^{-x})=y$,因此

$$s(u)=\int_0^u\sqrt{1+y'^2}\,dx=\int_0^u y\,dx=A(u);$$

$$S(u)=2\pi\int_0^u y\sqrt{1+y'^2}\,dx=2\pi\int_0^u y^2\,dx=2V(u).$$

2)又因

$$S(u)=2\pi\int_0^u\frac{1}{4}(e^x+e^{-x})^2\,dx$$

$$=\frac{\pi}{2}\int_0^u(e^{2x}+e^{-2x}+2)\,dx$$

$$=\frac{\pi}{4}(e^{2u}-e^{-2u}+4u),$$

$$F(u)=\pi y^2(u)=\frac{\pi}{4}(e^u+e^{-u})^2,$$

所以

$$\lim_{u\to+\infty}\frac{S(u)}{F(u)}=\lim_{u\to+\infty}\frac{e^{2u}-e^{-2u}+4u}{e^{2u}+e^{-2u}+2}=1.$$ □

例 5 求 a,b 的值,使椭圆$\dfrac{x^2}{a^2}+\dfrac{y^2}{b^2}=1$ 的周长等于正弦曲线 $y=\sin x$ 一个周期的弧长.

解 椭圆的周长(s_1)与正弦曲线的弧长(s_2)分别为

$$s_1=\int_0^{2\pi}\sqrt{x'^2(t)+y'^2(t)}\,dt=\int_0^{2\pi}\sqrt{a^2\sin^2t+b^2\cos^2t}\,dt$$

$$=\int_0^{2\pi}\sqrt{a^2+(b^2-a^2)\cos^2t}\,dt,$$

$$s_2=\int_0^{2\pi}\sqrt{1+y'^2}\,dx=\int_0^{2\pi}\sqrt{1+\cos^2x}\,dx.$$

故当 $a=1,b=\sqrt{2}$(或 $b=1,a=\sqrt{2}$)时,$s_1=s_2$. □

例 6 设星形线 $C:x=a\cos^3t,y=a\sin^3t,t\in[0,2\pi]$. 试求:

1) C 上各点处曲率的最大值和最小值;

2) C 的渐屈线方程及其图形.

解 1)分别计算

$x'(t)=-3a\cos^2 t\sin t$，$y'(t)=3a\sin^2 t\cos t$；

$x''(t)=-3a\cos t(\cos^2 t-2\sin^2 t)$，

$y''(t)=-3a\sin t(\sin^2 t-2\cos^2 t)$；

$x'^2(t)+y'^2(t)=9a^2\cos^2 t\sin^2 t$；

$x'(t)y''(t)-x''(t)y'(t)=-9a^2\cos^2 t\sin^2 t$；

从而 C 上各点处的曲率为

$$K=\frac{9a^2\cos^2 t\sin^2 t}{(9a^2\cos^2 t\sin^2 t)^{3/2}}=\frac{2}{3a\mid\sin 2t\mid}.$$

由此可见，在 C 的四个尖角上($t=0,\frac{\pi}{2},\pi,\frac{3}{2}\pi$)，$K_{\max}=+\infty$(反映在尖角处曲线方向的突变)；而在 $t=\frac{\pi}{4},\frac{3\pi}{4},\frac{5\pi}{4},\frac{7\pi}{4}$所对应的四点处，$K_{\min}=\frac{2}{3a}$.

2) 由渐屈线方程(2)，可得星形线 C 的渐屈线为

$$\begin{cases}\xi=3a\cos t-2a\cos^3 t,\\ \eta=3a\sin t-2a\sin^3 t.\end{cases}$$

如图 9-20 所示，L 为 C 的渐屈线. □

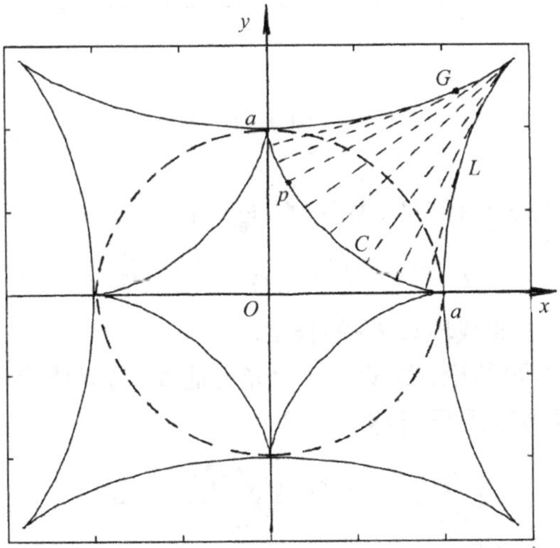

图 9-20

为了说明原曲线 C 恰好是其渐屈线 L 的渐伸线，我们来证明下例所示的"渐伸"性质.

*例 7　设曲线 C 为 $y=y(x)$，其渐屈线为

$$L:\begin{cases}\xi = x-\dfrac{y'(1+y'^2)}{y''},\\ \eta = y+\dfrac{1+y'^2}{y''}.\end{cases}$$

证明：1)设 $P\in C$，与之对应的曲率中心 $G\in L$，则 C 在点 P 处的法线即为 L 在点 G 处的切线；

2) 如图 9-21 所示，设在 C 上任取两点：$P_1(x=x_1)$，$P_2(x=x_2)$，它们对

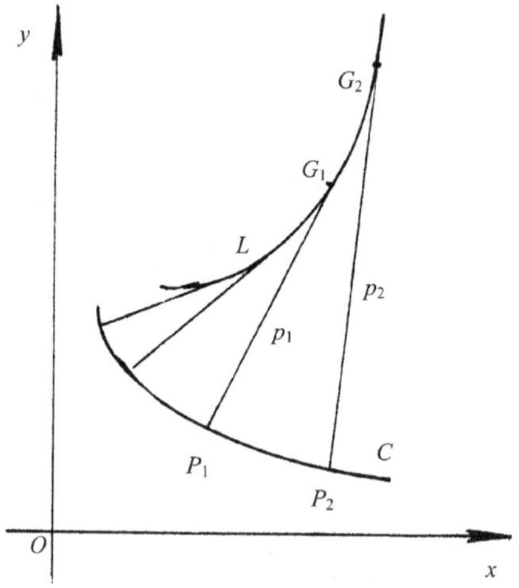

图 9-21

应的曲率中心和曲率半径分别为 $G_1, G_2\in L$ 和

$$\rho_1=|P_1G_1|,\ \rho_2=|P_2G_2|.$$

则有 $|\rho_2-\rho_1|=L$ 上曲线段 $\overset{\frown}{G_1G_2}$ 的长度.

证　为证明本题结论，需假设 L 为光滑曲线，这只要设 y''' 连续即可.

1) 先对 L 的方程求导，得到

$$\begin{cases}\dfrac{\mathrm{d}\xi}{\mathrm{d}x}=\dfrac{y'y'''(1+y'^2)-3y'^2y''^2}{y''^2},\\ \dfrac{\mathrm{d}\eta}{\mathrm{d}x}=\dfrac{-y'''(1+y'^2)+3y'y''^2}{y''^2}.\end{cases}\tag{3}$$

由此求得 L 在点 G 处的切线斜率为

$$\frac{d\eta}{d\xi}=-\frac{1}{y'},$$

这恰好就是 C 在点 P 处的法线斜率，又因 G 在该法线上，故结论 1)得证.

2) 由(3)又有

$$\sqrt{\left(\frac{d\xi}{dx}\right)^2+\left(\frac{d\eta}{dx}\right)^2}=\frac{1}{y''^2}\left|3y'y''^2-y'''(1+y'^2)\right|\sqrt{1+y'^2},$$

而

$$\frac{d\rho}{dx}=\frac{d}{dx}\left[\frac{(1+y'^2)^{3/2}}{y''}\right]\qquad(\text{设 } y''>0)$$

$$=\frac{1}{y''^2}\left[3y'y''^2-y'''(1+y'^2)\right]\sqrt{1+y'^2},$$

从而 $\overset{\frown}{G_1G_2}$ 的弧长为

$$\left|\int_{x_1}^{x_2}\sqrt{\left(\frac{d\xi}{dx}\right)^2+\left(\frac{d\eta}{dx}\right)^2}\,dx\right|=|\rho_2-\rho_1|.$$ □

三、习题

1. 求双曲线 $xy=4$ 与抛物线 $y=(x-3)^2$ 所围平面图形的面积 A，和该图形绕 x 轴旋转所成旋转体的体积 V.

2. 求过抛物线 $y^2=2px(p>0)$ 焦点的一条直线，使它和抛物线所围成的面积为最小.

3. 求下列参数方程表示的曲线所围成图形的面积：

1) $x=a\cos^3 t, y=a\sin^3 t\quad(a>0)$；

2) $x=2t-t^2, y=2t^2-t^3$.

4. 求由 $2z\geqslant x^2+y^2, x^2+y^2+z^2\leqslant 3$ 所确定的立体的体积.

5. 导出椭球缺：

$$\frac{x^2}{a^2}+\frac{y^2}{b^2}+\frac{z^2}{c^2}\leqslant 1,\ c-h\leqslant z\leqslant c\qquad(0\leqslant h\leqslant 2c)$$

的体积公式.

6. 求下列曲线段的弧长：

1) $4x-y^2+2\ln y=0$，两端点为 $A\left(\frac{1}{4},1\right), B\left(\frac{e^2-2}{4},e\right)$；

2) $x^{\frac{2}{3}}+y^{\frac{2}{3}}=a^{\frac{2}{3}}\quad(a>0)$；

3) $r=a\theta\quad(a>0)$，$0\leqslant\theta\leqslant 2\pi$.

7. 试求椭球面$\frac{x^2}{a^2}+\frac{y^2}{b^2}+\frac{z^2}{a^2}=1\ (0<b\leqslant a)$的面积.

*8. 试求 $x=a\cos^3 t, y=a\sin^3 t(a>0)$绕直线 $y=x$ 旋转所成旋转曲面的面积.

9. 试求曲线 $y=\ln x$ 上曲率为最大的点 P，并求该曲线在点 P 处的曲率中心和曲率圆.

10. 试求椭圆$\frac{x^2}{a^2}+\frac{y^2}{b^2}=1(a\geqslant b>0)$的渐屈线，并画出图象.

§9.2　定积分在物理上的应用

一、内容精析

1°　微元法　物理中的定积分问题在处理方式上往往采用"**微元法**". 简要地说，设某物理量 Φ 是分布在区间$[a,x](a\leqslant x\leqslant b)$上的，即它可看作区间端点 x 的函数：$\Phi=\Phi(x)$，$x\in[a,b]$，而且当 $x=b$ 时，$\Phi(b)$适为最终所求的值. 那么，在任一微小区间$[x,x+\Delta x]$上，若能把 Φ 的微小增量 $\Delta\Phi$ 用 Φ 的微分来近似：

$$\Delta\Phi\approx \mathrm{d}\Phi=f(x)\Delta x,$$

则 $\Phi(x)$即为$\int_a^x f(t)\mathrm{d}t$，而 $\Phi(b)=\int_a^b f(x)\mathrm{d}x$.

这种通过先给出所求量的微分表达式，而后经积分而求得所求量的方法，即为微元法. 所以，在采用微元法时必须注意如下两点：

(i) 所求量 Φ 关于分布区间必须是代数可加的；

(ii) 需要保证 $\Delta\Phi-f(x)\Delta x=o(\Delta x)$，故选择 Φ 的微分形式需特别谨慎.

2°　液体静压力　如图 9-22 所示，一曲边梯形直立地浸没在比重为 ν 的液体中. 图中水平狭条上所受液体静压力为

$$\Delta F\approx \mathrm{d}F=\nu x f(x)\Delta x,$$

整个曲边梯形每侧所受的静压力则为

$$F=\int_a^b \nu x f(x)\mathrm{d}x. \tag{1}$$

3°　引力　为叙述方便起见，以图 9-23 所示的万有引力问题为例. 图中均匀细杆长为 l，质量为 M，置于 x 轴上区间$\left[-\frac{l}{2},\frac{l}{2}\right]$处；另有一质点，质量为 m，置于 y 轴上坐标为 a 处. 欲求细杆对质点的万有引力.

在细杆上任取一小段$[x,x+\Delta x]$，看作一质量为

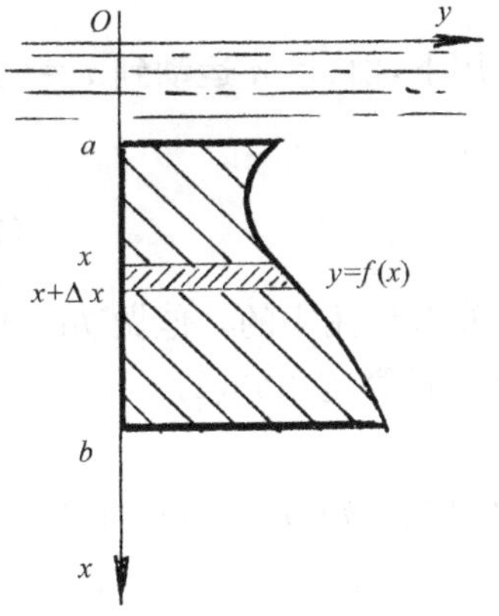

图 9-22

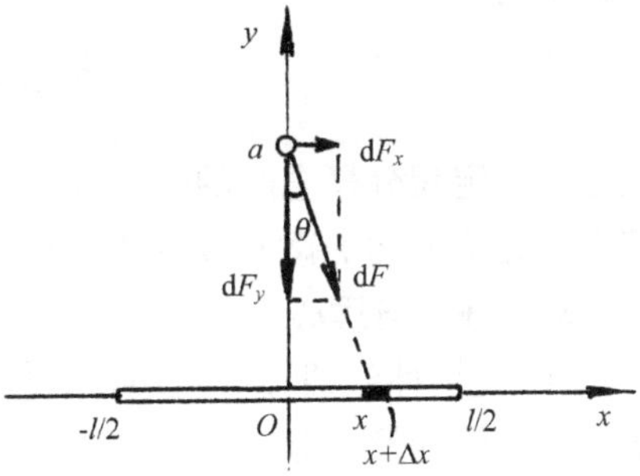

图 9-23

$$dM=\frac{M}{l}\Delta x$$

的质点,它对质点 m 的引力为

$$dF=\frac{km\,dM}{r^2}=\frac{kmM}{l(x^2+a^2)}\Delta x.$$

由于细杆上各点对质点 m 的引力方向各不相同,因此 dF 对区间 $\left[-\frac{l}{2},\frac{l}{2}\right]$不是代数可加的.为此将 dF 分解到 x 轴和 y 轴两个方向上,得

$$dF_x=dF\cdot\sin\theta,\quad dF_y=-dF\cdot\cos\theta.$$

由对称性,必有 x 轴方向的合力为零,即

$$F_x=\int_{-l/2}^{l/2}dF_x=0.$$

而 $\cos\theta=\frac{a}{\sqrt{x^2+a^2}}$,则得 y 轴方向的合力为

$$\begin{aligned}F_y&=\int_{-l/2}^{l/2}dF_y=-\frac{2kmMa}{l}\int_0^{l/2}\frac{dx}{(x^2+a^2)^{3/2}}\\&=-\frac{2kmMa}{l}\cdot\frac{1}{a^2}\frac{x}{\sqrt{x^2+a^2}}\Bigg|_0^{l/2}\\&=-\frac{2kmM}{a\sqrt{4a^2+l^2}}.\end{aligned}$$

这是一个既简单又典型的引力问题. 在这类问题中要特别注意代数可加性和合理使用对称性.

4°　变力做功　直线方向上在变力 $F(x)$ 作用下，由 $x=a$ 运动到 $x=b$ 所做的功为

$$W=\int_a^b F(x)\mathrm{d}x. \tag{2}$$

这是引入定积分概念时的一个基本背景问题. 定积分应用中的其他做功问题，都需要先给出功的微元表达式 $\mathrm{d}W=F(x)\mathrm{d}x$，而后计算定积分(2).

5°　静矩与质心

(i) 光滑曲线段 $y=y(x)$，$x\in[a,b]$，其线密度为常数 μ. 它的质量和它关于二坐标轴的静矩分别为

$$\begin{cases} m=\displaystyle\int_a^b \mu\sqrt{1+y'^2}\,\mathrm{d}x, \\ M_x=\displaystyle\int_a^b \mu y\sqrt{1+y'^2}\,\mathrm{d}x, \\ M_y=\displaystyle\int_a^b \mu x\sqrt{1+y'^2}\,\mathrm{d}x; \end{cases} \tag{3}$$

它的质心 $C(x_c,y_c)$ 为

$$\begin{cases} x_c=\dfrac{M_y}{m}=\dfrac{\displaystyle\int_a^b x\sqrt{1+y'^2}\,\mathrm{d}x}{\displaystyle\int_a^b \sqrt{1+y'^2}\,\mathrm{d}x}, & (4) \\ y_c=\dfrac{M_x}{m}=\dfrac{\displaystyle\int_a^b y\sqrt{1+y'^2}\,\mathrm{d}x}{\displaystyle\int_a^b \sqrt{1+y'^2}\,\mathrm{d}x}. & (5) \end{cases}$$

(ii) 平面图形设为 $y_1(x)\leqslant y\leqslant y_2(x)$，$a\leqslant x\leqslant b$（$y_1(x)$ 与 $y_2(x)$ 为连续函续），其面密度为常数 μ. 它的质量和它关于二坐标轴的静矩分别为

$$\begin{cases} m=\displaystyle\int_a^b \mu(y_2-y_1)\mathrm{d}x, \\ M_x=\displaystyle\int_a^b \frac{\mu}{2}(y_2^2-y_1^2)\mathrm{d}x, \\ M_y=\displaystyle\int_a^b \mu x(y_2-y_1)\mathrm{d}x; \end{cases} \tag{6}$$

它的质心 $C(x_c,y_c)$ 为

$$\begin{cases} x_c = \dfrac{M_y}{m} = \dfrac{\int_a^b x(y_2 - y_1)\,\mathrm{d}x}{\int_a^b (y_2 - y_1)\,\mathrm{d}x}, & (7) \\ y_c = \dfrac{M_x}{m} = \dfrac{\int_a^b (y_2^2 - y_1^2)\,\mathrm{d}x}{2\int_a^b (y_2 - y_1)\,\mathrm{d}x}. & (8) \end{cases}$$

(iii) 古尔金(Guldin)定理　若把曲线段质心坐标式(5)改写成

$$2\pi y_c \cdot \int_a^b \sqrt{1+y'^2}\,\mathrm{d}x = 2\pi\int_a^b y\sqrt{1+y'^2}\,\mathrm{d}x,$$

就可发现此式左边的积分 $\int_a^b \sqrt{1+y'^2}\,\mathrm{d}x$ 为该曲线段的弧长 s，而右边则为该曲线段绕 x 轴旋转所得旋转曲面的面积 S（这里设 $y(x) \geqslant 0$）. 把此式重写成

$$2\pi y_c \cdot s = S, \tag{9}$$

其中 $2\pi y_c$ 表示曲线段的质心 C 绕 x 轴一周的周长.

类似地，可把平面图形的质心坐标式(8)改写成

$$2\pi y_c \cdot A = V, \tag{10}$$

其中 $2\pi y_c$ 为平面图形质心 C 绕 x 轴一周的周长，而 A 为该平面图形的面积，V 为该平面图形绕 x 轴一周所成旋转体的体积（这里设 $y_1(x) \geqslant 0$）.

(9)与(10)两式所揭示的规律即为**古尔金定理**. 在这两式中，分别出现 y_c、s、S 和 y_c、A、V 各三个量，只要知道其中任意两个量，便立刻可求得第三个量，这使不少问题的求解得以化简.

二、典型例题

例 1　将一均匀平板垂直插入比重为 ν 的液体中，证明此平板每面所受的静压力 F 等于该平板重心 C 处的压强 p_c 与平板面积 A 的乘积.

证　设平板在液体中的情形如图 9-24 所示，y 轴位于液体表面，平板为

$$y_1(x) \leqslant y \leqslant y_2(x),\ a \leqslant x \leqslant b.$$

由(1)式可知，平板每面所受静压力为

$$F = \nu\int_a^b x(y_2 - y_1)\,\mathrm{d}x.$$

结合静矩公式(6)和质心公式(7)，得知

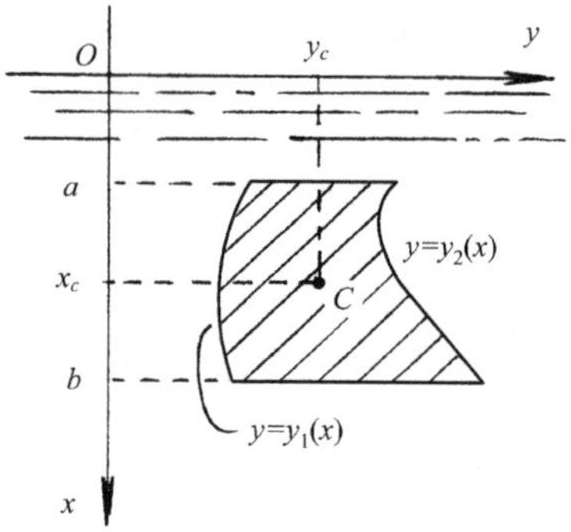

图 9-24

$$F=\frac{\nu}{\mu}M_y=\frac{\nu}{\mu}mx_c$$

$$=\nu Ax_c=p_c\cdot A, \tag{11}$$

这里 $p_c=\nu x_c$ 即为液体在深度 x_c 处的压强. □

注　(11)式同时说明平板垂直放置时每面所受的压力，相当于把平板水平放置在深度为 x_c(原直立平板的重心深度)时所受到的压力(平板上方液柱的重量). 所以，当 A 与 x_c 已知时，就能很方便地知道 F. 例如，一块半径为 r 的圆形平板插入水中($\nu=1$)，圆心在深度 h 处($h\geqslant r$)，此时 $x_c=h$，$A=\pi r^2$，故圆形平板每面所受水的静压力为 $F=\pi r^2h$. 再有，关系式(11)对于平板在液体中是直立的还是斜放的，都同样成立(为什么?).

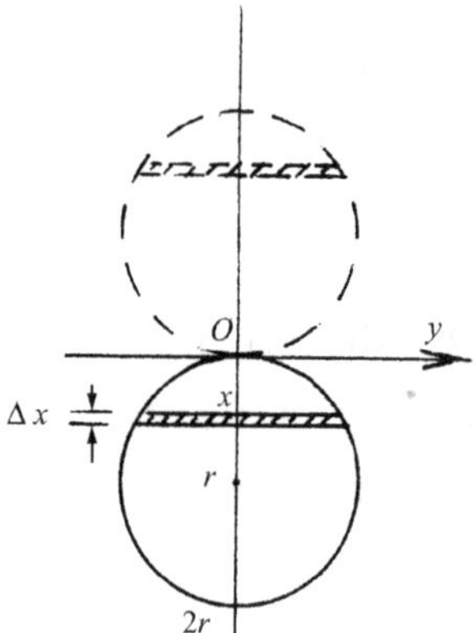

图 9-25

例 2　半径为 r、比重为 g 的球体沉没于水中. 试求把球体提出水面需做的功.

分析　由于球的比重与水相同，处于悬浮状态，因此可设初始时刻球的顶部与水面相齐(如图 9-25)；而且，把球从水中提出的做功问题，相当于把球形水罐中的水从顶部全部抽出的做功问题. 只是这里在把球的每一水平薄层从水中提升至水平面时并不需要做功，需要克服重力做功的是把它继续提升至使整个球离开水平面的那一段距离.

解　由以上分析知道，将球从水平面提出时，原来深度为 x 的那一薄层(厚度为 Δx)从水面提升的距离为 $2r-x$. 故提升这

一薄片需做功为

$$dW=(2r-x)g\,dV=\pi g(2r-x)[r^2-(r-x)^2]dx,$$

总共所做的功则为

$$W=\pi g\int_0^{2r}(2r-x)(2rx-x^2)dx=\frac{4}{3}\pi g r^4.\qquad\square$$

注　以上结果相当于把整个球的质量集中于其中心，并使该质点自水平面向上提升 r 所做的功. 试问：这一现象是否适用于一般情形？

例 3　古埃及大金字塔为一正四棱锥，高 125m，塔基为 230m×230m 的正方形，传说历时 20 年建成. 若建造金字塔所用石块的密度为 3210kg/m^3，试求建成这座金字塔所做的总功，并由此估算建成此塔需要多少工匠.

解　这里只考虑石块由塔基开始向上堆砌所做的功. 如图 9-26 所示，堆

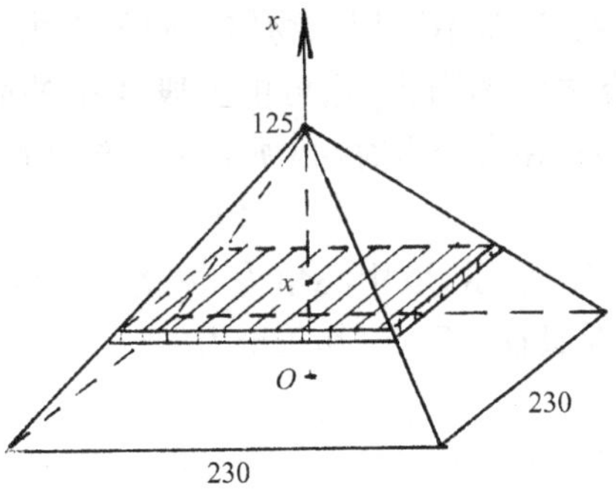

图 9-26

砌成高为 x，厚为 Δx 的一薄层塔体需做功为

$$dW=3210gx\left[\frac{230}{125}(125-x)\right]^2dx.$$

从而所做总功为

$$\begin{aligned}W&=3210g\left(\frac{230}{125}\right)^2\int_0^{125}x(125-x)^2dx\\&=3210g\left(\frac{230}{125}\right)^2(125)^4\cdot\frac{1}{12}\\&\approx 2.17\times10^{12}(\mathrm{J}).\end{aligned}$$

粗略假设每个工匠每天工作 10 小时，每年工作 300 天，共工作 20 年. 以一个普通工匠每小时可把 5 块石块(每块 50kg)抬高 1m 来计算，一个工匠 20

年内所做的功约为

$$10\times 300\times 20\times 250\times 9.8\times 1\approx 1.47\times 10^8(\mathrm{J}).$$

所以所需工匠人数约为

$$2.17\times 10^{12}/(1.47\times 10^8)\approx 15000(\text{人}).$$ □

例 4　试求以下一组万有引力问题：

1) 密度均匀的圆弧(半径为 r_0，质量为 M_0)对圆心正上方相距圆弧所在平面为 h_0 的质点(质量为 m)的万有引力；

*2) 把圆弧改为圆盘(半径为 r_1，质量为 M_1)，它对上述质点的万有引力；

*3) 再把圆盘改为一半径为 r，质量为 M 的实心球体，质点 m 位于球外相距球面为 h 处，求两者之间万有引力.

分析　1)是 2)的准备(圆弧作为圆盘的微元)，2)又是 3)的准备(圆盘作为球的微元). 必须注意：通常不能把二物体之间的引力直接看作质量集中在各自的质心后，二质点之间的引力(这可由上段 3°中的简例和这里前两个问题的结果来证实)；另外，在求合力时，必须是同一方向上的力才能实行代数相加.

解　1)如图 9-27(a)所示，取中心角为 $\mathrm{d}\varphi$ 的弧微元 $\mathrm{d}s$ 对质点 m 的引力作为引力微元. 把 $\mathrm{d}s$ 近似看作质点，其质量为

$$\mathrm{d}M_0=\mu_0\,\mathrm{d}s=\frac{M_0}{2\pi r_0}\cdot r_0\,\mathrm{d}\varphi=\frac{M_0}{2\pi}\mathrm{d}\varphi,$$

于是引力微元为

$$\mathrm{d}F=\frac{km\,\mathrm{d}M_0}{h_0^2+r_0^2}=\frac{kmM_0}{2\pi(h_0^2+r_0^2)}\mathrm{d}\varphi.$$

把 $\mathrm{d}F$ 分解为水平分力 $\mathrm{d}F_s$ 和竖直分力 $\mathrm{d}F_z$，其中 $\mathrm{d}F_s$ 将因圆弧的对称性，被反向力所抵消，而 $\mathrm{d}F_z$ 的合力 F_z 则是本题所求的结果. 由于

$$\mathrm{d}F_z=\mathrm{d}F\cos\theta=\frac{kmM_0h_0}{2\pi(h_0^2+r_0^2)^{3/2}}\mathrm{d}\varphi,$$

因此求得

$$F_z=\int_0^{2\pi}\frac{kmM_0h_0}{2\pi(h_0^2+r_0^2)^{3/2}}\mathrm{d}\varphi=\frac{kmM_0h_0}{(h_0^2+r_0^2)^{3/2}}.\qquad(12)$$

2) 如图 9-27(b)所示，取半径为 $x(0\leqslant x\leqslant r_1)$，宽为 $\mathrm{d}x$ 的细圆环作为圆盘的面积微元，其质量为

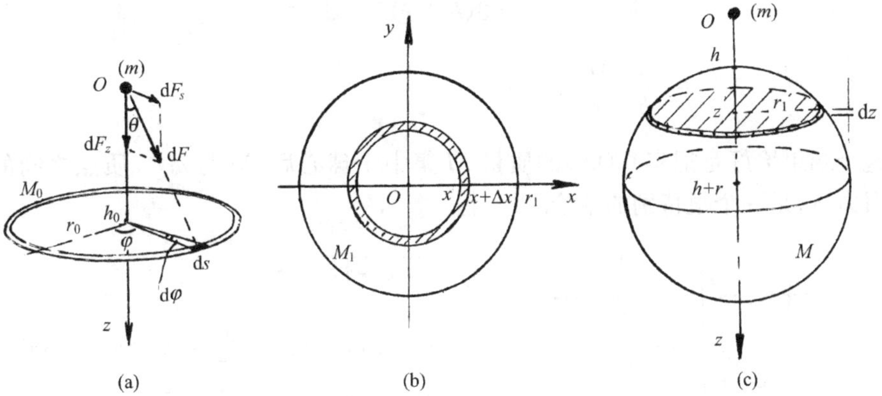

图 9-27

$$\mathrm{d}M_1 = \mu_1 \mathrm{d}A = \frac{M_1}{\pi r_1^2} \cdot 2\pi x \mathrm{d}x = \frac{2M_1}{r_1^2} x \mathrm{d}x.$$

这时只需用 $\mathrm{d}M_1$ 与 x 分别代替(12)式中的 M_0 与 r_0，便得

$$\mathrm{d}F_z = \frac{2kmh_0M_1}{r_1^2} \cdot \frac{x}{(h_0^2+x^2)^{3/2}}\mathrm{d}x,$$

$$F_z = \frac{2kmh_0M_1}{r_1^2}\int_0^{r_1} \frac{x}{(h_0^2+x^2)^{3/2}}\mathrm{d}x$$

$$= \frac{2kmh_0M_1}{r_1^2}\left(\frac{1}{h_0} - \frac{1}{\sqrt{h_0^2+r_1^2}}\right). \tag{13}$$

3) 如图 9-27(c)所示，取球体中介于 z 与 $z+\mathrm{d}z$ 之间的一薄片作为球的体积微元，其质量为

$$\mathrm{d}M = \mu \mathrm{d}V = \frac{3M}{4\pi r^3} \cdot \pi r_1^2 \mathrm{d}z$$

$$= \frac{3M}{4r^3}[r^2 - (h+r-z)^2]\mathrm{d}z.$$

这时只需用 z 与 $\mathrm{d}M$ 分别代替(13)式中的 h_0 与 M_1，便得

$$\mathrm{d}F_z = \frac{3kmM}{2r^3}\left[1 - \frac{z}{\sqrt{z^2+r^2-(h+r-z)^2}}\right]\mathrm{d}z,$$

$$F_z = \frac{3kmM}{2r^3}\int_h^{h+2r}\left[1 - \frac{z}{\sqrt{z^2+r^2-(h+r-z)^2}}\right]\mathrm{d}z$$

$$= \frac{3kmM}{r^2}\left[1 - \frac{2r^2 + 6hr + 3h^2}{3(h+r)^2}\right]$$

$$= \frac{kmM}{(h+r)^2}.$$

这个结果恰好是把实心球体的质量 M 集中于球心后，M 与 m 二质点之间的引力. 这是一个很特别的结论. □

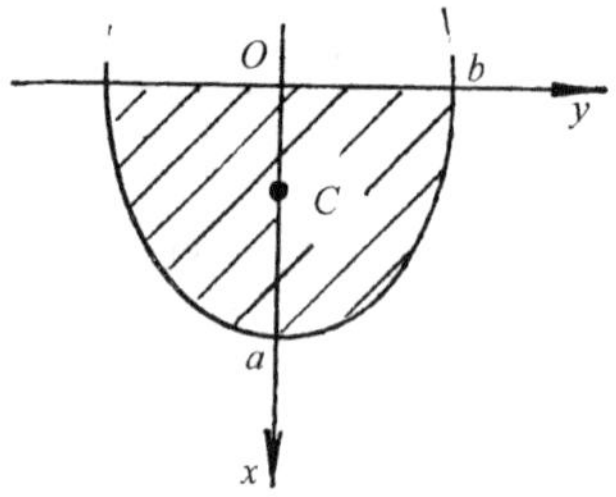

图 9-28

三、习题

1. 椭圆形平板 $\frac{x^2}{a^2}+\frac{y^2}{b^2}\leqslant 1(a>b>0)$ 沿长轴铅垂地插入水中，至短轴与水面相齐(图 9-28). 试求水对平板每侧的静压力，并由此推求半椭圆形区域的质心坐标.

2. 有一根长 l 的直导线，均匀带电，总电量为 Q，在导线所在直线上相距导线一端为 a 处有一带电量为 q 的点电荷(图 9-29). 试求两者之间的作用力.

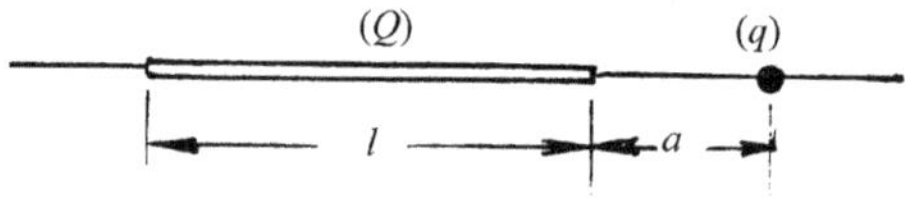

图 9-29

3. 如果上题中的电点荷 q 位于直导线一端垂直方向上相距为 a 处(图 9-30)，试求两者之间的作用力.

4. 位于一直线上的二导线，各长为 l，均匀带电各为 Q，两端相离为 c(图 9-31). 试求二导线之间的作用力.

5. 需要多大的初速度 v_0，才能把质量为 m 的物体从地球表面发射至高度为 h 的高空?(设地球半径为 R.)

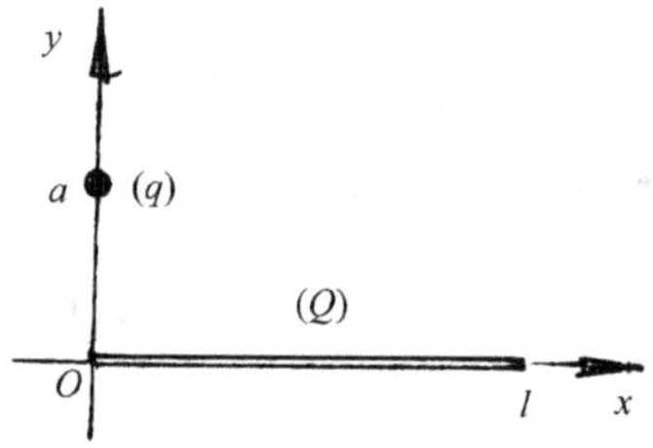

图 9-30

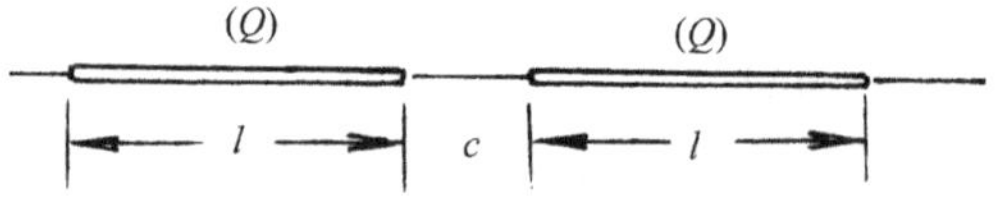

图 9-31

6. 设 $f(x)$ 在 $[a,b]$ 上非负、连续、递减. 试借助质心公式说明不等式

$$\int_a^b xf(x)\mathrm{d}x \leqslant \frac{a+b}{2}\int_a^b f(x)\mathrm{d}x$$

的正确性.

7. 试求由曲边梯形 $0\leqslant y\leqslant y(x), a\leqslant x\leqslant b$ 绕 x 轴旋转所得旋转体的质心坐标.

8. 求下列匀质平板或旋转体的质心:

1) 四分之一椭圆板: $\frac{x^2}{a^2}+\frac{y^2}{b^2}\leqslant 1, x\geqslant 0, y\geqslant 0$;

2) 半圆板: $x^2+y^2\leqslant a^2, y\geqslant 0$;

3) 半球体: $x^2+y^2+z^2\leqslant a^2$, $z\geqslant 0$.

*9. 把密度均匀的抛物体 $x^2+y^2\leqslant z\leqslant 1$ 放置在水平桌面上自由摆动(图 9-32). 证明: 当抛物体稳定时, 其中轴线与桌面所成的角度为

$$\theta=\arctan\sqrt{\frac{3}{2}}.$$

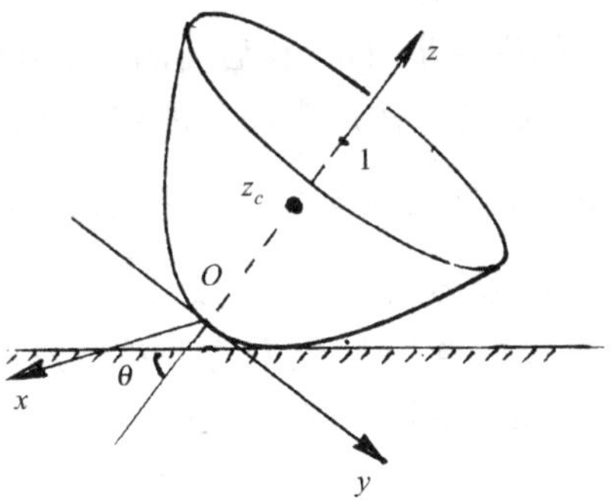

图 9-32

10. 利用古尔金定理求由

$$(x-a)^2+y^2\leqslant a^2, \ x+(y-a)^2\leqslant a^2$$

所成区域绕 x 轴旋转所得旋转体的体积.

*11. 设极坐标系中的平面区域

$$G: 0\leqslant r\leqslant r(\theta), \ 0\leqslant \alpha\leqslant \theta\leqslant \beta\leqslant \pi.$$

通过对 G 的微元面积使用古尔金定理, 证明 G 绕极轴旋转所得旋转体的体积公式为

$$V=\frac{2\pi}{3}\int_\alpha^\beta r^3(\theta)\sin\theta\mathrm{d}\theta.$$

12. 求 $0\leqslant r\leqslant a(1+\cos\theta), 0\leqslant\theta\leqslant\pi$ 绕极轴旋转所得旋转体的体积.

§9.3 反常积分

一、内容精析

1° 反常积分概念 反常积分有**无穷限反常积分**(简称**无穷积分**)和**无界函数反常积分**(简称**瑕积分**)两种类型,分别定义为

$$\int_a^{+\infty} f(x)\mathrm{d}x \xlongequal{\text{def}} \lim_{u\to+\infty}\int_a^u f(x)\mathrm{d}x,$$

其中 $f(x)$在任何$[a,u]$上可积;和

$$\int_a^b f(x)\mathrm{d}x \xlongequal{\text{def}} \lim_{u\to b^-}\int_a^u f(x)\mathrm{d}x,$$

其中 $f(x)$在 $U^\circ_-(b)$无界,在任何$[a,u]\subset[a,b)$可积.其他如$\int_{-\infty}^b f(x)\mathrm{d}x$ 和瑕点为a 的瑕积分都可类似地定义.

有关反常积分概念的进一步讨论,在后面例 1 中继续进行.

2° 反常积分求值 原则上按反常积分的定义来求得它的值.为了顺利求得变限积分$\int_a^u f(x)\mathrm{d}x, u\in[a,+\infty)$(或 $u\in[a,b)$),以前计算定积分的各种方法都可以用到这里来.具体示于后面例 2.

3° 反常积分审敛(包括绝对收敛,条件收敛和发散) 为不致叙述上的重复起见,这里只就无穷积分审敛法则归结如下:

(i) 柯西准则——

$$\left.\begin{array}{l}\forall\varepsilon>0,\ \exists G>a,\text{当 } u_1,u_2>G \text{ 时}\\ \left|\int_a^{u_2} f(x)\mathrm{d}x-\int_a^{u_1} f(x)\mathrm{d}x\right|=\left|\int_{u_1}^{u_2} f(x)\mathrm{d}x\right|<\varepsilon\end{array}\right\}\Leftrightarrow \int_a^{+\infty} f(x)\mathrm{d}x \text{ 收敛.}$$

(ii) 绝对收敛和收敛的关系——

$$\int_a^{+\infty}|f(x)|\mathrm{d}x \text{ 收敛} \quad\Rightarrow\quad \int_a^{+\infty} f(x)\mathrm{d}x \text{ 收敛.}$$

(iii)判别绝对收敛的比较判别法——

$$\left.\begin{array}{l}|f(x)|\leqslant g(x)\ (a\leqslant x_0\leqslant x)\\ \int_a^{+\infty} g(x)\mathrm{d}x \text{ 收敛}\end{array}\right\}\Rightarrow \int_a^{+\infty}|f(x)|\mathrm{d}x \text{ 收敛.}$$

其极限形式为:若 $g(x)>0$,且$\lim\limits_{x\to+\infty}\dfrac{|f(x)|}{g(x)}=c$,则

$$\begin{cases} 0 \leqslant c < +\infty \text{ 时}, \int_a^{+\infty} g(x)\mathrm{d}x \text{ 收敛} & \Rightarrow \int_a^{+\infty} |f(x)|\mathrm{d}x \text{ 收敛}; \\ 0 < c \leqslant +\infty \text{ 时}, \int_a^{+\infty} g(x)\mathrm{d}x \text{ 发散} & \Rightarrow \int_a^{+\infty} |f(x)|\mathrm{d}x \text{ 发散}. \end{cases}$$

(iv) 当选用 $\int_1^{+\infty} \frac{\mathrm{d}x}{x^p}$ 作为比较对象时，比较判别法(iii)及其极限形式分别为

$$\begin{cases} |f(x)| \leqslant \frac{1}{x^p}(p > 1) & \Rightarrow \int_a^{+\infty} |f(x)|\mathrm{d}x \text{ 收敛}; \\ |f(x)| \geqslant \frac{1}{x^p}(p \leqslant 1) & \Rightarrow \int_a^{+\infty} |f(x)|\mathrm{d}x \text{ 发散}. \end{cases}$$

若 $\lim\limits_{x\to+\infty} x^p |f(x)| = \lambda$，则

$$\int_a^{+\infty} |f(x)|\mathrm{d}x \begin{cases} \text{收敛，当 } p > 1, 0 \leqslant \lambda < +\infty; \\ \text{发散，当 } p \geqslant 1, 0 < \lambda \leqslant +\infty. \end{cases}$$

(v) 阿贝尔(Abel)判别法——

$$\left.\begin{array}{l} \int_a^{+\infty} f(x)\mathrm{d}x \text{ 收敛} \\ g(x) \text{ 在 } [a, +\infty) \text{ 单调有界} \end{array}\right\} \Rightarrow \int_a^{+\infty} f(x)g(x)\mathrm{d}x \text{ 收敛}.$$

(vi) 狄利克雷判别法——

$$\left.\begin{array}{l} F(u) = \int_a^u f(x)\mathrm{d}x \text{ 在 } u \in [a, +\infty) \text{ 有界} \\ g(x) \text{ 当 } x \to +\infty \text{ 时单调趋于 } 0 \end{array}\right\} \Rightarrow \int_a^{+\infty} f(x)g(x)\mathrm{d}x \text{ 收敛}.$$

4° 某些重要结果

$$\int_1^{+\infty} \frac{\mathrm{d}x}{x^p} \begin{cases} \text{收敛，当 } p > 1 \\ \text{发散，当 } p \leqslant 1; \end{cases}$$

$$\int_1^{+\infty} \frac{\cos ax}{x^p}\mathrm{d}x \text{ 与} \int_1^{+\infty} \frac{\sin ax}{x^p}\mathrm{d}x \begin{cases} \text{绝对收敛，当 } p > 1 \\ \text{条件收敛，当 } 0 < p \leqslant 1 \\ \text{发散，} \quad \text{当 } p \leqslant 0; \end{cases}$$

$$\int_1^{+\infty} \sin x^2 \mathrm{d}x, \int_1^{+\infty} \cos x^2 \mathrm{d}x, \int_1^{+\infty} x \sin x^4 \mathrm{d}x \text{ 为条件收敛};$$

$$\int_a^b \frac{\mathrm{d}x}{(b-x)^q} \text{ 与} \int_a^b \frac{\mathrm{d}x}{(x-a)^q} \begin{cases} \text{收敛，当 } q<1 \\ \text{发散，当 } q \geqslant 1. \end{cases}$$

具体使用判别法判定反常积分敛散性的例子示于例 3.

二、典型例题

例 1　判断下列命题的真、伪(对真命题简述理由,对伪命题举出反例):

1) 若 $f(x)$ 在 $(-\infty,+\infty)$ 上连续,且 $\int_{-\infty}^{+\infty} f(x)\mathrm{d}x$ 收敛,则 $\frac{\mathrm{d}}{\mathrm{d}x}\int_{-\infty}^{x} f(t)\mathrm{d}t = f(x)$, $\frac{\mathrm{d}}{\mathrm{d}x}\int_{x}^{+\infty} f(t)\mathrm{d}t = -f(x), x\in(-\infty,+\infty)$;

2) 若 $f(x)$ 在 $[a,+\infty)$ 上无界,则 $\int_a^{+\infty} f(x)\mathrm{d}x$ 发散;

3) 若极限 $\lim\limits_{x\to+\infty} f(x)$ 不存在,则 $\int_a^{+\infty} f(x)\mathrm{d}x$ 发散;

4) 若 $f(x)$ 非负、连续,且 $\int_a^{+\infty} f(x)\mathrm{d}x$ 收敛,则 $\lim\limits_{x\to+\infty} f(x)=0$;

5) 若 $\lim\limits_{x\to+\infty} f(x)=A$ 存在, $\int_a^{+\infty} f(x)\mathrm{d}x$ 收敛,则 $A=0$;

6) 若 $f(x)$ 单调, $\int_a^{+\infty} f(x)\mathrm{d}x$ 收敛,则 $\lim\limits_{x\to+\infty} f(x)=0$;

7) 若 $\int_a^{+\infty} |f(x)|\mathrm{d}x$ 收敛,则 $\int_a^{+\infty} f^2(x)\mathrm{d}x$ 必收敛;

8) 若 $\int_a^{+\infty} |f(x)|\mathrm{d}x$ 收敛, $\lim\limits_{x\to+\infty} f(x)=0$,则 $\int_a^{+\infty} f^2(x)\mathrm{d}x$ 必收敛;

9) 若 $\int_a^{+\infty} f(x)\mathrm{d}x$ 收敛, $\lim\limits_{x\to+\infty} g(x)=1$,则 $\int_a^{+\infty} f(x)g(x)\mathrm{d}x$ 必收敛;

10) 若 $\int_a^{+\infty} f(x)\mathrm{d}x = A$,则 $\lim\limits_{n\to\infty}\int_a^{n} f(x)\mathrm{d}x = A$ (n 为自然数);反之不真.

解　其中真命题有五个:1),5),6),8),10);其余五个是伪命题. 理由简述如下:

1) $\forall a$, $\int_{-\infty}^{a} f(x)\mathrm{d}x = J_1$, $\int_a^{+\infty} f(x)\mathrm{d}x = J_2$ 都存在,

$$\int_{-\infty}^{x} f(t)\mathrm{d}t = J_1 + \int_a^x f(t)\mathrm{d}t,$$

$$\int_{x}^{+\infty} f(t)\mathrm{d}t = J_2 - \int_a^x f(t)\mathrm{d}t,$$

且 $f(x)$ 为连续函数,故结论成立.

2),3)构造反例如图 9-33,即取

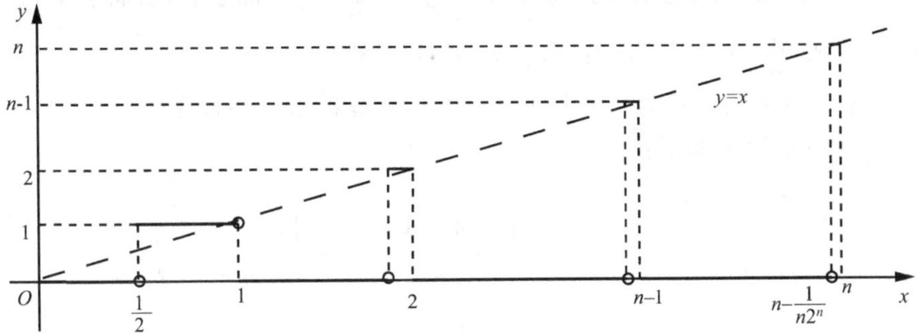

图 9-33

$$f(x)=\begin{cases}0, & x\in\left[n-1,n-\dfrac{1}{n2^n}\right),\\ n, & x\in\left[n-\dfrac{1}{n2^n},n\right),\end{cases}\quad n=1,2,\cdots.$$

不仅 $\lim\limits_{x\to+\infty}f(x)$ 不存在，且它在 $[0,+\infty)$ 上无界；然而

$$\int_0^{+\infty}f(x)\mathrm{d}x=\sum_{n=1}^{\infty}\frac{n}{n2^n}=\sum_{n=1}^{\infty}\frac{1}{2^n}=1.$$

此外，在上段 4°中也能找到合适的反例，如

$$\int_1^{+\infty}\sin x^2\mathrm{d}x,\ \int_1^{+\infty}x\sin x^4\mathrm{d}x\ 等.$$

4) 只需把图 9-33 所示的函数 $f(x)$ 稍作修改：使每一狭条长方形顶边的中点与底边的两端分别相连，所得函数 $g(x)$ 即为一非负、连续函数，且 $\int_0^{+\infty}g(x)\mathrm{d}x=\frac{1}{2}\int_0^{+\infty}f(x)\mathrm{d}x=\frac{1}{2}$ 仍然收敛，然而它不满足 $\lim\limits_{x\to+\infty}g(x)=0$.

5) 倘若 $A\neq0$（设 $A>0$），由保号性，$\exists G>a$，当 $x>G$ 时，$f(x)\geqslant\frac{A}{2}>0$. 这将导致

$$\begin{aligned}\int_a^{+\infty}f(x)\mathrm{d}x&=\int_a^G f(x)\mathrm{d}x+\int_G^{+\infty}f(x)\mathrm{d}x\\&\geqslant\int_a^G f(x)\mathrm{d}x+\frac{A}{2}\int_G^{+\infty}\mathrm{d}x=+\infty,\end{aligned}$$

这与 $\int_a^{+\infty}f(x)\mathrm{d}x$ 收敛相矛盾，所以 $A=0$.

6) 当 $f(x)$ 单调无界时，将导致 $\int_a^{+\infty} f(x)\mathrm{d}x=\infty$ 而矛盾，从而 $f(x)$ 必单调有界，故 $\lim\limits_{x\to+\infty} f(x)=A$ 存在. 由题 5)，已证得 $A=0$.

注　后面例 4 和例 5 是上面 4)，5)，6)三题的继续和补充.

7) 构造反例如下：

$$f(x)=\begin{cases}0, & x\in\left[n-1,n-\dfrac{1}{4^n}\right),\\ (-2)^n, & x\in\left[n-\dfrac{1}{4^n},n\right),\end{cases}\quad n=1,2,\cdots.$$

$$\int_0^{+\infty}|f(x)|\mathrm{d}x=\sum_{n=1}^{\infty}\frac{2^n}{4^n}=\sum_{n=1}^{\infty}\frac{1}{2^n}=1(\text{收敛})；$$

$$\int_0^{+\infty}f^2(x)\mathrm{d}x=\sum_{n=1}^{\infty}\frac{4^n}{4^n}=+\infty(\text{发散}).$$

8) 因 $\lim\limits_{x\to+\infty} f(x)=0$，故当 x 充分大时

$$f^2(x)\leqslant|f(x)|.$$

由比较判别法，知 $\int_a^{+\infty} f^2(x)\mathrm{d}x$ 收敛.

注　本题若将 $\int_a^{+\infty} f(x)\mathrm{d}x$ 绝对收敛改为收敛，则结论不真. 例如 $\int_1^{+\infty}\dfrac{\sin x}{\sqrt{x}}\mathrm{d}x$ 收敛，且 $\lim\limits_{x\to+\infty}\dfrac{\sin x}{\sqrt{x}}=0$，但因

$$\int_1^{+\infty}\frac{\sin^2 x}{x}\mathrm{d}x=\frac{1}{2}\int_1^{+\infty}\left(\frac{1}{x}-\frac{\cos 2x}{x}\right)\mathrm{d}x,$$

其中 $\int_1^{+\infty}\dfrac{\cos 2x}{x}\mathrm{d}x$ 收敛，$\int_1^{+\infty}\dfrac{1}{x}\mathrm{d}x$ 发散，故 $\int_1^{+\infty}\dfrac{\sin^2 x}{x}\mathrm{d}x$ 发散.

9) 反例取 $\int_a^{+\infty} f(x)\mathrm{d}x=\int_1^{+\infty}\dfrac{\sin x}{\sqrt{x}}\mathrm{d}x$ 收敛，

$$g(x)=1+\frac{\sin x}{\sqrt{x}}\to 1\quad(x\to+\infty),$$

然而

$$\int_a^{+\infty}f(x)g(x)\mathrm{d}x=\int_1^{+\infty}\left[\frac{\sin x}{\sqrt{x}}+\frac{\sin^2 x}{x}\right]\mathrm{d}x,$$

显然为发散.

注 若把 $\int_a^{+\infty} f(x)\mathrm{d}x$ 收敛改为绝对收敛，则结论为真. 因为由 $\lim\limits_{x\to+\infty} g(x)=1$，可知当 x 充分大时有

$$\frac{1}{2}\leqslant g(x)\leqslant\frac{3}{2}\qquad (x>G),$$

从而又有

$$|f(x)g(x)|\leqslant\frac{3}{2}|f(x)|,\quad x>G.$$

根据比较法则，$\int_a^{+\infty} f(x)g(x)\mathrm{d}x$ 为绝对收敛.（其实，这时只要 $\lim\limits_{x\to+\infty} g(x)=A$ 存在即可，不一定要 $A=1$.）

10) $\lim\limits_{n\to\infty}\int_a^n f(x)\mathrm{d}x=A$ 是 $\int_a^{+\infty} f(x)\mathrm{d}x=A$ 的必要条件（根据函数极限 $\lim\limits_{u\to+\infty}\int_a^u f(x)\mathrm{d}x=A$ 的归结原理）. 反之不真，例如

$$f(x)=\begin{cases}-1, & x\in[n-1,n-\frac{1}{2}),\\ 1, & x\in[n-\frac{1}{2},n),\end{cases}\qquad n=1,2,\cdots.$$

显然，$I(n)=\int_0^n f(x)\mathrm{d}x=0$，从而 $\lim\limits_{n\to\infty}\int_0^n f(x)\mathrm{d}x=0$；然而却因 $I(n+\frac{1}{2})=-\frac{1}{2}$，从而 $\lim\limits_{n\to\infty}I(n+\frac{1}{2})\neq\lim\limits_{n\to\infty}I(n)$，所以极限 $\lim\limits_{u\to+\infty}\int_0^u f(x)\mathrm{d}x$ 不存在.

注 后面习题第 4 题是 10)的补充. □

例 2 试求下列反常积分的值：

1) $\int_0^{\frac{\pi}{2}}\ln\sin x\mathrm{d}x$； 2) $\int_0^{+\infty}\frac{\mathrm{d}x}{(1+x^2)^n}$；

3) $\int_0^{+\infty}\mathrm{e}^{-x}|\sin x|\mathrm{d}x$.

解 容易证明这三个反常积分都是收敛的.

1) 令 $x=2t$，化为

$$\begin{aligned}I&=\int_0^{\frac{\pi}{2}}\ln\sin x\mathrm{d}x=2\int_0^{\frac{\pi}{4}}\ln\sin 2t\mathrm{d}t\\&=2\ln 2\cdot\frac{\pi}{4}+2\int_0^{\frac{\pi}{4}}\ln\sin t\mathrm{d}t+2\int_0^{\frac{\pi}{4}}\ln\cos t\mathrm{d}t\end{aligned}$$

$$= \frac{\pi}{2}\ln 2 + 2\int_0^{\frac{\pi}{4}} \ln \sin t\mathrm{d}t + 2\int_{\frac{\pi}{4}}^{\frac{\pi}{2}} \ln \sin u\mathrm{d}u$$

$$= \frac{\pi}{2}\ln 2 + 2I.$$

所以

$$I = -\frac{\pi}{2}\ln 2.$$

2）应用不定积分递推公式(第八章§8.1例12之2))：

$$J_n = \int \frac{\mathrm{d}x}{(1+x^2)^n} = \frac{x}{2(n-1)(1+x^2)^{n-1}} + \frac{2n-3}{2(n-1)}J_{n-1},$$

得到

$$I_n = \int_0^{+\infty} \frac{\mathrm{d}x}{(1+x^2)^n} = \frac{x}{2(n-1)(1+x^2)^{n-1}}\Bigg|_0^{+\infty} + \frac{2n-3}{2(n-1)}I_{n-1}$$

$$= \frac{2n-3}{2n-2}I_{n-1},\quad n = 2,3,\cdots.$$

由于 $I_1 = \frac{\pi}{2}$，因此求得

$$I_n = \frac{2n-3}{2n-2}\cdot\frac{2n-5}{2n-4}\cdots\frac{1}{2}I_1 = \frac{(2n-3)!!}{(2n-2)!!}\,\frac{\pi}{2},\quad n = 2,3,\cdots.$$

注　本题也可通过变换 $x=\tan\theta$，化为定积分 $I_n = \int_0^{\frac{\pi}{2}} \cos^{2n-2}\theta\mathrm{d}\theta$ 来计算.

3）利用例1之10)，并通过分段积分来计算：

$$I = \int_0^{+\infty} \mathrm{e}^{-x}|\sin x|\mathrm{d}x = \lim_{n\to\infty}\int_0^{(2n+2)\pi} \mathrm{e}^{-x}|\sin x|\mathrm{d}x$$

$$= \lim_{n\to\infty}\sum_{k=0}^{n}\left(\int_{2k\pi}^{(2k+1)\pi} \mathrm{e}^{-x}\sin x\mathrm{d}x - \int_{(2k+1)\pi}^{(2k+2)\pi} \mathrm{e}^{-x}\sin x\mathrm{d}x\right)$$

$$= \frac{1}{2}\sum_{k=0}^{\infty}\left[\mathrm{e}^{-x}(\sin x+\cos x)\Big|_{(2k+1)\pi}^{2k\pi} + \mathrm{e}^{-x}(\sin x+\cos x)\Big|_{(2k+1)\pi}^{(2k+2)\pi}\right]$$

$$= \frac{1}{2}\sum_{k=0}^{\infty}\left[\mathrm{e}^{-2k\pi} + 2\mathrm{e}^{-(2k+1)\pi} + \mathrm{e}^{-(2k+2)\pi}\right]$$

$$= \frac{1}{2}(1+\mathrm{e}^{-\pi})^2\sum_{k=0}^{\infty}(\mathrm{e}^{-2\pi})^k = \frac{\mathrm{e}^{\pi}+1}{2(\mathrm{e}^{\pi}-1)}.$$ □

例 3　讨论下列反常积分的敛散性：

1) $\int_1^{+\infty}\left(\frac{x}{x^2+m}-\frac{m}{x+1}\right)\mathrm{d}x \qquad (m\neq 0)$；

2) $\int_0^{+\infty}\frac{\ln(1+x)}{x^m}\mathrm{d}x$； 3) $\int_0^{+\infty}\frac{\sin^2 x}{x^m}\mathrm{d}x$.

解 1)注意这里$\int_1^{+\infty}\frac{x}{x^2+m}\mathrm{d}x$和$\int_1^{+\infty}\frac{m}{x+1}\mathrm{d}x$都是发散的无穷积分，由线性性质不能得出两者之差为收敛或发散的肯定结论. 为此，需要先把被积函数合成为一个分式：

$$f(x)=\frac{x}{x^2+m}-\frac{m}{x+1}=\frac{(1-m)x^2+x-m^2}{(x^2+m)(x+1)}.$$

对于充分大的x，$f(x)$保持与$(1-m)$相同的正、负号，因此$\int_1^{+\infty}f(x)\mathrm{d}x$收敛与绝对收敛是一回事.

当$m=1$时，$\lim\limits_{x\to+\infty}x^2f(x)=1$，故$\int_1^{+\infty}f(x)\mathrm{d}x$为收敛；当$m\neq 1$时，$\lim\limits_{x\to+\infty}x|f(x)|=|1-m|\neq 0$，故$\int_1^{+\infty}|f(x)|\mathrm{d}x$与$\int_1^{+\infty}f(x)\mathrm{d}x$同为发散.

2) 这里$g(x)=\frac{\ln(1+x)}{x^m}>0$，$x\in(0,+\infty)$，且当$m>1$时$x=0$为瑕点，故需把该反常积分分成两部分来讨论：

$$I=\int_0^1 g(x)\mathrm{d}x+\int_1^{+\infty}g(x)\mathrm{d}x=I_1+I_2.$$

对于I_1，当$m\leqslant 1$时为定积分；当$m>1$时，

$$g(x)=\frac{1}{x^{m-1}}\cdot\frac{\ln(1+x)}{x}\sim\frac{1}{x^{m-1}}(x\to 0^+),$$

故当$m<2$时收敛，$m\geqslant 2$时发散.

对于I_2，当$m=1+\delta>1$时，由于

$$\lim_{x\to+\infty}x^{1+\frac{\delta}{2}}g(x)=\lim_{x\to+\infty}\frac{\ln(1+x)}{x^{\delta/2}}=0,$$

因此I_2收敛；而当$m\leqslant 1$时，则因

$$\lim_{x\to+\infty}xg(x)=\lim_{x\to+\infty}\frac{\ln(1+x)}{x^{m-1}}=+\infty,$$

所以I_2发散.

综合对I_1与I_2的讨论，当且仅当$1<m<2$时两者都收敛，即此时原反常

积分收敛.

3) 这里 $h(x)=\dfrac{\sin^2 x}{x^m}>0, x\in(0,+\infty)$,且 $m>2$ 时 $x=0$ 为瑕点. 故设

$$J=\int_0^1 h(x)\mathrm{d}x+\int_1^{+\infty} h(x)\mathrm{d}x=J_1+J_2.$$

对于 J_1,当 $m\leqslant 2$ 时为定积分;当 $2<m<3$ 时,由于 $m-2<1$,且

$$\lim_{x\to 0^+} x^{m-2}h(x)=\lim_{x\to 0^+}\frac{\sin^2 x}{x^2}=1,$$

故 J_1 收敛;又当 $m\geqslant 3$ 时,由于

$$\lim_{x\to 0^+} xh(x)=\begin{cases}1, & m=3,\\ +\infty, & m>3,\end{cases}$$

故 J_1 发散. 总之,J_1 仅当 $m<3$ 时收敛.

对于 J_2,当 $m>1$ 时,由于

$$\frac{\sin^2 x}{x^m}\leqslant\frac{1}{x^m},$$

因此 J_2 收敛;而当 $0<m\leqslant 1$ 时,由于

$$\int_1^{+\infty} h(x)\mathrm{d}x=\frac{1}{2}\int_1^{+\infty}\frac{1-\cos 2x}{x^m}\mathrm{d}x,$$

以及 $\displaystyle\int_1^{+\infty}\frac{1}{x^m}\mathrm{d}x$ 发散,$\displaystyle\int_1^{+\infty}\frac{\cos 2x}{x^m}\mathrm{d}x$ 收敛,可知此时 J_2 发散;又当 $m\leqslant 0$ 时,由于

$$\frac{\sin^2 x}{x^m}\geqslant\sin^2 x,\ \int_1^{+\infty}\sin^2 x\mathrm{d}x\ 发散,$$

从而 J_2 亦发散. 总之,J_2 仅当 $m>1$ 时收敛.

综合对 J_1 与 J_2 的讨论,当且仅当 $1<m<3$ 时 J 为收敛. □

***例 4**　证明:若 $\displaystyle\int_a^{+\infty} f(x)\mathrm{d}x$ 收敛,且 $f(x)$ 在 $[a,+\infty)$ 上一致连续,则 $\lim\limits_{x\to+\infty} f(x)=0$.

证　由 $f(x)$ 在 $[a,+\infty)$ 上一致连续,$\forall\varepsilon>0$,$\exists\delta>0$(不妨设 $\delta\leqslant\varepsilon$),当 $x_1,x_2\in[a,+\infty)$,且 $|x_1-x_2|\leqslant\delta$ 时,$|f(x_1)-f(x_2)|<\dfrac{\varepsilon}{2}$.

又因 $\displaystyle\int_a^{+\infty} f(x)\mathrm{d}x$ 收敛,故对上述 δ,$\exists G>a$,当 $x',x''>G$ 时,有

$\left|\int_{x'}^{x''} f(x)\mathrm{d}x\right| < \frac{\delta^2}{2}$.

现对任何 $x>G$，取 $x',x''>G$，使 $x'<x<x''$，且 $x''-x'=\delta$. 此时由

$$\begin{aligned}|f(x)\delta| &= \left|\int_{x'}^{x''} f(x)\mathrm{d}t - \int_{x'}^{x''} f(t)\mathrm{d}t + \int_{x'}^{x''} f(t)\mathrm{d}t\right| \\ &\leqslant \int_{x'}^{x''} |f(x)-f(t)|\mathrm{d}t + \left|\int_{x'}^{x''} f(t)\mathrm{d}t\right| \\ &< \frac{\varepsilon}{2}\cdot\delta + \frac{\delta^2}{2},\end{aligned}$$

便得

$$|f(x)| < \frac{\varepsilon}{2} + \frac{\delta}{2} \leqslant \varepsilon, \quad x > G.$$

这就证得 $\lim\limits_{x\to+\infty} f(x)=0$. □

说明：我们由例 1 的 2)，4) 所举反例知道，$\int_a^{+\infty} f(x)\mathrm{d}x$ 收敛并不以 $\lim\limits_{x\to+\infty} f(x)=0$ 作为其必要条件，即使 $f(x)$ 非负、连续也是如此. 那么，在 $\int_a^{+\infty} f(x)\mathrm{d}x$ 收敛的基础上，再添加怎样一些附加条件，便能有 $\lim\limits_{x\to+\infty} f(x)=0$ 呢？除了例 1 中 5)，6) 所指出的外，本例中的"一致连续"，以及后面习题第 1 题中的"$\int_a^{+\infty} f'(x)\mathrm{d}x$ 收敛"也都是一些合适的附加条件.

例 5　证明：若 $f(x)$ 是 $[a,+\infty)$ 上的单调函数，且 $\int_a^{+\infty} f(x)\mathrm{d}x$ 收敛，则

$$f(x) = o\left(\frac{1}{x}\right), x\to+\infty.$$

证　由例 1 之 6) 已知，在所设条件下必有 $\lim\limits_{x\to+\infty} f(x)=0$. 现在要进一步证明

$$\lim_{x\to+\infty} xf(x) = 0.$$

（说明：下面的证明并不以 $\lim\limits_{x\to+\infty} f(x)=0$ 作为准备知识.）为此不妨设 $f(x)\geqslant 0$，$x\in[a,+\infty)$，且为递减. 由 $\int_a^{+\infty} f(x)\mathrm{d}x$ 收敛的柯西准则，$\forall\varepsilon>0$，$\exists G>a$，$G\geqslant 0$，当 $x>\frac{x}{2}>G$ 时，有

$$0 \leqslant \frac{1}{2}xf(x) = \int_{\frac{x}{2}}^{x} f(x)\mathrm{d}t \leqslant \int_{\frac{x}{2}}^{x} f(t)\mathrm{d}t < \varepsilon.$$

这就证得结论成立.　□

*例 6　设 $f(x)$ 为 $[a,+\infty)$ 上的连续可微函数,且当 $x\to+\infty$ 时 $f(x)$ 递减趋于零. 试证: $\int_a^{+\infty} f(x)\mathrm{d}x$ 收敛的充要条件为 $\int_a^{+\infty} xf'(x)\mathrm{d}x$ 收敛.

证　[必要性]　由上例已知此时 $\lim\limits_{x\to+\infty} xf(x)=0$. 于是, $\forall\varepsilon>0$, $\exists G>a$, 当 $u_1,u_2>G$ 时,

$$|u_1f(u_1)|<\frac{\varepsilon}{3},\quad |u_2f(u_2)|<\frac{\varepsilon}{3},$$

$$\left|\int_{u_1}^{u_2} f(x)\mathrm{d}x\right|<\frac{\varepsilon}{3}.$$

从而得到

$$\begin{aligned}\left|\int_{u_1}^{u_2} xf'(x)\mathrm{d}x\right| &= \left|\Big[xf(x)\Big]_{u_1}^{u_2}-\int_{u_1}^{u_2} f(x)\mathrm{d}x\right| \\ &\leqslant |u_2f(u_2)|+|u_1f(u_1)|+\left|\int_{u_1}^{u_2} f(x)\mathrm{d}x\right| \\ &<\frac{\varepsilon}{3}+\frac{\varepsilon}{3}+\frac{\varepsilon}{3}=\varepsilon.\end{aligned}$$

由柯西准则证得 $\int_a^{+\infty} xf'(x)\mathrm{d}x$ 收敛.

[充分性]　由于

$$\int_a^u f(x)\mathrm{d}x = xf(x)\Big|_a^u-\int_a^u xf'(x)\mathrm{d}x,$$

且 $\lim\limits_{u\to+\infty}\int_a^u xf'(x)\mathrm{d}x$ 存在,因此问题归为证明极限 $\lim\limits_{u\to+\infty} uf(u)$ 存在. 又因 $x\to+\infty$ 时 $f(x)$ 递减趋于零,故首先可知

$$f(x)\geqslant 0,\ f'(x)\leqslant 0,\ x\in[a,+\infty).$$

再由 $\int_a^{+\infty} xf'(x)\mathrm{d}x$ 收敛,又知: $\forall\varepsilon>0$, $\exists G>a$, $G\geqslant 0$, 当 $u>G$ 时,有

$$\begin{aligned}0\leqslant uf(u) &= u|0-f(u)| = \left|u\int_u^{+\infty} f'(x)\mathrm{d}x\right| \\ &\leqslant \left|\int_u^{+\infty} xf'(x)\mathrm{d}x\right|<\varepsilon.\end{aligned}$$

此即为 $\lim\limits_{u\to+\infty} uf(u)=0$,问题得证.　□

三、习题

1. 证明：若 $f(x)$ 在 $[a,+\infty)$ 上可导，且 $\int_a^{+\infty} f(x)\mathrm{d}x$ 与 $\int_a^{+\infty} f'(x)\mathrm{d}x$ 都收敛，则 $\lim\limits_{x\to+\infty} f(x)=0$.

2. 设 $f(x)$ 为 $[a,+\infty)$ 上的非负、连续函数. 试用两种方法证明：若 $\int_a^{+\infty} xf(x)\mathrm{d}x$ 收敛，则 $\int_a^{+\infty} f(x)\mathrm{d}x$ 也收敛.

3. 设 $f(x),g(x),h(x)$ 在任何有限区间 $[a,b]\subset[a,+\infty)$ 上都可积，且满足

$$f(x)\leqslant g(x)\leqslant h(x).$$

证明：

1) 若 $\int_a^{+\infty} f(x)\mathrm{d}x$ 与 $\int_a^{+\infty} h(x)\mathrm{d}x$ 都收敛，则 $\int_a^{+\infty} g(x)\mathrm{d}x$ 也收敛；

2) 若 $\int_a^{+\infty} f(x)\mathrm{d}x=\int_a^{b} h(x)\mathrm{d}x=A$，则 $\int_a^{+\infty} g(x)\mathrm{d}x=A$.

4. 设 $f(x)$ 在任何有限区间 $[a,b]\subset[a,+\infty)$ 上可积. 证明：若 $\lim\limits_{x\to+\infty} f(x)=0$，且 $\lim\limits_{n\to\infty}\int_a^n f(x)\mathrm{d}x=A$（$n$ 为自然数），则 $\int_a^{+\infty} f(x)\mathrm{d}x=A$.

5. 设 $\int_a^{+\infty} f(x)\mathrm{d}x$ 为条件收敛. 证明：

1) $\int_a^{+\infty}[|f(x)|+f(x)]\mathrm{d}x$ 与 $\int_a^{+\infty}[|f(x)|-f(x)]\mathrm{d}x$ 都是发散的；

2) $$\lim_{x\to+\infty}\frac{\int_a^x[|f(t)|+f(t)]\mathrm{d}t}{\int_a^x[|f(t)|-f(t)]\mathrm{d}t}=1.$$

6. 设 $f(x)$ 在 $[1,+\infty)$ 上连续，$f(x)>0$，且

$$\lim_{x\to+\infty}\frac{\ln f(x)}{\ln x}=-\lambda.$$

证明：若 $\lambda>1$，则 $\int_1^{+\infty} f(x)\mathrm{d}x$ 收敛.

7. 设 $f(x)$ 在 (a,b) 上连续，瑕积分 $\int_a^b f^2(x)\mathrm{d}x$ 收敛. 试证 $\int_a^b f(x)\mathrm{d}x$ 必绝对收敛.

8. 试求下列反常积分的值：

1) $\int_0^{+\infty}\frac{\arctan x}{(1+x^2)^{3/2}}\mathrm{d}x$；　　2) $\int_0^{+\infty}\frac{\mathrm{d}x}{(1+x^2)(1+x^p)}$；

3) $\int_0^{\pi}\frac{\theta\sin\theta}{1-\cos\theta}\mathrm{d}\theta$；　　4) $\int_0^{+\infty}\frac{\ln x}{1+x^2}\mathrm{d}x$；

*5) $\int_0^{\frac{\pi}{2}}\cos 2nx\ \ln\cos x\mathrm{d}x$.

9. 讨论下列反常积分的敛散性：

1) $\int_0^{+\infty}\frac{x}{1+x^2\cos^2 x}\mathrm{d}x$；　　2) $\int_0^{+\infty}\frac{x^m}{1+x^n}\mathrm{d}x\quad(n\geqslant 0)$；

3) $\int_0^{+\infty}\frac{\sqrt{x}\cos x}{100+x}\mathrm{d}x$；　　4) $\int_0^1\frac{\mathrm{d}x}{\sqrt{x}\ln x}$；

5) $\int_0^{\pi}\frac{\mathrm{d}x}{\sqrt{\sin x}}$；　　*6) $\int_0^1\frac{1}{x}\cos\frac{1}{x^2}\mathrm{d}x$.

10. 证明下列等式：

1) $\int_0^{+\infty}f\left(\frac{x}{a}+\frac{a}{x}\right)\frac{\ln x}{x}\mathrm{d}x=\ln a\int_0^{+\infty}f\left(\frac{x}{a}+\frac{a}{x}\right)\frac{1}{x}\mathrm{d}x$；

2) $\int_0^{+\infty}\frac{x^{p-1}}{x+1}\mathrm{d}x=\int_0^{+\infty}\frac{x^{-p}}{x+1}\mathrm{d}x\quad(0<p<1)$.

11. 证明下列不等式：

1) $\frac{\pi}{2\sqrt{2}}<\int_0^1\frac{\mathrm{d}x}{\sqrt{1-x^4}}<\frac{\pi}{2}$；

2) $\frac{1}{2}(1-\frac{1}{\mathrm{e}})<\int_0^{+\infty}\mathrm{e}^{-x^2}\mathrm{d}x<1+\frac{1}{2\mathrm{e}}$；

3) $\frac{2}{x+y}<\int_0^{+\infty}\frac{\mathrm{d}t}{(t+x)(t+y)}<\frac{1}{\sqrt{xy}}$，并随之有

$$\sqrt{xy}<\frac{x-y}{\ln x-\ln y}<\frac{x+y}{2},$$

其中 $x,y>0,x\neq y$.

*12. 设 $f(x)$在$[0,+\infty)$上连续，$0<a<b$. 证明：

1) 若 $\lim\limits_{x\to+\infty}f(x)=A$，则

$$\int_0^{+\infty}\frac{f(ax)-f(bx)}{x}\mathrm{d}x=[f(0)-A]\ln\frac{b}{a};$$

2) 若 $\int_a^{+\infty}\frac{f(x)}{x}\mathrm{d}x$ 收敛，则

$$\int_0^{+\infty}\frac{f(ax)-f(bx)}{x}\mathrm{d}x=f(0)\ln\frac{b}{a}.$$

13. 求下列反常积分的值(a,b 为任意正数)：

1) $\int_0^{+\infty}\frac{\arctan ax-\arctan bx}{x}\mathrm{d}x$；

2) $\int_0^{+\infty}\frac{\sin ax-\sin bx}{x}\mathrm{d}x$；

3) $\int_0^{+\infty}\frac{\cos ax-\cos bx}{x}\mathrm{d}x$；

4) $\int_0^{+\infty}\frac{\mathrm{e}^{-ax}-\mathrm{e}^{-bx}}{x}\mathrm{d}x$.

第十章　数项级数

无穷级数是数学分析理论的重要组成部分，在应用数学和工程科学中有重要的应用. 数项级数是函数项级数和傅里叶级数理论的基础，其中包括正项级数和一般项级数. 正项级数将以柯西准则、比值判别法、根式判别法、拉贝(Raabe)判别法为基础，并介绍了更精细的库默尔(Kummer)判别法，以及由它推出高斯(Gauss)判别法，一般项级数以阿贝尔变换、莱布尼茨判别法、狄利克雷判别法、阿贝尔判别法及级数乘法的柯西定理为主，讨论了阿贝尔变换的进一步的应用.

§10.1　级数收敛性・正项级数判别法

一、内容精析

1°　级数收敛的必要条件：若级数 $\sum\limits_{n=1}^{\infty} u_n$ 收敛，则 $\lim\limits_{n\to\infty} u_n=0$.

2°　级数收敛的柯西准则　级数 $\sum\limits_{n=1}^{\infty} u_n$ 收敛的充要条件是：任给正数 ε，总存在正整数 N，使得当 $m>N$ 和任意的正整数 p，都有

$$|u_{m+1}+u_{m+2}+\cdots+u_{m+p}|<\varepsilon. \tag{1}$$

级数发散的充要条件：存在某正数 ε_0，对任何正整数 N，总存在正整数 m_0 $(>N)$ 和 p_0，有

$$|u_{m_0+1}+u_{m_0+2}+\cdots+u_{m_0+p_0}|\geqslant\varepsilon_0. \tag{2}$$

3°　正项级数 $\sum\limits_{n=1}^{\infty} u_n$ 收敛的充要条件是：部分和数列 $\{S_n\}$ 有界，即存在某正数 M，对一切正整数 n 有

$$S_n\leqslant M.$$

4°　比较原则　设 $\sum\limits_{n=1}^{\infty} u_n$ 和 $\sum\limits_{n=1}^{\infty} v_n$ 是两个正项级数，如果存在某正数 N，对一切 $n>N$ 都有

$$u_n\leqslant v_n, \tag{3}$$

那么

(i) 若级数 $\sum v_n$ 收敛,则级数 $\sum u_n$ 收敛;

(ii) 若级数 $\sum u_n$ 发散,则级数 $\sum v_n$ 发散.

5° 比较原则的极限形式　设 $\sum u_n$ 和 $\sum v_n$ 是两个正项级数,若

$$\lim_{n\to\infty}\frac{u_n}{v_n}=l, \tag{4}$$

则

(i) 当 $0<l<+\infty$ 时,两级数同时收敛或发散;

(ii) 当 $l=0$,且 $\sum v_n$ 收敛时,则级数 $\sum u_n$ 收敛;

(iii) 当 $l=+\infty$ 且 $\sum v_n$ 发散时,则级数 $\sum u_n$ 发散.

6° 达朗贝尔(D'Alembert)判别法(或称比式判别法)　设 $\sum u_n$ 为正项级数,且存在某正整数 N_0 及常数 q $(0<q<1)$

(i) 若对一切 $n>N_0$,成立

$$\frac{u_{n+1}}{u_n}\leqslant q, \tag{5}$$

则级数 $\sum u_n$ 收敛;

(ii) 若对一切 $n>N_0$,成立不等式

$$\frac{u_{n+1}}{u_n}\geqslant 1 \tag{6}$$

则级数 $\sum u_n$ 发散.

7° 比式判别法极限形式　若 $\sum u_n$ 为正项级数,且

$$\lim_{n\to\infty}\frac{u_{n+1}}{u_n}=q, \tag{7}$$

则

(i) 当 $q<1$ 时,级数 $\sum u_n$ 收敛;

(ii) 当 $q>1$ 或 $q=+\infty$ 时,级数 $\sum u_n$ 发散.

8° 柯西判别法(或称根式判别法)　设 $\sum u_n$ 为正项级数,且存在某正数 N_0 及常数 l,

(i) 若对一切 $n>N_0$,成立不等式

$$\sqrt[n]{u_n} \leqslant l < 1, \tag{8}$$

则级数 $\sum u_n$ 收敛;

(ii) 若对一切 $n > N_0$,成立不等式

$$\sqrt[n]{u_n} \geqslant 1, \tag{9}$$

则级数 $\sum u_n$ 发散.

9° 根式判别法的极限形式 设 $\sum u_n$ 为正项级数,且

$$\lim_{n\to\infty} \sqrt[n]{u_n} = l, \tag{10}$$

则

(i) 当 $l<1$ 时,级数收敛;

(ii) 当 $l>1$ 时,级数发散.

10° 设 $\sum u_n$ 为正项级数

(i) 若 $\overline{\lim_{n\to\infty}} \dfrac{u_{n+1}}{u_n} = \bar{q} < 1$,则级数收敛; (11)

(ii) 若 $\underline{\lim_{n\to\infty}} \dfrac{u_{n+1}}{u_n} = \underline{q} > 1$,则级数发散. (12)

11° 设 $\sum u_n$ 为正项级数,且

$$\overline{\lim_{n\to\infty}} \sqrt[n]{u_n} = l, \tag{13}$$

则当

(i) $l<1$ 时级数收敛;

(ii) $l>1$ 时级数发散.

12° 积分判别法 设 $f(x)$ 为 $[1,+\infty)$ 上非负递减函数,那么正项级数 $\sum f(n)$ 与反常积分 $\int_1^{\infty} f(x)\mathrm{d}x$ 同时收敛或同时发散.

13° 拉贝判别法 设 $\sum u_n$ 为正项级数,且极限

$$\lim_{n\to\infty} n\left(1 - \frac{u_{n+1}}{u_n}\right) = r, \tag{14}$$

则

(i) 当 $r>1$ 时,级数 $\sum u_n$ 收敛;

(ii) 当 $r<1$ 时,级数 $\sum u_n$ 发散.

比较判别法是正项级数判别法中最基本的判别法之一. 达朗贝尔判别法和柯西判别法实际上是把级数与 $\sum q^n$ 比较;拉贝判别法是将相应级数与 $\sum \frac{1}{n^p}$ 比较;积分判别法具有直观的几何意义:当 $f(x)$ 非负递减时,把 $\sum f(n)$ 与 $f(x)$ 的下方面积比较. 下面有些例题将介绍某些更加精细的判别法.

二、典型例题

例 1 设 $\{a_n\}$, $\{b_n\}$ 为实数列,下列命题中有些是正确的,有些是错误的,正确的给出证明,错误的举出例子.

1) $\sum a_n$ 和 $\sum b_n$ 发散,则 $\sum (a_n \pm b_n)$ 发散.

2) $\sum a_n$ 收敛,则 $\sum \frac{a_n}{n^2}$ 收敛.

3) $\sum\limits_{n=2}^{\infty} |a_n - a_{n-1}|$ 收敛,则 $\{a_n\}$ 收敛.

4) $\sum a_n$ 收敛,则 $\sum \frac{1}{1+|a_n|}$ 发散.

解 1) 否. 例如 $\sum \frac{1}{n}$ 和 $\sum \left(-\frac{1}{n}\right)$ 发散,但 $\sum \left(\frac{1}{n} + \left(-\frac{1}{n}\right)\right)$ 是收敛的; $\sum \frac{1}{n}$ 是发散的,但 $\sum \left(\frac{1}{n} - \frac{1}{n}\right)$ 是收敛的.

2) 是. 因为 $\sum a_n$ 收敛,所以 $\lim\limits_{n\to\infty} a_n = 0$,当 n 充分大时

$$\left|\frac{a_n}{n^2}\right| \leqslant \frac{1}{n^2},$$

由比较判别法,有 $\sum \frac{|a_n|}{n^2}$ 收敛,因而 $\sum \frac{a_n}{n^2}$ 收敛.

3) 是. 由于

$$|a_{m+1} - a_{m+p}| \leqslant |a_{m+1} - a_{m+2}| + |a_{m+2} - a_{m+3}| + \cdots + |a_{m+p-1} - a_{m+p}|,$$

由柯西准则,因此 $\{a_n\}$ 收敛.

4) 是. 因为 $\sum a_n$ 收敛,所以 $\lim\limits_{n\to\infty} a_n = 0$. 于是

$$\lim_{n\to\infty} \frac{1}{1+|a_n|} = 1.$$

由 1°可知 $\sum \frac{1}{1+|a_n|}$ 发散. □

例 2 判别下列级数的收敛性：

1) $\sum_{n=1}^{\infty} \frac{1}{1+a^n}$ $(a \geqslant 0)$； 2) $\sum_{n=1}^{\infty} \frac{1}{n}$；

3) $\sum_{n=2}^{\infty} \frac{1}{(\ln n)^p}$ $(p > 0)$； 4) $\sum_{n=3}^{\infty} \frac{1}{(\ln n)^{\ln n}}$.

解 1) 当 $a \leqslant 1$ 时，级数的一般项不趋于零，故级数发散. 当 $a > 1$ 时，

$$\frac{1}{1+a^n} \leqslant \left(\frac{1}{a}\right)^n,$$

由比较判别法，可得级数收敛.

2) 应用微分中值定理，有

$$\ln(n+1) - \ln n = \frac{1}{n+\theta}, \quad 0 < \theta < 1,$$

于是有

$$\ln(n+1) - \ln n < \frac{1}{n}.$$

将上述不等式相加，即有

$$\sum_{n=1}^{N} \frac{1}{n} > \ln(N+1),$$

令 $N \to \infty$，即可得 $\sum \frac{1}{n}$ 发散.

3) 当 n 充分大时，

$$\frac{1}{(\ln n)^p} \geqslant \frac{1}{n},$$

由比较判别法，可知级数发散.

4) 当 n 充分大时

$$\frac{1}{(\ln n)^{\ln n}} = \frac{1}{e^{\ln n \cdot \ln\ln n}} \leqslant \frac{1}{e^{2\ln n}} = \frac{1}{n^2},$$

由比较判别法，可知 $\sum_{n=3}^{\infty} \frac{1}{(\ln n)^{\ln n}}$ 收敛. □

注 2) 中级数的发散性也可用柯西准则证明.

例 3 用比式或根式判别法讨论下列级数的敛散性：

1) $\sum_{n=1}^{\infty} \frac{1 \cdot 3 \cdot \cdots \cdot (2n-1)}{n!}$； 2) $\sum_{n=1}^{\infty} \frac{(n+1)!}{10^n}$；

3) $\sum_{n=1}^{\infty} \left(\frac{n}{2n+1}\right)^n$； 4) $\sum_{n=1}^{\infty} \frac{n^2}{2^n}$.

解　1) 因为

$$\lim_{n\to\infty}\frac{u_{n+1}}{u_n}=\lim_{n\to\infty}\frac{2n+1}{n+1}=2,$$

由比值判别法,所以级数发散.

2) 由于

$$\lim_{n\to\infty}\frac{u_{n+1}}{u_n}=\lim_{n\to\infty}\frac{n+2}{10}=+\infty,$$

因此级数发散.

3) 因为

$$\lim_{n\to\infty}\sqrt[n]{u_n}=\lim_{n\to\infty}\frac{n}{2n+1}=\frac{1}{2},$$

由根式判别法,所以级数收敛.

4) 由

$$\lim_{n\to\infty}\sqrt[n]{u_n}=\lim_{n\to\infty}\frac{(\sqrt[n]{n})^2}{2}=\frac{1}{2},$$

故级数收敛.　□

例 4　设 $\sum u_n$, $\sum v_n$ 为正项级数,且存在正整数 N_0,对一切 $n>N_0$,有

$$\frac{u_{n+1}}{u_n}\leqslant\frac{v_{n+1}}{v_n},\tag{15}$$

试证:若级数 $\sum v_n$ 收敛,则级数 $\sum u_n$ 收敛;若 $\sum u_n$ 发散,则 $\sum v_n$ 也发散.

证　因为 $n>N_0$ 时

$$\frac{u_{n+1}}{u_n}\leqslant\frac{v_{n+1}}{v_n},$$

所以

$$\frac{u_{n+1}}{u_n}\cdot\frac{u_n}{u_{n-1}}\cdot\cdots\cdot\frac{u_{N_0+2}}{u_{N_0+1}}\leqslant\frac{v_{n+1}}{v_n}\cdot\frac{v_n}{v_{n-1}}\cdot\cdots\cdot\frac{v_{N_0+2}}{v_{N_0+1}},$$

即

$$u_{n+1}\leqslant\frac{u_{N_0+1}}{v_{N_0+1}}\cdot v_{n+1}.$$

由比较判别法,若 $\sum v_n$ 收敛时,则 $\sum u_n$ 收敛;若 $\sum u_n$ 发散,则 $\sum v_n$ 也发散. □

例 5 讨论级数

$$1+b+bc+b^2c+b^2c^2+b^3c^2+\cdots+b^nc^{n-1}+b^nc^n+\cdots$$

的收敛性,其中 $0<b<c$.

解 由于

$$\frac{u_{n+1}}{u_n}=\begin{cases}b, & n\text{ 为奇数},\\ c, & n\text{ 为偶数},\end{cases}$$

因此

$$\overline{\lim_{n\to\infty}}\frac{u_{n+1}}{u_n}=c,\qquad \underline{\lim_{n\to\infty}}\frac{u_{n+1}}{u_n}=b.$$

于是,由(11)、(12)当 $c<1$ 时,级数收敛;当 $b>1$ 时,级数发散,对其他情况,比式判别法无法判别敛散性.

但是

$$\lim_{n\to\infty}\sqrt[2n-1]{b^{n-1}c^{n-1}}=\sqrt{bc},$$

$$\lim_{n\to\infty}\sqrt[2n]{b^nc^{n-1}}=\sqrt{bc}.$$

由柯西判别法,当 $bc>1$ 时,级数发散,当 $bc<1$ 时,级数收敛. 当 $bc=1$ 时,级数为

$$1+b+1+b+\cdots+1+b+\cdots.$$

此级数显然是发散的. □

注 根式判别法有时比比式判别法有效.

例 6 判别下列级数的收敛性:

1) $\displaystyle\sum_{n=3}^{\infty}\frac{1}{n\cdot\ln n\cdot\ln\ln n}$;

2) $\displaystyle\sum_{n=3}^{\infty}\frac{1}{n\cdot\ln n\cdot(\ln\ln n)^{1+\alpha}}\qquad(\alpha>0)$;

3) $\displaystyle\sum_{n=2}^{\infty}\frac{1}{\ln n}\sin\frac{1}{n}$.

解 1) 设 $f(x)=\dfrac{1}{x\cdot\ln x\cdot\ln\ln x}$, 由于

$$\int_3^{\infty}\frac{dx}{x\cdot\ln x\cdot\ln\ln x}$$

发散,因此由积分判别法,级数发散.

2) 设 $f(x)=\dfrac{1}{x\cdot\ln x\cdot(\ln\ln x)^{1+\alpha}}$,同理可证级数是收敛的.

3) 因为

$$\frac{1}{\ln n}\sin\frac{1}{n}\approx\frac{1}{n\ln n},$$

而 $\sum\limits_{n=2}^{\infty}\dfrac{1}{n\ln n}$是发散的,所以原级数发散. □

注 3) 中解题的理由,请参阅习题 7.

例 7 讨论级数

$$\sum_{n=1}^{\infty}\left(\frac{1}{n}-\ln\frac{n+1}{n}\right)$$

的收敛性.

解 应用微分学中不等式

$$\ln(1+x)<x \qquad (-1<x<+\infty,x\neq 0),$$

即有

$$\ln\frac{n+1}{n}=\ln\left(1+\frac{1}{n}\right)<\frac{1}{n},$$

于是所讨论级数是正项级数.

由于

$$\ln\frac{n+1}{n}=-\ln\frac{n}{n+1}=-\ln\left(1-\frac{1}{n+1}\right)>\frac{1}{n+1},$$

因此

$$0<\frac{1}{n}-\ln\frac{n+1}{n}<\frac{1}{n}-\frac{1}{n+1}=\frac{1}{n(n+1)},$$

由比较判别法,故原级数收敛.

设此级数和为 γ, $H_n=1+\dfrac{1}{2}+\cdots+\dfrac{1}{n}$,

于是有

$$\sum_{k=1}^{n}\left(\frac{1}{k}-\ln\frac{k+1}{k}\right)=H_n-\ln(n+1)\to\gamma,$$

上式可写成

$$1+\frac{1}{2}+\cdots+\frac{1}{n}=\ln(n+1)+\gamma+\gamma_n, \tag{16}$$

其中 γ_n 为无穷小量，$\gamma=0.57721566490\cdots$ 为欧拉常数.(16)式刻画了 $\sum \frac{1}{n}$ 发散的级别.　□

注　这里给出了第二章§2.2 习题 9 的另一个证明.

下面介绍一种新的判别法，即**库默尔判别法**，由它可推出达朗贝尔判别法和拉贝判别法.

***例 8**　设 $\sum\limits_{n=1}^{\infty} u_n$ 是正项级数，$c_1, c_2, \cdots, c_n, \cdots$ 是使级数

$$\sum_{n=1}^{\infty} \frac{1}{c_n}$$

发散的正数列.

设

$$\mathscr{K}_n = c_n - c_{n+1}\frac{u_{n+1}}{u_n}, \tag{17}$$

若存在正整数 N，正数 $\delta>0$，使得对所有 $n>N$

$$\mathscr{K}_n \geqslant \delta,$$

则级数 $\sum\limits_{n=1}^{\infty} u_n$ 收敛，若对 $n>N$

$$\mathscr{K}_n \leqslant 0, \tag{18}$$

则级数 $\sum\limits_{n=1}^{\infty} u_n$ 发散.

证　若 $n>N$ 时，

$$\mathscr{K}_n = c_n - c_{n+1}\frac{u_{n+1}}{u_n} \geqslant \delta > 0,$$

即

$$c_n u_n - c_{n+1} u_{n+1} \geqslant \delta u_n,$$

由此可知 $\{c_n u_n\}$ 是递减数列，且以零作为下界，故 $c_n u_n$ 趋于有限极限.

因为级数

$$\sum_{n=1}^{\infty} (c_n u_n - c_{n+1} u_{n+1})$$

的前 n 项的部分和为

$$c_1 u_1 - c_{n+1} u_{n+1},$$

所以级数收敛. 由比较判别法,因 $\sum_{n=1}^{\infty}\delta u_n$ 收敛,所以 $\sum_{n=1}^{\infty}u_n$ 收敛.

若 $\forall n>N$

$$\mathscr{K}_n = c_n - c_{n+1}\frac{u_{n+1}}{u_n}\leqslant 0,$$

则有

$$\frac{u_{n+1}}{u_n}\geqslant\frac{\frac{1}{c_{n+1}}}{\frac{1}{c_n}}$$

由于 $\sum\frac{1}{c_n}$发散,由例 3,因此 $\sum u_n$ 发散.　　□

注 1　库默尔判别法具有下述极限形式:若

$$\lim_{n\to\infty}\mathscr{K}_n=\mathscr{K},\quad（有限或无限）$$

那么当 $\mathscr{K}>0$ 时级数收敛,而当 $\mathscr{K}<0$ 时级数发散.

注 2　如何应用库默尔判别法在于恰当选择$\{c_n\}$. 例如取 $c_n=1$ 可得到达朗贝尔判别法;取 $c_n=n$ 可得到拉贝判别法;取 $c_n=n\ln n(n>2)$可得到**伯尔特昂**(Bertrand)**判别法**:

设

$$B_n=\ln(n+1)\left[(n+1)\left(1-\frac{u_{n+1}}{u_n}\right)-1\right],$$

若　$B=\lim\limits_{n\to\infty}B_n$,那么当 $B>1$ 时级数收敛,当 $B<1$ 时级数发散.（见习题 10、11、12.）

***例 9　高斯判别法**　设 $\sum u_n$ 是正项级数

$$\frac{u_n}{u_{n+1}}=\lambda+\frac{\mu}{n}+\frac{\theta_n}{n^2},\tag{19}$$

其中 λ 与 μ 为常数,而 θ_n 为有界量,$|\theta_n|\leqslant L$. 那么当 $\lambda>1$ 或 $\lambda=1,\mu>1$ 时,级数收敛,$\lambda<1$ 或 $\lambda=1,\mu\leqslant 1$ 时,级数发散.

证　因

$$\lim_{n\to\infty}\frac{u_{n+1}}{u_n}=\frac{1}{\lambda},$$

由达朗贝尔判别法,故 $\lambda>1$ 时,级数收敛,$\lambda<1$ 时级数发散. 当 $\lambda=1$ 时,设

$$R_n = n\left(1-\frac{u_{n+1}}{u_n}\right)$$

$$= n\left(1-\frac{1}{1+\frac{\mu}{n}+\frac{\theta_n}{n^2}}\right)$$

$$= n\left(1-\left(1-\frac{\mu}{n}-\frac{\theta'_n}{n^2}\right)\right) \qquad (n\text{ 充分大},\theta'_n\text{ 为有界量})$$

$$= \mu+\frac{\theta'_n}{n}.$$

由此可得

$$\lim_{n\to\infty} R_n = \mu,$$

由拉贝判别法可知，当 $\mu>1$ 时，级数收敛；当 $\mu<1$ 时，级数发散；当 $\lambda=1$，$\mu=1$时，

$$B_n = \ln(n+1)\left[(n+1)\left(1-\frac{u_{n+1}}{u_n}\right)-1\right]$$

$$= \ln(n+1)\left[(n+1)\left(\frac{1}{n}+\frac{\theta'_n}{n^2}\right)-1\right]$$

$$= \frac{\ln(n+1)}{n}\left[1+\frac{n+1}{n}\theta'_n\right],$$

于是有

$$\lim_{n\to\infty} B_n = 0,$$

由伯尔特昂判别法，级数发散. □

下面介绍一种分析中有力的工具——无穷乘积，它的理论与级数收敛性密切相关.

在分析教程中有下述极限等式：

$$\lim_{n\to\infty}\cos\frac{\varphi}{2}\cos\frac{\varphi}{2^2}\cdots\cos\frac{\varphi}{2^n} = \frac{\sin\varphi}{\varphi} \qquad (\varphi\neq 0), \tag{20}$$

即无穷多个数相乘可以具有有限的极限.

如果 $p_1,p_2,\cdots,p_n,\cdots$ 为某一给定数列，则由其组成的形式记号

$$p_1\cdot p_2\cdot\cdots\cdot p_n\cdots = \prod_{n=1}^{\infty} p_n \tag{21}$$

称为**无穷乘积**.

与级数部分和相类似，可以定义**部分乘积**$\{P_n\}$：

$$P_1 = p_1, \quad P_2 = p_1 \cdot p_2, \cdots, \quad P_n = p_1 \cdot p_2 \cdot \cdots \cdot p_n.$$

定义 若部分乘积$\{P_n\}$具有有限或无限的极限(且有确定的正号或负号)

$$\lim_{n\to\infty} P_n = P,$$

则称 P 是无穷乘积(21)的**值**，并记为

$$P = p_1 \cdot p_2 \cdot \cdots \cdot p_n \cdots = \prod_{n=1}^{\infty} p_n. \tag{22}$$

若无穷乘积具有非零的有限值 P，则称乘积**收敛**，否则，称乘积**发散**.

按此定义，(20)式可以写成

$$\prod_{n=1}^{\infty} \cos \frac{\varphi}{2^n} = \frac{\sin\varphi}{\varphi} \qquad (\varphi \neq 0),$$

即当 $\varphi\neq 0$ 时，无穷乘积 $\prod\limits_{n=1}^{\infty} \cos \frac{\varphi}{2^n}$ 收敛于$\frac{\sin\varphi}{\varphi}$.

由定义可知，若无穷乘积收敛时，则

$$\lim_{n\to\infty} p_n = 1.$$

事实上，P_n 和 P_{n-1} 同时趋于 $P(P\neq 0)$，即有

$$\lim_{n\to\infty} p_n = \frac{\lim P_n}{\lim P_{n-1}} = \frac{P}{P} = 1.$$

于是从某项起 $p_n>0$，不妨设对任何 n，$p_n>0$.

例 10 无穷乘积(21)收敛的充要条件是

$$\sum_{n=1}^{\infty} \ln p_n \tag{23}$$

收敛.

证 因为无穷乘积收敛等价于

$$\lim_{n\to\infty} P_n = P \quad (P \neq 0).$$

由于对数函数的连续性，因此

$$\lim_{n\to\infty} \ln P_n = \ln P,$$

即

$$\sum_{n=1}^{\infty} \ln p_n = \ln P. \qquad \square$$

讨论无穷乘积的收敛性时,令

$$p_n=1+a_n,$$

故无穷乘积可写成

$$\prod_{n=1}^{\infty}(1+a_n),$$

并将级数(23)写成

$$\sum_{n=1}^{\infty}\ln(1+a_n). \tag{24}$$

例 11 设 n 充分大时有

$$a_n>0 \qquad (或\ a_n<0),$$

则无穷乘积收敛的充要条件是级数

$$\sum_{n=1}^{\infty}a_n \tag{25}$$

收敛.

证 因为无穷乘积收敛,所以 $a_n\to 0$,由于

$$\lim_{n\to\infty}\frac{\ln(1+a_n)}{a_n}=1,$$

因此级数 $\sum\limits_{n=1}^{\infty}\ln(1+a_n)$ 收敛的充要条件是级数 $\sum\limits_{n=1}^{\infty}a_n$ 收敛. 由例 10 可知 $\prod\limits_{n=1}^{\infty}(1+a_n)$ 收敛的充要条件是 $\sum\limits_{n=1}^{\infty}a_n$ 收敛. □

判别正项级数敛散性的一般方法:

(i) 先检验 $\lim\limits_{n\to\infty}a_n$ 是否为零,若不为零则级数发散.

(ii) 若级数部分和有界,则级数收敛.

(iii) 级数的一般项是否等价于 $\frac{1}{n^p}$ 或可与 $\frac{1}{n^p}$ 比较,然后用 p 级数判别法判别.

(iv) 用比值判别法、根式判别法或拉贝判别法判别.

(v) 应用积分判别法判别.

(vi) 利用柯西准则判别.

(vii) 可用更精细的判别法,如库默尔判别法、高斯判别法等.

三、习题

1. 级数 $\sum\limits_{n=1}^{\infty}\frac{n}{2^n}$ 收敛吗? 若收敛,试求其和.

2. 讨论下列级数的敛散性：

1) $\sum \frac{1}{3^{n+(-1)^n}}$；　　2) $\sum \frac{n!}{n^n}x^n$　$(x>0)$；

3) $\sum \frac{x^n}{(1+x)(1+x^2)\cdots(1+x^n)}$　$(x>0)$.

3. 判断级数 $\sum_{n=1}^{\infty} 2^n \sin\frac{\pi}{3^n}$ 的敛散性.

4. 讨论级数 $\sum_{n=1}^{\infty}\int_0^{\frac{1}{n}}\frac{\sqrt{x}}{1+x^2}\mathrm{d}x$ 的敛散性.

5. 设级数 $\sum a_n$ 与 $\sum c_n$ 都收敛，且对一切正整数 n，$a_n < b_n < c_n$ 成立，证明级数 $\sum_{n=1}^{\infty} b_n$ 也收敛.

6. 设 x_n 是方程 $x=\tan x$ 的正根（按递增次序），证明级数 $\sum_{n=1}^{\infty}\frac{1}{x_n^2}$ 收敛.

7. 设有两个正项级数 $\sum_{n=1}^{\infty} u_n$，$\sum_{n=1}^{\infty} v_n$，若 $\lim_{n\to\infty}\frac{u_n}{v_n}=d\neq 0$，则 $\sum_{n=1}^{\infty} u_n$ 与 $\sum_{n=1}^{\infty} v_n$ 同时收敛或同时发散.

8. 讨论级数 $\sum_{n=1}^{\infty} n^{\alpha}\beta^n$ 的敛散性，其中 α 为任意实数，β 为非负实数.

9. 试用拉贝判别法判别级数 $\sum_{n=1}^{\infty}\frac{\mathrm{e}^n n!}{n^n}$ 的敛散性.

10. 在例 5 中取 $c_n=1$，试由库默尔判别法推出达朗贝尔判别法.

11. 在例 5 中取 $c_n=n$，试由库默尔判别法推出拉贝判别法.

12. 在例 5 中取 $c_n=n\ln n\,(n\geqslant 2)$，试由库默尔判别法推出伯尔特昂判别法.

13. 利用高斯判别法，对参数 λ 讨论级数

$$\sum_{k=1}^{\infty} 2^{-\lambda\ln k}$$

的收敛性.

14. 设 $a_n>0$，证明级数

$$\sum_{n=1}^{\infty}\frac{a_n}{(1+a_1)(1+a_2)\cdots(1+a_n)}$$

收敛.

15. 设 $\{a_n\}$ 为递增正数列，证明级数

$$\sum_{n=1}^{\infty}\left(1-\frac{a_n}{a_{n+1}}\right)$$

当 $\{a_n\}$ 有界时收敛，而当 $\{a_n\}$ 无界时发散.

16. 设：(i) $f(x)$ 在 $[0,+\infty)$ 上递增，(ii) $\lim_{x\to+\infty} f(x)=A$，(iii) 在 $[0,+\infty]$ 上 $f''(x)<0$，试证：

1) $\sum_{n=1}^{\infty}(f(n+1)-f(n))$ 收敛；

2) $\sum_{n=1}^{\infty}f'(n)$ 收敛.

*17. 证明**厄耳玛可夫判别法**：

设 $f(x)$为递减的正值函数，且

$$\lim_{x\to+\infty}\frac{e^{x}f(e^{x})}{f(x)}=\lambda,$$

试证：1) 若 $\lambda<1$，则 $\sum_{n=1}^{\infty}f(n)$ 收敛；

2) 若 $\lambda>1$，则 $\sum_{n=1}^{\infty}f(n)$ 发散.

*18. 设 $a_n\geqslant0$，$\{a_n\}$递减，且级数 $\sum_{n=1}^{\infty}a_n$ 收敛，证明：$a_n=o\left(\frac{1}{n}\right)$.

*19. 应用**沃利斯**(wallis)公式

$$\frac{\pi}{2}=\lim_{u\to\infty}\frac{2\cdot2\cdot4\cdot4\cdot\cdots\cdot2n\cdot2n}{1\cdot3\cdot3\cdot5\cdot\cdots\cdot(2n-1)\cdot(2n+1)}$$

证明：

$$\prod_{m=1}^{\infty}\left[1-\frac{1}{(2m+1)^2}\right]=\frac{\pi}{4},$$

$$\prod_{m=1}^{\infty}\left[1-\frac{1}{4m^2}\right]=\frac{2}{\pi}.$$

*20. 证明无穷乘积

$$\prod_{n=1}^{\infty}\frac{e^{\frac{1}{n}}}{1+\frac{1}{n}}=e^{\gamma},$$

其中 γ 是欧拉常数.

§ 10.2　一般项级数・绝对收敛与条件收敛

一、内容精析

1°　莱布尼茨判别法　若交错级数

$$u_1-u_2+u_3-u_4+\cdots+(-1)^{n-1}u_n+\cdots\qquad(u_n>0,n=1,2,\cdots)\quad(1)$$

满足下述两条件：

(i) 数列$\{u_n\}$递减，

(ii) $\lim\limits_{n\to\infty}u_n=0$,

则级数收敛.

2° 阿贝尔变换　设 $u_i, v_i(i=1,2,\cdots,n)$ 为两组实数,若

$$\sigma_k = v_1 + v_2 + \cdots + v_k \qquad (k = 1,2,\cdots,n),$$

则有如下公式成立:

$$\sum_{i=1}^{n} u_i v_i = \sum_{i=1}^{n-1}(u_i - u_{i+1})\sigma_i + u_n\sigma_n. \tag{2}$$

3° 阿贝尔判别法　若 $\{a_n\}$ 为单调有界数列,且级数 $\sum b_n$ 收敛,则级数 $\sum a_n b_n$ 收敛.

4° 狄利克雷判别法　若数列 $\{a_n\}$ 单调递减,且 $\lim\limits_{n\to\infty}a_n=0$,级数 $\sum b_n$ 的部分和数列有界,则级数 $\sum a_n b_n$ 收敛.

5° 级数重排定理　设级数 $\sum u_n$ 绝对收敛,且收敛于和 S,则任意重排后得到的级数也收敛,并有相同的和数.

6° 柯西定理　若级数 $\sum u_n$, $\sum v_n$ 都绝对收敛,且分别收敛于 A、B,则对所有乘积 $u_i v_j$ 按任意顺序排列所得到的级数 $\sum w_n$ 也绝对收敛,且其和等于 AB.

阿贝尔变换在级数理论中占有重要的地位,阿贝尔判别法和狄利克雷判别法就是利用阿贝尔变换证明的,它在第二积分中值定理的证明中也起了重要的作用.下面例题中还有它的进一步的应用.

二、典型例题

例 1　若数列 $\{a_n\}$ 递减, $\lim\limits_{n\to\infty}a_n=0$, $x\neq 2k\pi$,则级数 $\sum\limits_{n=1}^{\infty}a_n\cos nx$ 收敛.并由此证明:当 $x\neq 2k\pi$ 时,

$$\sum_{n=1}^{\infty}\left(1+\frac{1}{2}+\cdots+\frac{1}{n}\right)\frac{\cos nx}{n}$$

收敛.

证　当 $x\neq 2k\pi$ 时,

$$\frac{1}{2}+\sum_{k=1}^{n}\cos kx = \frac{\sin\left(n+\frac{1}{2}\right)x}{2\sin\frac{x}{2}},$$

于是有 $\sum \cos nx$ 的部分和数列有界，且 a_n 递减趋于零，由狄利克雷判别法，$\sum a_n \cos nx$ 收敛.

由于 $a_n=\left(1+\frac{1}{2}+\cdots+\frac{1}{n}\right)\frac{1}{n}$ 递减趋于零，因此由上述结论，

$$\sum_{n=1}^{\infty}\left(1+\frac{1}{2}+\cdots+\frac{1}{n}\right)\frac{\cos nx}{n}$$

当 $x\neq 2k\pi$ 时收敛. □

例 2 证明：若级数 $\sum_{n=1}^{\infty}\frac{a_n}{n^x}$ 在 $x=x_0$ 时收敛，则级数当 $x>x_0$ 都收敛.

证 当 $x>x_0$ 时，

$$\frac{a_n}{n^x}=\frac{1}{n^{x-x_0}}\cdot\frac{a_n}{n^{x_0}},$$

其中 $\frac{1}{n^{x-x_0}}$ 递减趋于零，$\sum_{n=1}^{\infty}\frac{a_n}{n^{x_0}}$ 收敛，由阿贝尔判别法可得 $\sum_{n=1}^{\infty}\frac{a_n}{n^x}$ 当 $x>x_0$ 都收敛. □

例 3 讨论级数 $\sum_{n=1}^{\infty}(-1)^n\sin\frac{a}{n}\,(a>0)$ 是绝对收敛、条件收敛还是发散？

解 因为 $\sin\frac{a}{n}$ 当 n 充分大时取正值，并递减趋于 0，由莱布尼茨判别法，级数

$$\sum_{n=1}^{\infty}(-1)^n\sin\frac{a}{n}$$

收敛. 由于

$$\lim_{n\to\infty}\frac{\sin\frac{a}{n}}{\frac{a}{n}}=1,$$

而 $\sum_{n=1}^{\infty}\frac{a}{n}$ 是发散的，因此

$$\sum_{n=1}^{\infty}\left|\sin\frac{a}{n}\right|$$

是发散的. 因而级数 $\sum(-1)^n\sin\frac{a}{n}$ 是条件收敛的. □

例 4 设 α 为实数,讨论 α 的情况,使得级数

$$1-\frac{1}{2^\alpha}+\frac{1}{3}-\frac{1}{4^\alpha}+\frac{1}{5}-\frac{1}{6^\alpha}+\cdots$$

收敛.

解 当 $\alpha\leqslant 0$ 时,级数通项不趋于零,于是级数发散.当 $\alpha>1$ 时,考虑 $2n$ 项部分和

$$S_{2n}=\sum_{k=1}^{n}\frac{1}{2k-1}-\sum_{k=1}^{n}\frac{1}{2^\alpha}\cdot\frac{1}{k^\alpha},$$

右边第一项趋于 $+\infty$,第二项趋于有限数,于是级数发散.当 $\alpha=1$ 时,由莱布尼茨判别法,级数是收敛时.

当 $0<\alpha<1$ 时,由于

$$\begin{aligned}&\frac{1}{(2n)^\alpha}-\frac{1}{(2n+1)}\\&=\frac{1}{(2n)^\alpha}\left[1-\frac{(2n)^\alpha}{2n+1}\right]\approx\frac{1}{(2n)^\alpha},\end{aligned}$$

而 $\sum\frac{1}{(2n)^\alpha}$发散,于是原级数加括号后发散,因此原级数发散.

总之,$\alpha=1$ 时级数收敛,α 取其他值时发散. □

例 5 把级数 $\sum\limits_{n=1}^{\infty}\frac{\sin n}{n}$的前 n 项部分和分为两项

$$S_n=\sum_{k=1}^{n}\frac{\sin k}{k}=S_n^{+}+S_n^{-},$$

其中 S_n^+ 与 S_n^- 分别是正项之和与负项之和.证明$\lim\limits_{n\to\infty}\frac{S_n^+}{S_n^-}$存在并求其值.

解 首先,$\sum\limits_{n=1}^{\infty}\frac{\sin n}{n}$是条件收敛的级数.这是因为由狄利克雷判别法可知级数是收敛的;又因

$$\frac{|\sin n|}{n}\geqslant\frac{|\sin n|^2}{n}=\frac{1-\cos 2n}{2n},$$

所以 $\sum\limits_{n=1}^{\infty}\frac{|\sin n|}{n}$发散.

由此易知 $S_n^+\to+\infty$,$S_n^-\to-\infty$.于是

$$\lim_{n\to\infty}\left(\frac{S_n^+}{S_n^-}+1\right)=\lim_{n\to\infty}\frac{S_n^+ + S_n^-}{S_n^-}=0,$$

即

$$\lim_{n\to\infty}\frac{S_n^+}{S_n^-}=-1.$$ □

注　本例与第九章 § 9.3 反常积分习题 5 具有相同的实质.

例 6　设 $f(x)$ 是 $(-\infty,+\infty)$ 内的可微函数,且满足:

(i) $f(x)>0$;

(ii) $|f'(x)|\leqslant mf(x)$,　$0<m<1$.

任取 a_0,定义

$$a_n=\ln f(a_{n-1}),\quad n=1,2,\cdots,$$

证明

$$\sum_{n=1}^{\infty}\left|a_n-a_{n-1}\right|$$

收敛.

证　由微分中值定理

$$\begin{aligned}a_n-a_{n-1}&=\ln f(a_{n-1})-\ln f(a_{n-2})\\&=\frac{f'(\xi_{n-1})}{f(\xi_{n-1})}(a_{n-1}-a_{n-2}),\end{aligned}$$

其中 ξ_{n-1} 在 a_{n-1} 与 a_{n-2} 之间.

于是

$$\begin{aligned}\left|a_n-a_{n-1}\right|&\leqslant\left|\frac{f'(\xi_{n-1})}{f(\xi_{n-1})}\right|\left|a_{n-1}-a_{n-2}\right|\\&\leqslant m\left|a_{n-1}-a_{n-2}\right|,\end{aligned}$$

由归纳法可知

$$\left|a_n-a_{n-1}\right|\leqslant m^{n-1}\left|a_1-a_0\right|. \tag{3}$$

$$\sum_{k=n+1}^{n+p}\left|a_k-a_{k-1}\right|\leqslant(m^{n+p-1}+\cdots+m^n)\left|a_1-a_0\right|,$$

由于 $m<1$,故 $\forall\varepsilon>0$,$\exists N$,当 $n>N$,p 为正整数时

$$\sum_{k=n+1}^{n+p}\left|a_k-a_{k-1}\right|<\varepsilon,$$

由柯西准则，$\sum_{n=1}^{\infty}\left|a_n-a_{n-1}\right|$收敛. □

注　由(3)式，若应用比较判别法，可直接得到结论.

定义　若数列$\{a_n\}$满足

$$\sum_{n=1}^{\infty}\left|a_n-a_{n-1}\right|<+\infty, \tag{4}$$

称$\{a_n\}$是**有界变差**.

若数列$\{a_n\}$是有界变差的，由第二章§2.1，可知$\lim\limits_{n\to\infty}a_n$存在.

例 7　若级数$\sum_{n=1}^{\infty}a_n$收敛，数列$\{b_n\}$是有界变差，则$\sum_{n=1}^{\infty}a_nb_n$收敛.

证　设n,p为正整数，应用阿贝尔变换

$$\begin{aligned}\sum_{i=n+1}^{n+p}a_ib_i &= (b_{n+1}-b_{n+2})a_{n+1}+(b_{n+2}-b_{n+3})(a_{n+1}+a_{n+2})\\ &\quad+\cdots+(b_{n+p-1}-b_{n+p})(a_{n+1}+\cdots+a_{n+p-1})\\ &\quad+b_{n+p}(a_{n+1}+\cdots+a_{n+p}),\end{aligned}$$

由于$\{b_n\}$为有界变差的，故$\exists M>0$，使得$|b_{n+p}|<M$，

$$\sum_{n=1}^{\infty}\left|b_{n+1}-b_n\right|<M;$$

又$\sum_{n=1}^{\infty}a_n$收敛，$\forall\varepsilon>0$，$\exists N$，当$n>N$，$\forall p\in\mathbf{N}^+$时，

$$\left|\sum_{i=n+1}^{n+p}a_i\right|<\frac{\varepsilon}{2M},$$

因此

$$\left|\sum_{i=n+1}^{n+p}a_ib_i\right|<\varepsilon.$$

由柯西准则可知$\sum_{n=1}^{\infty}a_nb_n$收敛. □

***例 8**　设$\sum_{n=1}^{\infty}a_n$和$\sum_{n=1}^{\infty}b_n$是通项不为零的级数，又设$\{p_n\}=\left\{\frac{a_n}{b_n}\right\}$，$\{p_n^{-1}\}=\left\{\frac{b_n}{a_n}\right\}$是有界变差的，并具有非零极限，则$\sum_{n=1}^{\infty}a_n$与$\sum_{n=1}^{\infty}b_n$同时(或同时不)：1)收敛；2) 绝对收敛；3) 发散，且部分和有界；4) 发散，且部分和无界.

证　设$\sum_{n=1}^{\infty}a_n$与$\sum_{n=1}^{\infty}b_n$的部分和分别为s_n与t_n.

1) 若 $\sum_{n=1}^{\infty} b_n$ 收敛,那么 $\{t_n\}$ 是收敛的,因而有界. 由于级数 $\sum (p_n - p_{n-1})$ 是绝对收敛的,因此 $\{p_n\}$ 是收敛的. 由阿贝尔变换

$$\sum_{i=1}^{n} a_i = \sum_{i=1}^{n} b_i p_i = \sum_{i=1}^{n-1} t_i (p_i - p_{i+1}) + t_n p_n, \tag{5}$$

(5) 式右边第一项由柯西准则是收敛的,于是 $\sum_{n=1}^{\infty} a_n$ 收敛. 因为 $\sum_{n=1}^{\infty} a_n$ 与 $\sum_{n=1}^{\infty} b_n$ 位置是对称的,所以反之也成立.

2) 由条件 $\{p_n\}$ 是有界变差的,由于 $||p_n| - |p_{n-1}|| \leqslant |p_n - p_{n-1}|$,因此 $\{|p_n|\}$ 是有界变差的. 与 1)相同证明可知:若 $\sum_{n=1}^{\infty} b_n$ 绝对收敛,则 $\sum_{n=1}^{\infty} a_n$ 也绝对收敛,反之亦然.

3) 若 $\sum_{n=1}^{\infty} b_n$ 发散并且部分和有界,则 $\{t_n\}$ 发散且有界. 这时(5)式右边第一项收敛于有限极限. 但 $\{p_n\}$ 具有非零极限,因而右边第二项不趋于有限极限,即 $\sum_{n=1}^{\infty} a_n$ 发散且部分和有界.

4) 综合 1)、2)、3)即得证. □

***例 9** 设 $\sum c_n$ 和 $\sum c'_n$ 是两个绝对收敛的级数,而且通项的绝对值小于 1,c 和 c' 是任意非零常数,证明

$$p_n = c \prod_{i=1}^{n} (1 + c_i), \quad q_n = c' \prod_{i=1}^{n} (1 + c'_i)^{-1}, \quad p_n q_n$$

$$(n = 1, 2, \cdots)$$

都是有界变差的并具有非零极限.

证 由 § 10.1 例 10,无穷乘积 $c \prod_{i=1}^{\infty} (1 + c_i)$ 和 $c' \prod_{i=1}^{\infty} (1 + c'_i)^{-1}$ 是收敛的,因而 $\{p_n\}$ 和 $\{q_n\}$ 是收敛的,而且极限值非零. 因为

$$p_n - p_{n+1} = - p_n \cdot c_{n+1}, \quad q_n - q_{n+1} = q_n \frac{c'_{n+1}}{1 + c'_{n+1}},$$

而 $\sum c_n$ 和 $\sum c'_n$ 绝对收敛,所以 $\{p_n\}$ 和 $\{q_n\}$ 是有界变差的. 因为

$$p_n q_n - p_{n+1} q_{n+1} = (p_n - p_{n+1}) q_n + p_{n+1} (q_n - q_{n+1}),$$

所以 $\{p_n q_n\}$ 也是有界变差的. □

三、习题

1. 证明：若 $\sum_{n=1}^{\infty}a_n$ 收敛，$na_n \to 0$，则 $\sum_{n=1}^{\infty}n(a_n - a_{n+1})$ 收敛.

2. 利用狄利克雷判别法证明莱布尼茨判别法.

3. 判别下列级数的收敛性：

1) $\sum_{n=1}^{\infty}\frac{(-1)^n}{n}\frac{x^n}{1+x^n}\quad (x>0)$；

2) $\sum_{n=1}^{\infty}\frac{\sin nx}{n^a}$，$x\in(0,2\pi)\quad (a>0)$.

4. 设 $\sum a_n$ 收敛，试判别下列级数的收敛性：

1) $\sum\sqrt[n]{n}\,a_n$；　　2) $\sum\left(1+\frac{1}{n}\right)^n a_n$.

5. 讨论下列级数中哪些是绝对收敛的、条件收敛的或发散的：

1) $\sum\frac{(-1)^n}{n^{p+\frac{1}{n}}}$；　　2) $\sum\left(\frac{(-1)^n}{\sqrt{n}}+\frac{1}{n}\right)$；

3) $\sum_{n=2}^{\infty}\frac{\sin nx}{\ln n}\quad (0<x<2\pi)$.

6. 判断下列命题是否正确，正确的加以证明，不正确的举出反例：

1) 若 $\sum a_n$ 收敛，$b_n\to 1\ (n\to\infty)$，则 $\sum a_nb_n$ 收敛.

2) 若 $\sum|a_n|$收敛，则 $\sum a_n^2$ 收敛.

3) 若 $\sum|a_n|$收敛，则 $\sum a_n(a_1+a_2+\cdots+a_n)$收敛.

4) 若 $\sum a_n$ 收敛，则 $na_n\to 0\ (n\to\infty)$.

5) 若$\{a_n\}$收敛于零，则$\{a_n\}$是有界变差的.

6) 若 $2|a_{n+1}|\leqslant|a_n|$，则 $\sum|a_n|$收敛.

7. 讨论下列级数的敛散性：

1) $\sum_{n=1}^{\infty}C_m^n$；　　2) $\sum_{n=1}^{\infty}(-1)^{n-1}C_m^n$.

8. 设 $\sum_{n=1}^{\infty}u_n$ 条件收敛，

$$p_n=\frac{|u_n|+u_n}{2},\quad q_n=\frac{|u_n|-u_n}{2},$$

证明级数 $\sum_{n=1}^{\infty}p_n$ 与 $\sum_{n=1}^{\infty}q_n$ 都是发散的.

9. 证明级数 $\sum_{n=0}^{\infty}\frac{a^n}{n!}$ 与 $\sum_{n=0}^{\infty}\frac{b^n}{n!}$ 绝对收敛，且其乘积为 $\sum_{n=0}^{\infty}\frac{(a+b)^n}{n!}$.

10. 设 $\sum a_nb_n$ 收敛，$s_n=a_0+a_1+\cdots+a_n$，且 $\sum s_n(b_n-b_{n+1})$收敛，证明数列$\{s_nb_n\}$收敛.

11. 若级数 $\sum a_n$ 是部分和有界的,数列 $\{b_n\}$ 是有界变差的,且 $b_n \to 0$,则 $\sum a_n b_n$ 收敛.

*12. 若 $\sum a_n$ 与 $\sum b_n$ 是通项非零的两个级数,$\{p_n\} = \{a_n/b_n\}$,$\{p_n^{-1}\} = \{b_n/a_n\}$ 是有界变差的,则 $\sum (a_n - a_{n+1})$ 与 $\sum (b_n - b_{n+1})$ 同时(或同时不)绝对收敛.

*13. 设 $\phi(n) > 0$,$\phi(n)$ 递增,$\lim\limits_{n\to\infty}\phi(n) = +\infty$,又 $\sum\limits_{n=1}^{\infty} a_n$ 收敛,证明

$$\sum_{k=1}^{n} a_k \phi(k) = o(\phi(n)) \qquad (n \to \infty).$$

第十一章　函数列与函数项级数

函数列和函数项级数是数列和数项级数的重要推广，本章讨论的一致收敛性是理论中的要点. §11.1 中讨论一致收敛性概念及其判别法，§11.2 主要讨论函数列和函数项级数的收敛性中的极限过程与积分、求导、极限运算可交换次序的条件，这些内容又是后面含参量反常积分的理论基础.

§11.1　函数序列与函数项级数的一致收敛性及其判别法

一、内容精析

1°　函数列一致收敛的柯西准则　函数列$\{f_n(x)\}$在数集D上一致收敛的充要条件是：对任给正数ε，总存在正整数N，使得当$n,m>N$时，对一切$x\in D$，都有

$$\left|f_n(x)-f_m(x)\right|<\varepsilon. \tag{1}$$

函数列$\{f_n(x)\}$在数集D上不一致收敛的充要条件是：存在某个正数ε_0，对任何正整数N，都存在D中某点x'与某正整数$n',m'>N$，使得

$$\left|f_{n'}(x')-f_{m'}(x')\right|\geqslant\varepsilon_0. \tag{2}$$

2°　函数列$\{f_n(x)\}$在数集D上一致收敛于$f(x)$的充要条件是：

$$\lim_{n\to\infty}\sup_{x\in D}\left|f_n(x)-f(x)\right|=0. \tag{3}$$

3°　函数项级数一致收敛的柯西准则　函数项级数$\sum u_n(x)$在数集D上一致收敛的充要条件为：对任给正数ε，总存在正整数N，使得当$n>N$，对一切$x\in D$和一切正整数p，都有

$$\left|S_{n+p}(x)-S_n(x)\right|<\varepsilon,$$

或

$$\left|u_{n+1}(x)+\cdots+u_{n+p}(x)\right|<\varepsilon. \tag{4}$$

4°　函数项级数$\sum u_n(x)$在数集D上一致收敛于$S(x)$的充要条件是

$$\lim_{n\to\infty}\sup_{x\in D}\left|R_n(x)\right| = \lim_{n\to\infty}\sup_{x\in D}\left|S(x)-S_n(x)\right| = 0. \tag{5}$$

5° 魏尔斯特拉斯判别法 设函数项级数 $\sum u_n(x)$ 定义在数集 D 上，$\sum M_n$ 为收敛的正项级数，若对一切 $x \in D$，有

$$\left|u_n(x)\right| \leqslant M_n, \quad n = 1,2,\cdots, \tag{6}$$

则函数项级数 $\sum u_n(x)$ 在 D 上一致收敛.

6° 阿贝尔判别法 设

(i) $\sum u_n(x)$ 在数集 D 上一致收敛；

(ii) 对于每一个 $x \in D$，$\{v_n(x)\}$ 是单调的；

(iii) $\{v_n(x)\}$ 在 D 上一致有界，即存在正数 M，对一切 $x \in D$ 和一切正整数 n，有

$$\left|v_n(x)\right| < M. \tag{7}$$

则级数 $\sum u_n(x)v_n(x)$ 在 D 上一致收敛.

7° 狄利克雷判别法 设

(i) $\sum u_n(x)$ 的部分和函数列

$$U_n(x) = \sum_{k=1}^{n} u_k(x) \qquad (n = 1,2,\cdots),$$

在 D 上一致有界；

(ii) 对于每一个 $x\in D$，$\{v_n(x)\}$是单调的；

(iii) 在 D 上$\{v_n(x)\}$一致收敛于零. (8)

则级数 $\sum u_n(x)v_n(x)$ 在 D 上一致收敛.

8° 验证不一致收敛的一个命题 设$\{f_n(x)\}$为定义在$[a,b]$上的函数列，且对每一个 n，$f_n(x)$在点 a 右连续，但$\{f_n(a)\}$发散，则在任何开区间$(a, a+\delta)$ $(a+\delta<b)$内$\{f_n(x)\}$都不一致收敛.

设 $\sum u_n(x)$ 为定义在$[a,b]$上的函数项级数，且对每一个 n，$u_n(x)$ 在点 a 右连续，但$\sum u_n(a)$ 发散，则在任何开区间$(a,a+\delta)$ $(a+\delta<b)$ 内$\sum u_n(x)$ 不一致收敛.

9° 若在 D 上 $u_n(x)$不一致收敛于零，则函数项级数 $\sum u_n(x)$ 在 D 上不一致收敛.

一致收敛性是数学分析中重要的基本概念之一，在极限可交换理论和后

面幂级数理论中将起关键作用.虽然在实变函数论中发展了控制收敛的概念以便于极限过程的交换,但一致收敛性在实际应用中仍具有重要的意义.

命题 8°有时在验证不一致收敛性时简捷有效,但要注意验证条件.

二、典型例题

例 1 讨论下述函数序列$\{f_n(x)\}$在$[0,1]$上的一致收敛性:

1) $f_n(x)=\dfrac{x}{1+n^2x^2}$;

2) $f_n(x)=\dfrac{nx}{1+n^2x^2}$.

解 首先求出极限函数,二种情况下 $f(x)\equiv 0$.

1) $f_n(x)=\dfrac{x}{1+n^2x^2}=\dfrac{1}{2n}\cdot\dfrac{2nx}{1+n^2x^2}\leqslant\dfrac{1}{2n}$, $\forall\varepsilon>0$, $\exists N=\dfrac{1}{2\varepsilon}$, $n>N$ 时, $\forall x\in[0,1]$, $|f_n(x)-f(x)|<\varepsilon$,所以$\{f_n(x)\}$一致收敛于零.

2) 由微分法可求得当 $x=\dfrac{1}{n}$时,$f_n(x)$取得最大值 $\max\limits_{x\in[0,1]}|f_n(x)-f(x)|=\dfrac{1}{2}$,于是 $f_n(x)$不一致收敛(见图 11-1).

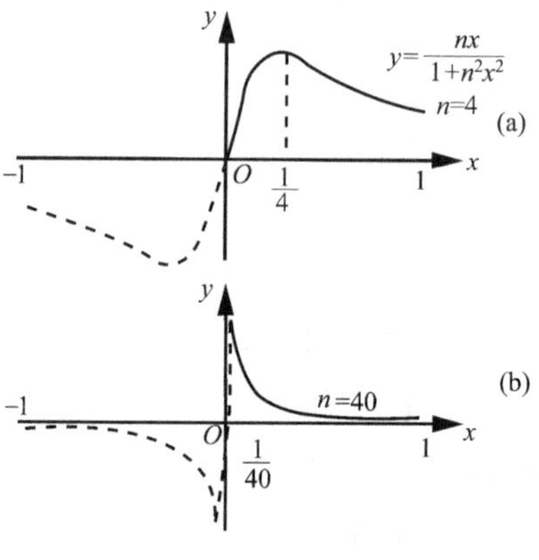

图 11-1

另证:$\exists\varepsilon_0=\dfrac{1}{4}$, $\forall N$,取 $n>N$, $\exists x'=\dfrac{1}{n}$,

$$|f_n(x')-f(x')|=\frac{1}{2}\geqslant\varepsilon_0,$$

即 $f_n(x)$不一致收敛于 $f(x)$. □

例 2　讨论下列函数项级数：

$$\sum_{n=1}^{\infty}\frac{(-1)^{n-1}x^2}{(1+x^2)^n},\quad x\in(-\infty,+\infty)$$

的一致收敛性. 相应的绝对值构成级数

$$\sum_{n=1}^{\infty}\frac{x^2}{(1+x^2)^n}$$

在$(-\infty,+\infty)$上是否一致收敛？在$\left[\frac{1}{10},10\right]$上是否一致收敛？

解　由于

$$\frac{x^2}{(1+x^2)^n}=\frac{x^2}{1+nx^2+\cdots+(x^2)^n}\leqslant\frac{x^2}{nx^2}=\frac{1}{n},$$

因此$\frac{x^2}{(1+x^2)^n}\rightrightarrows 0, x\in(-\infty,+\infty)$. 而$\left|\sum_{k=1}^{n}(-1)^{k-1}\right|\leqslant 1$，由狄利克雷判别法，函数项级数在$(-\infty,+\infty)$上一致收敛.

现讨论级数$\sum_{n=1}^{\infty}\frac{x^2}{(1+x^2)^n}$.

$$S(x)=\begin{cases}0, & x=0,\\ 1, & x\neq 0,\end{cases}$$

$$|S_n(x)-S(x)|=\begin{cases}0, & x=0,\\ \dfrac{1}{(1+x^2)^n}, & x\neq 0,\end{cases}$$

由于

$$\sup_{x\in(-\infty,+\infty)}|S_n(x)-S(x)|=1,$$

因此级数在$(-\infty,+\infty)$上不一致收敛.

但是因为

$$\max_{x\in\left[\frac{1}{10},10\right]}\left|S_n(x)-S(x)\right|=\left(\frac{100}{101}\right)^n\to 0,$$

故$\sum_{n=1}^{\infty}\frac{x^2}{(1+x^2)^n}$在$\left[\frac{1}{10},10\right]$上一致收敛.　□

例 3　判别下列函数项级数的一致收敛性：

1) $\sum_{n=2}^{\infty}\ln\left(1+\frac{x}{n\ln^2 n}\right),\ |x|<a$;

2) $\sum_{n=1}^{\infty}\frac{\sin x\sin nx}{\sqrt{n+x}}$, $0\leqslant x<+\infty$;

3) $\sum_{n=1}^{\infty}\frac{x(x+n)^n}{n^{2+n}}, x\in[0,1]$.

解　1)　由于$\lim_{n\to\infty}\frac{x}{n\ln^2 n}=0$,应用

$$\ln(1+x)\approx x,\qquad x\to 0,$$

即有当n充分大时

$$\left|\ln\left(1+\frac{x}{n\ln^2 n}\right)\right|\leqslant\frac{2|x|}{n\ln^2 n}\leqslant\frac{2a}{n\ln^2 n}.$$

因为 $\sum_{n=2}^{\infty}\frac{2a}{n\ln^2 n}$ 收敛,由魏尔斯特拉斯判别法,所以级数一致收敛.

2) 设 $u_n(x)=\sin x\cdot\sin nx$, $v_n(x)=\frac{1}{\sqrt{n+x}}$. 由于

$$\left|\sum_{k=1}^{n}u_n(x)\right|\leqslant\left|\cos\frac{x}{2}\right|\left(1+\left|\cos\frac{n+1}{2}x\right|\right)\leqslant 2,$$

于是 $\sum u_n(x)$ 的部分和一致有界;而$\{v_n(x)\}$ 单调,且 $|v_n(x)|\leqslant\frac{1}{\sqrt{n}}$,故 $v_n(x)\rightrightarrows 0$. 由狄利克雷判别法,原级数一致收敛.

3) 设 $u_n(x)=\frac{x}{n^2}, v_n(x)=\left(1+\frac{x}{n}\right)^n$,由于$|u_n(x)|\leqslant\frac{1}{n^2}$,于是 $\sum u_n(x)$一致收敛;又因对固定的 $x\in[0,1]$,$\{v_n(x)\}$ 递增,且$\left|v_n(x)\right|\leqslant e$,故由阿贝尔判别法,原级数一致收敛.　□

例 4　证明:若数列$\{a_n\}$ 单调且收敛于零,则级数

$$\sum_{n=1}^{\infty}a_n\cos nx$$

在$[\alpha,2\pi-\alpha]$($0<\alpha<\pi$)上一致收敛. 并由此得到

$$\sum_{n=1}^{\infty}\frac{1}{n}\cos nx$$

在$[\alpha,2\pi-\alpha]$上一致收敛,试问此级数在$[0,2\pi]$上是否一致收敛?

证　设 $u_n(x)=\cos nx$, $v_n(x)=a_n$,当 $x\in[\alpha,2\pi-\alpha]$时,

$$\left|\sum_{k=1}^{n}\cos kx\right|=\left|\frac{\sin\left(n+\frac{1}{2}\right)x}{2\sin\frac{x}{2}}-\frac{1}{2}\right|$$

$$\leqslant \frac{1}{2\sin\frac{\alpha}{2}}+\frac{1}{2},$$

于是 $\sum u_n(x)$ 的部分和一致有界，而 $v_n(x)$ 单调，一致趋于零，由狄利克雷判别法可知 $\sum\limits_{n=1}^{\infty} a_n\cos nx$ 在 $[\alpha,2\pi-\alpha]$ 上一致收敛．

设 $a_n=\frac{1}{n}$，即有 $\sum\limits_{n=1}^{\infty}\frac{1}{n}\cos nx$ 在 $[\alpha,2\pi-\alpha]$ 上一致收敛. 但因 $\frac{1}{n}\cos nx$ 在 $[0,2\pi]$ 上连续，$x=0$ 时 $\sum\limits_{n=1}^{\infty}\frac{1}{n}$ 发散，所以级数在 $(0,\beta)$ $(0<\beta<2\pi)$ 内不一致收敛(命题 8°)，于是级数在 $[0,2\pi]$ 上不一致收敛. □

例 5 证明:若级数 $\sum a_n$ 收敛，则狄利克雷级数

$$\sum_{n=1}^{\infty}\frac{a_n}{n^x}$$

当 $x\geqslant 0$ 时一致收敛.

证 设 $u_n(x)=a_n, v_n(x)=\frac{1}{n^x}$. 因为 $\sum\limits_{n=1}^{\infty}a_n$ 当 $x\geqslant 0$ 时一致收敛，$v_n(x)$ 当 x 固定时是单调的，且 $\frac{1}{n^x}\leqslant 1$，故由阿贝尔判别法可知 $\sum\limits_{n=1}^{\infty}\frac{a_n}{n^x}$ 当 $x\geqslant 0$ 时一致收敛. □

例 6 设 $f_1(x)$ 在 $[a,b]$ 上可积，

$$f_{n+1}(x)=\int_a^x f_n(t)\mathrm{d}t,\quad n=1,2,\cdots,$$

证明;函数序列 $\{f_n(x)\}$ 在 $[a,b]$ 上一致收敛于零.

证 设 $\exists M>0$ 使得 $|f_1(x)|\leqslant M$，于是有

$$|f_2(x)|\leqslant M(x-a),$$

$$|f_3(x)|\leqslant M\int_a^x(x-a)\mathrm{d}x=\frac{M}{2!}(x-a)^2,$$

……

$$|f_{n+1}(x)|\leqslant\frac{M}{n!}(x-a)^n,$$

……

由于 $\sum\limits_{n=1}^{\infty}\frac{M}{n!}(b-a)^n$ 收敛，因此 $\{f_n(x)\}$ 在 $[a,b]$ 上一致收敛于零. □

注　这种迭代法估值在以后常微分方程解的讨论中常会用到.

例 7　(**地尼(Dini)定理**) 设 $u_n(x)\geqslant 0$,在$[a,b]$上连续, $n=1,2,\cdots$, 又 $\sum_{n=1}^{\infty}u_n(x)$ 在$[a,b]$上收敛于连续函数 $f(x)$,则$\sum_{n=1}^{\infty}u_n(x)$ 在$[a,b]$上一致收敛于 $f(x)$.

证　用反证法.若 $\sum_{n=1}^{\infty}u_n(x)$ 在$[a,b]$上不一致收敛于 $f(x)$,$S_n(x)$ 为级数部分和,则 $\exists\varepsilon_0>0$,及 $n_1<n_2<n_3<\cdots<n_k<\cdots$ 和 $x_{n_k}\in[a,b]$,使得

$$f(x_{n_k})-S_{n_k}(x_{n_k})\geqslant\varepsilon_0.$$

对$\{x_{n_k}\}\subset[a,b]$,应用聚点定理,$\exists\{x_{n_k}\}$的子列收敛于 $x_0\in[a,b]$,不妨设此子列即为$\{x_{n_k}\}$.

固定 m,当 $n_k>m$ 时,

$$f(x_{n_k})-S_m(x_{n_k})\geqslant f(x_{n_k})-S_{n_k}(x_{n_k})\geqslant\varepsilon_0,$$

令 $k\to\infty$,由于 $f(x)-S_m(x)$的连续性,因此

$$f(x_0)-S_m(x_0)\geqslant\varepsilon_0,$$

这与 $\sum_{n=1}^{\infty}u_n(x_0)$ 收敛于 $f(x_0)$ 矛盾.　□

例 8　证明在区间$[0,1]$上

1) 函数序列

$$\left(1+\frac{x}{n}\right)^n\qquad(n=1,2,\cdots)$$

一致收敛于 e^x.

2) 函数序列

$$f_n(x)=\frac{1}{e^{\frac{x}{n}}+\left(1+\frac{x}{n}\right)^n}\qquad(n=1,2,\cdots)$$

是一致收敛的.

证　1) 因为$\left(1+\frac{x}{n}\right)^n$在区间$[0,1]$上递增趋于 e^x,e^x 在$[0,1]$上连续,应用例 7 地尼定理,所以$\left(1+\frac{x}{n}\right)^n$是一致收敛于 e^x.

另证如下：由于 $\left[e^x-\left(1+\frac{x}{n}\right)^n\right]'=e^x-\left(1+\frac{x}{n}\right)^{n-1}>0$，因此 $e^x-\left(1+\frac{x}{n}\right)^n$ 在[0,1]上严格递增，即有

$$0\leqslant e^x-\left(1+\frac{x}{n}\right)^n\leqslant e-\left(1+\frac{1}{n}\right)^n\to 0,$$

于是在[0,1]上，$\left(1+\frac{x}{n}\right)^n\rightrightarrows e^x$.

2) 首先

$$\lim_{n\to\infty}f_n(x)=f(x)=\frac{1}{1+e^x},\quad x\in[0,1].$$

又因

$$\begin{aligned}\left|f_n(x)-f(x)\right|&=\left|\frac{1+e^x-e^{\frac{x}{n}}-\left(1+\frac{x}{n}\right)^n}{\left(e^{\frac{x}{n}}+\left(1+\frac{x}{n}\right)^n\right)(1+e^x)}\right|\\&\leqslant\left|e^x-\left(1+\frac{x}{n}\right)^n\right|+|e^{\frac{x}{n}}-1|\\&\leqslant\left|e-\left(1+\frac{1}{n}\right)^n\right|+|e^{\frac{1}{n}}-1|\to 0,\end{aligned}$$

故 $f_n(x)\rightrightarrows f(x)$. □

例 9 证明函数项级数 $\sum_{n=1}^{\infty}a_n\frac{1}{n!}\int_0^x t^n e^{-t}dt$ 在$[0,+\infty)$上一致收敛的充要条件是 $\sum_{n=1}^{\infty}a_n$ 收敛.

证 [充分性] 应用分部积分法，我们有

$$\begin{aligned}u_n(x)&=a_n\frac{1}{n!}\int_0^x t^n e^{-t}dt\\&=a_n\left[1-\left(1+x+\frac{x^2}{2!}+\cdots+\frac{x^n}{n!}\right)e^{-x}\right].\end{aligned}$$

由于$\left\{1-\left(1+x+\frac{x^2}{2!}+\cdots+\frac{x^n}{n!}\right)e^{-x}\right\}$递减一致有界，而 $\sum a_n$ 收敛，由阿贝尔判别法，因此

$$\sum_{n=1}^{\infty}a_n\frac{1}{n!}\int_0^x t^n e^{-t}dt$$

在$[0,+\infty)$上一致收敛.

［必要性］若 $\sum_{n=1}^{\infty} a_n \frac{1}{n!}\int_0^x t^n \mathrm{e}^{-t}\mathrm{d}t$ 在$[0,+\infty)$上一致收敛，则 $\forall \varepsilon>0$，$\exists N$，当 $n>N$ 时，且对任何正整数 p，$\forall x\in[0,+\infty)$，

$$\left|\sum_{k=n+1}^{n+p} a_k \frac{1}{k!}\int_0^x t^k \mathrm{e}^{-t}\mathrm{d}t\right|<\varepsilon,$$

令 $x\to+\infty$，即有

$$\left|\sum_{k=n+1}^{n+p} a_k\right|\leqslant\varepsilon,$$

由柯西准则，$\sum_{n=1}^{\infty} a_n$ 收敛.　　□

证明一致收敛或不一致收敛的一般方法：

(i) 先求极限函数或和函数，然后按定义证明.

(ii) 应用柯西准则.

(iii) 应用充要条件

$$\lim_{n\to\infty}\sup|f_n(x)-f(x)|=0$$

或

$$\lim_{n\to\infty}\sup|R_n(x)|=0.$$

(iv) 用三个基本判别法：魏尔斯特拉斯判别法、狄利克雷判别法、阿贝尔判别法.

(v) 利用地尼定理.

(vi) 命题 8°有时在证明不一致收敛性时有用，但要注意验证条件.

(vii) 若 $u_n(x)$不一致收敛于零，则 $\sum u_n(x)$ 不一致收敛.

三、习题

1. 讨论下列函数列或函数项级数在所述区间上的一致收敛性：

1) $f_n(x)=\sqrt{x^2+\frac{1}{n^2}}$，$n=1,2,\cdots$，$D=(-1,1)$；

2) $f_n(x)=\begin{cases}-(n+1)x+1, & 0\leqslant x\leqslant\frac{1}{n+1},\\ 0, & \frac{1}{n+1}<x\leqslant 1, n=1,2,\cdots;\end{cases}$

3) $f_n(x)=\frac{x^n}{1+x^n}$，$n=1,2,\cdots$，

(i) $x\in[0,1]$，　(ii) $x\in[0,1-\delta]$，$0<\delta<1$；

4) $\sum\limits_{n=1}^{\infty}\dfrac{(-1)^{n-1}}{x^2+n},\ D=(-\infty,+\infty)$;

5) $\sum\limits_{n=1}^{\infty}x^n$,

(i) 在区间 $|x|<q$ 内, $q<1$;　(ii) 在区间 $|x|<1$ 内.

2. 设在区间 I 上,对任何正整数 n 有

$$|u_n(x)|\leqslant v_n(x),$$

证明:当 $\sum\limits_{n=1}^{\infty}v_n(x)$ 在 I 上一致收敛时,级数 $\sum u_n(x)$ 在 I 上也一致收敛.

3. 讨论下列函数项级数在所述区间上的一致收敛性:

1) $\sum\limits_{n=1}^{\infty}\dfrac{1}{x^2+n^2},\ -\infty<x<+\infty$;

2) $\sum\limits_{n=1}^{\infty}x^3\mathrm{e}^{-nx},\ 0\leqslant x<+\infty$;

3) $\sum\limits_{n=1}^{\infty}\dfrac{n}{\sqrt{n!}}(x^n+x^{-n}),\ \dfrac{1}{4}\leqslant|x|\leqslant 4$;

4) $\sum\limits_{n=1}^{\infty}\dfrac{\sin nx}{n},\ D=[\varepsilon,2\pi-\varepsilon],\ 0<\varepsilon<\pi$;

5) $\sum\limits_{n=1}^{\infty}2^n\cdot\sin\dfrac{1}{3^nx},\ 0<x<+\infty$.

4. 证明 $\sum\limits_{n=1}^{\infty}\dfrac{\sin nx}{n}$ 在 $[0,2\pi]$ 上不一致收敛.

5. 设级数 $\sum\limits_{n=1}^{\infty}a_n$ 收敛,证明

$$\sum_{n=1}^{\infty}a_n\mathrm{e}^{-nx}$$

在 $x\geqslant 0$ 上一致收敛.

6. 设函数列 $\{f_n(x)\}$ 与 $\{g_n(x)\}$ 在区间 I 上分别一致收敛于 $f(x)$ 和 $g(x)$,且 $f(x)$, $g(x)$ 在 I 上有界,则函数列 $\{f_n(x)\cdot g_n(x)\}$ 在 I 上一致收敛于 $f(x)\cdot g(x)$.

7. 设在 $[a,b]$ 上, $\{f_n(x)\}$ 一致收敛于 $f(x)$, $\{g_n(x)\}$ 一致收敛于 $g(x)$. 若存在正数列 $\{M_n\}$,使得

$$\left|f_n(x)\right|\leqslant M_n,\quad \left|g_n(x)\right|\leqslant M_n,\quad x\in[a,b],n=1,2,\cdots,$$

证明: $\{f_n(x)g_n(x)\}$ 在 $[a,b]$ 上一致收敛于 $f(x)g(x)$.

8. 设可微函数列 $\{f_n(x)\}$ 在 $[a,b]$ 上收敛,且 $\{f'_n(x)\}$ 在 $[a,b]$ 上一致有界,证明 $\{f_n(x)\}$ 在 $[a,b]$ 上一致收敛.

9. 设 f 为定义在区间 $[a,b]$ 上任一函数,并记

$$f_n(x)=\frac{[nf(x)]}{n},\quad n=1,2,\cdots,$$

证明函数列 $\{f_n(x)\}$ 在 $[a,b]$ 上一致收敛于 $f(x)$.

10. 证明 $\sum_{n=1}^{\infty} x^n(1-x)^2$ 在$[0,1]$上一致收敛.

11. 证明级数$\sum_{n=1}^{\infty}(-1)^n x^n(1-x)$ 在$[0,1]$上绝对并一致收敛,但其绝对值组成的级数在$[0,1]$上却不一致收敛.

12. 设 $f(x)$ 在$[0,1]$上连续,$f(1)=0, g_n(x)=f(x)x^n, n=1,2,\cdots$,证明$\{g_n(x)\}$在$[0,1]$上一致收敛.

13. 设函数项级数$\sum_{n=1}^{\infty}a_n(x)$ 存在与 $x\in[a,b]$,m 无关的常数K,使得

$$\left|\sum_{n=1}^{m}a_n(x)\right|\leqslant K,$$

且在$[a,b]$上,$\sum_{n=1}^{\infty}\left|\lambda_n(x)-\lambda_{n+1}(x)\right|$ 一致收敛,$\{\lambda_n(x)\}$ 一致收敛于零,证明:$\sum_{n=1}^{\infty}\lambda_n(x)a_n(x)$ 在$[a,b]$上一致收敛.

*14. 已知 $f(x)$ 为$(-\infty,+\infty)$上的连续函数,且

$$f_n(x)=\sum_{i=0}^{n-1}\frac{1}{n}f\left(x+\frac{i}{n}\right),\quad n=1,2,\cdots,$$

证明:函数列$\{f_n(x)\}$在任何有限区间$[a,b]$上一致收敛.

*15. 设函数列$\{\varphi_n(x)\}$满足条件:

(i) $\varphi_n(x)$是$[-1,1]$上非负连续函数,且

$$\lim_{n\to\infty}\int_{-1}^{1}\varphi_n(x)\mathrm{d}x=1;$$

(ii) 对任何 $0<c<1$,$\{\varphi_n(x)\}$在$[-1,-c]$及$[c,1]$上一致收敛于零.

试证:对$[-1,1]$上任意连续函数 $g(x)$,有

$$\lim_{n\to\infty}\int_{-1}^{1}g(x)\varphi_n(x)\mathrm{d}x=g(0).$$

§11.2 一致收敛的函数序列与函数项级数的性质

一、内容精析

1° 连续性 若函数列$\{f_n(x)\}$在区间 I 上一致收敛,且每一项都连续,则其极限函数在 I 上连续.

2° 可积性 若函数列$\{f_n(x)\}$在$[a,b]$上一致收敛,且每一项都连续,则

$$\int_a^b\lim_{n\to\infty}f_n(x)\mathrm{d}x=\lim_{n\to\infty}\int_a^b f_n(x)\mathrm{d}x. \tag{1}$$

注 若将连续条件改为可积,则上述结论仍成立(可参阅例 4).

3° 可微性 设$\{f_n(x)\}$为定义在$[a,b]$上的函数列,若$x_0\in[a,b]$为$\{f_n(x)\}$的收敛点,$\{f_n(x)\}$的每一项在$[a,b]$上有连续的导数,且$\{f'_n(x)\}$在$[a,b]$上一致收敛,则

$$\frac{\mathrm{d}}{\mathrm{d}x}(\lim_{n\to\infty}f_n(x))=\lim_{n\to\infty}\frac{\mathrm{d}}{\mathrm{d}x}f_n(x). \tag{2}$$

4° 逐项求极限 若函数项级数$\sum\limits_{n=1}^{\infty}u_n(x)$定义在数集$D$上,$a$是$D$的聚点(有限或无限),且

(i) 存在有限极限

$$\lim_{x\to a}u_n(x)=c_n,\quad (n=1,2,\cdots),$$

(ii) $\sum\limits_{n=1}^{\infty}u_n(x)$在$D$上一致收敛,

则

1) $\sum\limits_{n=1}^{\infty}c_n$收敛, $C=\sum\limits_{n=1}^{\infty}c_n$,

2) 级数的和函数$f(x)$,当$x\to a$时,

$$\lim_{x\to a}f(x)=C,$$

上式可写为

$$\lim_{x\to a}\sum_{n=1}^{\infty}u_n(x)=\sum_{n=1}^{\infty}(\lim_{x\to a}u_n(x)). \tag{3}$$

5° 逐项求积 如果函数$u_n(x)$ $(n=1,2,3,\cdots)$在$[a,b]$上连续,且$\sum\limits_{n=1}^{\infty}u_n(x)$在区间上一致收敛,那么级数的和函数$f(x)$也可积,且

$$\int_a^b f(x)\mathrm{d}x=\sum_{n=1}^{\infty}\int_a^b u_n(x)\mathrm{d}x. \tag{4}$$

6° 逐项求导 若函数项级数$\sum\limits_{n=1}^{\infty}u_n(x)$在$[a,b]$上每一项都有连续导函数,$x_0\in[a,b]$为$\sum u_n(x)$的收敛点,且$\sum\limits_{n=1}^{\infty}u'_n(x)$在$[a,b]$上一致收敛,则

$$\sum_{n=1}^{\infty}\left(\frac{\mathrm{d}}{\mathrm{d}x}u_n(x)\right)=\frac{\mathrm{d}}{\mathrm{d}x}\left(\sum_{n=1}^{\infty}u_n(x)\right). \tag{5}$$

7° 地尼定理 $\sum_{n=1}^{\infty} u_n(x)$ 在$[a,b]$上每项是连续的，且是非负的，若级数在整个区间上有连续和 $f(x)$，那么函数项级数在区间上一致收敛.

这节中的基本定理主要用于讨论函数项级数的和函数(或函数序列的极限函数)的连续性、可积性和可导性，但有时级数(或序列)在所述区间上不具有一致收敛性，而在内闭区间上却具有一致收敛性，则在内闭区间上可应用有关定理，这是本节中的典型技巧.

在下一章幂级数中有本节内容的进一步应用.

二、典型例题

例 1 证明 $f(x)=\sum_{n=1}^{\infty}\left(x+\frac{1}{n}\right)^n$ 在$(-1,1)$内连续.

分析 所讨论函数项级数在 $x=\pm 1$ 是发散的，因而由 §11.1 的 8°，级数在$(-1,1)$内不一致收敛，但是在内闭区间$[-q,q]$ $(q<1)$上是一致收敛的，因而可以在内闭区间上应用定理讨论连续性.

证 若 $0<q<1$，当 $x\in[-q,q]$ 时

$$\left|\left(x+\frac{1}{n}\right)^n\right|\leqslant\left(q+\frac{1}{n}\right)^n,$$

由根式判别法可知 $\sum_{n=1}^{\infty}\left(q+\frac{1}{n}\right)^n$ 是收敛的，于是由优级数判别法 $\sum_{n=1}^{\infty}\left(x+\frac{1}{n}\right)^n$ 在$[-q,q]$上是一致收敛的.

因为 $\forall x_0\in(-1,1)$，$\exists\, 0<q<1$，使得 $x_0\in(-q,q)$，由连续性定理，所以 $f(x)$ 在点 x_0 连续，由于 x_0 在$(-1,1)$内的任意性，因此 $f(x)$ 在$(-1,1)$内连续. □

例 2 设函数项级数 $\sum_{n=1}^{\infty} n\mathrm{e}^{-nx}$，$x\in(0,+\infty)$，

1) 证明此级数在$(0,+\infty)$内收敛但不一致收敛.

2) 求级数的和函数.

证 1) $\forall x\in(0,+\infty)$，由根式判别法可知

$$\sum_{n=1}^{\infty} n\mathrm{e}^{-nx}$$

收敛，但当 $x=0$ 时，原级数发散，由 §11.1 的 8°可知，级数在$(0,+\infty)$内不一致收敛.

也可用证明 $u_n(x)$不一致收敛于零来证明上述级数的不一致收敛性. 因

为$\forall n$,可取$x_n=\dfrac{1}{n}$,

$$u_n\left(\frac{1}{n}\right)=ne^{-1}\to+\infty \qquad (n\to+\infty),$$

所以$\sum\limits_{n=1}^{\infty}ne^{-nx}$在$(0,+\infty)$内不一致收敛.

2) 现在用逐项求导法求级数的和函数.将级数$\sum\limits_{n=1}^{\infty}-e^{-nx}$逐项求导后得到$\sum\limits_{n=1}^{\infty}ne^{-nx}$. 因为$\forall x\in[\delta,+\infty)$,

$$ne^{-nx}\leqslant ne^{-n\delta},$$

而$\sum\limits_{n=1}^{\infty}ne^{-n\delta}$是收敛的,所以在$[\delta,+\infty)(\delta>0)$上$\sum\limits_{n=1}^{\infty}ne^{-nx}$是一致收敛的.

$\forall x_0\in(0,+\infty)$,取$\delta=\dfrac{x_0}{2}$,由于在$[\delta,+\infty)$上$\sum\limits_{n=1}^{\infty}ne^{-nx}$一致收敛,因此在点$x_0$处级数$\sum\limits_{n=1}^{\infty}-e^{-nx}$可逐项求导,因为$\sum\limits_{n=1}^{\infty}(-e^{-nx})=\dfrac{-e^{-x}}{1-e^{-x}}$,所以

$$\begin{aligned}S(x)&=\sum_{n=1}^{\infty}ne^{-nx}\\&=\sum_{n=1}^{\infty}(-e^{-nx})'\\&=\Big[\sum_{n=1}^{\infty}(-e^{-nx})\Big]'\\&=\frac{e^{-x}}{(1-e^{-x})^2}.\end{aligned}$$

□

例 3 设级数$\sum\limits_{n=1}^{\infty}a_n$收敛,证明

$$\lim_{x\to0^+}\sum_{n=1}^{\infty}\frac{a_n}{n^x}=\sum_{n=1}^{\infty}a_n.$$

证 由§11.1例5,$x\geqslant0$时$\sum\dfrac{a_n}{n^x}$一致收敛,由于

$$\lim_{x\to0^+}\frac{a_n}{n^x}=a_n,$$

由逐项求极限定理,因此

$$\lim_{x\to 0^+}\sum_{n=1}^{\infty}\frac{a_n}{n^x}=\sum_{n=1}^{\infty}a_n.$$ □

例 4　证明黎曼 ζ 函数

$$\zeta(x)=\sum_{n=1}^{\infty}\frac{1}{n^x}$$

在$(1,+\infty)$内连续，并有各阶连续导数.

分析　因为 $\sum\limits_{n=1}^{\infty}\frac{1}{n}$ 发散，所以级数 $\sum\limits_{n=1}^{\infty}\frac{1}{n^x}$ 在$(1,+\infty)$内不一致收敛，又因在$[\delta,+\infty)$ $(\delta>1)$ 上级数 $\sum\limits_{n=1}^{\infty}\frac{1}{n^x}$ 一致收敛，故可应用连续性与逐项可导定理.

证　$\forall x_0\in(1,+\infty)$，$\exists\delta>1$，使得 $x_0\in(\delta,+\infty)$，由于 $\forall x\in[\delta,+\infty)$，

$$\frac{1}{n^x}\leqslant\frac{1}{n^\delta},$$

由优级数判别法，因此 $\sum\frac{1}{n^x}$ 在$[\delta,+\infty)$ 上一致收敛，应用连续性定理可知 $\zeta(x)$ 在$(1,+\infty)$ 内连续.

由原级数逐项求导后可得

$$-\sum_{n=1}^{\infty}\ln n\cdot\frac{1}{n^x}.$$

因为此级数在$[\delta,+\infty)$上一致收敛，所以级数在点 x_0 处可导，而且导函数连续，由归纳法可知，原级数有各阶连续导数.　□

例 5　证明：若函数 $u_n(x)$ $(n=1,2,\cdots)$在区间$[a,b]$上可积，且 $\sum\limits_{n=1}^{\infty}u_n(x)$ 在$[a,b]$ 上一致收敛，则级数的和函数 $f(x)$ 也可积，并且可逐项求积分.

证　设

$$S_n(x)=\sum_{k=1}^{n}u_k(x),$$

则 $S_n(x)$可积. 由 $S_n(x)\rightrightarrows f(x)$，故 $\forall\varepsilon>0$，$\exists N$，当 $m>N$ 时，

$$\left|S_m(x)-f(x)\right|<\frac{\varepsilon}{4(b-a).}$$

固定 $m>N$，因为 $S_m(x)$可积，所以 $\forall\varepsilon>0$，$\exists$ 分划 T：

$$a = x_0 < x_1 < \cdots < x_i < \cdots < x_n = b,$$

使得

$$\sum_{i=1}^{n} \omega_i^{(m)} \Delta x_i < \frac{\varepsilon}{2},$$

其中 $\omega_i^{(m)}$ 是 $S_m(x)$ 在 $[x_{i-1}, x_i]$ 上的振幅，设 ω_i 是 $f(x)$ 在 $[x_{i-1}, x_i]$ 上的振幅，可证

$$\omega_i \leqslant \frac{\varepsilon}{2(b-a)} + \omega_i^{(m)}.$$

由于

$$\sum_{i=1}^{n} \omega_i \Delta x_i \leqslant \frac{\varepsilon}{2} + \sum_{i=1}^{n} \omega_i^{(m)} \Delta x_i < \frac{\varepsilon}{2} + \frac{\varepsilon}{2} = \varepsilon,$$

因此 $f(x)$ 在 $[a,b]$ 上可积. 由

$$\left| \int_a^b (S_n(x) - f(x)) \mathrm{d}x \right| \leqslant (b-a) \sup_{x \in [a,b]} | S_n(x) - f(x) |$$

可以证明逐项求积分等式. □

例 6 设 $\{u_n(x)\}$ 为 (a,b) 内连续函数列，$\sum_{n=1}^{\infty} u_n(x)$ 在 (a,b) 内闭一致收敛于 $S(x)$，且其部分和函数列

$$S_n(x) = \sum_{k=1}^{n} u_k(x) \qquad (n = 1, 2, \cdots)$$

在 (a,b) 上一致有界，证明 $\sum_{n=1}^{\infty} u_n(x)$ 在 (a,b) 上可逐项积分.

证 由于 $S_n(x) = \sum_{k=1}^{n} u_k(x)$ 在 (a,b) 上一致有界，因此 $\exists M > 0$，

$$| S_n(x) | \leqslant M \qquad (n = 1, 2, \cdots, \quad x \in (a,b)),$$

于是 $\qquad |S(x)| \leqslant M, \qquad x \in (a,b).$

我们要证：$\forall \varepsilon > 0$，$\exists N$，当 $n > N$ 时

$$\left| \int_a^b (S_n(x) - S(x)) \mathrm{d}x \right| < \varepsilon.$$

为此选取 (a,b) 的内闭区间 $\left[a + \frac{\varepsilon}{8M}, b - \frac{\varepsilon}{8M}\right]$，

$$\left| \int_a^b (S_n(x) - S(x)) \mathrm{d}x \right|$$

$$\leqslant \int_a^{a+\frac{\varepsilon}{8M}} \left| S_n(x) - S(x) \right| \mathrm{d}x + \int_{a+\frac{\varepsilon}{8M}}^{b-\frac{\varepsilon}{8M}} \left| S_n(x) - S(x) \right| \mathrm{d}x$$

$$+ \int_{b-\frac{\varepsilon}{8M}}^{b} \left| S_n(x) - S(x) \right| \mathrm{d}x$$

$$\leqslant \frac{\varepsilon}{4} + \int_{a+\frac{\varepsilon}{8M}}^{b-\frac{\varepsilon}{8M}} \left| S_n(x) - S(x) \right| \mathrm{d}x + \frac{\varepsilon}{4},$$

由于 $S_n(x)$ 在 $\left[a+\frac{\varepsilon}{8M}, b-\frac{\varepsilon}{8M}\right]$ 上一致收敛于 $S(x)$，$\forall \varepsilon>0$，$\exists N$，当 $n>N$ 时，

$$\int_{a+\frac{\varepsilon}{8M}}^{b-\frac{\varepsilon}{8M}} \left| S_n(x) - S(x) \right| \mathrm{d}x < \frac{\varepsilon}{2},$$

于是

$$\left| \int_a^b (S_n(x) - S(x)) \mathrm{d}x \right| < \varepsilon. \qquad \square$$

三、习题

1. 讨论下列函数列在所定义区间上的一致收敛性及其极限函数的连续性、可积性和可微性：

　1) $f_n(x) = x\mathrm{e}^{-nx^2}$, $n=1,2,\cdots$, $x \in [-l, +l]$.

　2) $f_n(x) = \dfrac{nx}{nx+1}$, $n=1,2,\cdots$,

　　(i) $x \in [0, +\infty)$；　(ii) $x \in [a, +\infty)$　　$(a>0)$.

2. 证明：$f(x) = \sum \dfrac{\sin nx}{n^{\frac{7}{2}}}$ 在 $(-\infty, +\infty)$ 上连续，并且有二阶连续导函数.

3. 设定义在 $[0, 2\pi]$ 上的函数项级数

$$\sum_{n=0}^{\infty} r^n \cos nx \qquad (0 < r < 1),$$

试证

$$\int_0^{2\pi} \left(\sum_{n=0}^{\infty} r^n \cos nx \right) \mathrm{d}x = 2\pi.$$

4. 证明：

$$\lim_{x \to 1-0} \sum_{n=1}^{\infty} \frac{(-1)^{n-1}}{n} \frac{x^n}{1+x^n} = \frac{1}{2} \ln 2.$$

5. 试证 $\displaystyle\sum_{n=1}^{\infty} \left(\frac{1-x^n}{1+x^n} - \frac{1-x^{n-1}}{1+x^{n-1}} \right)$ 在 $[0,1]$ 上不一致收敛.

6. 设 $\{x_n\}_{n=1}^{\infty} \subset (0,1)$，且 $\{x_n\}$ 中元素互不相等，讨论函数

$$f(x)=\sum_{n=1}^{\infty}\frac{\operatorname{sgn}(x-x_n)}{2^n}$$

的连续性.

7. 证明：$\int_0^{\pi}\ln(1-2r\cos x+r^2)\mathrm{d}x=0\quad(|r|<1)$.

8. 设函数

$$f(x)=\frac{1}{2}\tan\frac{x}{2}+\frac{1}{2^2}\tan\frac{x}{2^2}+\cdots+\frac{1}{2^n}\tan\frac{x}{2^n}+\cdots$$

1) 证明 $f(x)$在$\left[\frac{\pi}{6},\frac{\pi}{2}\right]$上连续.

2) 计算$\int_{\frac{\pi}{6}}^{\frac{\pi}{2}}f(x)\mathrm{d}x$.

9. 试证 $\sum_{n=1}^{\infty}(-1)^{n+1}\frac{1}{n^x}$在$(0,+\infty)$上非一致收敛,但在$(0,+\infty)$内是连续函数,且有各阶连续导数.

*10. 设给定级数$\sum_{n=1}^{\infty}\frac{a_n}{n^x}$,证明存在$-\infty\leqslant r\leqslant+\infty$,使$x<r$时,级数$\sum_{n=1}^{\infty}\frac{a_n}{n^x}$发散,当$x>r$时收敛.

第十二章　幂级数

§12.1　幂级数的性质与运算

一、内容精析

1°　阿贝尔定理　若幂级数 $\sum_{n=0}^{\infty} a_n x^n$ 在 $x=\bar{x}\neq 0$ 收敛，则对满足不等式 $|x|<|\bar{x}|$ 的任何 x，幂级数收敛且绝对收敛；若幂级数在 $x=\bar{x}$ 时发散，则对满足不等式 $|x|>|\bar{x}|$ 的任何 x，幂级数发散.

由此定理可知：幂级数的收敛域是以原点为中心的区间，若区间长为 $2R$，则称 R 为**收敛半径**.

2°　收敛半径公式　对幂级数 $\sum_{n=0}^{\infty} a_n x^n$，若

$$\lim_{n\to\infty} \sqrt[n]{|a_n|} = \rho, \tag{1}$$

则当

(i) $0<\rho<+\infty$ 时，幂级数收敛半径为 $R=\frac{1}{\rho}$；

(ii) $\rho=0$ 时，幂级数收敛半径 $R=+\infty$；

(iii) $\rho=+\infty$ 时，幂级数收敛半径 $R=0$.

若 $\lim_{n\to\infty} \frac{|a_{n+1}|}{|a_n|}=\rho$，则有 $\lim_{n\to\infty}\sqrt[n]{|a_n|}=\rho$，故也可以用比值判别法求收敛半径.

3°　柯西-阿达马(Cauchy-Hadamard)定理

对于幂级数 $\sum_{n=0}^{\infty} a_n x^n$，若

$$\rho = \overline{\lim_{n\to\infty}} \sqrt[n]{|a_n|} \tag{2}$$

则当

(i) $0<\rho<+\infty$ 时，$R=\frac{1}{\rho}$；

(ii) $\rho=0$ 时，$R=+\infty$；

(iii) $\rho=+\infty$ 时，$R=0$.

4°　内闭一致收敛性　若幂级数 $\sum_{n=0}^{\infty} a_n x^n$ 收敛半径为 R，则级数在收敛

区间$(-R,R)$内任一闭区间$[a,b]$上一致收敛.

5° 阿贝尔第二定理 若幂级数 $\sum_{n=0}^{\infty} a_n x^n$ 的收敛半径为R,且在$x=R$(或$x=-R$)时收敛,则级数在$[0,R]$(或$[-R,0]$)上一致收敛,且

$$\lim_{x\to R-0}\sum_{n=0}^{\infty} a_n x^n = \sum_{n=0}^{\infty} a_n R^n, \tag{3}$$

$$\left(\lim_{x\to -R+0}\sum_{n=0}^{\infty} a_n x^n = \sum_{n=0}^{\infty} a_n (-R)^n\right).$$

6° 幂级数的逐项求导与逐项求积

幂级数 $\sum_{n=0}^{\infty} a_n x^n$ 逐项求导与逐项求积后得到的级数为 $\sum_{n=1}^{\infty} n a_n x^{n-1}$ 和 $\sum_{n=0}^{\infty} \frac{a_n}{n+1} x^{n+1}$,则

(i) 这三个幂级数具有相同的收敛半径;

(ii) 设幂级数在收敛区间$(-R,R)$内的和函数为$f(x)$,如果$x\in(-R,R)$,则

$$f'(x) = \sum_{n=1}^{\infty} n a_n x^{n-1}, \tag{4}$$

$$\int_0^x f(t)\mathrm{d}t = \sum_{n=0}^{\infty} \frac{a_n}{n+1} x^{n+1}. \tag{5}$$

7° 幂级数的运算

设 $\sum_{n=0}^{\infty} a_n x^n$ 与 $\sum_{n=0}^{\infty} b_n x^n$ 为两个幂级数,于是有

(i) 若此两幂级数在$x=0$某邻域内相等,则它们同次幂的系数相等,即

$$a_n = b_n \qquad (n=0,1,2,\cdots).$$

(ii) 若两个幂级数的收敛半径为R_a和R_b,则有

$$\lambda\sum_{n=0}^{\infty} a_n x^n = \sum_{n=0}^{\infty} \lambda a_n x^n, \quad |x| < R_a, \tag{6}$$

$$\sum_{n=0}^{\infty} a_n x^n \pm \sum_{n=0}^{\infty} b_n x^n = \sum_{n=0}^{\infty} (a_n \pm b_n) x^n, \quad |x| < R, \tag{7}$$

$$\left(\sum_{n=0}^{\infty} a_n x^n\right)\left(\sum_{n=0}^{\infty} b_n x^n\right) = \sum_{n=0}^{\infty} c_n x^n, \quad |x| < R, \tag{8}$$

其中λ为常数,$R=\min\{R_a,R_b\}$,$c_n=\sum_{k=0}^{n} a_k b_{n-k}$.

幂级数是多项式的自然推广,它是数学分析中研究函数性质的有力工具.

由于幂级数在收敛区间内的内闭一致收敛性，因此可以逐项求导和逐项求积分，这为求幂级数的和函数提供了方便的途径.

阿贝尔第二定理是阿贝尔判别法和逐项求极限定理的综合结果，应用它可以从幂级数和函数的极限求出收敛级数的和.

二、典型例题

例 1　求级数 $\sum\limits_{n=1}^{\infty}\dfrac{\ln(1+n)}{n}x^{n-1}$的收敛域.

解　因为

$$\lim_{n\to\infty}\frac{\ln(2+n)}{n+1}\cdot\frac{n}{\ln(n+1)}=1,$$

所以幂级数的收敛半径为 1.

当 $x=1$ 时，相应级数的敛散性可以用积分判别法判别. 由于 $f(x)=\dfrac{\ln(1+x)}{x}$，$x\geqslant1$ 是非负、递减的，且

$$\int_1^{\infty}\frac{\ln(1+x)}{x}\mathrm{d}x$$

发散，因此 $\sum\limits_{n=1}^{\infty}\dfrac{\ln(1+n)}{n}$发散.

当 $x=-1$ 时，由莱布尼茨判别法，$\sum\limits_{n=1}^{\infty}\dfrac{\ln(1+n)}{n}(-1)^{n-1}$是收敛的. 故级数收敛域为$[-1,1)$.　□

例 2　试求幂级数 $\sum\limits_{n=1}^{\infty}\dfrac{n}{n+1}x^n$ 在其收敛域中的和函数.

解　用比值判别法可确定级数的收敛域是$|x|<1$. 令

$$f(x)=\sum_{n=1}^{\infty}\frac{n}{n+1}x^n\qquad(|x|<1),$$

于是有

$$\begin{aligned}f(x)&=\sum_{n=1}^{\infty}x^n-\sum_{n=1}^{\infty}\frac{x^n}{n+1}\\&=\frac{x}{1-x}-\frac{1}{x}\sum_{n=1}^{\infty}\frac{x^{n+1}}{n+1}.\end{aligned}$$

设

$$F(x)=\sum_{n=1}^{\infty}\frac{x^{n+1}}{n+1}\qquad(|x|<1),$$

由逐项求导性可得

$$F'(x)=\sum_{n=1}^{\infty}x^n=\frac{x}{1-x}.$$

因为 $F(0)=0$,所以 $F(x)=\int_0^x\frac{t}{1-t}\mathrm{d}t=-(x+\ln(1-x))$.

由此可得

$$f(x)=\frac{1}{1-x}+\frac{1}{x}\ln(1-x).$$ □

注 例 2 是利用已知幂级数的和函数通过逐项求导或逐项积分求出所求幂级数的和函数.

例 3 试求无穷级数 $\sum\limits_{n=1}^{\infty}(-1)^n\frac{n(n+1)}{2^n}$ 的和.

解 讨论幂级数 $\sum\limits_{n=1}^{\infty}(-1)^n n(n+1)x^n$,由比值判别法,级数收敛半径为 1,收敛域为 $(-1,1)$. 我们有

$$\sum_{n=1}^{\infty}(-1)^n x^n=-\frac{x}{1+x}\qquad(|x|<1),$$

$$\sum_{n=1}^{\infty}(-1)^n x^{n+1}=-\frac{x^2}{1+x}.$$

应用幂级数在收敛区间内逐项可导性可得

$$\sum_{n=1}^{\infty}(-1)^n(n+1)x^n=\left(-\frac{x^2}{1+x}\right)',$$

$$\sum_{n=1}^{\infty}(-1)^n n(n+1)x^{n-1}=\left(-\frac{x^2}{1+x}\right)'',$$

于是有

$$\sum_{n=1}^{\infty}(-1)^n n(n+1)x^n=x\cdot\left(-\frac{x^2}{1+x}\right)''$$

$$=\frac{-2x}{(1+x)^3}\qquad(|x|<1).$$

令 $x=\frac{1}{2}$,即有

$$\sum_{n=1}^{\infty}(-1)^n\frac{n(n+1)}{2^n}=\frac{-2\cdot\frac{1}{2}}{\left(1+\frac{1}{2}\right)^3}=-\frac{8}{27}.$$ □

例 4　设级数 $\sum_{n=0}^{\infty} a_n$ 和 $\sum_{n=0}^{\infty} b_n$ 都收敛，且 $\sum_{n=0}^{\infty} c_n$ 也收敛，其中

$$c_n = \sum_{k=0}^{n} a_k b_{n-k},$$

则

$$\left(\sum_{n=0}^{\infty} a_n\right)\cdot\left(\sum_{n=0}^{\infty} b_n\right) = \sum_{n=0}^{\infty} c_n. \tag{9}$$

分析　若 $\sum_{n=0}^{\infty} a_n$ 和 $\sum_{n=0}^{\infty} b_n$ 都是绝对收敛的，由柯西乘法定理(9)式成立. 但是本例中仅假定 $\sum_{n=0}^{\infty} a_n$、$\sum_{n=0}^{\infty} b_n$ 与 $\sum_{n=0}^{\infty} c_n$ 收敛，但要证(9)式仍成立. 设

$$A(x) = \sum_{n=0}^{\infty} a_n x^n,$$

$$B(x) = \sum_{n=0}^{\infty} b_n x^n,$$

$$C(x) = \sum_{n=0}^{\infty} c_n x^n, \qquad |x| < 1,$$

当 $|x|<1$ 时，$\sum_{n=0}^{\infty} a_n x^n$ 和 $\sum_{n=0}^{\infty} b_n x^n$ 都是绝对收敛的，应用柯西乘法定理，可得

$$A(x)\cdot B(x) = C(x).$$

然后应用阿贝尔第二定理，可得结论.

解　设 $A(x) = \sum_{n=0}^{\infty} a_n x^n$，$B(x) = \sum_{n=0}^{\infty} b_n x^n$，$C(x) = \sum_{n=0}^{\infty} c_n x^n$，$|x|<1$，因为 $\sum_{n=0}^{\infty} a_n$，$\sum_{n=0}^{\infty} b_n$，$\sum_{n=0}^{\infty} c_n$ 都收敛，由阿贝尔判别法，所以上述三个函数有确切的定义(或由命题 1°也可得到相同结论). 由绝对收敛级数的柯西乘法定理，有

$$A(x)\cdot B(x) = C(x), \qquad |x| < 1.$$

再由阿贝尔第二定理，即有

$$\lim_{x\to 1-0} A(x) = \sum_{n=0}^{\infty} a_n,$$

$$\lim_{x\to 1-0} B(x) = \sum_{n=0}^{\infty} b_n,$$

$$\lim_{x\to 1-0} C(x) = \sum_{n=0}^{\infty} c_n.$$

由此可得

$$\left(\sum_{n=0}^{\infty} a_n\right) \cdot \left(\sum_{n=0}^{\infty} b_n\right) = \sum_{n=0}^{\infty} c_n. \qquad \Box$$

例 5 证明:设 $f(x) = \sum_{n=0}^{\infty} a_n x^n$ 在 $|x| < R$ 时收敛,且 $\sum_{n=0}^{\infty} \frac{a_n}{n+1} R^{n+1}$ 也收敛,则

$$\int_0^R f(x) \mathrm{d}x = \sum_{n=0}^{\infty} \frac{a_n}{n+1} R^{n+1}.$$

并由此推得

$$\int_0^1 \frac{1}{1+x} \mathrm{d}x = \ln 2 = \sum_{n=1}^{\infty} (-1)^{n-1} \frac{1}{n}.$$

解 由幂级数逐项积分定理,当 $|x| < R$ 时

$$\int_0^x f(t) \mathrm{d}t = \sum_{n=0}^{\infty} \frac{a_n}{n+1} x^{n+1}.$$

因为 $\sum_{n=0}^{\infty} \frac{a_n}{n+1} R^{n+1}$ 收敛,由阿贝尔第二定理,在上式中令 $x \to R-0$,所以

$$\int_0^R f(x) \mathrm{d}x = \sum_{n=0}^{\infty} \frac{a_n}{n+1} R^{n+1}.$$

当 $|x| < 1$ 时,有

$$\frac{1}{1+x} = \sum_{n=0}^{\infty} (-1)^n x^n,$$

而 $\sum_{n=0}^{\infty} \frac{(-1)^n}{n+1}$ 收敛,于是有

$$\int_0^1 \frac{1}{1+x} \mathrm{d}x = \ln 2 = \sum_{n=0}^{\infty} (-1)^n \frac{1}{n+1} = \sum_{n=1}^{\infty} (-1)^{n-1} \frac{1}{n}. \qquad \Box$$

例 6 设 $f(x) = \sum_{n=0}^{\infty} a_n x^n$,$a_n > 0$,收敛半径为 1,且 $\lim_{x \to 1-0} f(x) = s$,证明正项级数 $\sum_{n=0}^{\infty} a_n$ 收敛,且其和为 s.

证 由

$$\lim_{x \to 1-0} f(x) = s, \quad a_n > 0,$$

于是 $\forall N$, $\sum_{n=0}^{N} a_n x^n \leqslant s \quad (0 < x < 1)$,令 $x \to 1-0$,即有 $\sum_{n=0}^{N} a_n \leqslant s$,因而 $s_n =$

$\sum_{k=0}^{n} a_k$ 有界，故 $\sum_{n=0}^{\infty} a_n$ 收敛.

由阿贝尔第二定理，

$$s = \lim_{x\to 1-0} f(x) = \lim_{x\to 1-0} \sum_{n=0}^{\infty} a_n x^n = \sum_{n=0}^{\infty} a_n. \qquad \square$$

*例 7　设数列 $\{a_n\}$ 满足 $\overline{\lim_{n\to\infty}} \sqrt[n]{|a_n|}=1$，$s_n=\sum_{k=0}^{n} a_k$，试证

$$\overline{\lim_{n\to\infty}} \sqrt[n]{|s_n|} = 1.$$

分析　由柯西-阿达马定理，$\sum_{n=0}^{\infty} a_n x^n$ 的收敛半径为 1，现在要证 $\sum_{n=0}^{\infty} (a_0 + a_1 + \cdots + a_n) x^n$ 收敛半径也为 1. 本例题是应用幂级数收敛半径来证明极限的典型例子.

证　由柯西定理，当 $|x|<1$ 时

$$\left(\sum_{n=0}^{\infty} x^n\right)\cdot\left(\sum_{n=0}^{\infty} a_n x^n\right) = \sum_{n=0}^{\infty} s_n x^n,$$

即 $|x|<1$ 时，$\sum_{n=0}^{\infty} s_n x^n$ 收敛. 若 $\sum_{n=0}^{\infty} s_n x^n$ 的收敛半径为 R，则 $R \geqslant 1$.

当 $|x|<R$ 时，

$$(1-x)\sum_{n=0}^{\infty} s_n x^n = \sum_{n=0}^{\infty} a_n x^n,$$

由于 $\sum_{n=0}^{\infty} a_n x^n$ 收敛半径为 1，因此 $|x|\leqslant 1$，即 $R\leqslant 1$. 由此可知 $R=1$. $\square$

三、习题

1. 求级数 $\sum_{n=1}^{\infty} \frac{x^n}{n^p}$ $(p>0)$ 的收敛域.

2. 试讨论级数

$$1-\frac{1}{2}x^2+\frac{1\cdot 3}{2\cdot 4}x^4-\frac{1\cdot 3\cdot 5}{2\cdot 4\cdot 6}x^6+\cdots$$

的收敛域.

3. 利用逐项求导或逐项积分法求下列幂级数的收敛域与和函数：

1) $x+\frac{x^3}{3}+\frac{x^5}{5}+\cdots+\frac{x^{2n+1}}{2n+1}+\cdots$;

2) $x+2x^2+3x^3+\cdots+nx^n+\cdots$;

3) $1\cdot 2x+2\cdot 3x^2+\cdots+n(n+1)x^n+\cdots$.

4. 求级数 $\sum_{n=1}^{\infty}\left(\sin\frac{1}{3n}\right)\left(\frac{3+x}{3-2x}\right)^n$ 的收敛域.

5. 试确定级数 $\sum_{n=1}^{\infty}n\cdot 2^{2n}x^n(1-x)^n$ 的收敛域.

6. 求 $\sum_{n=0}^{\infty}\frac{2n+1}{n!}x^{2n}$ 的和函数.

7. 求级数 $\sum_{n=1}^{\infty}(-1)^n\frac{n^2}{2^n}$的和.

8. 证明 $y=\sum_{n=0}^{\infty}\frac{x^{4n}}{(4n)!}$ 满足微分方程 $y^{(4)}=y$.

9. 证明:设 $f(x)$为幂级数 $\sum_{n=0}^{\infty}a_nx^n$ 在$(-R,R)$内的和函数,若 f 为奇函数,则级数仅出现奇数次幂的项,若 f 为偶函数,则级数仅出现偶数次项.

10. 设 $a_1=a_2=1,a_{n+1}=a_n+a_{n-1},n=2,3,\cdots$证明:当$|x|<\frac{1}{2}$时,幂级数 $\sum_{n=1}^{\infty}a_nx^{n-1}$ 收敛,并求其和函数.

*11. 设 $a_n\geqslant 0$, $\sum_{n=0}^{\infty}a_n$ 发散,且

$$\lim_{x\to\infty}\frac{a_n}{a_1+a_2+\cdots+a_n}=0,$$

试证:

$$\overline{\lim_{n\to\infty}}\sqrt[n]{a_n}=1.$$

§12.2 函数的幂级数展开及其应用

一、内容精析

1° 泰勒级数 如果函数 f 在 $x=x_0$ 处存在任何阶的导数,这时称形式为

$$f(x_0)+f'(x_0)(x-x_0)+\frac{f''(x_0)}{2!}(x-x_0)^2+\cdots+\frac{f^{(n)}(x_0)}{n!}(x-x_0)^n+\cdots \tag{1}$$

的级数为函数 f 在 x_0 的**泰勒级数**.

$$f(0)+\frac{f'(0)}{1!}+\frac{f''(0)}{2!}x^2+\cdots+\frac{f^{(n)}(0)}{n!}x^n+\cdots \tag{2}$$

称为是函数 f 的**麦克劳林级数**.

2° f 等于泰勒级数的和函数的充要条件 设 f 在点 x_0 具有任意阶导数,那么 $f(x)$在区间(x_0-r,x_0+r)内等于它的泰勒级数的和函数的充要条

件是:对一切满足不等式$|x-x_0|<r$的x有

$$\lim_{n\to\infty}R_n(x)=0.$$

3° 基本展开式

(i) $$e^x=1+x+\frac{x^2}{2!}+\cdots+\frac{x^n}{n!}+\cdots\qquad(-\infty<x<+\infty).\tag{3}$$

(ii) $$\sin x=x-\frac{x^3}{3!}+\cdots+(-1)^{n-1}\frac{x^{2n-1}}{(2n-1)!}+\cdots\qquad(-\infty<x<+\infty).\tag{4}$$

(iii) $$\cos x=1-\frac{x^2}{2!}+\cdots+(-1)^n\frac{x^{2n}}{(2n)!}+\cdots\qquad(-\infty<x<+\infty).\tag{5}$$

(iv) $$(1+x)^\alpha=1+\alpha x+\frac{\alpha(\alpha-1)}{2!}x^2+\cdots+\frac{\alpha(\alpha-1)\cdots(\alpha-n+1)}{n!}x^n+\cdots\qquad(-1<x<1).\tag{6}$$

(v) $$\ln(1+x)=x-\frac{x^2}{2}+\frac{x^3}{3}-\cdots+(-1)^{n-1}\frac{x^n}{n}+\cdots\qquad(-1<x\leqslant 1).\tag{7}$$

函数幂级数展开的基本方法:(i)应用基本展开式;(ii)应用逐项求导和逐项积分法;(iii)待定系数法;(iv)计算$x=x_0$的各阶导数,然后估计余项,从而求泰勒展开式;(v) 级数的运算:如加、减、乘、除、复合等.

幂级数有丰富的应用,如讨论微分方程的解、证明不等式、验证函数方程、讨论整系数线性方程的整数解的个数等.

二、典型例题

例 1 求级数

$$1-\frac{1}{2}+\frac{1\cdot 3}{2\cdot 4}-\frac{1\cdot 3\cdot 5}{2\cdot 4\cdot 6}+\cdots$$

的和.

解 上述级数是满足莱布尼茨判别法条件的交错级数,故收敛. 由于函数$(1+x)^{-\frac{1}{2}}$的幂级数展开式为

$$(1+x)^{-\frac{1}{2}}=1-\frac{1}{2}x+\frac{\left(-\frac{1}{2}\right)\left(-\frac{3}{2}\right)}{2!}x^2+\frac{\left(-\frac{1}{2}\right)\left(-\frac{3}{2}\right)\left(-\frac{5}{2}\right)}{3!}x^3+\cdots,$$

$x=1$时级数收敛,由阿贝尔第二定理,因此

$$1-\frac{1}{2}+\frac{1\cdot 3}{2\cdot 4}-\frac{1\cdot 3\cdot 5}{2\cdot 4\cdot 6}+\cdots=\lim_{x\to 1-0}(1+x)^{-\frac{1}{2}}=\frac{1}{\sqrt{2}}.$$ □

例 2 把函数 $\ln(1+x+x^2+x^4)$ 展成 x 的幂级数，并求其收敛域.

解 由于

$$\ln(1+x+x^2+x^3)$$
$$=\ln(1+x)+\ln(1+x^2),$$

$$\ln(1+x)=x-\frac{x^2}{2}+\frac{x^3}{3}+\cdots+(-1)^{n-1}\frac{x^n}{n}+\cdots,\quad -1<x\leqslant 1,$$

$$\ln(1+x^2)=x^2-\frac{x^4}{2}+\frac{x^6}{3}-\frac{x^8}{4}+\cdots+(-1)^{n-1}\frac{x^{2n}}{n}+\cdots,-1\leqslant x\leqslant 1,$$

于是有

$$\ln(1+x+x^2+x^3)$$
$$=\sum_{n=1}^{\infty}\frac{1}{2n-1}x^{2n-1}+\sum_{n=1}^{\infty}\left[-\frac{1}{2n}+\frac{(-1)^{n-1}}{n}\right]x^{2n},$$
$$-1<x\leqslant 1.$$ □

例 3 证明函数

$$f(x)=\sum_{n=1}^{\infty}\frac{x^n}{n^2},\quad 0\leqslant x\leqslant 1,$$

当 $0<x<1$ 时满足函数方程

$$f(x)+f(1-x)+\ln x\cdot\ln(1-x)=f(1).$$

解 由于直接代入方程验证有困难，因而采用求导的方法. 设

$$F(x)=f(x)+f(1-x)+\ln x\cdot\ln(1-x),\quad 0<x<1,$$

于是有

$$F'(x)=f'(x)-f'(1-x)+\frac{1}{x}\ln(1-x)-\frac{1}{1-x}\ln x.$$

由于

$$f'(x)=\sum_{n=1}^{\infty}\frac{x^{n-1}}{n}=-\frac{1}{x}\ln(1-x),$$

$$f'(1-x)=-\frac{1}{1-x}\ln x,$$

因此

$$F'(x)=0,$$

即 $F(x)=c$. 令 $x\to 1-0$,由于 $\sum \frac{1}{n^2}$ 收敛,由阿贝尔第二定理,因此 $c=f(1)$. □

例 4 证明 $\int_0^1 x^{-x}\mathrm{d}x=\sum_{n=1}^{\infty}\frac{1}{n^n}$.

证 由

$$x^{-x}=\mathrm{e}^{\ln x^{-x}}=\mathrm{e}^{-x\ln x},$$

应用 e^x 的展开式,有

$$x^{-x}=\sum_{n=0}^{\infty}\frac{(-1)^n x^n\ln^n x}{n!}.$$

$$\int_0^1 x^{-x}\mathrm{d}x=\int_0^1\left(\sum_{n=0}^{\infty}\frac{(-1)^n x^n\ln^n x}{n!}\right)\mathrm{d}x$$

$$=\sum_{n=0}^{\infty}\frac{(-1)^n\int_0^1 x^n\ln^n x\,\mathrm{d}x}{n!}.$$

其中最后等式中可以逐项积分是由于 $\left|x\ln x\right|$ 的最大值为 $\frac{1}{\mathrm{e}}$,而 $\sum_{n=1}^{\infty}\frac{\left(\frac{1}{\mathrm{e}}\right)^n}{n!}$ 为优级数,又因

$$\int_0^1 x^n\ln^n x\,\mathrm{d}x=(-1)^n\cdot\frac{n!}{(n+1)^{n+1}},$$

所以

$$\int_0^1 x^{-x}\mathrm{d}x=\sum_{n=1}^{\infty}\frac{1}{n^n}.$$ □

例 5 设 $f(x)$在$(-\infty,+\infty)$上无限次可微并满足

(i) 存在 $M>0$,使得 $|f^{(k)}(x)|\leqslant M,\ k=1,2,\cdots$,

(ii) $f\left(\frac{1}{2^n}\right)=0\qquad(n=1,2,\cdots)$,

证明 $f(x)$在$(-\infty,+\infty)$上恒为零.

证 由于

$$|f^{(k)}(x)|\leqslant M,\ x\in(-\infty,+\infty),\ k=1,2,\cdots,$$

$$\left|R_n(x)\right| = \left|f(x) - \sum_{k=0}^{n} \frac{f^{(k)}(0)}{k!}x^k\right|$$
$$= \left|\frac{f^{(n+1)}(\xi)}{(n+1)!}x^{n+1}\right|$$
$$\leqslant \frac{M}{(n+1)!}\left|x\right|^{n+1} \to 0 \qquad (n \to \infty),$$

因此

$$f(x) = \sum_{n=0}^{\infty} \frac{f^{(n)}(0)}{n!}x^n.$$

又因

$$f(0) = \lim_{n\to\infty} f\left(\frac{1}{2^n}\right) = 0,$$

$$f'(0) = \lim_{n\to\infty} \frac{f\left(\frac{1}{2^n}\right) - f(0)}{\frac{1}{2^n}} = 0.$$

由罗尔定理，$\exists\, \eta_n^{(1)}$满足

$$\frac{1}{2} \geqslant \eta_1^{(1)} \geqslant \frac{1}{2^2} \geqslant \eta_2^{(1)} \geqslant \frac{1}{2^3} \geqslant \eta_3^{(1)} \geqslant \cdots,$$

使得

$$f'(\eta_n^{(1)}) = 0, \quad 且\ \eta_n^{(1)} \to 0,$$

故

$$f''(0) = \lim_{n\to\infty} \frac{f'(\eta_n^{(1)}) - f'(0)}{\eta_n^{(1)}} = 0.$$

由归纳法可证$\forall\, n, f^{(n)}(0)=0$. 于是有

$$f(x) \equiv 0.$$ □

例 6 讨论对怎样的 c，使不等式

$$\frac{e^x + e^{-x}}{2} \leqslant e^{cx^2}, \qquad x \in (-\infty, \infty)$$

成立？

解 因为$(2n)! \geqslant 2^n n!$，由

$$\frac{1}{2}(e^x + e^{-x}) = \sum_{n=0}^{\infty} \frac{x^{2n}}{(2n)!} \leqslant \sum_{n=0}^{\infty} \frac{x^{2n}}{2^n n!} = e^{\frac{x^2}{2}},$$

所以 $c \geqslant \frac{1}{2}$ 时，$\frac{1}{2}(e^x + e^{-x}) \leqslant e^{cx^2}$.

反之，若对任何 x，$\frac{1}{2}(e^x + e^{-x}) \leqslant e^{cx^2}$，则有

$$0 \leqslant \lim_{x\to 0} \frac{e^{cx^2} - \frac{1}{2}(e^x + e^{-x})}{x^2}$$

$$= \lim_{x\to 0} \frac{(1 + cx^2 + \cdots) - \left(1 + \frac{x^2}{2} + \cdots\right)}{x^2}$$

$$= c - \frac{1}{2},$$

于是 $c \geqslant \frac{1}{2}$，即当且仅当 $c \geqslant \frac{1}{2}$ 时结论成立．　□

***例 7**　三维空间中坐标 x,y,z 都为整数的点，称为空间中的格点，试问闭的正卦限($x\geqslant 0, y\geqslant 0, z\geqslant 0$)中有多少格点位于平面 $x+y+z=n$ 上？

解　问题的解等价于求方程 $x+y+z=n$ 满足 $x\geqslant 0, y\geqslant 0, z\geqslant 0$ 的整数解的个数.

记解的个数为 A_n. 假若能构造一个函数 $F(x)$，它的幂级数展开式为

$$F(x) = A_0 + A_1 x + A_2 x^2 + \cdots + A_n x^n + \cdots,$$

则称 $F(x)$ 为数列 $\{A_n\}$ 的**发生函数**.

本题中发生函数可取为

$$\begin{aligned} F(\xi) &= \sum_{n=0}^{\infty} A_n \xi^n \\ &= (1 + \xi + \xi^2 + \cdots + \xi^x + \cdots)(1 + \xi + \xi^2 + \cdots + \xi^y + \cdots) \\ &\quad \cdot (1 + \xi + \xi^2 + \cdots + \xi^z + \cdots), \end{aligned}$$

这是因为乘积级数中 ξ^n 项的系数为

$$A_n = \sum_{x+y+z=n} 1.$$

由泰勒展开式，

$$A_n = \frac{1}{n!} F^{(n)}(0)$$

$$=\frac{1}{n!}\frac{\mathrm{d}^{n}}{\mathrm{d}\xi^{n}}\left(\frac{1}{(1-\xi)^{3}}\right)\Big|_{\xi=0}$$

$$=\frac{1}{2}\,\frac{(n+2)!}{n!}$$

$$=\frac{1}{2}(n+1)(n+2).$$ □

*例 8　证明：对每一正整数 k，$\sum\limits_{n=1}^{\infty}\frac{n^k}{n!}$是 e 的整数倍.

分析　构造幂级数

$$f(x)=\sum_{n=1}^{\infty}\frac{n^k}{n!}x^n,$$

它的收敛半径为$+\infty$，当 $x=1$ 时，$f(1)=\sum\limits_{n=1}^{\infty}\frac{n^k}{n!}$. 求 $f(x)$表达式的主要障碍是 n^k，但是可以对$\frac{f(x)}{x}$逐项积分来下降 n^k 的指数，然后用 e^x 的展开式证明本题.

证　设

$$f(x)=\sum_{n=1}^{\infty}\frac{n^k}{n!}x^n,\qquad x\in(-\infty,+\infty),$$

应用逐项积分法可得：

$$f(x)=xf_1(x),\quad f_1(x)=\sum_{n=1}^{\infty}\frac{n^k}{n!}x^{n-1},$$

$$\int_0^x f_1(t)\mathrm{d}t=\sum_{n=1}^{\infty}\frac{n^{k-1}}{n!}x^n=xf_2(x),\quad f_2(x)=\sum_{n=1}^{\infty}\frac{n^{k-1}}{n!}x^{n-1},$$

$$\int_0^x f_2(t)\mathrm{d}t=\sum_{n=1}^{\infty}\frac{n^{k-2}}{n!}x^n=xf_3(x),\quad f_3(x)=\sum_{n=1}^{\infty}\frac{n^{k-2}}{n!}x^{n-1},$$

$$\cdots\cdots$$

$$\int_0^x f_{k-1}(t)\mathrm{d}t=\sum_{n=1}^{\infty}\frac{n}{n!}x^n=xf_k(x),\quad f_k(x)=\sum_{n=1}^{\infty}\frac{nx^{n-1}}{n!},$$

$$\int_0^x f_k(t)\mathrm{d}t=\sum_{n=1}^{\infty}\frac{x^n}{n!}=\mathrm{e}^x-1.$$

由此可得：

$$f(x)=\underbrace{x(\cdots(x(x(\mathrm{e}^x-1)')')'\cdots)'}_{k\text{次}},$$

即

$$f(x) = P_k(x)\mathrm{e}^x,$$

其中 $P_k(x)$ 是整系数 k 次多项式，令 $x=1$，即有

$$\sum_{n=1}^{\infty}\frac{n^k}{n!} = f(1) = P_k(1)\cdot \mathrm{e}.$$ □

三、习题

1. 将 $\ln(1+u)$ 展开成为 u 的幂级数，并指出其收敛区间，再将 x 用 $u=\dfrac{x-1}{x+1}$ 表示，然后把 $\ln x$ 展开成 u 的幂级数，并指出 x 的收敛区间.

2. 把函数 $(x+1)\ln(1+x)$ 展开成 x 的幂级数，并指出其收敛域.

3. 将函数 $f(x)=x\arctan x-\ln\sqrt{1+x^2}$ 在 $x=0$ 处展开成幂级数.

4. 将函数 $f(x)=\dfrac{x}{\sqrt{2-x}}$ 展开成 x 的幂级数，并求其收敛域.

5. 展开 $\dfrac{1}{x^2+3x+2}$ 为 $x+4$ 的幂级数，并求收敛域.

6. 利用函数的幂级数展开求下列不定式极限：

1) $\lim\limits_{n\to\infty} n[\ln(n+1)-\ln n]$；　　2) $\lim\limits_{x\to 0}\dfrac{x-\arcsin x}{\sin^3 x}$；

3) $\lim\limits_{x\to\infty}\left[x-x^2\ln\left(1+\dfrac{1}{x}\right)\right]$.

7. 利用

$$\frac{1-r^2}{1-2r\cos x+r^2} = 1+2\sum_{n=1}^{\infty} r^n\cos nx \qquad (|r|<1),$$

证明：

$$\int_{-\pi}^{\pi}\frac{1-r^2}{1-2r\cos x+r^2}\mathrm{d}x = 2\pi;$$

$$\int_{-\pi}^{\pi}\frac{\cos mx}{1-2r\cos x+r^2}\mathrm{d}x = 2\pi\frac{r^m}{1-r^2} \qquad (|r|<1).$$

8. 设级数 $\sum\limits_{n=0}^{\infty} a_n x^n$，当 $n>1$ 时，$a_{n-2}-n(n-1)a_n=0$，且 $a_0=4$，$a_1=1$，试求级数的和.

*9. 证明：1) 对每个正整数 $n>1$，方程 $x+x^2+\cdots+x^n=1$ 在区间 $(0,1)$ 中有且仅有一个根.

2) 记此根为 x_n，则 $\lim\limits_{n\to\infty} x_n$ 存在.

3) 求此极限值.

*10. 设 $f(x)$是仅有正实根的多项式,

$$-\frac{f'(x)}{f(x)}=\sum_{n=0}^{\infty}c_n x^n,$$

试证:$\lim\limits_{n\to\infty}\frac{1}{\sqrt[n]{c_n}}$,$\lim\limits_{n\to\infty}\frac{c_n}{c_{n+1}}$存在且等于 $f(x)=0$ 的最小根.

11. 设 A_n 表示正整系数不定方程

$$a_1x_1+a_2x_2+\cdots+a_kx_k=n$$

的非负整数解组$\{x_1,x_2,\cdots,x_k\}$的个数,试求$\{A_n\}$的发生函数.

12. 证明 $J_0(x)=1+\sum\limits_{k=1}^{\infty}(-1)^k\frac{x^{2k}}{(k!)^2 2^{2k}}$满足**贝塞尔微分方程**

$$xu''+u'+xu=0.$$

*13. 设 $f(x)$为任一整系数多项式,试证下列级数:

$$f(0)+\frac{f(1)}{1!}+\frac{f(2)}{2!}+\cdots+\frac{f(k)}{k!}+\cdots$$

之和必为 e 的整数倍.

*14. 证明:

$$\frac{\frac{x}{1}+\frac{x^3}{1\cdot 3}+\frac{x^5}{1\cdot 3\cdot 5}+\cdots}{1+\frac{x^2}{2}+\frac{x^4}{2\cdot 4}+\frac{x^6}{2\cdot 4\cdot 6}+\cdots}=\int_0^x e^{-\frac{t^2}{2}}\,dt.$$

第十三章　傅里叶级数

若 $f(x)$是$[-\pi,\pi]$上的可积函数，可把它展开成**傅里叶**(Fourier)**级数**. 这类级数在数学和工程技术上都有重要的应用，傅里叶级数理论构成了近代调和分析理论的基础. 本章叙述了$[-\pi,\pi]$(或$[-l, l]$)上可积函数的傅里叶级数展开，对级数的收敛性、一致收敛性、逐项积分、逐项求导等性质进行了较详细的讨论，并介绍了近代调和分析中具有重要地位的**齐查罗-费叶**(Cesaro-Fejer)**求和法**.

§13.1　以 2π(或 $2l$)为周期的函数的傅里叶级数展开

一、内容精析

1°　**正交函数系**　三角函数系

$$1,\ \cos x,\ \sin x,\ \cos 2x,\ \sin 2x, \cdots, \cos nx,\ \sin nx, \cdots$$

其中任何两个不相同的函数的乘积在$[-\pi,\pi]$上的积分都等于零，即

$$\int_{-\pi}^{\pi}\cos nx\,\mathrm{d}x=\int_{-\pi}^{\pi}\sin nx\,\mathrm{d}x=0,$$

$$\int_{-\pi}^{\pi}\cos mx\cos nx\,\mathrm{d}x=\int_{-\pi}^{\pi}\sin mx\sin nx\,\mathrm{d}x=0\qquad(m\neq n),$$

$$\int_{-\pi}^{\pi}\cos mx\sin nx\,\mathrm{d}x=0,\tag{1}$$

而其中任何一个函数的平方在$[-\pi,\pi]$上积分不等于零，则称其在$[-\pi,\pi]$上具有**正交性**.

若 $f(x)$, $g(x)$在$[a, b]$上可积，且

$$\int_{a}^{b}f(x)g(x)\,\mathrm{d}x=0,$$

则称 f 与 g 在$[a, b]$上是**正交**的. 具有正交性的函数系称为是**正交函数系**. 三角函数系是正交函数系.

2°　以 2π 为周期的函数的傅里叶级数

设 $f(x)$是周期为 2π 的可积函数，计算积分

$$a_0 = \frac{1}{\pi}\int_{-\pi}^{\pi} f(x)\mathrm{d}x;$$

$$a_n = \frac{1}{\pi}\int_{-\pi}^{\pi} f(x)\cos nx\mathrm{d}x; \tag{2}$$

$$b_n = \frac{1}{\pi}\int_{-\pi}^{\pi} f(x)\sin nx\mathrm{d}x,\ n = 1,\ 2,\cdots,$$

称其为函数 $f(x)$关于三角函数系的**傅里叶系数**. 称

$$\frac{a_0}{2} + \sum_{n=1}^{\infty}(a_n\cos nx + b_n\sin nx) \tag{3}$$

为函数 $f(x)$关于三角函数系的**傅里叶级数**,记作

$$f(x) \sim \frac{a_0}{2} + \sum_{n=1}^{\infty}(a_n\cos nx + b_n\sin nx). \tag{4}$$

3° 以 2*l* 为周期的函数的傅里叶级数

设 $f(x)$是周期为 $2l$ 的可积函数,则有下述展开式:

$$f(x) \sim \frac{a_0}{2} + \sum_{n=1}^{\infty}\left(a_n\cos\frac{n\pi x}{l} + b_n\sin\frac{n\pi x}{l}\right), \tag{5}$$

其中

$$\begin{aligned} a_n &= \frac{1}{l}\int_{-l}^{l} f(x)\cos\frac{n\pi x}{l}\mathrm{d}x,\ n = 0,\ 1,\ 2,\cdots, \\ b_n &= \frac{1}{l}\int_{-l}^{l} f(x)\sin\frac{n\pi x}{l}\mathrm{d}x,\ n = 1,\ 2,\ \cdots. \end{aligned} \tag{6}$$

4° 偶函数和奇函数的傅里叶级数

若 $f(x)$是周期为 $2l$ 的偶函数,$f(x)$可展成余弦级数

$$f(x) \sim \frac{a_0}{2} + \sum_{n=1}^{\infty} a_n\cos\frac{n\pi x}{l}, \tag{7}$$

其中

$$a_n = \frac{2}{l}\int_{0}^{l} f(x)\cos\frac{n\pi x}{l}\mathrm{d}x,\ n = 0,\ 1,\ 2,\cdots. \tag{8}$$

若 $f(x)$是周期为 $2l$ 的奇函数, $f(x)$可展成正弦级数

$$f(x) \sim \sum_{n=1}^{\infty} b_n\sin\frac{n\pi x}{l}, \tag{9}$$

其中

$$b_n = \frac{2}{l}\int_0^l f(x)\sin\frac{n\pi x}{l}\mathrm{d}x,\ n = 1,\ 2,\cdots. \tag{10}$$

5° 若以 2π 为周期的函数 $f(x)$ 在 $[-\pi,\pi]$ 上按段光滑，则 $f(x)$ 的傅里叶级数在每点 x 收敛于 f 在点 x 处左、右极限的算术平均值.

在 §2 中将对收敛定理作进一步讨论.

三角函数系的正交性是傅里叶级数展开的理论基础，下面例题中将介绍**勒让德(Legendre)多项式**，它是 $[-1,1]$ 上一类有名的正交函数系. 傅里叶展开式的另一种应用是结合收敛定理求某些数项级数的和. 讨论傅里叶系数的特性是调和分析中一个有意义的论题.

二、典型例题

例 1 试证勒让德多项式

$$X_n(x) = \frac{1}{2^n n!}\frac{\mathrm{d}^n(x^2-1)^n}{\mathrm{d}x^n}$$

在 $[-1,1]$ 上是正交的，并求 $\int_{-1}^1 X_n^2(x)\mathrm{d}x$ 之值.

证 若 $m>n$，应用分部积分法可得

$$\begin{aligned}
&\int_{-1}^1 X_m(x)X_n(x)\mathrm{d}x\\
&= \frac{1}{2^{m+n}}\frac{1}{m!n!}\int_{-1}^1 \frac{\mathrm{d}^n(x^2-1)^n}{\mathrm{d}x^n}\cdot\frac{\mathrm{d}^m(x^2-1)^m}{\mathrm{d}x^m}\mathrm{d}x\\
&= \frac{1}{2^{m+n}}\frac{1}{m!n!}\int_{-1}^1 \frac{\mathrm{d}^n(x^2-1)^n}{\mathrm{d}x^n}\mathrm{d}\left(\frac{\mathrm{d}^{m-1}(x^2-1)^m}{\mathrm{d}x^{m-1}}\right)\\
&= \frac{(-1)}{2^{m+n}m!\cdot n!}\int_{-1}^1 \frac{\mathrm{d}^{m-1}(x^2-1)^m}{\mathrm{d}x^{m-1}}\cdot\frac{\mathrm{d}^{n+1}(x^2-1)^n}{\mathrm{d}x^{n+1}}\mathrm{d}x\\
&= \cdots\cdots\\
&= \frac{(-1)^{n+1}}{2^{m+n}m!n!}\int_{-1}^1 \frac{\mathrm{d}^{m-n-1}(x^2-1)^m}{\mathrm{d}x^{m-n-1}}\cdot\frac{\mathrm{d}^{2n+1}(x^2-1)^n}{\mathrm{d}x^{2n+1}}\mathrm{d}x\\
&= 0.
\end{aligned}$$

最后等式是由于 $2n$ 次多项式 $(x^2-1)^n$ 的 $2n+1$ 阶导数恒为零，于是当 $m>n$ 时，$X_m(x)$ 与 $X_n(x)$ 在 $[-1,+1]$ 上正交.

同理可得：

$$\int_{-1}^1 X_n^2(x)\mathrm{d}x$$

$$=\frac{1}{2^{2n}(n!)^2}\int_{-1}^{1}\left(\frac{\mathrm{d}^n(x^2-1)^n}{\mathrm{d}x^n}\right)^2\mathrm{d}x$$

$$=\frac{(-1)}{2^{2n}\cdot(n!)^2}\int_{-1}^{1}\frac{\mathrm{d}^{n-1}(x^2-1)^n}{\mathrm{d}x^{n-1}}\cdot\frac{\mathrm{d}^{n+1}(x^2-1)^n}{\mathrm{d}x^{n+1}}\mathrm{d}x$$

$$=\cdots\cdots$$

$$=\frac{(-1)^n}{2^{2n}(n!)^2}\int_{-1}^{1}(x^2-1)^n\cdot\frac{\mathrm{d}^{2n}(x^2-1)^n}{\mathrm{d}x^{2n}}\mathrm{d}x$$

$$=\frac{(-1)^n(2n)!}{2^{2n}\cdot(n!)^2}\int_{-1}^{1}(x^2-1)^n\mathrm{d}x$$

$$=\frac{2\cdot(2n)!}{2^{2n}\cdot(n!)^2}\int_{0}^{1}(1-x^2)^n\mathrm{d}x$$

$$=\frac{2\cdot(2n)!}{2^{2n}\cdot(n!)^2}\int_{0}^{\frac{\pi}{2}}\cos^{2n+1}t\,\mathrm{d}t$$

$$=\frac{2\cdot(2n)!}{2^{2n}\cdot(n!)^2}\cdot\frac{2n!!}{(2n+1)!!}$$

$$=\frac{2}{2n+1}.$$

□

例 2 展开函数 $f(x)=|x|\ (-\pi<x<\pi)$ 为傅里叶级数,并求 $\sum_{n=1}^{\infty}\frac{1}{(2n)^2}$ 与 $\sum_{n=1}^{\infty}(-1)^{n-1}\frac{1}{n^2}$.

解 因为 $f(x)$ 是偶函数,所以 $b_n=0$,由计算可得

$$a_0=\frac{2}{\pi}\int_0^{\pi}x\mathrm{d}x=\pi,$$

$$a_n=\frac{2}{\pi}\int_0^{\pi}x\cos nx\,\mathrm{d}x=\frac{2}{\pi}\cdot\frac{(-1)^n-1}{n^2},$$

于是

$$f(x)\sim\frac{\pi}{2}-\frac{4}{\pi}\left(\cos x+\frac{1}{3^2}\cos 3x+\cdots+\frac{1}{(2n+1)^2}\cos(2n+1)x+\cdots\right).$$

由于 $f(x)$ 在 $(-\pi,\pi)$ 中连续按段光滑,因此

$$f(x)=\frac{\pi}{2}-\frac{4}{\pi}\left(\cos x+\frac{1}{3^2}\cos 3x+\cdots+\frac{1}{(2n+1)^2}\cos(2n+1)x+\cdots\right),$$

$$x\in(-\pi,\pi).$$

令 $x=0$,即有

$$1+\frac{1}{3^2}+\cdots+\frac{1}{(2n+1)^2}+\cdots=\frac{\pi^2}{8}.$$

设

$$S=1+\frac{1}{2^2}+\frac{1}{3^2}+\cdots+\frac{1}{n^2}+\cdots,$$

$$S_1=1+\frac{1}{3^2}+\frac{1}{5^2}+\cdots+\frac{1}{(2n+1)^2}+\cdots,$$

$$S_2=\frac{1}{2^2}+\frac{1}{4^2}+\frac{1}{6^2}+\cdots+\frac{1}{(2n)^2}+\cdots,$$

$$S_3=\sum_{n=1}^{\infty}(-1)^{n-1}\frac{1}{n^2}=1-\frac{1}{2^2}+\frac{1}{3^2}-\cdots+(-1)^{n-1}\frac{1}{n^2}+\cdots.$$

因为

$$S_2+S_3=S_1=\frac{\pi^2}{8},$$

$$S_2=\frac{1}{4}S=\frac{1}{4}(S_1+S_2),$$

所以

$$\begin{cases}S_2+S_3=\dfrac{\pi^2}{8},\\ 3S_2-S_1=0,\end{cases}$$

即　$S_2=\frac{S_1}{3}=\frac{\pi^2}{24}$, $S_3=\frac{\pi^2}{12}$.　□

例 3　证明 $\sum_{n=1}^{\infty}\frac{\cos nx}{n^2}=\frac{1}{12}(3x^2-6\pi x+2\pi^2)\quad(0\leqslant x\leqslant\pi)$.

证　将 $f(x)=\frac{1}{12}(3x^2-6\pi x)\quad(0\leqslant x\leqslant\pi)$ 作偶延拓,并求傅里叶系数:

$$a_0=\frac{2}{\pi}\int_0^{\pi}\frac{1}{12}(3x^2-6\pi x)\mathrm{d}x=-\frac{\pi^2}{3},$$

$$\begin{aligned}a_n&=\frac{2}{\pi}\int_0^{\pi}\frac{1}{12}(3x^2-6\pi x)\cos nx\,\mathrm{d}x\\&=\frac{2}{\pi}\left[\frac{1}{4}\int_0^{\pi}x^2\cos nx\,\mathrm{d}x-\frac{\pi}{2}\int_0^{\pi}x\cos nx\,\mathrm{d}x\right]\end{aligned}$$

$$=\frac{2}{\pi}\left[\frac{1}{4}\frac{2\pi}{n^2}(-1)^n-\frac{\pi}{2}\cdot\frac{1}{n^2}[(-1)^n-1]\right]=\frac{1}{n^2}.$$

由于 $f(x)$连续按段光滑,因此当 $0\leqslant x\leqslant\pi$ 时,

$$-\frac{\pi^2}{6}+\sum_{n=1}^{\infty}\frac{\cos nx}{n^2}=\frac{1}{12}(3x^2-6\pi x),$$

由此可得

$$\sum_{n=1}^{\infty}\frac{\cos nx}{n^2}=\frac{1}{12}(3x^2-6\pi x+2\pi^2),\quad 0\leqslant x\leqslant\pi.$$ □

例 4 设 $f(x)=10-x$, $5<x<15$, $f(x+10)=f(x)$, 试求 $f(x)$的傅里叶级数.

解 因为 $f(x)$以 10 为周期,所以

$$f(x)=-x\qquad(-5<x<5),$$

于是, $a_n=0\qquad(n=0, 1, 2,\cdots)$,

$$b_n=\frac{2}{5}\int_0^5(-x)\sin\frac{n\pi x}{5}\mathrm{d}x$$

$$=(-1)^n\cdot\frac{10}{n\pi}.$$

由此可知

$$f(x)\sim\sum_{n=1}^{\infty}(-1)^n\frac{10}{n\pi}\sin\frac{n\pi x}{5}.$$ □

例 5 设周期为 2π 的可积函数 $f(x)$满足条件:$f(x+\pi)=-f(x)$,问此函数在$(-\pi, \pi)$内的傅里叶级数具有什么特性?

解 在$[0,2\pi]$上计算傅里叶系数

$$a_0=\frac{1}{\pi}\int_0^{2\pi}f(x)\mathrm{d}x$$

$$=\frac{1}{\pi}\left[\int_0^{\pi}f(x)\mathrm{d}x+\int_{\pi}^{2\pi}f(x)\mathrm{d}x\right],$$

然后在积分 $\int_{\pi}^{2\pi}f(x)\mathrm{d}x$ 中作变换 $x=y+\pi$, 由条件 $f(y+\pi)=-f(y)$, 即有 $\int_{\pi}^{2\pi}f(x)\mathrm{d}x=-\int_0^{\pi}f(y)\mathrm{d}y$, 于是 $a_0=0$.

同理,

$$a_n=\frac{1}{\pi}\left(\int_0^{\pi}f(x)\cos nx\,dx+\int_{\pi}^{2\pi}f(x)\cos nx\,dx\right)$$

$$=\frac{1}{\pi}(1+(-1)^{n+1})\int_0^{\pi}f(x)\cos nx\,dx$$

$$=\begin{cases}0, & n=2k;\\ \dfrac{2}{\pi}\displaystyle\int_0^{\pi}f(x)\cos(2k+1)x\,dx, & n=2k+1,\ k=1,\ 2,\ \cdots.\end{cases}$$

同理可求得

$$b_n=\begin{cases}0, & n=2k;\\ \dfrac{2}{\pi}\displaystyle\int_0^{\pi}f(x)\sin(2k+1)x\,dx, & n=2k+1.\end{cases}$$

所以 $f(x)$ 的傅里叶级数中仅出现 n 为奇数的项. □

例 6 如何把定义在 $\left[0,\ \frac{\pi}{2}\right]$ 上的可积函数 f 延拓到区间 $(-\pi,\pi)$ 内,使它的傅里叶级数具有如下形式:

$$\sum_{n=1}^{\infty}a_{2n-1}\cos(2n-1)x.$$

分析 为了要展开成余弦级数,只要把 $f(x)$ 延拓成 $(-\pi,\pi)$ 内的偶函数;为了级数中只有奇数项,设法将 $f(x)$ 由 $\left[0,\frac{\pi}{2}\right]$ 延拓到 $\left(\frac{\pi}{2},\pi\right)$ 内,使得 $a_{2n}=0$.

解 利用

$$f(\pi-x)=-f(x),\quad x\in\left(0,\ \frac{\pi}{2}\right),$$

将 $f(x)$ 延拓到 $\left(\frac{\pi}{2},\pi\right)$ 内,然后把所得函数作偶延拓到 $(-\pi,\pi)$ 内. 现计算 a_n,

$$a_n=\frac{2}{\pi}\int_0^{\pi}f(x)\cos nx\,dx$$

$$=\frac{2}{\pi}\left[\int_0^{\frac{\pi}{2}}f(x)\cos nx\,dx+\int_{\frac{\pi}{2}}^{\pi}f(x)\cos nx\,dx\right],$$

在积分 $\int_{\frac{\pi}{2}}^{\pi}f(x)\cos nx\,dx$ 中作变换 $x=\pi-y$, 可得

$$\int_{\frac{\pi}{2}}^{\pi} f(x)\cos nx\,\mathrm{d}x$$

$$= \int_{0}^{\frac{\pi}{2}} f(\pi - y)\cos(n\pi - ny)\,\mathrm{d}y$$

$$= (-1)^{n+1}\int_{0}^{\frac{\pi}{2}} f(y)\cos ny\,\mathrm{d}y,$$

当 $n=2k$ 时,可得

$$a_n = \frac{2}{\pi}\left[\int_{0}^{\frac{\pi}{2}} f(x)\cos nx\,\mathrm{d}x - \int_{0}^{\frac{\pi}{2}} f(x)\cos nx\,\mathrm{d}x\right] = 0.$$ □

例 7 设 $f(x)$ 是 $[0,2\pi]$ 上单调函数,证明

$$a_k = O\left(\frac{1}{k}\right),\ b_k = O\left(\frac{1}{k}\right).$$

证 因 $f(x)$ 是有界函数,故存在 $M>0$,使得

$$| f(x) | \leqslant M.$$

因为 $f(x)$ 是单调函数,由积分第二中值定理,$\exists\, \xi \in (0,2\pi)$,使得

$$a_k = \frac{1}{\pi}\int_{0}^{2\pi} f(x)\cos kx\,\mathrm{d}x$$

$$= \frac{1}{\pi} f(0)\int_{0}^{\xi} \cos kx\,\mathrm{d}x + \frac{1}{\pi} f(2\pi)\int_{\xi}^{2\pi} \cos kx\,\mathrm{d}x,$$

所以

$$| a_k | \leqslant \frac{2M}{\pi} \cdot \frac{1}{k},$$

于是 $a_k = O\left(\frac{1}{k}\right)$,同理可证 $b_k = O\left(\frac{1}{k}\right)$. □

三、习题

1. 周期为 2π 的函数

$$f(x) = \begin{cases} x, & 0 \leqslant x \leqslant \pi; \\ -x, & -\pi < x < 0, \end{cases}$$

试将它展开成傅里叶级数.

2. 设 $f(x) = \mathrm{e}^{ax}$, $x \in (-h, h)$,把它展开成傅里叶级数.

3. 在区间 $(a, a+2l)$ 将函数 $f(x) = x$ 展开成傅里叶级数.

4. 把函数

$$f(x)=\begin{cases}-\dfrac{\pi}{4}, & -\pi<x<0;\\[2ex] \dfrac{\pi}{4}, & 0\leqslant x<\pi\end{cases}$$

展开成傅里叶级数,并由此推出.

1) $\dfrac{\pi}{4}=1-\dfrac{1}{3}+\dfrac{1}{5}-\dfrac{1}{7}+\cdots$;

2) $\dfrac{\pi}{3}=1+\dfrac{1}{5}-\dfrac{1}{7}-\dfrac{1}{11}+\dfrac{1}{13}+\dfrac{1}{17}-\cdots$;

3) $\dfrac{\sqrt{3}\pi}{6}=1-\dfrac{1}{5}+\dfrac{1}{7}-\dfrac{1}{11}+\dfrac{1}{13}-\dfrac{1}{17}+\cdots$.

5. 设周期为 2π 的可积函数满足条件:$f(x+\pi)=f(x)$. 问此函数在$(-\pi,\pi)$内的傅里叶级数有什么特性?

6. 试问如何把定义在$\left[0,\dfrac{\pi}{2}\right]$上的可积函数 f 延拓到区间$(-\pi,\pi)$内,使其傅里叶级数具有如下形式:

$$\sum_{n=1}^{\infty}b_{2n-1}\sin(2n-1)x.$$

7. 设 $f(x)$为$[0,2\pi]$上分段单调函数,试证明

$$a_k=O\left(\frac{1}{k}\right),\quad b_k=O\left(\frac{1}{k}\right).$$

8. 设 $f'(x)$为$[0,2\pi]$上分段单调函数,试证

$$a_k=O\left(\frac{1}{k^2}\right),\quad b_k=O\left(\frac{1}{k^2}\right).$$

9. 设周期为 2π 的连续函数 $f(x)$的傅里叶系数为 a_n,b_n,试求函数

$$f_h(x)=\frac{1}{2h}\int_{x-h}^{x+h}f(t)\mathrm{d}t$$

的傅里叶系数 A_n, $B_n(n=1,2,\cdots)$.

*10. 设函数序列$\{y_n(x)\}$满足方程

$$\frac{\mathrm{d}}{\mathrm{d}x}\left[p(x)\frac{\mathrm{d}y_n}{\mathrm{d}x}\right]+\lambda_n y_n=0\qquad(n=1,2,\cdots\quad x\in[a,b]),$$

(当 $n\neq m$ 时 $\lambda_n\neq\lambda_m$)及边界条件

$$y_n(a)=y_n(b)=0,$$

试证$\{y_n(x)\}$为$[a,b]$上的正交函数系.

§13.2　收敛定理·齐查罗-费叶求和

一、内容精析

1°　收敛定理　若以 2π 为周期的函数 $f(x)$在$[-\pi,\pi]$上按段光滑,则对

任何 $x\in[-\pi,\pi]$，f 的傅里叶级数收敛于 f 在点 x 的左、右极限的算术平均数，即

$$\frac{f(x+0)+f(x-0)}{2}=\frac{a_0}{2}+\sum_{n=1}^{\infty}a_n\cos nx+b_n\sin nx, \tag{1}$$

其中 $a_n(n=0, 1, 2, \cdots)$ 和 $b_n(n=1, 2, \cdots)$ 为 f 在 $[-\pi,\pi]$ 上的傅里叶系数.

注 若 f 是以 2π 为周期的连续函数，且在 $[-\pi,\pi]$ 上按段光滑，则 f 的傅里叶级数在 $(-\infty,+\infty)$ 上收敛于 f.

2° 贝塞尔不等式 若 $f(x)$ 是 $[-\pi,\pi]$ 上的可积函数，a_n，b_n 为 f 的傅里叶系数，则

$$\frac{a_0^2}{2}+\sum_{n=1}^{\infty}(a_n^2+b_n^2)\leqslant\frac{1}{\pi}\int_{-\pi}^{\pi}f^2(x)\mathrm{d}x. \tag{2}$$

3° 黎曼-勒贝格引理 若 $f(x)$ 是 $[-\pi,\pi]$ 上的可积函数，则

$$\begin{aligned}&\lim_{n\to\infty}\int_{-\pi}^{\pi}f(x)\cos nx\,\mathrm{d}x=0,\\&\lim_{n\to\infty}\int_{-\pi}^{\pi}f(x)\sin nx\,\mathrm{d}x=0.\end{aligned} \tag{3}$$

4° 傅里叶级数部分和的积分表达式 若 $f(x)$ 是以 2π 为周期，$[-\pi,\pi]$ 上的可积函数，$S_n(x)$ 是 f 的傅里叶级数的 n 项部分和，则

$$S_n(x)=\frac{1}{\pi}\int_{-\pi}^{\pi}f(x+t)\frac{\sin\left(n+\frac{1}{2}\right)t}{2\sin\frac{t}{2}}\mathrm{d}t. \tag{4}$$

注 (4)式有时称为**狄利克雷积分**.

函数的傅里叶级数的收敛性是个重要的理论问题. 收敛定理表明：当 f 是 $[-\pi,\pi]$ 上的按段光滑函数，则 f 的傅里叶级数收敛于 f 在各点左、右极限的平均值. 傅里叶级数的一致收敛性、逐项求导、逐项积分也是级数的重要性质. 近代分析中发展了傅里叶级数的**齐查罗-费叶**求和法，应用它可证明：若 f 是 $[-\pi,\pi]$ 上的连续函数，则 f 的齐查罗-费叶和 $\Sigma_n(x)$ 一致收敛于 $f(x)$，这类求和法对函数论和泛函分析具有重要意义.

二、典型例题

例 1 设

$$f(x)=\begin{cases}\dfrac{\pi}{2}, & 0\leqslant x\leqslant\pi;\\ -\dfrac{\pi}{2}, & -\pi\leqslant x<0,\end{cases}$$

1) 试求 $f(x)$的傅里叶级数;

2) 此级数收敛吗? 收敛于 $f(x)$吗?

3) 级数在区间$(-\pi,\pi)$内一致收敛吗? 为什么?

解 1) 易见 $a_n=0 \quad (n=0,1,2,\cdots)$,

$$b_n=\frac{2}{\pi}\int_0^{\pi}f(x)\sin nx\,\mathrm{d}x=\frac{1-(-1)^n}{n}=\begin{cases}0, & n\text{ 为偶数};\\ \dfrac{2}{n}, & n\text{ 为奇数},\end{cases}$$

由此可得

$$f(x)\sim\sum_{n=0}^{\infty}\frac{2}{2n+1}\sin(2n+1)x.$$

2) 由于 $f(x)$是按段光滑的,由收敛定理,因此其傅里叶级数在$[-\pi,\pi]$上收敛于$\dfrac{f(x+0)+f(x-0)}{2}$,

$$x=0\text{ 时,级数收敛于}\frac{f(0+0)+f(0-0)}{2}=0;$$

$$x=\pi,-\pi\text{ 时,级数收敛于}\frac{f(\pi-0)+f(-\pi+0)}{2}=0;$$

$$x\in(-\pi,0)\cup(0,\pi)\text{ 时,级数收敛于 }f(x).$$

级数的和函数

$$f_1(x)=\begin{cases}f(x), & x\in(-\pi,0)\cup(0,\pi);\\ 0, & x=0;\\ 0, & x=\pi,-\pi.\end{cases}$$

3) 由于傅里叶级数每一项在$(-\pi,\pi)$内连续,而和函数在 $x=0$ 处不连续,因此在$(-\pi,\pi)$内级数不一致收敛. □

例 2 1) 求函数 $f(x)=\cos\alpha x$($\alpha\neq$整数)在$[-\pi,\pi]$上的傅里叶级数展开.

2) 证明:$x\neq\pi$ 的整数倍时,有

$$\cot x=\frac{1}{x}+\sum_{n=1}^{\infty}\left(\frac{1}{x-n\pi}+\frac{1}{x+n\pi}\right).$$

解 1) 因为 $f(x)$是偶函数,所以 $b_n=0$.

$$a_0=\frac{2}{\pi}\int_0^{\pi}\cos\alpha x\,\mathrm{d}x=\frac{2\sin\alpha\pi}{\alpha\pi}.$$

$$\begin{aligned}a_n&=\frac{2}{\pi}\int_0^{\pi}\cos\alpha x\cos nx\,\mathrm{d}x\\&=\frac{1}{\pi}\int_0^{\pi}[\cos(\alpha+n)x+\cos(\alpha-n)x]\mathrm{d}x\\&=(-1)^n\frac{2\alpha}{\alpha^2-n^2}\frac{\sin\alpha\pi}{\pi}.\end{aligned}$$

由此可得

$$\cos\alpha x\sim\frac{2\sin\alpha\pi}{\pi}\left[\frac{1}{2\alpha}+\sum_{n=1}^{\infty}(-1)^n\frac{\alpha\cos nx}{\alpha^2-n^2}\right].$$

2) 由于 $f(x)$是$[-\pi,\pi]$上按段光滑的连续函数,应用收敛定理,$\forall x\in[-\pi,\pi]$,f 的傅里叶级数收敛于 $f(x)$, 因此

$$\cos\alpha x=\frac{2\sin\alpha\pi}{\pi}\left[\frac{1}{2\alpha}+\sum_{n=1}^{\infty}(-1)^n\frac{\alpha\cos nx}{\alpha^2-n^2}\right],\ x\in[-\pi,\pi].$$

设 $x=\pi$, 即有

$$\begin{aligned}\frac{\cos\alpha\pi}{\sin\alpha\pi}&=\frac{2}{\pi}\left[\frac{1}{2\alpha}+\sum_{n=1}^{\infty}\frac{\alpha}{\alpha^2-n^2}\right]\\&=\frac{1}{\pi\alpha}+\sum_{n=1}^{\infty}\left(\frac{1}{\pi\alpha-n\pi}+\frac{1}{\pi\alpha+n\pi}\right).\end{aligned}$$

令 $x_1=\pi\alpha$,由此可得

$$\cot x_1=\frac{1}{x_1}+\sum_{n=1}^{\infty}\left(\frac{1}{x_1-n\pi}+\frac{1}{x_1+n\pi}\right).$$ □

注 本例中应用傅里叶级数展开可以得到 $\cot x$ 的无穷级数展开.

例 3 设 f 为$[-\pi,\pi]$上可积函数,若 f 的傅里叶级数在$[-\pi,\pi]$上一致收敛于 f,则

$$\frac{1}{\pi}\int_{-\pi}^{\pi}f^2(x)\mathrm{d}x=\frac{a_0^2}{2}+\sum_{n=1}^{\infty}(a_n^2+b_n^2)\tag{5}$$

成立,此等式称为**巴塞伐(Parseval)等式**.

分析 若 f 为$[-\pi,\pi]$上可积函数,由贝塞尔不等式,有

$$\frac{a_0^2}{2}+\sum_{n=1}^{\infty}(a_n^2+b_n^2)\leqslant\frac{1}{\pi}\int_{-\pi}^{\pi}f^2(x)\mathrm{d}x.$$

在 f 的傅里叶级数一致收敛于 f 的条件下，我们要证明等式成立. 合理的途径是计算 $\int_{-\pi}^{\pi}[f(x)-S_n(x)]^2\mathrm{d}x$，其中 $S_n(x)$ 是傅里叶级数的 n 项部分和，然后令 $n\to\infty$，由 $S_n(x)\rightrightarrows f(x)$，上述积分式趋于零.

证　计算积分

$$\begin{aligned}&\frac{1}{\pi}\int_{-\pi}^{\pi}[f(x)-S_n(x)]^2\mathrm{d}x\\&=\frac{1}{\pi}\int_{-\pi}^{\pi}f^2(x)\mathrm{d}x-2\frac{1}{\pi}\int_{-\pi}^{\pi}f(x)S_n(x)\mathrm{d}x+\frac{1}{\pi}\int_{-\pi}^{\pi}S_n^2(x)\mathrm{d}x\\&=\frac{1}{\pi}\int_{-\pi}^{\pi}f^2(x)\mathrm{d}x-\frac{a_0^2}{2}-\sum_{k=1}^{n}(a_k^2+b_k^2).\end{aligned}$$

因为 $S_n(x)\rightrightarrows f(x)$，由一致收敛函数项级数性质

$$\lim_{n\to\infty}\frac{1}{\pi}\int_{-\pi}^{\pi}[f(x)-S_n(x)]^2\mathrm{d}x=0,$$

所以有

$$\frac{1}{\pi}\int_{-\pi}^{\pi}f^2(x)\mathrm{d}x=\frac{a_0^2}{2}+\sum_{n=1}^{\infty}(a_n^2+b_n^2).$$ □

注　若用计算

$$0=\frac{1}{\pi}\int_{-\pi}^{\pi}\left[f(x)-\frac{a_0}{2}-\sum_{n=1}^{\infty}(a_n\cos nx+b_n\sin nx)\right]^2\mathrm{d}x$$

来证明本题结论，读者将会遇到无穷级数乘法的困难.

例 4　设函数 $f(x)$ 在 $[-\pi,\pi]$ 上连续，且按段光滑，$f(\pi)=f(-\pi)$，a_n，b_n 为 $f(x)$ 的傅里叶系数，a_n'，b_n' 为 $f'(x)$ 的傅里叶系数，则

$$a_0'=0,\ a_n'=nb_n,\ b_n'=-na_n\qquad(n=1,2,\cdots).$$

分析　我们应当由计算 $f'(x)$ 的傅里叶系数着手，例如

$$a_0'=\frac{1}{\pi}\int_{-\pi}^{\pi}f'(x)\mathrm{d}x,$$

$$a_n'=\frac{1}{\pi}\int_{-\pi}^{\pi}f'(x)\cos nx\,\mathrm{d}x,$$

若 $f(x)$ 是光滑函数，容易用分部积分法得到 a_n' 与 b_n 的关系；在按段光滑的情

况下要应用连续的按段光滑函数的分部积分公式.

证 由推广的牛顿-莱布尼茨公式(第八章 § 8.3)

$$a'_0 = \frac{1}{\pi}\int_{-\pi}^{\pi} f'(x)\mathrm{d}x = \frac{1}{\pi}[f(\pi) - f(-\pi)] = 0.$$

由相应的分部积分法,可得

$$\begin{aligned} a'_n &= \frac{1}{\pi}\int_{-\pi}^{\pi} f'(x)\cos nx\,\mathrm{d}x \\ &= \frac{1}{\pi} f(x)\cos nx\Big|_{-\pi}^{\pi} + \frac{n}{\pi}\int_{-\pi}^{\pi} f(x)\sin nx\,\mathrm{d}x \\ &= nb_n. \end{aligned}$$

同理可证 $b'_n = -na_n$. □

注 本题找到了导函数 f' 的傅里叶系数与 f 的傅里叶系数之间的关系,这提供了用导函数 f' 的傅里叶系数的性质讨论 f 的傅里叶级数性质的一种有效途径.

例 5 设 $f(x)$ 是以 2π 为周期的 $[-\pi,\pi]$ 上按段连续函数(具有最多有限个第一类间断点的函数),若 $f(x)$ 的傅里叶级数为

$$\frac{a_0}{2} + \sum_{n=1}^{\infty}(a_n\cos nx + b_n\sin nx),$$

证明:1) 设 $F(x) = \int_0^x \left[f(t) - \frac{a_0}{2}\right]\mathrm{d}t$,则 $F(x)$ 是周期为 2π 的连续函数,且按段光滑.

2) $F(x)$ 可展开成傅里叶级数,且

$$F(x) = \frac{A_0}{2} + \sum_{n=1}^{\infty}\frac{a_n\sin nx - b_n\cos nx}{n},$$

其中 $A_0 = \frac{1}{\pi}\int_{-\pi}^{\pi} F(x)\mathrm{d}x$.

3) 对任意实数 a, b 有

$$\int_a^b f(x)\mathrm{d}x = \frac{a_0}{2}(b-a) + \sum_{n=1}^{\infty}\frac{1}{n}[a_n(\sin nb - \sin na) - b_n(\cos nb - \cos na)]. \tag{6}$$

分析 (6)式中结论是 $f(x)$ 的傅里叶级数的逐项积分公式,而且并未要求 $f(x)$ 的傅里叶级数的收敛性. 若 f 是按段连续函数,则 $f(x)$ 的变限积分是按段光滑函数(为什么?),因而对 $F(x)$ 可应用收敛定理.

证　由于

$$F(x+2\pi)=\int_0^{x+2\pi}\left[f(t)-\frac{a_0}{2}\right]\mathrm{d}t$$

$$=\int_0^{x}\left[f(t)-\frac{a_0}{2}\right]\mathrm{d}t+\int_x^{x+2\pi}\left[f(t)-\frac{a_0}{2}\right]\mathrm{d}t$$

$$=F(x)+\int_{-\pi}^{\pi}\left[f(t)-\frac{a_0}{2}\right]\mathrm{d}t$$

$$=F(x)+\int_{-\pi}^{\pi}f(t)\mathrm{d}t-\pi a_0$$

$$=F(x),$$

因此 $F(x)$是以 2π 为周期的连续函数,且是按段光滑的.

2) 若 A_n,B_n 为 $F(x)$的傅里叶系数,由例 4 可得

$$a_n=nB_n,\ b_n=-nA_n\qquad(n=1,2,\cdots).$$

因为 $F(x)$是以 2π 为周期的$[-\pi,\pi]$上按段光滑连续函数,由收敛定理,所以

$$F(x)=\frac{A_0}{2}+\sum_{n=1}^{\infty}A_n\cos nx+B_n\sin nx$$

$$=\frac{A_0}{2}+\sum_{n=1}^{\infty}\frac{a_n\sin nx-b_n\cos nx}{n}.$$

3) 由 2)可得

$$\int_0^x f(t)\mathrm{d}t=\frac{a_0x}{2}+\frac{A_0}{2}+\sum_{n=1}^{\infty}\frac{a_n\sin nx-b_n\cos nx}{n},$$

分别将 $x=b$ 和 $x=a$ 代入上式,然后把二级数相减,即有

$$\int_a^b f(x)\mathrm{d}x=\frac{a_0}{2}(b-a)+\sum_{n=1}^{\infty}\frac{1}{n}[a_n(\sin nb-\sin na)$$

$$-b_n(\cos nb-\cos na)].$$ □

注　变限积分 $F(x)$的被积函数式中出现$-\dfrac{a_0}{2}$,是为了使 $F(x)$成为周期为 2π 的函数.

例 6　设 $f(x)$是周期为 2π 的连续函数,且在$[-\pi,\pi]$上按段光滑,证明

1) $\sum\limits_{n=1}^{\infty}(|a_n|+|b_n|)$收敛,

2) $f(x)$的傅里叶级数绝对收敛,且在$(-\infty,+\infty)$上一致收敛于 $f(x)$.

分析 由连续的按段光滑函数可得到相应的傅里叶级数的一致收敛性，这是相当强的结论. 证明的关键是1)，由1)→2)是容易证明的. 为了证明1)，可利用例4中导函数的傅里叶系数公式.

证 1)从例4可知 $a_n'=nb_n$，$b_n'=-na_n$，$n=1,2,\cdots$，其中 a_n，b_n 为 f 的傅里叶系数，a_n'，b_n'为 f'的傅里叶系数. 因为

$$|a_n|=\left|\frac{b_n'}{n}\right|\leqslant\frac{1}{2}\left(|b_n'|^2+\frac{1}{n^2}\right),$$

$$|b_n|=\left|\frac{a_n'}{n}\right|\leqslant\frac{1}{2}\left(|a_n'|^2+\frac{1}{n^2}\right),$$

对 $f'(x)$应用贝塞尔不等式，即有$\sum_{n=1}^{\infty}(a_n'^2+b_n'^2)<\infty$，所以$\sum_{n=1}^{\infty}(|a_n|+|b_n|)$收敛.

2) 由于

$$|a_n\cos nx+b_n\sin nx|\leqslant|a_n|+|b_n|,$$

由优级数判别法，因此 $f(x)$的傅里叶级数绝对收敛，且在$(-\infty,\infty)$上一致收敛，由收敛定理可知相应级数一致收敛于 $f(x)$. □

例7 设周期为 2π 的可积函数的傅里叶级数部分和为

$$S_n(x)=\frac{a_0}{2}+\sum_{k=1}^{n}(a_k\cos kx+b_k\sin kx),$$

定义 $f(x)$的费叶和为

$$\Sigma_n(x)=\frac{S_0(x)+S_1(x)+\cdots+S_{n-1}(x)}{n},\tag{7}$$

证明

$$\Sigma_n(x)=\frac{1}{2n\pi}\int_{-\pi}^{\pi}f(x+t)\left[\frac{\sin\frac{nt}{2}}{\sin\frac{t}{2}}\right]^2\mathrm{d}t.\tag{8}$$

分析 周期为 2π 的连续函数的傅里叶级数在$[-\pi,\pi]$某些点处可能发散，但是$\{S_n(x)\}$的算术平均数 $\Sigma_n(x)$一定收敛，在这种思想指导下，现代分析中傅里叶级数的各种求和法就发展起来了，其中齐查罗-费叶求和法是一种有效的方法，这种方法用费叶和 $\Sigma_n(x)$代替傅里叶级数的部分和 $S_n(x)$讨论级数的收敛性.

证 由傅里叶级数部分和的积分表达式

$$S_n(x)=\frac{1}{\pi}\int_{-\pi}^{\pi}f(x+t)\frac{\sin\left(n+\frac{1}{2}\right)t}{2\sin\frac{t}{2}}\mathrm{d}t,$$

由此可得

$$\Sigma_n(x)=\frac{S_0(x)+S_1(x)+\cdots+S_{n-1}(x)}{n}$$

$$=\frac{1}{n\pi}\int_{-\pi}^{\pi}f(x+t)\frac{\sum_{k=0}^{n-1}\sin\left(k+\frac{1}{2}\right)t}{2\sin\frac{t}{2}}\mathrm{d}t.$$

因为

$$\sum_{k=0}^{n-1}\sin\left(k+\frac{1}{2}\right)t=\frac{\sin^2\frac{nt}{2}}{\sin\frac{t}{2}},$$

所以

$$\Sigma_n(x)=\frac{1}{2n\pi}\int_{-\pi}^{\pi}f(x+t)\left[\frac{\sin\frac{nt}{2}}{\sin\frac{t}{2}}\right]^2\mathrm{d}t.$$ □

***例 8**　设 $\Sigma_n(x)$ 是周期为 2π 的连续函数 $f(x)$ 的费叶和，则 $\Sigma_n(x)$ 在 $[-\pi,\pi]$ 上一致收敛于 $f(x)$.

分析　存在 $[-\pi,\pi]$ 上的连续函数 $f(x)$，它的傅里叶级数可以在某些点上发散，但是它的费叶和却在 $[-\pi,\pi]$ 上一致收敛于 $f(x)$. 这种思想在近代复分析和泛函分析理论中至关重要.

证明中主要应用下述两个重要性质：

a) $$\frac{1}{2n\pi}\int_{-\pi}^{\pi}\left[\frac{\sin\frac{nt}{2}}{\sin\frac{t}{2}}\right]^2\mathrm{d}t=1,\tag{9}$$

b) 对固定 $\delta>0$，

$$\lim_{n\to\infty}\frac{1}{2n\pi}\int_{|t|\geqslant\delta}\left[\frac{\sin\frac{nt}{2}}{\sin\frac{t}{2}}\right]^2\mathrm{d}t=0.\tag{10}$$

其中 b)表示当 n 充分大时 $G_n(t)=\frac{1}{2n\pi}\left[\frac{\sin\frac{nt}{2}}{\sin\frac{t}{2}}\right]^2$ 的积分值集中在 $t=0$ 附近.

证 若取 $f(x)\equiv 1$,则 $\Sigma_n(x)=1$,于是有

$$\frac{1}{2n\pi}\int_{-\pi}^{\pi}\left[\frac{\sin\frac{nt}{2}}{\sin\frac{t}{2}}\right]^2\mathrm{d}t=1.$$

固定 $\delta>0$,

$$\begin{aligned}&\frac{1}{2n\pi}\int_{|t|\geqslant\delta}\left[\frac{\sin\frac{nt}{2}}{\sin\frac{t}{2}}\right]^2\mathrm{d}t\\ &\leqslant\frac{1}{2n\pi\sin^2\frac{\delta}{2}}\int_{|t|\geqslant\delta}\left|\sin\frac{nt}{2}\right|^2\mathrm{d}t\\ &\leqslant\frac{1}{n\cdot\sin^2\frac{\delta}{2}},\end{aligned}$$

于是有

$$\lim_{n\to\infty}\frac{1}{2n\pi}\int_{|t|\geqslant\delta}\left[\frac{\sin\frac{nt}{2}}{\sin\frac{t}{2}}\right]^2\mathrm{d}t=0.$$

因为 $f(x)$ 在 $[-\pi,\pi]$ 上连续,所以存在 $M>0$,使得 $|f(x)|\leqslant M$, $x\in[-\pi,\pi]$. 由 $f(x)$ 的一致连续性,$\forall\varepsilon>0$,$\exists\delta>0$,当 $|t|<\delta$ 时,$\forall x\in[-\pi,\pi]$,

$$|f(x+t)-f(x)|<\frac{\varepsilon}{2}.$$

$$\begin{aligned}&|\Sigma_n(x)-f(x)|\\ &=\left|\frac{1}{2n\pi}\int_{-\pi}^{\pi}(f(x+t)-f(x))\left[\frac{\sin\frac{nt}{2}}{\sin\frac{t}{2}}\right]^2\mathrm{d}t\right|\end{aligned}$$

$$\leqslant \frac{1}{2n\pi}\left(\int_{-\delta}^{\delta}+\int_{|t|\geqslant\delta}\right)|f(x+t)-f(x)|\left[\frac{\sin\frac{nt}{2}}{\sin\frac{t}{2}}\right]^2\mathrm{d}t$$

$$\leqslant \frac{\varepsilon}{2}\,\frac{1}{2n\pi}\int_{-\delta}^{\delta}\left[\frac{\sin\frac{nt}{2}}{\sin\frac{t}{2}}\right]^2\mathrm{d}t+\frac{M}{n\pi}\int_{|t|\geqslant\delta}\left[\frac{\sin\frac{nt}{2}}{\sin\frac{t}{2}}\right]^2\mathrm{d}t,$$

由 a)上式右边第一项小于$\frac{\varepsilon}{2}$,由 b) $\exists N$, 当 $n>N$ 时,右边第二项也小于$\frac{\varepsilon}{2}$,于是$\forall\varepsilon>0$, $\exists N$,当 $n>N$ 时, $\forall x\in[-\pi,\pi]$,

$$|\Sigma_n(x)-f(x)|<\varepsilon,$$

由此可知

$$\Sigma_n(x)\rightrightarrows f(x),\ x\in[-\pi,\pi].$$

□

三、习题

1. 将函数

$$f(x)=\begin{cases}-\dfrac{\pi+x}{2}, & -\pi\leqslant x<0,\\[2ex] \dfrac{\pi-x}{2}, & 0\leqslant x\leqslant\pi,\end{cases}$$

展开成傅里叶级数,并讨论级数的和函数.

2. 证明 $\sum\limits_{n=2}^{\infty}\dfrac{\sin nx}{\ln n}$ 是收敛级数,但不是某函数的傅里叶级数.

3. 证明:若 x 不是 π 的整数倍,则

$$\frac{1}{\sin x}=\frac{1}{x}+\sum(-1)^n\frac{2x}{x^2-n^2\pi^2}.$$

4. 设 $f(x)$为$[-\pi,\pi]$上光滑函数,a_n, b_n 为 f 的傅里叶系数,证明

$$\lim_{n\to\infty}na_n=0,\ \lim_{n\to\infty}n|b_n|=\frac{|f(-\pi)-f(\pi)|}{\pi}.$$

5. 设 $f(x)$是以 2π 为周期的连续函数,$f'(x)$在$[-\pi,\pi]$上按段光滑,$f(x)$的傅里叶级数为

$$\frac{a_0}{2}+\sum_{n=1}^{\infty}(a_n\cos nx+b_n\sin nx)$$

则对所有实数 x 成立

$$\frac{f'(x+0)+f'(x-0)}{2}=\sum_{n=1}^{\infty}(a_n\cos nx+b_n\sin nx)'$$

$$=\sum_{n=1}^{\infty}(nb_n\cos nx-na_n\sin nx).$$

6. 若 f 为周期 2π 的按段光滑连续函数，$g(x)$是$[-\pi,\pi]$上可积函数，则

$$\frac{1}{\pi}\int_{-\pi}^{\pi}f(x)g(x)\mathrm{d}x=\frac{1}{2}a_0\alpha_0+\sum_{n=1}^{\infty}(a_n\alpha_n+b_n\beta_n),$$

其中 a_n, b_n 与 α_n, β_n 分别是 f, g 的傅里叶系数.

7. 设函数 $f(x)$在$[0,2\pi]$上可积，证明

$$\frac{1}{2\pi}\int_{0}^{2\pi}f(x)(\pi-x)\mathrm{d}x=\sum_{n=1}^{\infty}\frac{b_n}{n},$$

其中 b_n 为 f 的傅里叶系数.

8. 设 $f(x)$是以 2π 为周期的连续偶函数，其傅里叶级数为

$$f(x)\sim\frac{a_0}{2}+\sum_{n=1}^{\infty}a_n\cos nx,$$

证明：1) 函数

$$H(x)=\frac{1}{\pi}\int_{-\pi}^{\pi}f(x+t)f(t)\mathrm{d}t$$

是以 2π 为周期的连续偶函数，且

$$H(x)\sim\frac{a_0^2}{2}+\sum_{n=1}^{\infty}a_n^2\cos nx.$$

2) $\dfrac{a_0^2}{2}+\sum\limits_{n=1}^{\infty}a_n^2\cos nx$ 一致收敛于 $H(x)$.

9. 若 $f(x)$及其导函数 $f'(x)$在$[-\pi,\pi]$上可积，$\int_{-\pi}^{\pi}f(x)\mathrm{d}x=0$，且成立帕塞瓦尔等式，则

$$\int_{-\pi}^{\pi}|f'(x)|^2\mathrm{d}x\geqslant\int_{-\pi}^{\pi}|f(x)|^2\mathrm{d}x.$$

*10. 设 $f(x)$为$[-\pi,\pi]$上按段连续函数，若 $\Sigma_n(x)$是 $f(x)$的费叶和，证明：对任何 $x\in[-\pi,\pi]$

$$\lim_{n\to+\infty}\Sigma_n(x)=\frac{f(x+0)+f(x-0)}{2}.$$

测 试 题

（一）

1. 设$\{x_n\}$为收敛数列，$\alpha=\inf\limits_n\{x_n\}$，$\beta=\sup\limits_n\{x_n\}$. 证明：$\alpha$与$\beta$中至少有一个属于$\{x_n\}$.

2. 设$f(x)=(x-x_0)^n\varphi(x)$，其中n为正整数，$\varphi(x)$在点x_0处连续. 试讨论：

(1) $f(x)$在点x_0处是否可导？

(2) 若$\varphi(x_0)\neq 0$，$f(x)$在点x_0处能否取极值？

3. 设$f(x)$，$x\in[a,b]$，它在(a,b)内可导，且$|f'(x)|\leqslant K\quad(K>0)$. 证明：若$f(x)$在$[a,b]$上任意两点之间都具有介值性，则$f(x)$在$[a,b]$上连续.

4. 设$I_n=\int_0^1(1-x^2)^n\mathrm{d}x$，$n=1,2,\cdots$. 试导出$I_n$的递推算式，并用它来证明

$$I_n\geqslant\frac{2}{3\sqrt{n}},\quad n=1,2,\cdots.$$

5. 设$x_{2n-1}=\dfrac{1}{n}$，$\quad x_{2n}=\int_n^{n+1}\dfrac{1}{x}\mathrm{d}x$，$\quad n=1,2,\cdots$. 试证级数$\sum\limits_{n=1}^{\infty}(-1)^{n-1}x_n$收敛.

6. 试求$\sum\limits_{n=1}^{\infty}\dfrac{n^2}{\left(x+\dfrac{1}{n}\right)^n}$的收敛域，并讨论它的一致收敛性.

7. 设$f_n(x)\rightrightarrows f(x)$，$x\in(a,b)$，且对每个正整数$n$，$f_n(x)$在$(a,b)$上一致连续. 试证$f(x)$在$(a,b)$上也一致连续.

（二）

1. 设$f(x)$在$[a,b]$上有定义，且处处存在极限，即任给$t\in[a,b]$，存在

$$\lim_{x\to t}f(x)=A_t$$

（端点处为单侧极限）. 证明：任给$\varepsilon>0$，在$[a,b]$中满足$|f(t)-A_t|>\varepsilon$的t只有有限个.

2. 设$f(x)$在$[a,b]$上连续，在(a,b)内可导，$0\leqslant a<b$. 试证：在(a,b)内存在ξ,η，使得

$$\eta f'(\xi)=\frac{a+b}{2}f'(\eta).$$

3. 设$f(x)$在(a,b)内无界、可导. 试证：$f'(x)$在(a,b)内亦必无界；并讨论此命题是否可逆？是否能把(a,b)替换为$(a,+\infty)$？

4. 设$f(x)$在$[1,+\infty)$上可导，$f(1)=1$，且满足：

$$f'(x)=\frac{1}{x^2+f^2(x)}.$$

试证：$\lim\limits_{x\to+\infty}f(x)=A$ 存在，且 $A<1+\dfrac{\pi}{4}$.

5. 设

$$a_n=\int_0^1 f(x)\varphi(nx)\mathrm{d}x,\quad n=1,2,\cdots.$$

其中 $f(x)$ 为$[0,1]$上的连续可微函数；$\varphi(x)$ 为连续周期函数，周期为 1，且 $\int_0^1\varphi(x)\mathrm{d}x=0$. 试证明：

(1) $\varphi(x)$ 的任一原函数亦必为周期等于 1 的周期函数；

(2) 级数 $\sum\limits_{n=1}^{\infty}a_n^2$ 收敛.

6. 设 $f(x)$ 在$[0,+\infty)$上不恒为零，且

$$\lim_{x\to0^+}f(x)=f(0)=0.$$

试证明 $\left\{f\left(\dfrac{x}{n}\right)\right\}$ 在$[0,+\infty)$上逐点收敛，但不一致收敛.

7. 设 $f(x)$ 在 (a,b) 内连续可微，

$$F_n(x)=\frac{n}{2}\left[f\left(x+\frac{1}{n}\right)-f\left(x-\frac{1}{n}\right)\right],\qquad n=1,2,\cdots.$$

试证明 $\{F_n(x)\}$ 在 (a,b) 内逐点收敛，且在任一内闭区间 $[\alpha,\beta]\subset(a,b)$ 上为一致收敛.

习题解答与提示

§1.1

2. $\dfrac{|a+b|}{1+|a+b|}=1-\dfrac{1}{1+|a+b|}\leqslant 1-\dfrac{1}{1+|a|+|b|+|a||b|}$

$$\leqslant\frac{|a|+|b|+2|a||b|}{1+|a|+|b|+|a||b|}=\frac{|a|}{1+|a|}+\frac{|b|}{1+|b|}.$$

3. (2) 若$|1-b|<\dfrac{1}{2}$,则可得$b>\dfrac{1}{2}$;又

$$\max\{|a+b|,|a-b|\}\geqslant\frac{1}{2}(|a+b|+|a-b|)\geqslant b.$$

4. 提示:利用恒等式

$$x^n-nx+n-1=(x-1)(x^{n-1}+x^{n-2}+\cdots+x-n+1).$$

5. 若$\alpha\geqslant 0$,则当$\beta<0$时显然成立,$\beta\geqslant 0$时有

$$\beta\leqslant\frac{\alpha}{1+\alpha}=\frac{\alpha}{1+|\alpha|};$$

若$\alpha<0$,则$\beta<0\Rightarrow\beta\leqslant\dfrac{\alpha}{1-\alpha}=\dfrac{\alpha}{1+|\alpha|}$.

6. 提示:利用数学归纳法($n=1$与2时显然成立).

7. 提示:令$h=\dfrac{b}{a}$,应用伯努利不等式.

8. 提示:对n个正数$x_1,x_2,\cdots,x_n$,令

$$y_i=x_i(x_1x_2\cdots x_n)^{-\frac{1}{n}},\quad i=1,2,\cdots,n,$$

则$y_1y_2\cdots y_n=1$.

9. 提示:令$y_1=y_2=\cdots=y_n=1$,应用柯西不等式.

10. 提示:1) 对$x_k=k(k=1,2,\cdots,n)$应用平均值不等式;

2) $(n!)^2=(n\cdot 1)((n-1)\cdot 2)\cdots(1\cdot n)$,并注意到

$$n\cdot 1+(n-1)\cdot 2+\cdots+2(n-1)+1\cdot n=\frac{1}{6}n(n+1)(n+2),$$

再利用平均值不等式;

3) 利用数学归纳法;

4) 当$n=1$与2时显然成立;对$n\geqslant 3$有

$$\sqrt[n]{n}=(\sqrt{n}\cdot\sqrt{n}\cdot\underbrace{1\cdot 1\cdots 1\cdot 1}_{(n-2)\text{个}})^{\frac{1}{n}},$$

再利用平均值不等式.

11. 提示:对$x_k=k^{\alpha}(k=1,2,\cdots,n)$应用平均值不等式.

12. 提示：令 $y_i=\dfrac{1}{x_i}$，$i=1,2,\cdots,n$. 对 $y_1,y_2,\cdots,y_n$ 应用平均值不等式.

13. 提示：1) 对 $x_1=x_2=\cdots=x_n=1+\dfrac{1}{n}$，$x_{n+1}=1$ 应用平均值不等式；

2) 对 $x_1=x_2=\cdots=x_{n-1}=1+\dfrac{1}{n}$，$x_n=(1+\dfrac{1}{n})^2$ 应用平均值不等式.

14. 提示：将不等式中间的表达式分别表示为

$$\left(\frac{1}{2}\cdot\frac{3}{2}\right)\left(\frac{3}{4}\cdot\frac{5}{4}\right)\cdots\left(\frac{2n-3}{2n-2}\cdot\frac{2n-1}{2n-2}\right)\frac{2n-1}{2n}\cdot\frac{1}{2n}$$

以及

$$\frac{1}{2}\cdot\left(\frac{3}{4}\cdot\frac{3}{2}\right)\left(\frac{5}{6}\cdot\frac{5}{4}\right)\cdots\left(\frac{2n-1}{2n}\cdot\frac{2n-1}{2n-2}\right)\cdot\frac{1}{2n}.$$

15. $\sum\limits_{i=1}^{n}(x_i+y_i)^p=\sum\limits_{i=1}^{n}x_i(x_i+y_i)^{p-1}+\sum\limits_{i=1}^{n}y_i(x_i+y_i)^{p-1}$，再对上式右边两个和式分别应用赫尔德不等式，并注意到：若 q 满足 $\dfrac{1}{p}+\dfrac{1}{q}=1$，则 $(p-1)q=p$.

§1.2

2. 倘若 $|f(0)|$，$|f(1)|$ 与 $|f(-1)|$ 都 $<\dfrac{1}{2}$，则有

$$\begin{aligned}2&=|-2f(0)+f(1)+f(-1)|\\&\leqslant 2|f(0)|+|f(1)|+|f(-1)|<2,\text{矛盾}.\end{aligned}$$

3. $y=[x+0.5]$.

4.

$$P=\begin{cases}10, & 0<s\leqslant 3,\\ 2s+4, & 3<s\leqslant 10,\\ 3s-6, & s>10.\end{cases}$$

5.

$$T=\begin{cases}0.25(x-21000)+3625, & 21000<x\leqslant 41000,\\ 0.3(x-41000)+8625, & 41000<x\leqslant 61000,\\ 0.35(x-61000)+14625, & 61000<x\leqslant 81000,\\ 0.4(x-81000)+21625, & 81000<x\leqslant 101000,\\ 0.45(x-101000)+29625, & x>101000.\end{cases}$$

6. 按函数单调性的定义易证.

7. $\dfrac{1}{3}(x^2+2x-1)$.

8. $\dfrac{x}{\sqrt{1+nx^2}}$.

9. 提示：$\forall x\in\boldsymbol{R}$，将 x 表为

$$x = a + n\sigma + \eta,$$

其中 n 为整数，$0 \leqslant \eta < \sigma$.

10. 提示：$F(x)=\min\{c,\ \max\{-c,\ f(x)\}\}$，再利用例 2 中的结论.

11. 令 $a=k^{\frac{1}{\sigma}}$，$\varphi(x)=a^{-x}f(x)$，则可验证 $\varphi(x)$ 以 σ 为周期.

§ 2.1

2. 2) 提示：必要性显然；反之，分别考虑 $\{a_{2k}\}$ 与 $\{a_{3k}\}$ 的公共子列 $\{a_{6k}\}$ 以及 $\{a_{2k-1}\}$ 与 $\{a_{3k}\}$ 的公共子列 $\{a_{6k-3}\}$，可导出

$$\lim_{k\to\infty} a_{2k} = \lim_{k\to\infty} a_{3k} = \lim_{k\to\infty} a_{2k-1}.$$

3. 提示：令 $b_n=\dfrac{a_n-A}{a_n+A}$，则 $b_n\to 0\ (n\to\infty)$.

4. 提示：利用第一章 § 1.1 习题 14 的不等式.

5. 用类似于本节例 6 中的方法证明.

6. 1) 提示：利用不等式 $na_n-1<[na_n]\leqslant na_n$ 及迫敛性；

3) 提示：$\exists N>0$，$\forall n>N$ 有 $\dfrac{a}{2}<a_n<\dfrac{3}{2}a$.

7. 若 $a=0$，则由平均值不等式有

$$0 \leqslant \sqrt[n]{a_1a_2\cdots a_n} \leqslant \frac{1}{n}(a_1+a_2+\cdots+a_n) \to 0 \quad (n\to\infty);$$

若 $a>0$，则有

$$\lim_{n\to\infty}\frac{1}{a_n}=\frac{1}{a} \Rightarrow \lim_{n\to\infty}\frac{1}{n}\left(\frac{1}{a_1}+\frac{1}{a_2}+\cdots+\frac{1}{a_n}\right)=\frac{1}{a}$$

$$\Rightarrow \lim_{n\to\infty}\frac{n}{\dfrac{1}{a_1}+\dfrac{1}{a_2}+\cdots+\dfrac{1}{a_n}}=a,$$

再应用平均值不等式(见第一章 § 1.1 习题 12)及迫敛性.

8. 提示：1) 令 $a_n=\dfrac{1}{n}$；

2) 令 $a_n=\sqrt[n]{n}$；

3) 令 $a_1=b_1$，$a_n=\dfrac{b_n}{b_{n-1}}$，$n=2,\ 3,\ \cdots$；

4) 令 $a_1=b_1$，$a_n=b_n-b_{n-1}$，$n=2,3,\cdots$.

9. 1) a_n 是 $2n+2$ 项之和，其最小项为 $\dfrac{1}{n+1}$，最大项为 $\dfrac{1}{n}\Rightarrow$

$$\frac{2n+2}{n+1}\leqslant a_n\leqslant\frac{2n+2}{n}\Rightarrow \lim_{n\to\infty}a_n=2;$$

2) 由 $\dfrac{1}{n+1}<\dfrac{1}{(n^k+1)^{\frac{1}{k}}}<\dfrac{1}{n}\quad(k=1,2,\cdots,n)$ 得

$$\frac{n}{n+1}<a_n<\frac{n}{n}\Rightarrow \lim_{n\to\infty}a_n=1.$$

10. 提示：由

$$\frac{a}{2}=\frac{a+2a+\cdots+na}{n^2}-\frac{a}{2n}$$

得

$$\left|\frac{a_1+2a_2+\cdots+na_n}{n^2}-\frac{a}{2}\right|$$

$$=\left|\frac{(a_1-a)+2(a_2-a)+\cdots+n(a_n-a)}{n^2}+\frac{a}{2n}\right|.$$

11. 提示：$\{a_n\}$收敛$\Rightarrow\exists M>0$使$|a_n|\leqslant M$，从而有

$$\left|\frac{a_1b_n+a_2b_{n-1}+\cdots+a_nb_1}{n}\right|\leqslant M\frac{|b_1|+|b_2|+\cdots+|b_n|}{n}.$$

12. 1) 记 $s_n=\sum\limits_{k=1}^{n}a_k$，则$\frac{1}{n}\sum\limits_{k=1}^{n}ka_k=s_n-\frac{1}{n}\sum\limits_{k=1}^{n-1}s_k\to 0\quad(n\to\infty)$；

2) $0<(n!a_1a_2\cdots a_n)^{\frac{1}{n}}\leqslant\frac{1}{n}(a_1+2a_2+\cdots+na_n)$，再利用 1).

13. $\forall\varepsilon>0,\exists n_0\in\mathbf{N}^+$，$\forall n>n_0$ 有$|a_n-a|<\varepsilon$. 又$\exists M>0$使$|a_n-a|\leqslant M(n=1,2,\cdots)\Rightarrow$

$$\left|\frac{\lambda_1a_n+\lambda_2a_{n-1}+\cdots+\lambda_na_1}{\lambda_1+\lambda_2+\cdots+\lambda_n}-a\right|$$

$$\leqslant\frac{1}{\lambda_1+\lambda_2+\cdots+\lambda_n}(\lambda_1|a_n-a|+\cdots$$

$$+\lambda_{n-n_0}|a_{n_0+1}-a|+\lambda_{n-n_0+1}M+\cdots+\lambda_nM).\qquad(*)$$

再由$\lim\limits_{n\to\infty}\frac{\lambda_n}{\lambda_1+\lambda_2+\cdots+\lambda_n}=0$，对上述 ε 与 n_0，$\exists N_1\in\mathbf{N}^+$，$\forall n>N_1$ 有

$$\frac{\lambda_n}{\lambda_1+\lambda_2+\cdots+\lambda_n}<\frac{\varepsilon}{n_0}\Rightarrow n>n_0+N_1-1,\forall k=1,2,\cdots,n_0\text{ 有}$$

$$\frac{\lambda_{n-n_0+k}}{\lambda_1+\lambda_2+\cdots+\lambda_n}<\frac{\lambda_{n-n_0+k}}{\lambda_1+\lambda_2+\cdots+\lambda_{n-n_0+k}}<\frac{\varepsilon}{n_0}$$

$\Rightarrow$(*)式右边不超过

$$\frac{\lambda_1+\lambda_2+\cdots+\lambda_{n-n_0}}{\lambda_1+\lambda_2+\cdots+\lambda_n}\varepsilon+\frac{\varepsilon}{n_0}\cdot Mn_0<(M+1)\varepsilon,$$

只要 $n>N=n_0+N_1-1$.

14. 由 $x_k\to 0(k\to\infty)$，$\forall\varepsilon>0,\exists N_1>0,\forall k>N_1$ 有$|x_k|<\frac{\varepsilon}{2K}\Rightarrow\forall n>N_1$ 有

$$\left|\sum_{k=0}^{n}a_{nk}x_k\right|\leqslant\left|\sum_{k=0}^{N_1}a_{nk}x_k\right|+\frac{\varepsilon}{2K}\cdot K.$$

又由$\lim\limits_{n\to\infty}a_{nk}=0,\exists N>N_1$，$\forall n>N$ 有

$$\left|\sum_{k=0}^{N_1}a_{nk}x_k\right|<\frac{\varepsilon}{2}$$

$\Rightarrow \forall n>N$ 有 $\left|\sum_{k=0}^{n} a_{nk} x_k\right|<\varepsilon$.

15. 提示：令 $x_n=a_n-A$, $a_{nk}=\dfrac{c_n^k}{2^n}$，可验证$\{a_{nk}\}$满足上题中条件(i)与(ii)，而得结论.

§2.2

1. 1) $e^{\frac{1}{k}}$；2) e.

2. 提示：对 $a_n=(1+\dfrac{1}{n})^n$ 应用上节习题 7.

3. 由第一章§1.1 习题 13 的 2)，易见$\{(1+\dfrac{1}{n})^{n+1}\}$递减地趋于 e$\Rightarrow$e$<(1+\dfrac{1}{n})^{n+1}$；又$(1+\dfrac{1}{n})^n<$e 以及易证

$$(1+\frac{1}{n})^{n+1}<\frac{3}{n}+(1+\frac{1}{n})^n.$$

4. 1) 显然$\{a_n\}$递减且 $a_n>0$. $\lim\limits_{n\to\infty}a_n=0$.

2) 易见 $a_n<a_{n+1}=a_n(2-a_n)\leqslant 1$. $\lim\limits_{n\to\infty}a_n=1$.

3) 用归纳法可证 $a_{n+1}<a_n<2$. $\lim\limits_{n\to\infty}a_n=\dfrac{1}{2}(1+\sqrt{5})$.

4) 由 $a_{n+1}-a_n=\dfrac{a_n-a_{n-1}}{(1+a_n)(1+a_{n+1})}$可知：当 $a_2\geqslant a_1$ 时$\{a_n\}$递增，当 $a_2<a_1$ 时递减；又显然 $0<a_n<2$. $\lim\limits_{n\to\infty}a_n=\dfrac{1}{2}(1+\sqrt{5})$.

5) $a_3-a_2=-\dfrac{a_2-a_1}{2}$，一般有

$$a_{n+2}-a_{n+1}=\frac{(-1)^n}{2^n}(a_2-a_1)$$

$$\Rightarrow a_{n+2}=(a_{n+2}-a_{n+1})+\cdots+(a_2-a_1)+a_1\to\frac{1}{3}(2a_2+a_1)\ (n\to\infty).$$

5. 提示：不妨设 $\forall n\in \mathbf{N}^+$ 成立 $|a_{n+1}-a_n|\leqslant\eta|a_n-a_{n-1}|$，则

$$\begin{aligned}|a_{n+p}-a_n|&\leqslant|a_{n+p}-a_{n+p-1}|+\cdots+|a_{n+1}-a_n|\\&\leqslant\eta^{n-1}(\eta^{p-1}+\cdots+\eta+1)|a_2-a_1|.\end{aligned}$$

6. 提示：由条件(i)得 $a_n\in[a,b]$, $n\in\mathbf{N}^+$，由条件(ii)得 $|a_{n+1}-a_n|\leqslant\eta|a_n-a_{n-1}|$，再利用上题结论. 唯一性易证.

7. 1) 压缩函数为 $f(x)=1+\dfrac{1}{x}$, $x\in[\dfrac{3}{2},2]$(以 $a_2=\dfrac{3}{2}$作为递推式的出发点). $\lim\limits_{n\to\infty}a_n=\dfrac{1}{2}(1+\sqrt{5})$.

2) 易见 $a_{n+1}>a_1^{\frac{1}{2^n}}\to 1(n\to\infty)\Rightarrow\exists N\in\mathbf{N}^+$，使 $a_N\geqslant\dfrac{1}{4}$. 考虑从 a_N 出发的递推数列$\{a_n\}$，取压缩函数为

$$f(x)=\sqrt{\alpha+x},\ x\in[\frac{1}{4},\ b],$$

其中 $b>\frac{1}{4}$ 并满足 $\alpha\leqslant b^2-b$. $\lim\limits_{n\to\infty}a_n=\frac{1}{2}(1+\sqrt{1+4\alpha})$.

3) 压缩函数为

$$f(x)=\frac{c(1+x)}{c+x},\quad x\in[0,\ c]$$

$$\lim_{n\to\infty}x_n=\sqrt{c}.$$

8. 由 $(1+\frac{1}{n})^n<\mathrm{e}<(1+\frac{1}{n})^{n+1}$ (见第 3 题)得

$$\frac{1}{n+1}<\ln\frac{n+1}{n}<\frac{1}{n}\Rightarrow\gamma_{n+1}<\gamma_n$$

以及 $\ln(n+1)-\ln1=\ln(n+1)<\sum\limits_{k=1}^{n}\frac{1}{k}\Rightarrow\gamma_{n+1}>0$.

9. 由 $\frac{1}{n+1}+\frac{1}{n+2}+\cdots+\frac{1}{2n}=\gamma_{2n}-\gamma_n+\ln2$ 即得.

10. $\lim\limits_{n\to\infty}\ln((n!)^{\frac{1}{n^2}})=\lim\limits_{n\to\infty}\frac{\ln(n!)}{n^2}=\lim\limits_{n\to\infty}\frac{\ln(n+1)}{(n+1)^2-n^2}=0$

$\Rightarrow\lim\limits_{n\to\infty}(n!)^{\frac{1}{n^2}}=1$.

11. $\lim\limits_{n\to\infty}(\sum\limits_{k=1}^{n}k^p/n^{p+1})=\lim\limits_{n\to\infty}\frac{(n+1)^p}{(n+1)^{p+1}-n^{p+1}}=\frac{1}{p+1}$.

12. $\lim\limits_{n\to\infty}(\sum\limits_{k=1}^{n}k!\ /n!)=\lim\limits_{n\to\infty}\frac{(n+1)!}{(n+1)!\ -n!}=1$.

13. 1) 记 $b_n=|a_n-a_{n-1}|$,则 $|a_n-a_{n-2}|\geqslant|b_n-b_{n-1}|$

$$\Rightarrow\left|\frac{a_n-a_{n-1}}{n}\right|=\frac{b_n}{n}\leqslant\frac{|b_n-b_{n-1}|+|b_{n-1}-b_{n-2}|+\cdots+|b_{N+1}-b_N|}{n}+\frac{b_N}{n}.$$

2) $\lim\limits_{k\to\infty}\frac{a_{2k-1}}{2k-1}=\lim\limits_{k\to\infty}\frac{a_{2k+1}-a_{2k-1}}{(2k+1)-(2k-1)}=0$,

$\lim\limits_{k\to\infty}\frac{a_{2k}}{2k}=\lim\limits_{k\to\infty}\frac{a_{2k+2}-a_{2k}}{(2k+2)-2k}=0\Rightarrow\lim\limits_{n\to\infty}\frac{a_n}{n}=0$.

14. 已证 a_n 递减地趋于 $0\Rightarrow\frac{1}{a_n}$ 递增地趋于 $+\infty$,故有

$$\lim_{n\to\infty}na_n=\lim_{n\to\infty}\frac{n}{\frac{1}{a_n}}=\lim_{n\to\infty}\frac{(n+1)-n}{\frac{1}{a_{n+1}}-\frac{1}{a_n}}=\lim_{n\to\infty}\frac{a_n^2(1-a_n)}{a_n-a_{n+1}}=1.$$

15. $a_n=\left(a_n-\frac{a_1+\cdots+a_n}{n}\right)+\frac{a_1+\cdots+a_n}{n}$.

令 $b_1=a_1,\ b_2=a_2-a_1,\cdots,b_n=a_n-a_{n-1}$,则

$$\lim_{n\to\infty}nb_n=0\ 且\ a_n=b_n+b_{n-1}+\cdots+b_1$$

$$\Rightarrow\lim_{n\to\infty}\left(a_n-\frac{a_1+\cdots+a_n}{n}\right)$$

$$= \lim_{n\to\infty}\left[(b_1+\cdots+b_n)-\frac{b_1+(b_1+b_2)+\cdots+(b_1+\cdots+b_n)}{n}\right]$$

$$= \lim_{n\to\infty}\frac{b_2+2b_3+\cdots+(n-1)b_n}{n} = \lim_{n\to\infty}\frac{nb_{n+1}}{(n+1)-n} = 0 \Rightarrow \text{结论}.$$

16. 先设 $a=0$. 令 $K=\dfrac{1}{\lambda}$,则 $K>1$.

$$\lim_{n\to\infty}(a_n+\lambda a_{n-1}+\lambda^2 a_{n-2}+\cdots+\lambda^n a_0) = \lim_{n\to\infty}\frac{a_nK^n+a_{n-1}K^{n-1}+\cdots+a_0}{K^n}$$

$$= \lim_{n\to\infty}\frac{a_{n+1}K^{n+1}}{K^{n+1}-K^n} = \frac{K}{K-1}\lim_{n\to\infty}a_{n+1} = 0.$$

对一般情形,令 $a_n=a+\alpha_n$,则 $\lim\limits_{n\to\infty}\alpha_n=0$.

§3.1

1. 1) $+\infty$, 0;　2) e,2;　3) $+\infty$, $-\infty$;　4) $\dfrac{\pi}{2}$, $-\dfrac{\pi}{2}$;　5) 1,0.

2. $\forall y\in B, y=x+\alpha\leqslant \sup A+\alpha \Rightarrow \sup B\leqslant \sup A+\alpha$; $\forall x\in A, x+\alpha\in B\Rightarrow x+\alpha\leqslant \sup B\Rightarrow \sup A\leqslant \sup B-\alpha$,从而有 $\sup B=\sup A+\alpha$. 类似地证 $\inf B=\inf A+\alpha$.

3. $\forall x\in S^-$, $-x\in S\Rightarrow -x\geqslant \inf S$ 即 $x\leqslant -\inf S\Rightarrow \sup S^-\leqslant -\inf S$; $\forall \varepsilon>0$, $\exists x_0\in S$ 使 $x_0<\inf S+\varepsilon$ 即 $-x_0>-\inf S-\varepsilon$,而 $-x_0\in S^-\Rightarrow \sup S^->-\inf S-\varepsilon\Rightarrow \sup S^-=-\inf S$. 类似地证另一等式.

4. $\forall z\in A+B$, $z=x+y$, $x\in A$, $y\in B\Rightarrow z\leqslant \sup A+\sup B\Rightarrow \sup(A+B)\leqslant \sup A+\sup B$; $\forall\varepsilon>0$, $\exists x_0\in A$, $y_0\in B$,使 $x_0>\sup A-\varepsilon$, $y_0>\sup B-\varepsilon\Rightarrow z_0=x_0+y_0>\sup A+\sup B-2\varepsilon\Rightarrow \sup(A+B)>\sup A+\sup B-2\varepsilon\Rightarrow \sup(A+B)\geqslant \sup A+\sup B$. 类似地证另一等式.

5. 证明方法与上一题类似.

6.
$$\forall x\in D, \inf_{x\in D}\{f(x)+g(x)\}\leqslant f(x)+g(x)\leqslant f(x)+\sup_{x\in D}g(x)\Rightarrow$$
$$\inf_{x\in D}\{f(x)+g(x)\}\leqslant \inf_{x\in D}\{f(x)+\sup_{x\in D}g(x)\}=\inf_{x\in D}f(x)+\sup_{x\in D}g(x).$$
类似地证后一不等式.

7. $\{a_n\}$收敛$\Rightarrow$子列$\{a_{n_k}\}$收敛;若$\exists$子列$\{a_{n_k}\}$收敛,则$\{a_{n_k}\}$有界,结合单调性可推出$\{a_n\}$有界$\Rightarrow\{a_n\}$收敛.

8. 由条件(i)得$\sup A\leqslant \inf B$; $\forall\varepsilon>0$, $\exists x\in A, y\in B$,使 $y-x<\varepsilon\Rightarrow y<x+\varepsilon\leqslant \sup A+\varepsilon \Rightarrow \inf B<\sup A+\varepsilon\Rightarrow \inf B\leqslant \sup A$.

9. 1) 倘若 A 无上界,可导出 $A=\boldsymbol{R}$;

2) 由条件(i)可推出 $A=(-\infty, \xi)$或 $A=(-\infty, \xi]$,但由条件(ii),$A=(-\infty,\xi]$不可能.

10. 提示:对区间套$\{[a_n, b_n]\}$的端点组成的数列

$$a_1, b_1, a_2, b_2, \cdots, a_n, b_n, \cdots,$$

由柯西收敛准则可证明其收敛,且极限即为所有闭区间的公共点.

11. 倘若$\boldsymbol{R}=\{x_1, x_2, \cdots, x_n, \cdots\}$,取闭区间$[a_1, b_1]\subset\boldsymbol{R}\setminus\{x_1\}$,再取闭区间$[a_2, b_2]\subset[a_1, b_1]\setminus\{x_2\}$,…,一般,取闭区间$[a_n, b_n]\subset[a_{n-1}, b_{n-1}]\setminus\{x_n\}$,得闭区间列$\{[a_n, b_n]\}$满足

$$x_1, x_2, \cdots, x_n \notin [a_n, b_n]$$

所有$[a_n, b_n]$有公共点ξ,而$\xi\neq x_k$, $k=1,2,\cdots$,矛盾.

12. 与例 7 的证明类似. 或用确界原理,令

$$E=\{x \mid f(x)\geqslant x^n, x\in[0, 1]\}$$

则 $x_0=\sup E$ 即为所求:

倘若$f(x_0)<x_0^n$,则$\exists x_1\in E$使$\sqrt[n]{f(x_0)}<x_1<x_0$,而$x_1\in E\Rightarrow f(x_1)\geqslant x_1^n>f(x_0)$,与$f$的递增性相矛盾;类似地推出$f(x_0)>x_0^n$也不能成立.

§3.2

1. 提示:可利用$\sqrt{2}$的不足近似值序列 1.4,1.41,1.414,…
(讨论区间套定理时,加上过剩近似值序列).

2. 存在$\{a_n\}$的收敛子列$\{a_{n_k}\}$. 由条件$\lim\limits_{n\to\infty}(a_n-b_n)=0$可推出$\{b_{n_k}\}$与$\{a_{n_k}\}$收敛于同一极限.

3. $\{a_n\}$无界$\Rightarrow\forall k\in\boldsymbol{N}^+$, $\exists a_{n_k}$使$|a_{n_k}|>k$, 则$\lim\limits_{k\to\infty}a_{n_k}=\infty$;

$\{a_n\}$非无穷大量$\Rightarrow\exists G>0, \forall k\in\boldsymbol{N}^+$, $\exists n'_k$使$|a_{n'_k}|\leqslant G$,于是$\{a_{n'_k}\}$存在收敛子列.

4. 不妨设$\{x_n\}$递增,设ξ为$\{x_n\}$的聚点,则$\exists$子列$\{x_{n_k}\}$使$\lim\limits_{k\to\infty}x_{n_k}=\xi$,结合递增性$\Rightarrow\{x_n\}$有上界$\Rightarrow\{x_n\}$收敛,且$\xi=\sup\{x_n\}$.

5. 必要性显然;倘若$\{x_n\}$无界,则由第 3 题,$\exists$子列$\{x_{n_k}\}$趋于∞,它没有收敛子列,矛盾.

6. 提示:用反证法,利用有限覆盖定理.

7. 提示:$\forall x_1, x_2\in(a, b)$, $x_1<x_2$,对闭区间$[x_1, x_2]$应用有限覆盖定理,可推出$f(x_1)<f(x_2)$.

8. 用反证法. 若$\forall x\in[a_1, b_1]$,有$[a_{n_0}, b_{n_0}]$不含x,则$\exists x$的某邻域Δ_x与区间$[a_{n_0}, b_{n_0}]$不相交,从而$\forall n>n_0$, $\Delta_x\cap[a_n, b_n]=\varnothing$. $H=\{\Delta_x|x\in[a_1, b_1]\}$覆盖了$[a_1, b_1]$. 利用有限覆盖定理导出矛盾.

9. 只须证充分性. 先推出$\{x_n\}$有界,设$\{x_n\}\subset[a, b]$. 倘若$\forall x\in[a, b]$, x都不是$\{x_n\}$的极限,则$\exists\varepsilon_0>0$, $\forall N\in\boldsymbol{N}^+$, $\exists n>N$使$|x_n-x|\geqslant\varepsilon_0$. 由柯西准则条件$\Rightarrow$在$\bigcup(x;\frac{\varepsilon_0}{2})$内仅含有$\{x_n\}$的有限项,再利用有限覆盖定理导出矛盾.

§3.3

1. 1) 利用保不等式性; 2) 见例 2.

2. 利用等价定义(ii)容易推出.

3. 1) ∃子列$\{a_{n_k}\}$,使

$$\overline{\lim}\left(\frac{1}{a_n}\right)=\lim_{k\to\infty}\left(\frac{1}{a_{n_k}}\right)=\frac{1}{\lim\limits_{k\to\infty}a_{n_k}}\leqslant\frac{1}{\underline{\lim}a_n};$$

又∃子列$\{a_{n'_k}\}$,使

$$\frac{1}{\underline{\lim}a_n}=\frac{1}{\lim\limits_{k\to\infty}a_{n'_k}}=\lim_{k\to\infty}\left(\frac{1}{a_{n'_k}}\right)\leqslant\overline{\lim}\left(\frac{1}{a_n}\right).$$

2) 类似地证明.

4. 提示:利用保不等式性证 1)、2);3)可由上一题中等式推出.

5. 提示:利用第 3 题中等式证 $\overline{\lim}a_n=\underline{\lim}a_n$.

6. 设$\overline{\lim}\frac{a_{n+1}}{a_n}=A$, $A=+\infty$时显然成立. 设$A<+\infty$, $\forall\varepsilon>0$, $\exists n_0\in\mathbf{N}^+$, $\forall k\geqslant n_0$ 有

$$\frac{a_{k+1}}{a_k}<A+\varepsilon\Rightarrow\frac{a_{n_0+1}}{a_{n_0}}\cdots\frac{a_n}{a_{n-1}}<(A+\varepsilon)^{n-n_0}\Rightarrow a_n<M(A+\varepsilon)^n.$$

7. 与例 6 的证明类似.

8. 1) 易见$1\leqslant a_n<2$,对关系式$a_{n+1}=1+\frac{1}{a_n}$两边分别取上、下极限,可导出$\underline{\lim}a_n=\overline{\lim}a_n$.

2) 类似地证明(利用第 2 题 3)).

9. 对关系式$a_{n+1}=\frac{1}{1+a_n}$分别取上、下极限得

$$\overline{\lim}a_n=\frac{1}{1+\underline{\lim}a_n},\qquad\underline{\lim}a_n=\frac{1}{1+\overline{\lim}a_n},$$

由此推出$\overline{\lim}a_n=\underline{\lim}a_n=\frac{1}{2}(\sqrt{5}-1)$.

10. 与上两题的证明方法类似,$\lim\limits_{n\to\infty}a_n=\frac{1}{2}(\alpha+\sqrt{\alpha^2+4\beta})$.

11. $\forall n, m\in\mathbf{N}^+$, $n=km+r$,其中k, r为整数,$0\leqslant r<m\Rightarrow a_n\leqslant ka_m+a_r\Rightarrow\forall\varepsilon>0$,

$$\inf\frac{a_n}{n}\leqslant\frac{a_n}{n}\leqslant\frac{k}{n}a_m+\frac{a_r}{n}<\frac{a_m}{m}+\varepsilon\qquad(n\text{充分大时}).$$

由于$\frac{k}{n}\to\frac{1}{m}\quad(n\to\infty)$, $\frac{a_r}{n}\to0\quad(n\to\infty)\Rightarrow\forall\varepsilon>0$,有

$$\inf\frac{a_n}{n}\leqslant\underline{\lim}\frac{a_n}{n}\leqslant\overline{\lim}\frac{a_n}{n}\leqslant\inf\frac{a_m}{m}+\varepsilon.$$

12. 倘若结论不成立,则$\exists N\in\mathbf{N}^+$, $\forall n\geqslant N$有

$$n\left(\frac{1+a_{n+1}}{a_n}-1\right)<1$$

即

$$\frac{1}{n+1}<\frac{a_n}{n}-\frac{a_{n+1}}{n+1}\quad (n=N,\ N+1,\cdots,N+k-1)$$

将 k 个不等式相加得

$$\frac{1}{N+1}+\cdots+\frac{1}{N+k}<\frac{a_N}{N}-\frac{a_{N+k}}{N+k}<\frac{a_N}{N}$$

令 $k\to\infty$,上式左边为 $+\infty$,矛盾.

§4.1

2. 1) $\frac{n}{m}$; 2) 0; 3) $\frac{1}{n}$; 4) $a+b$; 5) $\frac{3}{2}$; 6) $\frac{1}{n!}$.

3. 1) 0;

2) 1 ($x>0$ 时,$\frac{x-1}{x}<\frac{[x]}{x}\leqslant 1$, $x<0$ 时,$\frac{x-1}{x}>\frac{[x]}{x}\geqslant 1$);

3) 1 ($x>0$ 时,$1-x<x[\frac{1}{x}]\leqslant 1$, $x<0$ 时,$1-x>x[\frac{1}{x}]\geqslant 1$);

4) A ($f(x)-\frac{1}{x}<\frac{[xf(x)]}{x}\leqslant f(x)$).

6. 提示:应用有限覆盖定理.

8. 2) 不一定. 如 $f(x)=\begin{cases}1, & x>0,\\ -1, & x<0.\end{cases}$

9. 设 $\sigma(>0)$ 为 f 的周期. 倘若 $\exists x_0$, $f(x_0)\neq 0$,则 $f(x_0+n\sigma)=f(x_0)\to f(x_0)$ ($n\to\infty$),与 $\lim\limits_{x\to+\infty}f(x)=0$ 相矛盾.

10. $\forall x>0$, $f(x)=f(2x)=\cdots=f(2^n x)\to A(n\to\infty)\Rightarrow f(x)=A$.

11. $\forall x>1$, $f(x)=f(x^2)=\cdots=f(x^{2^n})\to f(1)$ $(n\to\infty)\Rightarrow f(x)=f(1)$;

$\forall y<1$ $(y>0)$, $f(y)=f(y^2)=\cdots=f(y^{2^n})\to f(1)$ $(n\to\infty)\Rightarrow f(y)=f(1)$.

12. 由 $\lim\limits_{x\to+\infty}\frac{f(2x)}{f(x)}=1\Rightarrow\forall n\in\mathbf{N}^+$ 有

$$\lim_{x\to+\infty}\left[f(\frac{x}{2^n})/f(x)\right]=1 \text{ 及 } \lim_{x\to+\infty}\frac{f(2^n x)}{f(x)}=1.$$

$\forall \alpha>0$, $\exists n\in\mathbf{N}^+$,使得 $\frac{1}{2^n}<\alpha<2^n$,故由 f 的递增性得

$$\frac{f(\frac{x}{2^n})}{f(x)}\leqslant\frac{f(\alpha x)}{f(x)}\leqslant\frac{f(2^n x)}{f(x)}.$$

§4.2

1. 1) e; 2) e^2; 3) e^2.

2. 1) 不存在; 2) 1 阶; 3) 3 阶; 4) 不存在(参见例 3 的 1)).

3. 1) 不成立;2) 成立;3) 成立;4) 成立;5) 不成立.

4. 提示:1) 令 $u=\arctan x$,极限为 $-\frac{2}{\pi}$;

2) 原式$=\lim\limits_{x\to+\infty}\{[1+\varphi(x)]^{\frac{1}{\varphi(x)}}\}^{x\varphi(x)}$,其中 $\varphi(x)=\frac{2}{\pi}\arctan x-1$,极限为 $e^{-\frac{2}{\pi}}$;

3) 原式$=\lim\limits_{x\to0}\{[1+(\cos x-1)]^{\frac{1}{\cos x-1}}\}^{(\cos x-1)\cot^2 x}$,极限为 $e^{-\frac{1}{2}}$.

5. 提示:设$\lim\limits_{x\to0}\frac{f(x)}{x}=A$,由

$$\lim_{x\to0}\frac{f(x)-f(\alpha x)}{x}=0,$$

即可导出结论.

6. 将 $f(x)$表为

$$f(x)=\{[1+\varphi(x)]^{\frac{1}{\varphi(x)}}\}^{\frac{\varphi(x)}{x}},$$

其中 $\varphi(x)=\frac{1}{p}(a_1^x+\cdots+a_p^x-p)\to0\quad(x\to0)$. 又易得

$$\frac{\varphi(x)}{x}=\frac{1}{p}\left(\frac{a_1^x-1}{x}+\cdots+\frac{a_p^x-1}{x}\right)\to\frac{1}{p}(\ln a_1+\cdots+\ln a_p)\quad(x\to0).$$

可推出 $\lim\limits_{x\to0}f(x)=\sqrt[p]{a_1\cdots a_p}$.

7. 由上题,

$$\lim_{x\to0}\left(\frac{a^x+b^x+c^x}{3}\right)^{\frac{1}{x}}=\sqrt[3]{abc},$$

由归结原则,所求极限为 $\sqrt[3]{abc}$.

§5.1

1. 1) 例如 $f(x)=D(x)\sin\pi x$, $D(x)$为狄利克雷函数;

2) 例如 $f(x)=D(x)(x-[x])$,$D(x)$同上.

2. 1) $x=0$,可去间断点;2) $x=0$,可去间断点;3) $x=0$,第二类间断点;4) $x=\pm1$,跳跃间断点;$x=0$,可去间断点;5) $x=\pm e^n(n=0,\pm1,\pm2,\cdots)$,跳跃间断点;$x=0$,第二类间断点;6) $x=\pm\frac{1}{n}(n\in\boldsymbol{N}^+)$,跳跃间断点;$x=0$,可去间断点.

3. 提示:利用等式

$$F(x)=\frac{1}{2}[f(x)+g(x)+|f(x)-g(x)|],$$

$$G(x)=\frac{1}{2}[f(x)+g(x)-|f(x)-g(x)|].$$

4. 提示:与例 5 的证明类似;或利用

$$m(x)=-\sup_{a\leqslant t\leqslant x}\{-f(t)\}$$

及例 5 的结论.

5. 提示:参见第四章 §4.1 例 8.

6. 不妨设 f 递增，则 $f(x_0-0)\leqslant f(x_0)\leqslant f(x_0+0)$，且 $f(x_0-0)\neq f(x_0+0)$（否则 x_0 将是 f 的连续点）.

7. 与例 7 类似地证明，或利用例 7 的结论.

8. f 连续 $\Rightarrow F_c(x)=\min\{c,\ \max\{-c,\ f(x)\}\}$ 连续（见以上第 3 题）；若 F_c 连续，$\forall x\in\boldsymbol{R}$，取 c 充分大使 $|f(x)|<c$，则 $f(x)=F_c(x)\Rightarrow f$ 在点 x 连续 $\Rightarrow f$ 在 $\boldsymbol{R}$ 上连续.

9. 易见 f 为偶函数. $\forall x>0, f(x)=f(x^{\frac{1}{2^n}})\to f(1)\ (n\to\infty)\Rightarrow\forall x\neq 0, f(x)=f(1)$. $f(0)=\lim\limits_{x\to 0}f(x)=f(1)$.

10. 由例 2 知 f 在 $x=0$ 连续. 令 $g(x)=f(x)-f(0)$，则 g 在 $x=0$ 连续，$g(0)=0$，且有

$$g\left(\frac{x+y}{2}\right)=\frac{1}{2}[g(x)+g(y)]$$

$\Rightarrow\forall x\in\boldsymbol{R},\ g(x)=g\left(\dfrac{2x+0}{2}\right)=\dfrac{1}{2}g(2x)\Rightarrow g(2x)=2g(x)$. 由此可推出：$\forall x,\ y\in\boldsymbol{R}$，$g(x+y)=g(x)+g(y)$. 再利用例 6 得

$$g(x)=g(1)x\Rightarrow \text{结论.}$$

§5.2

1. 1) 按定义易证；

2) 不一定，如在 $[0,\ +\infty)$ 上令 $f(x)=g(x)=x$.

2. f 在 I_1 与 I_2 上一致连续 $\Rightarrow\forall\varepsilon>0,\exists\delta_1>0,\forall x',\ x''\in I_1$ 或 I_2，$|x'-x''|<\delta_1$，有

$$|f(x')-f(x'')|<\varepsilon. \qquad (*)$$

f 在点 c 连续 $\Rightarrow\exists\delta_2>0,\forall x\in U(c;\delta_2),|f(x)-f(c)|<\dfrac{\varepsilon}{2}\Rightarrow\forall x',\ x''\in U(c;\ \delta_2)$，$(*)$ 式成立.

令 $\delta=\min\{\delta_1,\ \delta_2\}$. $\forall x',\ x''\in I,|x'-x''|<\delta$，若 x' 与 x'' 同属 I_1 或 I_2，则 $(*)$ 式成立；若 $x'\in I_1,\ x''\in I_2$，则必有 $x',x''\in U(c;\ \delta_2)\Rightarrow(*)$ 成立 $\Rightarrow$ 结论.

3. 与例 5 的证明类似.

4. 在 $(0,1)$ 内取

$$x'=\frac{1}{n\pi+\dfrac{\pi}{2}},\ x''=\frac{1}{n\pi},\ n\in\boldsymbol{N}^+$$

$\forall\delta>0$，n 充分大时有 $|x'-x''|<\delta$，而 $\left|\sin\dfrac{1}{x'}-\sin\dfrac{1}{x''}\right|=1$；在 $[1,+\infty)$ 上，由 $\lim\limits_{x\to+\infty}\sin\dfrac{1}{x}=0$，应用例 4 可推出结论.

5. 由 f 的一致连续性 $\Rightarrow f$ 在某 $(a,\ a+\delta)$ 与 $(b-\delta,\ b)$ 内分别满足函数极限的柯西收敛准则 $\Rightarrow f(a+0)$ 与 $f(b-0)$ 存在，从而易得结论.

6. 在 $(0,1]$ 上，$\forall\delta>0$，取 $x_1=\mathrm{e}^{-n}$，$x_2=\mathrm{e}^{-(n+1)}$，当 n 充分大时可使 $|x_1-x_2|<\delta$，而 $|\ln x_1-\ln x_2|=1=\varepsilon_0$；在 $[1,+\infty)$ 上，$\forall x_1\in[1,\ +\infty)$，$x_2=x_1+\eta(\eta>0)$，有

$$\ln x_2 - \ln x_1 = \ln\frac{x_2}{x_1} = \ln\left(1+\frac{\eta}{x_1}\right)$$

$$< \frac{\eta}{x_1} \leqslant \eta = x_2 - x_1,$$

即 $\ln x$ 在$[1, +\infty)$上满足利普希茨条件.

7. 1) 令

$$f(x)=\begin{cases}\dfrac{\sin x}{x}, & x\in(0,+\infty),\\ 1, & x=0,\end{cases}$$

则 f 在$[0,+\infty)$上连续且 $\lim\limits_{x\to+\infty}f(x)=0 \Rightarrow f$ 在$[0,+\infty)$上一致连续$\Rightarrow \dfrac{\sin x}{x}$在$(0,+\infty)$上一致连续.

2) 类似于 1)可证 $x\sin\dfrac{1}{x}$在$(0,+\infty)$上一致连续.

3) 不一致连续. 取 $x_1=2n\pi+\dfrac{\pi}{2}$, $x_2=x_1+\eta(\eta>0)$,则

$$x_1\sin x_1 - x_2\sin x_2 = \left(2n\pi+\frac{\pi}{2}\right)\left[1-\sin\left(\frac{\pi}{2}+\eta\right)\right]-\eta\sin\left(\frac{\pi}{2}+\eta\right),$$

$\forall\delta>0(\delta<1)$,取 $\eta\in(0,\delta)$,易见当 n 充分大时上式右端很大.

8. 设周期为 T, f 在$[0,2T]$上一致连续$\Rightarrow\forall\varepsilon>0$, $\exists\delta>0(\delta<T)$, $\forall x', x''\in[0,2T]$, $|x'-x''|<\delta$,有

$$|f(x')-f(x'')|<\varepsilon.$$

$\forall x_1, x_2\in\boldsymbol{R}$, $x_2=x_1+\eta$, $0<\eta<\delta$, x_1, x_2 可表为

$$x_1=nT+\alpha\ (0\leqslant\alpha<T),\ x_2=nT+\alpha+\eta\ (\alpha+\eta\in(0,2T))$$

$$\Rightarrow|f(x_1)-f(x_2)|=|f(\alpha)-f(\alpha+\eta)|<\varepsilon.$$

9. 利用$|f(x)-f(a)|\leqslant L\cdot|x-a|$可推出 g 在$[a,+\infty)$上有界. $\forall x_1, x_2\in[a,+\infty)$,

$$|g(x_1)-g(x_2)|\leqslant\frac{1}{x_1}|f(x_1)-f(x_2)|$$

$$+\frac{|g(x_2)|}{x_1}|x_2-x_1|\leqslant L'\cdot|x_2-x_1|.$$

10. 必要性易证. 充分性用反证法:若 f 在 I 上不一致连续,则 $\exists\varepsilon_0>0$, $\forall n\in\boldsymbol{N}^+$, $\exists x_n, x'_n\in I$, $|x_n-x'_n|<\dfrac{1}{n}$,但$|f(x_n)-f(x'_n)|\geqslant\varepsilon_0$,而得矛盾.

11. 提示:当 $M(>a)$充分大时,利用

$$|g(x')-g(x'')|\leqslant|g(x')-f(x')|+$$

$$|f(x')-f(x'')|+|f(x'')-g(x'')|$$

推出 g 在$[M,+\infty)$上一致连续.

12. 设 $\lim\limits_{x\to+\infty}f(x)=A$. 若 $f(x)\equiv A$,则结论显然成立. 设有 $f(x_0)\neq A$,不妨设

$f(x_0)<A$,则$\exists M\,(>x_0)$,使$\forall x>M$有$f(x)>f(x_0)$. 在$[a, M]$上f能取到最小值$f(x_1)$,则$f(x_1)$为f在$[a, +\infty)$上的最小值.

13. 提示:令$F(x)=f(x+a)-f(x)$, $x\in[0, a]$.

14. 提示:$|f|$在$[a, b]$上有最小值$m=|f(\xi)|$,若$m=0$,则已得证;若$m>0$,将导出矛盾.

15. 若$f(x_1)=f(x_2)=\cdots=f(x_n)$,则可取$\xi=x_1$;若$f(x_i)$最小,$f(x_j)$最大,则有

$$f(x_i)<\sum_{k=1}^{n}\lambda_k f(x_k)<f(x_j),$$

再应用介值性定理.

16. $n=1$时取$\xi=0$. $n>1$时令$F(x)=f(x+\frac{1}{n})-f(x)$, $x\in[0, \frac{n-1}{n}]$,则有

$$F(0)+F(\frac{1}{n})+\cdots+F(\frac{n-1}{n})=0.$$

再应用上题结论(其中取$\lambda_k=\frac{1}{n}$, $k=1,\cdots,n$).

17. 令$F(x)=f(x)-g(x)$,则$\forall n\in\mathbf{N}^+$,

$$F(x_n)=f(x_n)-f(x_{n+1}).$$

若$\exists n_0\in\mathbf{N}^+$使$F(x_{n_0})=0$,则已得证;若有$n_1$, $n_2\in\mathbf{N}^+$使$F(x_{n_1})>0$, $F(x_{n_2})<0$,则利用介值性定理;若$F(x_n)$恒正或恒负,则由f的单调性$\Rightarrow\{x_n\}$单调$\Rightarrow\lim\limits_{n\to\infty}x_n=x_0$即为所求.

18. f有界$\Rightarrow\exists M>0$, $\forall x\in[0, +\infty)$, $|f(x)|\leqslant M$. 倘若$\lim\limits_{x\to+\infty}f(x)$不存在,则$\exists\varepsilon_0>0$, $\forall n\in\mathbf{N}^+$, $\exists x'_n$, $x''_n\in[n, +\infty)$,使$f(x''_n)-f(x'_n)\geqslant\varepsilon_0$,且可使

$$\min\{x'_{n+1}, x''_{n+1}\}>\max\{x'_n, x''_n\},\ n\in\mathbf{N}^+.$$

记$k=\frac{M}{\varepsilon_0}$,不妨设$k$为整数(否则可将$M$适当放大),将区间$[-M, M]$等分成$2k$个小区间

$$[-k\varepsilon_0, -(k-1)\varepsilon_0],\cdots,[(k-1)\varepsilon_0, k\varepsilon_0],$$

至少有一个小区间$[j\varepsilon_0, (j+1)\varepsilon_0]$含有$\{f(x'_n)\}$的一个子列$\{f(x'_{n_k})\}$,即有

$$j\varepsilon_0\leqslant f(x'_{n_k})\leqslant(j+1)\varepsilon_0$$

$\Rightarrow f(x''_{n_k})\geqslant\varepsilon_0+f(x'_{n_k})\geqslant(j+1)\varepsilon_0$. 由介值性,在$x'_{n_k}$与$x''_{n_k}$之间有$x_{n_k}$,使$f(x_{n_k})=(j+1)\varepsilon_0$. 记$c=(j+1)\varepsilon_0$,则$f(x)-c$有无穷多个零点,矛盾.

§6.1

1. 1) $\alpha>1$;2) $\alpha>2$.

2. f在$(-\infty,+\infty)$不可导,g在点$x=0$可导,在$x\neq0$处不可导.

3. 1) 提示:有$|f(0)|\leqslant|\sin 0|=0$. 于是$\forall x\in U^\circ(0,1)$, $\left|\frac{f(x)-f(0)}{x-0}\right|=\left|\frac{f(x)}{x}\right|\leqslant$

$\left|\dfrac{\sin x-\sin 0}{x-0}\right|=\left|\dfrac{\sin x}{x}\right|$. 令 $x\to 0$ 得 $|f'(0)|\leqslant|\cos 0|=1$；2) 类似于 1)，有 $|f'(0)|\leqslant 1$，即 $|a_1+2a_2+\cdots+na_n|\leqslant 1$.

4. 提示：由恒等变换

$$\frac{f(y_n)-f(x_n)}{y_n-x_n}-f'(x_0)=\frac{y_n-x_0}{y_n-x_n}\left(\frac{f(y_n)-f(x_0)}{y_n-x_0}-f'(x_0)\right)$$
$$+\frac{x_0-x_n}{y_n-x_n}\left(\frac{f(x_n)-f(x_0)}{x_n-x_0}-f'(x_0)\right).$$

$\forall\varepsilon>0$，$\exists\delta>0$，当 $0<|x-x_0|<\delta$ 时，

$$\left|\frac{f(x)-f(x_0)}{x-x_0}-f'(x_0)\right|<\varepsilon.$$

又 $\exists N\in N^+$，$n>N$ 时，有

$$|y_n-x_0|<\delta,\ |x_n-x_0|<\delta,$$

于是当 $n>N$ 时，

$$\left|\frac{f(y_n)-f(x_n)}{y_n-x_n}-f'(x_0)\right|<\frac{y_n-x_0}{y_n-x_n}\varepsilon+\frac{x_0-x_n}{y_n-x_n}\varepsilon=\varepsilon.$$

5. 提示：令 $x=y=0$ 得 $f(0)=0$；令 $y=\Delta x$ 即可得 $f'(x)=f'(0)+2x$.

7. 1) 提示：$\forall\varepsilon>0$，$\exists\delta>0$ $(\delta<1)$，当 $|x-0|<\delta$ 时，有

$$\left|\frac{f(x)-f(0)}{x-0}-f'(0)\right|<\varepsilon,$$

即

$$|f(x)-f(0)-xf'(0)|<|x|\varepsilon.$$

于是当 $n>\dfrac{1}{\delta}$ 时，$0<\dfrac{j}{n^2}<\delta$，$j=1,\cdots,n$，这时有

$$\left|f(\frac{1}{n^2})+f(\frac{2}{n^2})+\cdots+f(\frac{n}{n^2})-nf(0)-\left(\frac{1}{n^2}+\frac{2}{n^2}+\cdots+\frac{n}{n^2}\right)f'(0)\right|$$
$$<(\frac{1}{n^2}+\frac{2}{n^2}+\cdots+\frac{n}{n^2})\varepsilon,$$

即

$$\left|f(\frac{1}{n^2})+f(\frac{2}{n^2})+\cdots+f(\frac{n}{n^2})-nf(0)-(1+\frac{1}{n})\frac{1}{2}f'(0)\right|$$
$$<(1+\frac{1}{n})\frac{\varepsilon}{2}\leqslant\varepsilon,$$

于是

$$\lim_{n\to\infty}\left(f(\frac{1}{n^2})+f(\frac{2}{n^2})+\cdots+f(\frac{n}{n^2})-nf(0)\right)=\frac{1}{2}f'(0).$$

2) $\dfrac{1}{2}$；3) 提示：令 $f(x)=\ln(1+x)$，由 1)，

$$\lim_{n\to\infty}\left[\ln(1+\frac{1}{n^2})+\ln(1+\frac{2}{n^2})+\cdots+\ln(1+\frac{n}{n^2})\right]=\frac{1}{2}\cdot f'(0)=\frac{1}{2}.$$

于是

$$\lim_{n\to\infty}\left(1+\frac{1}{n^2}\right)\left(1+\frac{2}{n^2}\right)\cdots\left(1+\frac{n}{n^2}\right)=\lim_{n\to\infty}e^{\ln(1+\frac{1}{n^2})(1+\frac{2}{n^2})\cdots(1+\frac{n}{n^2})}$$

$$=e^{\lim\limits_{n\to\infty}[\ln(1+\frac{1}{n^2})+\ln(1+\frac{2}{n^2})+\cdots+\ln(1+\frac{n}{n^2})]}=e^{\frac{1}{2}}=\sqrt{e}.$$

8. 1) 函数在点 $x_0=1$ 不可导,在 $x_0=2,3$ 可导;2) 函数在点 $x_0=-1$ 不可导,在 $x_0=0,1$ 可导.

9. 1) $-\dfrac{1}{|x|\sqrt{x^2-1}}$; 2) $\arctan x$;

3) $\sqrt{\dfrac{a-b}{a+b}}\cdot\dfrac{\sec^2\dfrac{x}{2}}{2(1+\dfrac{a-b}{a+b}\tan^2\dfrac{x}{2})}$; 4) $a^a x^{a^a-1}+ax^{a-1}a^{x^a}\ln a+(\ln a)^2 a^{x+a^x}$;

5) $\dfrac{6x^2}{5(1-x^6)}\sqrt[5]{\dfrac{1+x^3}{1-x^3}}$; 6) $\dfrac{1+2\sqrt{x}+4\sqrt{x+\sqrt{x}}\cdot\sqrt{x}+2\sqrt{x+\sqrt{x}}}{8\sqrt{x}\cdot\sqrt{x+\sqrt{x}}\cdot\sqrt{x+\sqrt{x+\sqrt{x}}}}$;

7) $\dfrac{1}{\sqrt{x^2+a^2}}$; 8) $-\csc x$;

9) $\dfrac{1}{x\sqrt{1-x^2}}$; 10) $\cos x\cdot 2^{\sin x}\cdot\ln 2$;

11) $\cos x\cdot\cos(\sin x)\cdot\cos(\sin(\sin x))$; 12) $\dfrac{1}{a+b\sin x}\operatorname{sgn}(\cos x)$.

10. 1) $e^{f(x)}(f'(e^x)e^x+f(e^x)\cdot f'(x))$; 2) $f'(g(h(x)))\cdot g'(h(x))\cdot h'(x)$;

3) $\dfrac{\varphi'(x)\psi(x)-\varphi(x)\psi'(x)}{\varphi^2(x)+\psi^2(x)}$; 4) $\dfrac{\varphi(x)\psi'(x)\ln\varphi(x)-\varphi'(x)\psi(x)\ln\psi(x)}{\varphi(x)\psi(x)\ln^2\varphi(x)}$.

11. 1) $x^{x^x}\cdot x^x\cdot((\ln x+1)\ln x+x^{-1})$; 2) $2x^{\ln x-1}\cdot\ln x$;

3) $x^{\tan x}(\sec^2 x\cdot\ln x+x^{-1}\cdot\tan x)$; 4) $\dfrac{1+\ln(\ln x)}{x}(\ln x)^{\ln x}$;

5) $\left(\dfrac{2}{1+x^2}-\dfrac{\ln(1+x^2)}{x^2}\right)(1+x^2)^{\frac{1}{x}}$.

13. $f'_+(a)=\varphi(a)$, $f'_-(a)=-\varphi(a)$. 当 $\varphi(a)=0$ 时,$f'(a)$存在.

15. 提示:由于 $p(x)$的最高项系数为 1,

$$\lim_{x\to+\infty}p(x)=+\infty.$$

因此当 $x>M$ 时,$p(x)>p(M)=0$,故有

$$p'(M)=\lim_{x\to M^+}\frac{p(x)-p(M)}{x-M}\geqslant 0.$$

§ 6.2

1. 2) $(\operatorname{arsinh}x)'=\dfrac{1}{\sqrt{x^2+1}}$; $(\operatorname{arcosh}x)'=\dfrac{1}{\sqrt{x^2-1}}$; $(\operatorname{artanh}x)'=\dfrac{1}{1-x^2}\quad(|x|<1)$;

$(\text{arcoth}x)'=\dfrac{1}{1-x^2}\quad(|x|>1)$;$(\text{arsinh}(\tanh x))'=\dfrac{1}{\cosh x\cdot\sqrt{\cosh(2x)}}$.

2. $(\arctan x)'=\dfrac{1}{1+x^2}$.

3. 1) $y'=\dfrac{\cos x}{\sin 2y}$; 2) $y'=\dfrac{x(1-2(x^2+y^2))}{y(1+2(x^2+y^2))}$.

4. $\{k\pi\mid k\in\mathbf{Z}\}$.

5. $y'(x)=\dfrac{3t^2}{1-2t^3}$.

6. 提示:过$(x(t), y(t))$的切线斜率为

$$y'(x)=\tan t,$$

法线斜率为$-\cot t$. 于是过$(x(t), y(t))$的法线方程可表示为

$$\sin t(y-y(t))+\cos t(x-x(t))=0.$$

于是$O(0,0)$到法线的距离d为

$$d=|y(t)\sin t+x(t)\cos t|=|a\sin^2 t+a\cos^2 t|=a.$$

7. 1) $y'(x)=\tan t$; 2) 提示:过$(x(t), y(t))$的切线方程为

$$y-y(t)=\tan t(x-x(t)),$$

切线与x轴的交点为$(x(t)-y(t)\cot t,0)$,于是有

$$\begin{aligned}d&=[(x(t)-x(t)+y(t)\cot t)^2+(0-y(t))^2]^{\frac{1}{2}}\\&=[y(t)^2\csc^2 t]^{\frac{1}{2}}=a.\end{aligned}$$

8. 提示:设切点为(x_0, y_0),$x_0\neq0$,$y_0\neq0$. 则过切点的切线斜率为

$$k=-\frac{b^2}{a^2}\cdot\frac{x_0}{y_0},\ k=-\frac{y_0}{x_0},$$

于是x_0和y_0应满足方程

$$\frac{x_0^2}{a^2}+\frac{y_0^2}{b^2}=1,\ x_0y_0=\lambda,\ \frac{x_0^2}{a^2}=\frac{y_0^2}{b^2}.$$

解得

$$x_0=\pm\frac{a}{\sqrt2},\ y_0=\pm\frac{b}{\sqrt2},\ \lambda=\pm\frac{ab}{2}.$$

当$\lambda=\dfrac{ab}{2}>0$,$(x_0, y_0)=\pm\left(\dfrac{a}{\sqrt2}, \dfrac{b}{\sqrt2}\right)$,$k=-\dfrac{b}{a}$. 切线方程为

$$\frac{x}{a}+\frac{y}{b}=\sqrt2,\ \frac{x}{a}+\frac{y}{b}=-\sqrt2;$$

当$\lambda=-\dfrac{ab}{2}<0$,$(x_0, y_0)=\pm\left(\dfrac{a}{\sqrt2}, -\dfrac{b}{\sqrt2}\right)$,$k=\dfrac{b}{a}$. 切线方程为

$$\frac{x}{a}-\frac{y}{b}=\sqrt2,\ \frac{x}{a}-\frac{y}{b}=-\sqrt2.$$

9. 提示:设(x_0, a^{x_0})为曲线上任一点,过该点的切线方程为

$$y-a^{x_0}=a^{x_0}\ln a\cdot(x-x_0),$$

切线与 x 轴交点为$(x_0-\log_a e,0)$. 于是连结两点线段在 x 轴上投影长为$|\log_a e|$.

10. 与第 7 题相同.

11. 由 $f(\theta)=2a\sin\theta$,

$$\tan\varphi=\frac{f(\theta)}{f'(\theta)}=\tan\theta,\ \varphi=\theta.$$

12. 由 $f(\theta)=a(1-\cos\theta)$,

$$\tan\varphi=\frac{f(\theta)}{f'(\theta)}=\frac{1-\cos\theta}{\sin\theta}=\tan\frac{\theta}{2},\ \varphi=\frac{\theta}{2}.$$

13. 由 $f(\theta)=a\sqrt{\cos2\theta}$,

$$\tan\varphi=\frac{f(\theta)}{f'(\theta)}=-\cot2\theta=\tan\left(2\theta+\frac{\pi}{2}\right),\ \varphi=2\theta+\frac{\pi}{2}.$$

§6.3

1. 1) $\ln x\mathrm{d}x$; 2) $2(x+\sin2x)\mathrm{d}x$;

3) $\mathrm{e}^{ax}(a\sin bx+b\cos bx)\mathrm{d}x$; 4) $\dfrac{-\mathrm{sgn}(x)}{\sqrt{1-x^2}}\mathrm{d}x$;

5) $\dfrac{1}{\cos x}\mathrm{d}x$; 6) $x^{\sin x^2}\left(2x(\cos x^2)\ln x+\dfrac{\sin x^2}{x}\right)\mathrm{d}x$.

2. 1) $\dfrac{v\mathrm{d}u-u\mathrm{d}v}{u^2+v^2}$; 2) $\dfrac{u\mathrm{d}u+v\mathrm{d}v}{u^2+v^2}$;

3) $\cot(u+v)(\mathrm{d}u+\mathrm{d}v)$; 4) $\dfrac{u\mathrm{d}u+v\mathrm{d}v}{\sqrt{u^2+v^2}}$.

3. 1) 1.0067; 2) $\dfrac{\pi}{6}-\dfrac{2\sqrt{3}}{3}\times0.01\approx0.5121$;

3) 1.01; 4) 0.06.

4. 0.33%.

5. 提示:设圆心角为 θ,半径为 r,弦长为 l. 用第一种方法有

$$S=\frac{\pi}{360}\theta r^2,\ \left|\frac{\Delta S}{S}\right|\approx\left|\frac{\mathrm{d}S}{S}\right|=\left|\frac{\Delta\theta}{\theta}\right|\leqslant\frac{1}{110}\leqslant0.009091,$$

用第二种方法有

$$S=r^2\arcsin\frac{l}{2r},\ \left|\frac{\Delta S}{S}\right|\approx\left|\frac{\mathrm{d}S}{S}\right|=\left|\frac{\mathrm{d}l}{\sqrt{4r^2-l^2}\arcsin\dfrac{l}{2r}}\right|\leqslant0.00176.$$

因此用第二种方法更精确.

6. 提示:$l=\dfrac{g}{4\pi^2}T^2\approx24.8237$,

$\dfrac{\Delta T}{T}\approx\dfrac{\mathrm{d}T}{T}\approx\dfrac{\Delta l}{2l}$, $\Delta T\approx1\times\dfrac{-0.01}{2\times24.8237}\approx-2.014\times10^{-4}$(秒),

$\Delta t=\Delta T\times60\times60\times24\approx-17.40$ 秒,快 17.40 秒.

§6.4

1. $f'(0)=f''(0)=0$, $n\geqslant 3$ 时 $f^{(n)}(0)$不存在.

2. 提示:首先用数学归纳法证明:

$$f^{(n)}(x)=\frac{p_n(x)}{x^{3n}}e^{-\frac{1}{x^2}},\ x\neq 0,$$

其中 $p_n(x)$为次数不超过 $3n$ 的多项式. 再证当 $x\to 0$ 时,$e^{-\frac{1}{x^2}}$ 是 x^m($\forall m\in N^+$)的高阶无穷小,于是

$$\lim_{x\to 0}f^{(n)}(x)=0=f^{(n)}(0).$$

3. 1) $y^{(n)}=a^x(\ln a)^n$;　　2) $y^{(n)}=\dfrac{(-1)^{n-1}(n-1)!}{x^n\ln a}$;

3) $y^{(n)}=\dfrac{(-1)^n n!}{x^{n+1}}(\ln x-\sum\limits_{k=1}^{n}\dfrac{1}{k})$;　　4) $y^{(n)}=\dfrac{2\cdot(3n-5)!!!}{3^n\cdot(1-x)^{n+\frac{1}{3}}}\cdot(3n-1-x)$;

5) $y^{(n)}=\dfrac{1}{4}(3\sin(x+\dfrac{n}{2}\pi)-3^n\sin(3x+\dfrac{n}{2}\pi))$;

6) 提示:y 可化为如下形式:

$$y=\frac{1}{2}\left(\frac{x^n}{x-1}-\frac{x^n}{x+1}\right)=P_{n-1}(x)+\frac{1}{2}\left(\frac{1}{x-1}-\frac{(-1)^n}{x+1}\right),$$

其中 $P_{n-1}(x)$为次数不超过 $n-1$ 的多项式. 于是

$$y^{(n)}=\frac{1}{2}\left(\frac{1}{x-1}-\frac{(-1)^n}{x+1}\right)^{(n)}=\frac{n!}{2}\left(\frac{(-1)^n}{(x-1)^{n+1}}-\frac{1}{(x+1)^{n+1}}\right).$$

4. 1) 提示:应用莱布尼茨公式,

$$\begin{aligned}y^{(n)}&=\sum_{j=0}^{n}C_n^j(x^{n-1})^{(n-j)}(\ln x)^{(j)}\\&=\sum_{j=1}^{n}C_n^j\frac{(n-1)!}{(j-1)!}x^{j-1}\cdot\frac{(-1)^{j-1}(j-1)!}{x^j}\\&=\frac{(n-1)!}{x}\sum_{j=1}^{n}C_n^j(-1)^{j-1}=\frac{(n-1)!}{x};\end{aligned}$$

3) 提示:用数学归纳法. 记 $y_n=x^{n-1}e^{\frac{1}{x}}$. 当 $n=1$ 时,有

$$y_1^{(1)}=(e^{\frac{1}{x}})'=\frac{-1}{x^2}e^{\frac{1}{x}},$$

于是 $n=1$ 时等式成立. 设 $1\leqslant n\leqslant k$ 时等式成立,则由莱布尼茨公式,

$$\begin{aligned}y_{k+1}^{(k+1)}&=(xy_k)^{(k+1)}=xy_k^{(k+1)}+y_k^{(k)}\\&=x(y_k^{(k)})'+y_k^{(k)}\cdot(k+1)\\&=x\left(\frac{(-1)^k}{x^{k+1}}e^{\frac{1}{x}}\right)'+(k+1)\cdot\frac{(-1)^k}{x^{k+1}}e^{\frac{1}{x}}\end{aligned}$$

$$=\frac{(-1)^{k+1}}{x^{k+2}}e^{\frac{1}{x}},$$

即 $n=k+1$ 时等式也成立. 于是 $\forall n\in\mathbb{N}^+$ 时等式成立.

5. 提示:先证

$$f^{(k)}(x)=x^{n-k}(a_k\cos(\ln|x|)+b_k\sin(\ln|x|)),\quad x\neq 0.$$

$$a_k^2+b_k^2\neq 0,\ k=0,1,\cdots,n.$$

于是可得

$$f^{(k)}(0)=0,\quad k=1,\cdots,n-1,$$

但 $f^{(n)}(0)$不存在.

6. 提示:1) 先求 y' 和 y'',

$$y'=\frac{1}{\sqrt{1-x^2}},\quad y''=\frac{x}{(1-x^2)^{\frac{3}{2}}}=\frac{x}{1-x^2}y',$$

即 $n=0$ 时成立:

$$(1-x^2)y''-xy'=0,$$

再用数学归纳法可证微分方程对任何 $n\in\mathbb{N}$ 成立;

2) 在 1)中的方程中令 $x=0$,即得

$$y^{(n+2)}(0)=n^2y^{(n)}(0),\quad n\geqslant 0.$$

再从

$$y(0)=0,\ y'(0)=1,$$

可得到所有的 $y^{(n)}(0)$.

7. 提示:方法和第 6 题相似.

8. 提示:在 $P_n(x)$的表式中先用二项式公式展开$(x^2-1)^n$,再直接代入方程验算.

9. 提示:先将$(x^ne^{-x})^{(n)}$用莱布尼茨公式展开,再把 $P_n(x)$直接代入方程验算.

10. 提示:1) 由二项式公式

$$\sum_{k=0}^{n}C_n^kx^k(1-x)^{n-k}=(x+1-x)^n=1,$$

两边同时对 x 求导后再化简;

2) 由 1)式

$$\sum_{k=0}^{n}kC_n^kx^{k-1}(1-x)^{n-k}=n,$$

两边同时对 x 求导后再化简;

3) 由 1),2)式和二项式公式即得.

11. 提示:参考第六章 §6.4,6°.

12. $f''(f(f(x)))\cdot(f'(f(x))\cdot f'(x))^2+f'(f(f(x)))\cdot f''(f(x))\cdot f'(x)^2+f'(f(f(x)))\cdot f'(f(x))\cdot f''(x)$.

13. $y'(x)=t$, $y''(x)=\dfrac{1}{f''(t)}$, $y'''(x)=-\dfrac{f'''(t)}{(f''(t))^3}$.

14. $y'(0)=y''(0)=y'''(0)=0$，$n\geqslant 4$ 时 $y^{(n)}(0)$不存在.

15. 提示：用数学归纳法证明.

16. 提示：由第 11 题及本题条件，

$$\frac{d^2x}{dy^2}=\frac{-\dfrac{d^2y}{dx^2}}{\left(\dfrac{dy}{dx}\right)^3}=-(-1)=1.$$

从而得一解

$$x=\frac{1}{2}y^2\qquad(y\geqslant 0),$$

即

$$y=\sqrt{2x},\ x\in[0,+\infty).$$

17. 1)
$$d^3(uv)=e^x(\ln x+\frac{3}{x}-\frac{3}{x^2}+\frac{2}{x^3})dx^3;$$

$$d^3(\frac{u}{v})=e^{-x}(-\ln x+\frac{3}{x}+\frac{3}{x^2}+\frac{2}{x^3})dx^3;$$

2) $d^3(uv)=e^{\frac{x}{2}}\left(\frac{13}{2}\sin 2x-\frac{47}{8}\cos 2x\right)dx^3$;

$d^3(\frac{u}{v})=e^{\frac{x}{2}}\sec 2x(48\tan^3 2x+12\tan^2 2x+\frac{83}{2}\tan 2x+\frac{49}{8})dx^3$.

§7.1

1. 提示：1) $f(x)=x^n+px+q=0$，当 n 为偶数时若有三个不同实根 $x_1<x_2<x_3$，则由罗尔中值定理，有两点 $\xi_1\in(x_1,x_2)$，$\xi_2\in(x_2,x_3)$，

$$f'(\xi_1)=n\xi_1^{n-1}+p=0,\ f'(\xi_2)=n\xi_2^{n-1}+p=0,$$

即有

$$\xi_1^{n-1}=\xi_2^{n-1},\ \xi_1\neq\xi_2,$$

由于 $n-1$ 是奇数，上式不可能成立；当 n 为奇数时，若有四个不同实根 $x_1<x_2<x_3<x_4$，则由罗尔中值定理，

$$\exists\,\xi_i\in(x_i,x_{i+1}),\ f'(\xi_i)=n\xi_i^{n-1}+p=0,\quad i=1,2,3,$$

即有

$$\xi_1^{n-1}=\xi_2^{n-1}=\xi_3^{n-1},\ \text{而}\ \xi_1<\xi_2<\xi_3.$$

上式不可能成立；

2) 令 $f(x)=x^3-3x+c$.

于是当 $x\in(0,1)$时，

$$f'(x)=3x^2-3=3(x^2-1)\neq 0,$$

由罗尔中值定理知 f 在$[0,1]$内不可能有两个不同实根.

2. 提示：令 $g(x)=(x^2-1)^n$，则 -1 和 $+1$ 分别为 g 的 n 重零点. 可用数学归纳法证明：当 $1\leqslant k\leqslant n$，$g^{(k)}(x)$ 有 -1 和 $+1$ 为其 $n-k$ 重零点，而

$$-1<\xi_1^{(k)}<\xi_2^{(k)}<\cdots<\xi_k^{(k)}<1$$

为 $g^{(k)}(x)$ 的单重零点. 于是 $g^{(n)}(x)$ 有 n 个单重零点且全在开区间 $(-1,1)$ 内.

3. 提示：若方程

$$f(x)=ax^2+bx+c-\mathrm{e}^x=0$$

有四个实根，则由罗尔中值定理，

$$f'(x)=2ax+b-\mathrm{e}^x=0,\ f''(x)=2a-\mathrm{e}^x=0$$

分别有三个和二个实根，但

$$2a-\mathrm{e}^x=0$$

不可能有两个实根.

4. 提示：令

$$f(x)=ax^4+bx^3+cx^2-(a+b+c)x,$$

则有

$$f(0)=f(1)=0.$$

于是由罗尔中值定理，$\exists\,\xi\in(0,1)$，

$$f'(\xi)=4a\xi^3+3b\xi^2+2c\xi-(a+b+c)=0.$$

5. 提示：令

$$f(x)=\frac{a_0}{n+1}x^{n+1}+\frac{a_1}{n}x^n+\cdots+a_nx,$$

则有

$$f(0)=f(1)=0,$$

于是由罗尔中值定理，$\exists\,\xi\in(0,1)$，使得

$$f'(\xi)=a_0\xi^n+a_1\xi^{n-1}+\cdots+a_n=0.$$

6. 提示：令

$$F(x)=(f(x)-f(a))\cdot(g(b)-g(x)),\quad x\in[a,b]$$

则 $F(x)$ 满足罗尔中值定理的所有条件，$\exists\,\xi\in(a,b)$，

$$F'(\xi)=f'(\xi)(g(b)-g(\xi))-g'(\xi)(f(\xi)-f(a))=0.$$

又由

$$g'(x)\neq 0,\ x\in(a,b),\ g(b)-g(\xi)\neq 0.$$

故

$$\frac{f'(\xi)}{g'(\xi)}=\frac{f(\xi)-f(a)}{g(b)-g(\xi)}.$$

7. 提示：由拉格朗日中值定理，

$$\ln(1+x)=\ln(1+x)-\ln 1=\frac{x}{1+\theta x},\ 0<\theta<1.$$

因此

$$\frac{1}{\ln(1+x)}-\frac{1}{x}=\frac{1+\theta x}{x}-\frac{1}{x}=\theta.$$

8. 提示:1) 设

$$|f'(x)|<M,\ x\in I,$$

则 $\forall\varepsilon>0$,取 $\delta=\frac{\varepsilon}{M}$, $\forall x',\ x''\in I$,且 $|x'-x''|<\delta$,

$$|f(x')-f(x'')|=|f'(\xi)(x'-x'')|<M\cdot\frac{\varepsilon}{M}=\varepsilon,$$

其中 ξ 介于 x' 和 x'' 之间;

2),3) 应用 1)的结论.

9. 提示:1) 由拉格朗日中值定理

$$\ln\frac{b}{a}=\ln b-\ln a=\frac{b-a}{\xi},\ a<\xi<b;$$

2) $\arctan h=\arctan h-\arctan 0$

$$=\frac{h}{1+\xi^2},\ \xi\in(0,\ h).$$

10. 提示:令

$$F(x)=f(x)-g(x),\ x\in(-\infty,+\infty),$$

则有

$$F(a)=0,\ F'(x)>0,\ x\in(-\infty,+\infty).$$

11. 提示:由柯西中值定理,若取

$$g_1(x)=x,\ g_2(x)=x^2,\ g_3(x)=x^3,\ x\in[a,\ b],$$

则 $\exists\xi_1,\ \xi_2,\ \xi_3\in(a,\ b)$,

$$\frac{f'(\xi_i)}{g'_i(\xi_i)}=\frac{f(b)-f(a)}{b^i-a^i},\ i=1,2,3.$$

于是有

$$f'(\xi_1)=(b+a)\frac{f'(\xi_2)}{2\xi_2}=(b^2+ab+a^2)\frac{f'(\xi_3)}{3\xi_3^2}.$$

12. 提示:由拉格朗日中值定理,

$$\frac{f(a)}{a}=\frac{f(a)-f(0)}{a-0}=f'(\xi_1),\ \xi_1\in(0,a),$$

$$\frac{f(b+a)-f(b)}{a}=f'(\xi_2),\ \xi_2\in(b,\ a+b),$$

于是有

$$f(a)=af'(\xi_1)\geqslant af'(\xi_2)=f(b+a)-f(b).$$

13. 提示：由于 f' 单调，$\forall x_0\in(a, b)$，

$$\lim_{x\to x_0^-}f'(x),\ \lim_{x\to x_0^+}f'(x)\text{ 存在，}$$

$$\lim_{x\to x_0^-}\frac{f(x)-f(x_0)}{x-x_0}=\lim_{x\to x_0^-}f'(\xi)=\lim_{x\to x_0^-}f'(x)=f'_-(x_0),$$

其中 $\xi\in(x, x_0)$；同理

$$f'_+(x_0)=\lim_{x\to x_0^+}f'(x).$$

由于 $f'(x_0)$存在，

$$\lim_{x\to x_0^-}f'(x)=f'_-(x_0)=f'(x_0)=f'_+(x_0)=\lim_{x\to x_0^+}f'(x).$$

于是 f' 在点 x_0 连续.

14. 提示：令

$$F(x)=f(a+x)+f(a-x),\ G(x)=x^2,\ x\in[0, h].$$

则应用柯西中值定理可得

$$\begin{aligned}&\frac{f(a+h)+f(a-x)-2f(a)}{h^2}\\&=\frac{F'(\xi)}{G'(\xi)}=\frac{f'(a+\xi)-f'(a-\xi)}{2\xi},\ \xi\in(0, h).\end{aligned}$$

于是

$$\begin{aligned}&\lim_{h\to 0}\frac{f(a+h)+f(a-h)-2f(a)}{h^2}\\&=\lim_{h\to 0}\frac{f'(a+\xi)-f'(a-\xi)}{2\xi}\\&=\frac{1}{2}\lim_{h\to 0}\left[\frac{f'(a+\xi)-f'(a)}{\xi}+\frac{f'(a-\xi)-f'(a)}{-\xi}\right]\\&=\frac{1}{2}(f''(a)+f''(a))=f''(a).\end{aligned}$$

15. 提示：应用拉格朗日中值定理，

$$f'(\xi_1)-\frac{f(c)-f(a)}{c-a}>0,\ \xi_1\in(a, c),$$

$$f'(\xi_2)=\frac{f(b)-f(c)}{b-c}<0,\ \xi_2\in(c, b).$$

于是有

$$f'(\xi_1)>0>f'(\xi_2),\ \xi_1<c<\xi_2.$$

则 $\exists\,\xi\in(\xi_1, \xi_2)\subset(a, b)$，使得

$$f''(\xi)=\frac{f'(\xi_2)-f'(\xi_1)}{\xi_2-\xi_1}<0.$$

16. 提示：1) 令 $f(t)=\sqrt{t}$. 在$[x, x+1]$上应用拉格朗日中值定理，有

$$\sqrt{x+1}-\sqrt{x}=\frac{1}{2\sqrt{x+\theta(x)}},\ 0<\theta(x)<1.$$

由上式得到

$$\theta(x)=\frac{1}{4}+\frac{\sqrt{x^2+x}-x}{2},\ x\in[0,+\infty).$$

于是

$$\frac{1}{4}\leqslant\theta(x)=\frac{1}{4}+\frac{x}{2(\sqrt{x^2+x}+x)}\leqslant\frac{1}{2}.$$

2) $\lim\limits_{x\to0^+}\theta(x)=\lim\limits_{x\to0^+}\left(\frac{1}{4}+\frac{\sqrt{x^2+x}-x}{2}\right)=\frac{1}{4}$,

$$\lim_{x\to+\infty}\theta(x)=\lim_{x\to+\infty}\left(\frac{1}{4}+\frac{x}{2(\sqrt{x^2+x}+x)}\right)=\frac{1}{4}+\frac{1}{4}=\frac{1}{2}.$$

17. 提示:令

$$\left.\begin{aligned}&F(x)=f(x)-f(a)-\frac{1}{2}(x-a)(f'(a)+f'(x)),\\&G(x)=(x-a)^3,\end{aligned}\right\}\ x\in[a,b].$$

则有

$$F(a)=F'(a)=G(a)=G'(a)=0.$$

连续应用柯西中值定理,可知$\exists\xi_1\in(a,b)$, $\xi\in(a,\xi_1)$,

$$\begin{aligned}\frac{F(b)}{G(b)}&=\frac{F(b)-F(a)}{G(b)-G(a)}=\frac{F'(\xi_1)}{G'(\xi_1)}\\&=\frac{F'(\xi_1)-F'(a)}{G'(\xi_1)-G'(a)}=\frac{F''(\xi)}{G''(\xi)}\\&=-\frac{1}{12}f'''(\xi),\end{aligned}$$

即有

$$\begin{aligned}f(b)=f(a)&+\frac{1}{2}(b-a)(f'(a)+f'(b))\\&-\frac{1}{12}f'''(\xi)(b-a)^3.\end{aligned}$$

18. 提示:令

$$g(x)=\begin{cases}A, & x=a,\\ f(x), & x\in(a,b),\\ B, & x=b.\end{cases}$$

则 g 在$[a,b]$上连续,在(a,b)内可导. $\exists\xi\in(a,b)$,

$$g'(\xi)=\frac{g(b)-g(a)}{b-a}=f'(\xi).$$

19. 提示:[证法一] 作代换

$$y = \arctan(x-a),\ x \in (a, +\infty),$$

$$x = a + \tan y,\ y \in (0, \frac{\pi}{2}).$$

则 y 为 x 的严格递增函数,x 为 y 的严格递增函数. 令

$$F(y) = f(x(y)),$$

则 F 在$(0,\frac{\pi}{2})$可导,且有

$$\lim_{y\to 0^+} F(y) = \lim_{x\to a^+} f(x) = \lim_{x\to+\infty} f(x) = \lim_{y\to \frac{\pi}{2}^-} F(y).$$

于是由第 18 题,$\exists\, \eta \in (0, \frac{\pi}{2})$,

$$F'(\eta) = 0 = f'(x(\eta)) \cdot \sec^2\eta.$$

由于 $\sec^2\eta \neq 0$,故有

$$f'(\xi) = 0,\ \xi = x(\eta) \in (a, +\infty).$$

[证法二] 若在$(a, +\infty)$上,

$$f(x) \equiv A, \Rightarrow f'(x) = 0,\ x \in (a, +\infty).$$

若 $f(x) \not\equiv A$,不妨设

$$f(x_0) > A,\ x_0 \in (a, +\infty).$$

取 $\varepsilon = \frac{1}{2}(f(x_0) - A) > 0$,则 $\exists\, b, c$,

$$a < b < x_0 < c < +\infty,$$

$$|f(x) - A| < \varepsilon,\ x \in (a, b) \cup (c, +\infty),$$

即

$$f(x) < \frac{1}{2}(f(x_0) + A) < f(x_0),\ x \in (a, b) \cup (c, +\infty).$$

由于 f 在$[b, c]$上连续、可导,f 在$[b, c]$上取得最大值,即 $\exists\, \xi \in (b, c)$,

$$f(\xi) = \max_{x\in[b, c]}\{f(x)\} \geqslant f(x_0) > f(b),\ f(\xi) > f(c),$$

于是由费马定理,$f'(\xi) = 0$.

20. 提示:对 $x^n e^{-x}$ 的导数反复应用罗尔中值定理和第 19 题的结论.

§ 7.2

1. 1) $e^{-x} = 1 - x + \cdots + \frac{(-1)^n}{n!}x^n + o(x^n)$;

2) $\ln(1-x) = -(x + \frac{x^2}{2} + \cdots + \frac{x^n}{n}) + o(x^n)$;

3) $\dfrac{x^3+2x+1}{x-1}=-(1+3x+3x^2+4x^3+\cdots+4x^n)+o(x^n)$，$(n\geqslant 3)$；

4) $\sin^3 x=\sum\limits_{m=1}^{n}\dfrac{(-1)^{m-1}(3-3^{2m-1})}{4\cdot(2m-1)!}x^{2m-1}+o(x^{2n})$.

2. 1) $\dfrac{x}{\sin x}=1+\dfrac{x^2}{6}+\dfrac{7}{360}x^4+o(x^5)$；

2) $e^x\sin x=x+x^2+\dfrac{1}{3}x^3+0\cdot x^4+o(x^4)$；

3) $\ln(\cos x+\sin x)=x-x^2+\dfrac{2}{3}x^3-\dfrac{2}{3}x^4+o(x^4)$；

4) $\dfrac{1-x+x^2}{1+x+x^2}=1-2x+2x^2-2x^4+o(x^4)$.

3. 1) 令

$$f(0)=f'(0)=f''(0)=f'''(0)=f^{(4)}(0)=0,$$

得 $a=\dfrac{4}{3}$，$b=-\dfrac{1}{3}$；

2) 令

$$f(0)=f'(0)=f''(0)=0,$$

得 $a=\dfrac{1}{2}$，$b=\dfrac{1}{2}$.

4. 1) 0； 2) $\dfrac{1}{128}$； 3) 1； 4) 1； 5) $e^{\frac{1}{3}}$； 6) $-\dfrac{1}{6}$.

5. 提示：$\forall x\in(a,+\infty)$写出函数

$$f(x+1),\ f(x+2),\cdots,f(x+n-1)$$

在点 x 的带拉格朗日型余项的泰勒展式，得到关于 $f'(x)$，$\dfrac{f''(x)}{2!}$，$\cdots$，$\dfrac{f^{(n-1)}(x)}{(n-1)!}$的线性方程组，其系数矩阵是范德蒙多矩阵，

$$\begin{pmatrix} 1 & 1 & \cdots & 1 \\ 2 & 2^2 & \cdots & 2^{n-1} \\ \vdots & \vdots & & \vdots \\ n-1 & (n-1)^2 & \cdots & (n-1)^{n-1} \end{pmatrix}$$

可逆，而右边向量是

$$f(x),\ f(x+1),\cdots,f(x+n-1),\ f^{(n)}(\xi_1),\ f^{(n)}(\xi_2),\cdots,f^{(n)}(\xi_{n-1})$$

的线性组合，其中 $\xi_i\in(x,\ x+n-1)$，$i=1,2,\cdots,n-1$. 于是

$$f'(x),\ f''(x),\cdots,f^{(n-1)}(x)$$

都是

$$f(x),\ f(x+1),\cdots,f(x+n-1),\ f^{(n)}(\xi_1),\cdots,f^{(n)}(\xi_{n-1})$$

的线性组合，因而

$$\lim_{x\to+\infty}f^{(k)}(x)=A_k,\ k=1,2,\cdots,n-1$$

都是有限实数. 又

$$f'(\eta)=f(x+1)-f(x),\ x\in(a,+\infty),\ \eta\in(x,x+1),$$

$$\lim_{x\to+\infty}f'(x)=\lim_{x\to+\infty}f'(\eta)=\lim_{x\to+\infty}(f(x+1)-f(x))=0.$$

同理可得

$$\lim_{x\to+\infty}f^{(k)}(x)=0,\ k=1,2,\cdots,n.$$

6. 提示:由

$$f(a+h)=f(a)+f'(a)h+\cdots+\frac{f^{(n+1)}(a)}{(n+1)!}h^{n+1}$$

$$+\frac{f^{(n+2)}(a)}{(n+2)!}h^{n+2}+o(h^{n+2}),$$

$$f^{(n+1)}(a+\theta h)=f^{(n+1)}(a)+f^{(n+2)}(a)\cdot\theta h+o(h),$$

得到

$$\frac{f^{(n+2)}(a)}{(n+1)!}\theta h^{n+2}=\frac{f^{(n+2)}(a)}{(n+2)!}h^{n+2}+o(h^{n+2}).$$

由于 $f^{(n+2)}(a)\neq0$,

$$\theta=\frac{1}{n+2}+o(1),\ (h\to0).$$

7. 提示:$\forall x\in(0,+\infty)$,

$$f(x+1)=f(x)+f'(x)+\frac{f''(x)}{2}+\frac{f^{(3)}(\xi_1)}{6},\ \xi_1\in(x_1,x+1),$$

$$f(x+2)=f(x)+2f'(x)+2f''(x)+\frac{4}{3}f^{(3)}(\xi_2),\ \xi_2\in(x,x+2),$$

解出 $f'(x)$和 $f''(x)$. 由

$$f(x),\ f(x+1),\ f(x+2),\ f^{(3)}(\xi_1),\ f^{(3)}(\xi_2)$$

的有界性可推出 $f'(x)$, $f''(x)$的有界性.

8. 1) $f(0)=-3$, $f'(0)=0$, $f''(0)=9$; 2) $\frac{9}{2}$.

9. 1) $f(0)=f'(0)=0$, $f''(0)=4$; 2) e^2.

10. 提示:由

$$f(a+h)=f(a)+f'(a)h+\cdots+\frac{f^{(n)}(a)}{n!}h^n+o(h^n)$$

$$=f(a)+f'(a)h+\frac{f^{(n)}(a)}{n!}h^n+o(h^n),\tag{1}$$

和

$$f'(a+\theta h)=f'(a)+\frac{f^{(n)}(a)}{(n-1)!}(\theta h)^{n-1}+o(h^{n-1}),$$

有

$$f(a+h)=f(a)+f'(a)h+\frac{f^{(n)}(a)}{(n-1)!}h^n\cdot\theta^{n-1}+o(h^n).\tag{2}$$

由(1),(2),及 $f^{(n)}(a)\neq0$,

$$\theta^{n-1}=\frac{1}{n}+o(1).$$

11. 1) $f'(a)=g(a)$显然成立;

2) 提示:若 $g'(a)$不存在,但 $f''(a)$存在,则由泰勒公式:

$$f(x)=f(a)+f'(a)(x-a)+\frac{f''(a)}{2}(x-a)^2+o((x-a)^2)$$

即有

$$(x-a)g(x)=g(a)(x-a)+\frac{f''(a)}{2}(x-a)^2+o((x-a)^2).$$

故

$$\lim_{x\to a}\frac{g(x)-g(a)}{x-a}=\frac{1}{2}f''(a)=g'(a),$$

与 $g'(a)$不存在矛盾.

12. 提示:把 $f(\frac{a+b}{2})$分别在点 $x=a$ 和 $x=b$ 用泰勒公式展开,并由

$$f'(a)=f'(b)=0,$$

$$\begin{aligned}f(\frac{a+b}{2})&=f(a)+\frac{f''(\xi_1)}{2}(\frac{a+b}{2}-a)^2\\&=f(b)+\frac{f''(\xi_2)}{2}(\frac{a+b}{2}-b)^2,\qquad \xi_1,\ \xi_2\in(a,\ b),\end{aligned}$$

得到

$$\begin{aligned}|f(b)-f(a)|&=\frac{1}{2}(\frac{b-a}{2})^2|f''(\xi_1)-f''(\xi_2)|\\&\leqslant\frac{(b-a)^2}{8}(|f''(\xi_1)|+|f''(\xi_2)|)\\&\leqslant\frac{(b-a)^2}{4}|f''(\xi)|,\end{aligned}$$

其中 $\xi\in\{\xi_1,\ \xi_2\}$满足

$$|f''(\xi)|=\max\{|f''(\xi_1)|,\ |f''(\xi_2)|\}.$$

13. 提示:把 $f(-1)$和 $f(1)$分别在 $x=0$ 展开为麦克劳林公式,并由

$$f(0)=f'(0)=0,\ f(1)=1,\ f(-1)=0,$$

$$f(-1)=0=f(0)-f'(0)+\frac{f''(0)}{2}-\frac{f'''(\xi_1)}{6},\ \xi_1\in(-1,\ 0),\tag{1}$$

$$f(1)=1=f(0)+f'(0)+\frac{f''(0)}{2}+\frac{f'''(\xi_2)}{6},\ \xi_2\in(0,\ 1).\tag{2}$$

由(2)−(1),即有

$$\frac{f'''(\xi_2)}{6}+\frac{f'''(\xi_1)}{6}=1.$$

取 $\xi\in\{\xi_1,\ \xi_2\}$满足

$$f^{(3)}(\xi)=\max\{f^{(3)}(\xi_1),\ f^{(3)}(\xi_2)\},$$

则有 $f^{(3)}(\xi)\geqslant 3$.

14. 提示：$\forall x\in(-\infty,+\infty)$和$\forall h>0$,有

$$f(x+h)=f(x)+f'(x)h+\frac{f''(\xi_1)}{2}h^2,\ \xi_1\in(x,\ x+h),$$

$$f(x-h)=f(x)-f'(x)h+\frac{f''(\xi_2)}{2}h^2,\ \xi_2\in(x-h,\ x).$$

于是有

$$2hf'(x)=f(x+h)-f(x-h)+\frac{h^2}{2}(f''(\xi_2)-f''(\xi_1)),$$

$$|f'(x)|\leqslant\frac{1}{2h}(2M_0+h^2M_2)=\frac{M_0}{h}+\frac{M_2}{2}h.$$

上式中对 $h\in(0,\ +\infty)$取最小值：

$$|f'(x)|\leqslant\min_{h>0}\left(\frac{M_0}{h}+\frac{M_2}{2}h\right)=2\cdot\sqrt{\frac{M_0}{h}\cdot\frac{M_2}{2}\cdot h}=\sqrt{2M_0M_2}.$$

§7.3

1. 1) $-\frac{4}{\pi^2}$； 2) 0； 3) 1； 4) e^{-1}； 5) $\frac{1}{2}$； 6) 0； 7) $-\frac{e}{2}$； 8) e^{-1}； 9) $e^{\frac{1}{3}}$；10) 0.

2. 1) e； 2) $\frac{3}{2}$； 3) 0.

3. 1) 1； 2) e^{a-b}.

4. 提示：由已知条件，

$$\lim_{x\to0^+}\ln x^{f(x)}=\lim_{x\to0^+}\frac{\ln x}{\frac{1}{f(x)}}=\lim_{x\to0^+}\frac{\frac{1}{x}}{-\frac{f'(x)}{f^2(x)}}$$

$$=-\frac{1}{f'(0)}\lim_{x\to0^+}\frac{f^2(x)}{x}$$

$$=-\frac{1}{f'(0)}\lim_{x\to0^+}\frac{2f'(x)f(x)}{1}=0.$$

5. 提示：1) 当 $x\to0$ 时，此为 1^∞ 型不定式极限，于是

$$\lim_{x\to0}\ln f(x)=\lim_{x\to0}\frac{\ln(a_1^x+\cdots+a_n^x)-\ln n}{x}$$

$$=\lim_{x\to0}\frac{a_1^x\ln a_1+\cdots+a_n^x\ln a_n}{a_1^x+\cdots+a_n^x}$$

$$= \frac{\ln(a_1 \cdots a_n)}{n},$$

于是有

$$\lim_{x \to 0} f(x) = \lim_{x \to 0} e^{\ln f(x)} = e^{\lim\limits_{x \to 0} \ln f(x)}$$
$$= e^{\frac{\ln(a_1 \cdots a_n)}{n}} = \sqrt[n]{a_1 \cdots a_n};$$

2) 设 $a_j = \max\{a_1, \cdots, a_n\}$. 有

$$a_j \left(\frac{1}{n}\right)^{\frac{1}{x}} \leqslant f(x) = a_j \left(\frac{1}{n}\right)^{\frac{1}{x}} \left[\left(\frac{a_1}{a_j}\right)^x + \cdots + \left(\frac{a_n}{a_j}\right)^x\right]^{\frac{1}{x}}$$
$$\leqslant a_j \left(\frac{1}{n}\right)^{\frac{1}{x}} n^{\frac{1}{x}} = a_j.$$

因为 $\lim\limits_{x \to +\infty} \left(\frac{1}{n}\right)^{\frac{1}{x}} = 1$,于是由迫敛性,

$$\lim_{x \to +\infty} f(x) = a_j = \max\{a_1, \cdots, a_n\}.$$

6. 提示:连续两次应用洛必达法则.

7. 提示:

$$\lim_{x \to +\infty} f(x) = \lim_{x \to +\infty} \frac{e^x f(x)}{e^x}$$
$$= \lim_{x \to +\infty} \frac{e^x (f(x) + f'(x))}{e^x} = k.$$

§ 7.4

1. 提示:1) 利用

$$\tan x = x + \frac{x^3}{6} f^{(3)}(\xi), \ \xi \in (0, x),$$
$$f^{(3)}(\xi) = 4\sec^2 \xi \tan^2 \xi + 2\sec^2 \xi > 2;$$

2) 令 $f(x) = \frac{\sin x}{x}$, $x \in (0, \frac{\pi}{2})$,

$$f'(x) = \frac{x\cos x - \sin x}{x^2} = \frac{\cos x}{x^2}(x - \tan x) < 0,$$

于是 f 在$(0, \frac{\pi}{2})$内严格递减,

$$\lim_{x \to 0^+} f(x) = 1 > f(x) > \lim_{x \to \frac{\pi}{2}^-} f(x) = \frac{2}{\pi};$$

3) $\forall x \in (0, +\infty)$,令

$$f(x) = x - \frac{x^2}{2} - \ln(1+x), \ g(x) = x - \frac{x^2}{2(1+x)} - \ln(1+x);$$

4) $\forall \ x \in (0, \frac{\pi}{2})$,令

$$f(x)=\sin x\tan x-x^2,$$

$$f'(x)=\sin x(1+\sec^2 x)-2x,$$

$$f''(x)=\cos x(1+\sec^2 x)+2\sin x\cdot\sec^2 x\tan x-2$$

$$=\left(\cos x+\frac{1}{\cos x}-2\right)+2\sec x\cdot\tan^2 x>0,$$

于是 f' 在 $\left(0,\frac{\pi}{2}\right)$ 内严格递增，

$$f'(x)>\lim_{x\to 0^+}(\sin x(1+\sec^2 x)-2x)=0,\quad x\in(0,\frac{\pi}{2}),$$

于是 f 在 $(0,\frac{\pi}{2})$ 内严格递增，

$$f(x)>\lim_{x\to 0^+}f(x)=0,\quad x\in(0,\frac{\pi}{2}).$$

2. 提示：1) 令

$$f(x)=x^p+(1-x)^p,\quad x\in[0,1],$$

$$f'(x)=p[x^{p-1}-(1-x)^{p-1}],\ x\in(0,1),\ f'(\frac{1}{2})=0,$$

知 $x=\frac{1}{2}$ 是最小值点，于是

$$\frac{1}{2^{p-1}}\leqslant f(x)\leqslant\max\{f(1),\ f(0)\}=1;$$

2) 令

$$f(x)=\ln\frac{1-x}{1+x}+2x,\quad x\in[0,1),$$

$$f'(x)=\frac{-2}{1-x^2}+2<0,\quad x\in(0,1),$$

于是 f 在 $[0,1)$ 内严格递减，

$$f(x)<f(0)=0,\quad x\in(0,1).$$

此式等价于

$$\frac{1-x}{1+x}<e^{-2x},\quad x\in(0,1);$$

3) 令

$$f(x)=x^2-\ln(1+x^2),\quad x\in(-\infty,+\infty),$$

$$f'(x)=2x\cdot\frac{x^2}{1+x^2},$$

显然有

$$f'(0)=0;\ f'(x)<0,\ x<0;\ f'(x)>0,\ x>0.$$

于是 $x=0$ 是 f 的最小值点，且有

$$f(x) > f(0) = 0,\ x \neq 0.$$

此式等价于

$$e^{-x^2} < \frac{1}{1+x^2},\ x \neq 0;$$

4) 令

$$f(x) = (1+x)\ln(1+x) - \arctan x,\ x \in [0, +\infty),$$

$$f'(x) = \ln(1+x) + \frac{x^2}{1+x^2} > f'(0) = 0,\ x > 0.$$

于是 f 在$[0,+\infty)$上严格递增，

$$f(x) > f(0) = 0.$$

3. 提示：1) 令

$$f(x) = (1+\frac{1}{x})^x,\ x \in (0, +\infty),$$

$$f'(x) = (1+\frac{1}{x})^x(\ln(1+\frac{1}{x}) - \frac{1}{1+x}) > 0,\ x \in (0, +\infty).$$

因此 f 在$(0,+\infty)$内严格递增；

2) 类似 1)的证法；

3) 由 1),2),以及

$$e = \lim_{x\to+\infty}(1+\frac{1}{x})^x = \lim_{x\to+\infty}(1+\frac{1}{x})^x \cdot (1+\frac{1}{x}) = \lim_{x\to+\infty}(1+\frac{1}{x})^{x+1},$$

$$(1+\frac{1}{x})^x < e < (1+\frac{1}{x})^{x+1},\ \forall x \in (0, +\infty).$$

4. 1) $f_{极小} = f(\frac{3}{2}) = \frac{27}{16}$；

2) $f_{极小} = f(-1) = -1$，$f_{极大} = f(1) = 1$；

3) $f_{极小} = f(1) = 0$，$f_{极大} = f(e^2) = 4e^{-2}$；

4) $f_{极大} = f(1) = \frac{\pi}{4} - \frac{1}{2}\ln 2$；

5) $f_{极小} = f(-1) = f(0) = f(1) = 0$，$f_{极大} = f(\pm\frac{\sqrt{3}}{3}) = \frac{2\sqrt{3}}{9}$；

6) $f_{极小} = f(-1) = -2$，$f_{极大} = f(1) = 2$.

5. 1) $f_{最小} = f(-1) = -10$，$f_{最大} = f(1) = 2$；

2) $f_{最大} = f(\frac{\pi}{4}) = 1$，无最小值；

3) $f_{最小} = f(e^{-2}) = -2e^{-1}$，无最大值.

6. 提示：1) 令

$$f(x) = \arctan x - \ln(1+x),\ x \in (-1, +\infty),$$

$$f'(x)=\frac{1}{1+x^2}-\frac{1}{1+x}=\frac{x(1-x)}{(1+x)(1+x^2)},$$

于是有 3 个严格单调区间：

$$(-1,\ 0]\searrow,\ [0,1]\nearrow,\ [1,\ +\infty)\searrow.$$

而

$$f(-1+0)=+\infty,\ f(0)=0<f(1)=\frac{\pi}{4}-\ln 2,\ f(+\infty)<0,$$

于是有两个根：

$$x_1=0,\ x_2\in(1,\ +\infty).$$

7. 提示：1) 令

$$f(x)=x^3-px+q,\ x\in(-\infty,+\infty).$$

若 $x_1<x_2<x_3$ 为 $f(x)=0$ 的三个根，则

$$\exists\,\xi_1,\ \xi_2,\ x_1<\xi_1<x_2<\xi_2<x_3,$$

$$f'(\xi_1)=f'(\xi_2)=0,\xi_1=-\sqrt{\frac{p}{3}},\ \xi_2=\sqrt{\frac{p}{3}},\ p>0.$$

由于

$$f(-\infty)=-\infty,\ f(+\infty)=+\infty,$$

必有

$$0<f(\xi_1)=-\frac{p}{3}\sqrt{\frac{p}{3}}+p\sqrt{\frac{p}{3}}+q,$$

$$0>f(\xi_2)=\frac{p}{3}\sqrt{\frac{p}{3}}-p\sqrt{\frac{p}{3}}+q,$$

即

$$-\frac{2p}{3}\sqrt{\frac{p}{3}}<q<\frac{2p}{3}\sqrt{\frac{p}{3}},\ p>0. \tag{1}$$

由于上述推导过程可逆，当 p, q 满足(1)式，方程必有三个不同实根；

2) 令

$$f(x)=\ln x-mx,\ x\in(0,+\infty).$$

若方程有两个不同实根 $0<x_1<x_2<+\infty$，则 $\exists\,\xi\in(x_1,\ x_2)$，

$$f'(\xi)=\frac{1}{\xi}-m=0,\quad\Rightarrow m=\frac{1}{\xi}>0,$$

则有

$$f(0+0)=-\infty,\quad f(+\infty)=-\infty.$$

因此有

$$f(\xi)=f(\frac{1}{m})=\ln(\frac{1}{m})-1>0,$$

即

$$0 < m < e^{-1}. \tag{2}$$

由上述过程的可逆性,(2)式是方程有两个不同实根的充要条件.

8. 提示:1) 令

$$h(x) = \frac{f(x)}{g(x)},\ x \in I,$$

$$h'(x) = \frac{g(x)f'(x) - f(x)g'(x)}{g^2(x)} \equiv 0,\ x \in I,$$

因此在 I 上 $h(x)=c$,

即

$$f(x) = cg(x),\ x \in I;$$

2) 设 $x_1 < x_2$ 为 $f(x)=0$ 的两个实根,且

$$f(x) \neq 0,\ x \in (x_1,\ x_2).$$

由 $F(x)>0$,知

$$g(x_1) \neq 0, g(x_2) \neq 0.$$

若 $g(x) \neq 0,\ x \in [x_1,\ x_2]$,

则由

$$h(x_1) = h(x_2) = 0,$$

$$h'(\xi) = \frac{-F(\xi)}{(g(\xi))^2} = 0, \Rightarrow F(\xi) = 0,\ \xi \in (x_1,\ x_2),$$

矛盾. 故必有 $\eta \in (x_1,\ x_2)$,使得

$$g(\eta) = 0.$$

9. 提示:令

$$g(x) = e^x f(x),\ x \in (-\infty, +\infty),$$

$$g'(x) = e^x (f(x) + f'(x)) > 0,$$

于是 g 为$(-\infty,+\infty)$上严格递增函数. 于是

$$g(x) = e^x f(x) = 0$$

至多有一个实根.

10. 提示:令

$$g(x) = e^{-x} f(x),\ x \in [0, +\infty),$$

则

$$g(0) = f(0) = 0,\ g(x) \geqslant 0,\ x \in (0, +\infty), \tag{1}$$

由

$$g'(x) = e^{-x}(f'(x) - f(x)) \leqslant 0,\ x \in [0, +\infty),$$

因此 g 为$[0,+\infty)$的单调递减函数,

$$g(x) \leqslant g(0)=0,\ x \in [0,+\infty). \tag{2}$$

由(1),(2)知

$$g(x) \equiv 0, \Rightarrow f(x) \equiv 0,\ x \in [0,+\infty).$$

11. 提示：1) 用反证法. 若 f 在点 $\xi \in (a, b)$ 取得最大值 $f(\xi)>0$，则必有

$$f'(\xi)=0,$$

于是由微分方程，

$$f''(\xi)=-c(\xi)f(\xi)>0,$$

即 ξ 应 为 f 的极小值点，矛盾. 同理 f 在 (a, b) 内也不能取得负的最小值；

2) 由 1)立即推出.

12. 提示：$\forall x \in (0, +\infty)$，由

$$\begin{aligned}\left(\frac{f(x)}{x}\right)' &= \frac{xf'(x)-f(x)}{x^2}=\frac{1}{x}\left[f'(x)-\frac{f(x)-f(0)}{x-0}\right]\\ &= \frac{1}{x}[f'(x)-f'(\xi)]\\ &> 0,\ 0<\xi<x,\end{aligned}$$

即得.

13. 提示：过抛物线上一点 $(\frac{y_0^2}{2p},\ y_0)$ 的切线斜率 k 为

$$k=\left.\frac{\mathrm{d}y}{\mathrm{d}x}\right|_{x=x_0}=\frac{1}{\left.\frac{\mathrm{d}x}{\mathrm{d}y}\right|_{y=y_0}}=\frac{p}{y_0},$$

过 $(\frac{y_0^2}{2p},\ y_0)$ 的法线方程为

$$y-y_0=-\frac{y_0}{p}(x-\frac{y_0^2}{2p}).$$

两交点距离 d 满足

$$d^2=(x_1-x_0)^2+(y_1-y_0)^2=\frac{4(y_0^2+p^2)^3}{y_0^4},$$

当 $y_0=\pm\sqrt{2}p$ 取得最小值. 所以该点的坐标为 $(p,\ \pm\sqrt{2}p)$.

14. 半径∶高＝1∶1.

15. 提示：$\forall x_1,\ x_2 \in I,\ \lambda \in (0,\ 1)$，

$$\begin{aligned}&g(f(\lambda x_1+(1-\lambda)x_2))\\ &\leqslant g(\lambda f(x_1)+(1-\lambda)f(x_2)) \quad (f\text{ 凸},g\text{ 递增})\\ &\leqslant \lambda g(f(x_1))+(1-\lambda)g(f(x_2)) \quad (g\text{ 凸}).\end{aligned}$$

16. 提示：$\forall x_1,\ x_2 \in I, \lambda \in (0,1)$，若

$$f(\lambda x_1+(1-\lambda)x_2) \geqslant g(\lambda x_1+(1-\lambda)x_2),$$

则

$$\begin{aligned}F(\lambda x_1+(1-\lambda)x_2)&=f(\lambda x_1+(1-\lambda)x_2)\\&\leqslant \lambda f(x_1)+(1-\lambda)f(x_2)\\&\leqslant \lambda F(x_1)+(1-\lambda)F(x_2),\end{aligned}$$

另一种情形类似.

17. 提示：

$$\Delta=\begin{vmatrix}1 & x_1 & f(x_1)\\ 0 & x_2-x_1 & f(x_2)-f(x_1)\\ 0 & x_3-x_2 & f(x_3)-f(x_2)\end{vmatrix}$$

$$=(x_2-x_1)(x_3-x_2)\left(\frac{f(x_3)-f(x_2)}{x_3-x_2}-\frac{f(x_2)-f(x_1)}{x_2-x_1}\right).$$

18. 提示：［充分性］ 若(i)，(ii)成立，则由 § 7.4 的 1°的 2)，f'是 I 上严格递增函数，于是 $\forall x_1, x_2, x_3\in I, x_1<x_2<x_3$，

$$\frac{f(x_2)-f(x_1)}{x_2-x_1}=f'(\xi_1),\ \xi_1\in(x_1,\ x_2),$$

$$\frac{f(x_3)-f(x_2)}{x_3-x_2}=f'(\xi_2),\ \xi_2\in(x_2,\ x_3),$$

所以

$$\frac{f(x_2)-f(x_1)}{x_2-x_1}<\frac{f(x_3)-f(x_2)}{x_3-x_2}.$$

［必要性］ 若 f 在 I 上严格凸，则(i)必满足. 若(ii)不满足，即 $\exists(\alpha,\beta)\subset I$，

$$f''(x)\equiv 0,\ x\in(\alpha,\beta),$$

$$\Rightarrow f'(x)=c,\ x\in[\alpha,\beta],\ c\text{ 为常数},$$

$$\Rightarrow f\text{ 在}[\alpha,\beta]\text{ 的图象是一条直线},$$

故 f 不可能是严格凸函数.

19. 提示：1) 由 f 为$(0,+\infty)$上可导凸函数并应用拉格朗日中值定理可得；

2) 由 1)和题设条件，

$$\frac{f(x)-f(x-h)}{h}=2x-h+\frac{x^2}{h}\left[\varepsilon(x)-\left(1-\frac{h}{x}\right)^2\varepsilon(x-h)\right],$$

$$\frac{f(x+h)-f(x)}{h}=2x+h+\frac{x^2}{h}\left[\left(1+\frac{h}{x}\right)^2\varepsilon(x+h)-\varepsilon(x)\right],$$

即得；

3) 由 2) $\forall\eta>0$，当 x 充分大时，有

$$\left|\frac{f'(x)}{2x}-1\right|\leqslant\frac{h}{2x}+\frac{\eta x}{2h},\ \forall h\in\left(0,\ \frac{x}{2}\right].$$

于是 $\forall\, 0<\eta<\frac{1}{4}$，取 $h=\sqrt{\eta}x\in\left(0,\ \frac{x}{2}\right]$，则 x 充分大时，

$$\left|\frac{f'(x)}{2x}-1\right|\leqslant\sqrt{\eta}.$$

由 $\eta>0$ 的任意性可得

$$\lim_{x\to+\infty}\frac{f'(x)}{2x}=1.$$

20. 提示:1) 令

$$f_n(x)=x^n+x-1,\ x\in[0,+\infty),$$
$$f'_n(x)=nx^{n-1}+1>0,\ x\in[0,+\infty),$$

故 f_n 在$[0,+\infty)$上严格递增,而

$$f_n(0)=-1<0,\ f_n(1)=1>0,$$

故 $f_n(x)=0$ 有唯一正根 $x_n\in(0,1)$, $\forall n\in N^+$;

2) 由

$$f_n(x_n)=0=x_n^n+x_n-1>x_n^{n+1}+x_n-1,$$
$$0=f_{n+1}(x_{n+1})>f_{n+1}(x_n),$$

和 f_{n+1}的严格递增性知

$$0<x_n<x_{n+1}<1,\forall n\in N^+.$$

故$\{x_n\}$为严格递增有界数列,

$$0<\lim_{n\to+\infty}x_n=\sup_n\{x_n\}=\bar{x}\leqslant 1.$$

若 $\bar{x}<1$, $\forall n\in N^+$,由 $x_n<\bar{x}$,

$$0=f_n(x_n)<f_n(\bar{x})=\bar{x}^n+\bar{x}-1,$$
$$0\leqslant\bar{x}-1=\lim_{n\to\infty}f_n(\bar{x}),$$

矛盾. 故 $\bar{x}=1$;

3) 由 $1-x_n=x_n^n$,

$$\ln(1-x_n)=n\ln(1-(1-x_n)),$$
$$-(1-x_n)+O((1-x_n)^2)=\frac{\ln(1-x_n)}{n},$$
$$(1-x_n)\sim\frac{-\ln(1-x_n)}{n}\sim\frac{\ln n}{n}.$$

21. 提示:设切点为 $P(a\cos\theta,b\sin\theta)$,过 P 点切线为

$$\frac{\cos\theta}{a}x+\frac{\sin\theta}{b}y=1,$$

切线与坐标轴交点分别为$\left(\frac{a}{\cos\theta},0\right)$, $\left(0,\frac{b}{\sin\theta}\right)$.

1) $|AB|^2=\frac{a^2}{\cos^2\theta}+\frac{b^2}{\sin^2\theta}$,

得 $\tan^2\theta=\frac{b}{a}$时, $|AB|$最小,

$$|AB|_{最小}=a+b;$$

2) $S=\frac{ab}{|2\sin\theta\cos\theta|}=\frac{ab}{|\sin 2\theta|}$, $S_{最小}=ab$.

§7.5

1. 1) $y=\frac{1}{2}x-1$, $x=-1$;　　2) $y=x+\pi$, $y=x-\pi$;

3) $y=0$;　　4) $y=0$, $x=0$.

2. 1) $y=x$, $y=2x+1$;　　2) $x+y=0$.

4. -1.20.

5. 提示:令

$$\varepsilon_n = x_n - x_0,\ n = 1,2,\cdots.$$

则

$$\begin{aligned}\varepsilon_{n+1} &= \varepsilon_n - \alpha(f(x_n) - f(x_0)) \\ &= (1-\alpha f'(\xi_n))\varepsilon_n,\ \xi_n \text{ 介于 } x_0 \text{ 和 } x_n,\end{aligned}$$

故有

$$|\varepsilon_{n+1}| \leqslant |1-\alpha f'(\xi_n)| \cdot |\varepsilon_n| \leqslant q|\varepsilon_n|,\ n = 1,2,\cdots$$

于是当 $x_1 \in U(x_0, \delta)$, $x_n \in U(x_0, \delta)$, $\forall n \in \mathbb{N}^+$,

$$|\varepsilon_n| \leqslant q^{n-1}|\varepsilon_1| \to 0 \qquad (n \to +\infty),$$

即 $\lim\limits_{n\to+\infty} x_n = x_0$.

6. 提示:1) 用数学归纳法;

2) 用数学归纳法,并利用 $f'_k(x)$和 $f_k(x)$的根互相交错分隔,以及

$$f_k\begin{cases}\text{是奇函数,若 } k \text{ 是奇数,}\\ \text{是偶函数,若 } k \text{ 是偶数.}\end{cases}$$

§8.1

1. $2\arcsin x+C$.　　2. $3(x-\arctan x)+C$.

3. $\csc x-\cot x+C\left(=\tan\frac{x}{2}+C\right)$.　　4. $\tan x-\sec x+C\left(=\frac{-2}{1+\tan\frac{x}{2}}+C\right)$.

5. $\frac{1}{\sqrt{6}}\arctan\frac{\sqrt{6}}{3}x+C$.　　6. $\frac{1}{2\sqrt{6}}\ln\left|\frac{3+\sqrt{6}x}{3-\sqrt{6}x}\right|+C$.

7. $\frac{1}{\sqrt{2}}\arcsin\frac{\sqrt{6}}{3}x+C$.　　8. $\frac{\sqrt{2}}{4}\arctan\frac{x^2}{\sqrt{2}}+C$.

9. $x-\ln(1+e^x)+C$.　　10. $2\arctan\sqrt{x}+C$.

11. $\ln\left|\frac{x}{1+\sqrt{1+x^2}}\right|+C$.　　12. $\frac{3(\cos^2 x+5)}{5\sqrt[3]{\cos x}}+C$.

13. $\ln|\tan x+\sec x|-\csc x+C$.

14. $\dfrac{\sqrt{2}}{4}\ln\left|\dfrac{\sqrt{1+\sin^2 x}+\sqrt{2}\sin x}{\sqrt{1+\sin^2 x}-\sqrt{2}\sin x}\right|+C.$

15. $\dfrac{2}{27}x^{\frac{3}{2}}(9\ln^2 x-12\ln x+8)+C.$

16. $\ln\left|\dfrac{x}{1-\sqrt{1-x^2}}\right|-\dfrac{1}{x}\arcsin x+C.$

17. $x\arcsin\sqrt{\dfrac{x}{1+x}}+\arctan\sqrt{x}-\sqrt{x}+C.$

18. 化为 $\displaystyle\int\left(\frac{2}{5}+\frac{1}{5}\cdot\frac{\cos x-2\sin x}{\sin x+2\cos x}\right)dx$

$$=\frac{2}{5}x+\frac{1}{5}\ln|\sin x+2\cos x|+C.$$

19. $2\arctan\dfrac{1-\sqrt{1-2x-x^2}}{x}-\ln\left|\dfrac{x+1-\sqrt{1-2x-x^2}}{x}\right|+C.$

20. $I_n=\dfrac{n-1}{n}I_{n-2}-\dfrac{1}{n}x^{n-1}\sqrt{1-x^2}$,

$$I_0=\arcsin x+C,\quad I_1=-\sqrt{1-x^2}+C.$$

§8.2

1. 提示:设 $M=\max\limits_{1\leqslant i\leqslant k}\{|f(\alpha_i)-g(\alpha_i)|\}$, $I=\displaystyle\int_a^b f(x)dx$. $\forall\varepsilon>0$,取足够小的 $\delta>0$,能使

$$\sum_{(T)}|g(\xi_i)-f(\xi_i)|\Delta x_i\leqslant 2kM\|T\|<\frac{\varepsilon}{2},$$

$$\left|\sum_{(T)}f(\xi_i)\Delta x_i-I\right|<\frac{\varepsilon}{2}.$$

2. 1) $\displaystyle\int_0^1\frac{2}{1+x^2}dx=\frac{\pi}{2}$;

2) $\exp\left[\displaystyle\int_0^1\ln(1+x)dx\right]=\dfrac{4}{e}$;

3) $\exp\left[\displaystyle\int_0^2\ln(1+x^2)dx\right]=25e^{2\arctan 2-4}$.

3. 提示:1) $\forall T[a,b]$,在 T 中每一小区间 $[x_{i-1},x_i]$ 上 $M_i=m_i$, $f(x)\equiv$ 常数;

2) 若 $f(x)$ 非常数函数,则

$$f(x_0)=\max_{a\leqslant x\leqslant b}f(x)=M>m=\min_{a\leqslant x\leqslant b}f(x).$$

由连续函数保号性,$\exists U(x_0)$,使

$$f(x)>\frac{M+m}{2},x\in U(x_0)\cap[a,b].$$

作分割 $T[a,b]$,使 $x_0\in[x_{k-1},x_k]\subset U(x_0)$,此时有

$$s(T) \geqslant \sum_{i\neq k} m_i \Delta x_i + \frac{m+M}{2}\Delta x_k > m(b-a).$$

另取分割 $T'=[a,b]$，$s(T')=m(b-a)\neq s(T)$，导致矛盾.

3) 举出一个最简单的反例，说明结论不真.

4. 提示：$\forall\, T[a,b]$，必有 $s(T)=0$，$S(T)=\dfrac{1}{2}$.

5. 提示：记 $M=\sup\limits_{\alpha\leqslant x\leqslant\beta} f(x)$，$m=\inf\limits_{\alpha\leqslant x\leqslant\beta} f(x)$，欲证

$$\sup_{x',x''\in[\alpha,\beta]}\left|f(x')-f(x'')\right| = M-m.$$

这可用上确界定义来证明.

6. 提示：只需证 T' 比 T 多一个分点的情形. 这时该分点把 T 中某个小区间 Δ_k 分成两个属于 T' 的小区间 Δ'_k 和 Δ''_k，并可证

$$\sum_{(T)}\omega_i\Delta x_i - \sum_{(T')}\omega_j\Delta x_j = \omega_k\Delta x_k - (\omega_{k'}\Delta x_{k'} + \omega_{k''}\Delta x_{k''}) \geqslant 0.$$

7. 提示：不妨设 $\lim\limits_{n\to\infty} a_n = a$. 取合适的 $\delta>0$，使 $\omega_0\delta<\dfrac{\varepsilon}{2}$（$\omega_0$ 为 $f(x)$ 在 $[a,a+\delta]$ 上的振幅）. 再利用 $f(x)$ 在 $[a+\delta,b]$ 上可积（为什么?），可有 $T[a+\delta,b]$，使 $\sum\limits_{(T)}\omega_i\Delta x_i<\dfrac{\varepsilon}{2}$. 最后把 $[a,a+\delta]$ 与 T 合并而成 $T'[a,b]$，能使 $\sum\limits_{(T')}\omega_i\Delta x_i<\varepsilon$.

8. 提示：$f(x)$ 的间断点为 $0,\dfrac{1}{2},\dfrac{1}{3},\cdots$.

9. 提示：已知

$$I=\int_a^b f(x)g(x)\,\mathrm{d}x = \lim_{\|T\|\to 0}\sum_{i=1}^n f(\xi_i)g(\xi_i)\Delta x_i.$$

若能证得：$\forall\,\varepsilon>0$，$\exists\,\delta>0$，当 $\|T\|<\delta$ 时，

$$\left|\sum_{i=1}^n f(\xi_i)g(\eta_i)-I\right| \leqslant \left|\sum_{i=1}^n [f(\xi_i)g(\eta_i)-f(\xi_i)g(\xi_i)]\Delta x_i\right| + \left|\sum_{i=1}^n f(\xi_i)g(\xi_i)\Delta x_i - I\right| < \varepsilon,$$

结论便成立.

10. 提示：利用复合函数可积性命题（例 3）.

11. 提示：首先，由 $f(x)$ 在 $[a,b]$ 中每一点处局部有界，借助有限覆盖定理，可知 $f(x)$ 在 $[a,b]$ 上整体有界. 其次，$\forall\,\varepsilon>0$，在 $[a,b]$ 中使 $|f(x)|>\varepsilon$ 的点 x 只能有限个（倘若不然，由聚点原理将导出矛盾）. 这样，满足题设条件的 $f(x)$ 与黎曼函数在可积性上已无原则区别. 也就是说，可用例 4 证明黎曼函数可积的方法来证明 $f(x)\in\mathscr{R}[a,b]$. 最后，利用例 5 关于连续点的稠密性，当取 ξ_i 为连续点时，恒使

$$\sum_{(T)} f(\xi_i)\Delta x_i = 0,$$

由此便知 $\int_a^b f(x)\,\mathrm{d}x = 0$.

又若处处极限为 1,令 $g(x)=f(x)-1$,则可知 $\int_a^b g(x)\mathrm{d}x=\int_a^b f(x)\mathrm{d}x-\int_a^b \mathrm{d}x=\int_a^b f(x)\mathrm{d}x-(b-a)=0$,此时 $\int_a^b f(x)\mathrm{d}x=b-a$.

12. 提示:利用例 5 或例 6 直接可得.(注:例 5 和例 6 为本题作好了准备.否则,本题看似简单,实际上仍需从证明 $f(x)$ 存在连续点着手.)

13. 提示:特别取 $g(x)=f(x)$,再利用例 6.

14. 提示:若 $f(x)\neq 0, x\in[a,b]$,则 $f(x)$ 恒正或恒负,由例 6 将导出与 $\int_a^b f(x)\mathrm{d}x=0$ 相矛盾,故至少存在一点 $x_1\in[a,b]$,使 $f(x_1)=0$.再通过考察 $g(x)=(x-x_1)f(x)$,进一步可证 $f(x)$ 至少有第二个零点.

§8.3

2. 提示:由 $\int_0^1[f'(x)-1]^2\mathrm{d}x\geqslant 0$ 着手.

3. 结论:$f(x)\in\mathscr{R}[a,b]\Rightarrow|f(x)|\in\mathscr{R}[a,b]$

$\quad\searrow f^2(x)\in\mathscr{R}[a,b]$ (⇗ 指向 $|f(x)|\in\mathscr{R}[a,b]$)

4. 提示:借助

$$\min\{A,B\}=\frac{A+B-|A-B|}{2},$$

$$\max\{A,B\}=\frac{A+B+|A-B|}{2}.$$

5. 提示:$\int_1^a[x]f'(x)\mathrm{d}x=\int_1^2 1\cdot f'(x)\mathrm{d}x+\int_2^3 2\cdot f'(x)\mathrm{d}x+\cdots+\int_{[a]}^a[a]\cdot f'(x)\mathrm{d}x$;

可证:$\int_1^a[x^2]f'(x)\mathrm{d}x=[a^2]f(a)-f(1)-f(\sqrt{2})-\cdots-f(\sqrt{[a^2]})$.

6. 提示:设 $0<m=\min\limits_{a\leqslant x\leqslant b}f(x)\leqslant\max\limits_{a\leqslant x\leqslant b}f(x)=M$,则

$$\sqrt[n]{m}\int_a^b g(x)\mathrm{d}x\leqslant\int_a^b\sqrt[n]{f(x)}g(x)\mathrm{d}x\leqslant\sqrt[n]{M}\int_a^b g(x)\mathrm{d}x.$$

7. 提示:设 $|f(x)|\leqslant M, x\in[a,b]$.因为 $f(x)$ 可积,所以 $\forall\varepsilon>0$,$\exists n$ 等分分割,使

$$\sum_{i=1}^n\omega_i\Delta x_i<\frac{\varepsilon}{4},\quad\frac{M(b-a)}{n}<\frac{\varepsilon}{2}.$$

当 $0<h<\frac{b-a}{n}=\delta$ 时,可证

$$\int_a^b|f(x+h)-f(x)|\mathrm{d}x=\sum_{i=1}^n\int_{x_{i-1}}^{x_i}|f(x+h)-f(x)|\mathrm{d}x$$

$$\leqslant\sum_{i=1}^n\int_{x_{i-1}}^{x_i}(\omega_{i+1}+\omega_i)\mathrm{d}x<\varepsilon.$$

由此得 $h\to 0^+$ 时结论成立，同理可证 $h\to 0^-$ 的情形.

8. 提示：由条件，$0<f(a)<f\left(\frac{a}{2}\right)$，从而

$$\lim_{n\to\infty}\left[\frac{f(a)}{f\left(\frac{a}{2}\right)}\right]^n=0.$$

由此继续可证：

$$0\leqslant\frac{\int_a^1 f^n(x)\mathrm{d}x}{\int_0^a f^n(x)\mathrm{d}x}\leqslant\cdots\leqslant\left[\frac{f(a)}{f\left(\frac{a}{2}\right)}\right]^n\cdot\frac{1-a}{\frac{a}{2}}\to 0(n\to\infty).$$

9. 提示：由

$$|f(x)|=|f(x)-f(a)|=|f'(\xi_x)(x-a)|\leqslant(x-a)\max_{a\leqslant x\leqslant b}|f'(x)|$$

着手.

10. 提示：利用本节例 5. 注意这里的外函数 $y=\ln u$ 为凹函数.

11. 提示：利用 $f(x)=\frac{1}{x}$ 的递减性，有

$$\frac{1}{k+1}=\int_k^{k+1}\frac{\mathrm{d}x}{k+1}<\int_k^{k+1}\frac{\mathrm{d}x}{x}<\int_k^{k+1}\frac{\mathrm{d}x}{k}=\frac{1}{k},$$

依次对 $k=1,2,\cdots,n-1$ 进行相加即可.

12. 提示：由 $f(k+1)\leqslant\int_k^{k+1}f(x)\mathrm{d}x\leqslant f(k)$，可得

$$\sum_{k=1}^{n-1}f(k+1)\leqslant\int_1^n f(x)\mathrm{d}x\leqslant\sum_{k=1}^{n}f(k)-f(n).$$

由此证得 $\{a_n\}$ 有下界 0；再证

$$a_n-a_{n+1}=\int_n^{n+1}[f(x)-f(n+1)]\mathrm{d}x\geqslant 0,$$

可知 $\{a_n\}$ 为递减数列.

13. 提示：由 $0\leqslant\int_a^{x_0}\left[f'(x)-\frac{f(x_0)}{x_0-a}\right]^2\mathrm{d}x$ 着手.

14. 提示：在点 $x_0=\frac{a+b}{2}$ 处，由 $f''(x)\geqslant 0$ 得

$$f(x)\geqslant f(x_0)+f'(x_0)(x-x_0).$$

在 $[a,b]$ 上作积分，可证得左部不等式. 再由 $f(x)$ 为凸函数，又有

$$\frac{f(x)-f(a)}{x-a}\leqslant\frac{f(b)-f(a)}{b-a},$$

$$\text{即}\quad f(x)\leqslant f(a)+\frac{f(b)-f(a)}{b-a}(x-a).$$

经积分同样可得右部不等式.

右部不等式还可由

$$f(x) \leqslant f(a) + f'(x)(x-a)$$

经积分而得,只是积分运算要用到后面的分部积分法.

15. 设$|f(x)|$在$[0,1]$上的最大值为

$$|y_0| = |f(x_0)|, \quad 0 < x_0 < 1.$$

于是有

$$\frac{y_0}{x_0} = \frac{f(x_0)-f(0)}{x_0} = f'(\xi) \qquad (0<\xi<x_0),$$

$$\frac{-y_0}{1-x_0} = \frac{f(1)-f(x_0)}{1-x_0} = f'(\eta) \qquad (x_0<\eta<1),$$

并得

$$\int_0^1 \left|\frac{f''(x)}{f(x)}\right| dx > \int_0^1 \left|\frac{f''(x)}{y_0}\right| dx > \int_\xi^\eta \left|\frac{f''(x)}{y_0}\right| dx$$

$$\geqslant \frac{1}{|y_0|}\left|\int_\xi^\eta f''(x) dx\right| = \frac{1}{|y_0|}|f'(\eta)-f'(\xi)|$$

$$= \frac{1}{|y_0|}\left|\frac{-y_0}{1-x_0} - \frac{y_0}{x_0}\right| = \frac{1}{x_0(1-x_0)}.$$

因为 $x_0(1-x_0) = \frac{1}{4} - \left(\frac{1}{2}-x_0\right)^2 \leqslant \frac{1}{4}$,所以

$$\int_0^1 \left|\frac{f''(x)}{f(x)}\right| dx \geqslant 4.$$

16. 提示:$f(x)$在点 $x_0 = \frac{a+b}{2}$处的泰勒公式为

$$f(x) = f'(x_0)(x-x_0) + \frac{1}{2}f''(\xi)(x-x_0)^2,$$

由此可进一步证明

$$\left|\int_a^b f(x) dx\right| = \frac{1}{2}\left|\int_a^b f''(\xi)(x-x_0)^2 dx\right|$$

$$\leqslant \frac{M}{24}(b-a)^3.$$

17. 提示:记 $P = \max\limits_{a\leqslant x\leqslant b}|f'(x)|$,由 $f(a)=f(b)=0$ 有

$$|f(x)| = |f'(\xi)(x-a)| \leqslant P(x-a), x \in \left[a, \frac{a+b}{2}\right],$$

$$|f(x)| = |f'(\eta)(x-b)| \leqslant P(b-x), x \in \left[\frac{a+b}{2}, b\right].$$

由此可进一步证得

$$\int_a^b |f(x)|\mathrm{d}x=\int_a^{\frac{a+b}{2}}|f(x)|\mathrm{d}x+\int_{\frac{a+b}{2}}^b|f(x)|\mathrm{d}x$$

$$\leqslant\frac{P}{4}(b-a)^2.$$

18. 提示：

1) $\left[\int_a^b f(x)\mathrm{d}x\right]^2\leqslant\int_a^b 1^2\mathrm{d}x\cdot\int_a^b f^2(x)\mathrm{d}x$;

2) $\int_a^b f(x)\mathrm{d}x\cdot\int_a^b\frac{1}{f(x)}\mathrm{d}x=\int_a^b(\sqrt{f(x)})^2\mathrm{d}x\cdot\int_a^b\left(\frac{1}{\sqrt{f(x)}}\right)^2\mathrm{d}x$;

3) $\int_a^b[f(x)+g(x)]^2\mathrm{d}x\leqslant\int_a^b f^2(x)\mathrm{d}x+\int_a^b g^2(x)\mathrm{d}x$

$$+2\sqrt{\int_a^b f^2(x)\mathrm{d}x\cdot\int_a^b g^2(x)\mathrm{d}x};$$

4) 只需证得

$$\left(\int_a^b f(x)\cos kx\mathrm{d}x\right)^2\leqslant\int_a^b f(x)\cos^2 kx\mathrm{d}x,$$

$$\left(\int_a^b f(x)\sin kx\mathrm{d}x\right)^2\leqslant\int_a^b f(x)\sin^2 kx\mathrm{d}x,$$

相加即可.

19. 提示：(用反证法)倘若$\exists M>0$，使

$$0\leqslant f'(x)\leqslant Mf(x),x\in(a,b].$$

$\forall[a+\delta,b]\subset(a,b]$，一方面有

$$\int_{a+\delta}^b\frac{f'(x)}{f(x)}\mathrm{d}x\leqslant M(b-a),$$

另一方面又有(为什么?)

$$\int_{a+\delta}^b\frac{f'(x)}{f(x)}\mathrm{d}x\to+\infty(\delta\to 0^+),$$

两者矛盾.

20. 提示：由 $\ln\left(1+\frac{1}{x}\right)=\int_x^{1+x}\frac{\mathrm{d}t}{t}$着手.

21. 提示：若 $\int_0^1|f(x)|\mathrm{d}x=\left|\int_0^1 f(x)\mathrm{d}x\right|$，则结论显然成立. 若 $\int_0^1|f(x)|\mathrm{d}x>\left|\int_0^1 f(x)\mathrm{d}x\right|$，则 $f(x)$在$[0,1]$上变号，故$\exists c\in(0,1)$，使 $f(c)=0$. 于是有

$$|f(x)|=|f(x)-f(c)|=\left|\int_c^x f'(t)\mathrm{d}t\right|\leqslant\int_0^1|f'(x)|\mathrm{d}x.$$

由此不难证得结论成立.

22. 提示：注意到

$$\left|F(x)-f(x)\right| = \frac{1}{2\delta}\left|\int_{-\delta}^{\delta}[f(x+t)-f(x)]\mathrm{d}t\right|$$
$$\leqslant \frac{1}{2\delta}\int_{-\delta}^{\delta}\left|f(x+t)-f(x)\right|\mathrm{d}t.$$

设 $0<\delta<1$，当 $t\in[-\delta,\delta]$，$x\in[a,b]$时，$x+t\in[a-1,b+1]$. 利用 $f(x)$在$[a-1,b+1]$上一致连续，便可证得结论.

§ 8.4

1. 直接求出 $\int_0^x f(t)\mathrm{d}t$，并按等式要求解出 θ：

1) $\theta=\sqrt[n]{\frac{1}{n+1}}=\lim\limits_{x\to 0}\theta=\lim\limits_{x\to+\infty}\theta$；

2) $\theta=\frac{1}{\mathrm{e}}=\lim\limits_{x\to 0}\theta=\lim\limits_{x\to+\infty}\theta$；

3) $\theta=\frac{1}{x}\ln\frac{\mathrm{e}^x-1}{x}$，$\lim\limits_{x\to 0}\theta=\frac{1}{2}$，$\lim\limits_{x\to+\infty}\theta=1$.

2. 提示：化 $\int_0^1 f(x)\mathrm{d}x=\int_0^a f(x)\mathrm{d}x+\int_a^1 f(x)\mathrm{d}x$，再应用积分中值公式(2).

3. 提示：作变换 $t^2=u$ 后，利用积分中值公式(5).

4. 提示：1) 直接利用公式(4)，并说明 $\xi\neq 0,1$；

2) 由 $\eta c+(1-\eta)f(1)=\xi f(0)+(1-\xi)f(1)$解出 η，并说明 $0<\eta<1$. 也可令

$$g(x)=\begin{cases}c, & x=0\\ f(x), & 0<x\leqslant 1,\end{cases}$$

对 $g(x)$讨论问题 1).

5. 提示：令

$$g(x)=\begin{cases}c, & x=1\\ f(x), & 0\leqslant x<1,\end{cases}$$

对 $g(x)$利用公式(4)，并说明 $\theta\neq 0$ 的理由.

6. 提示：方法同例 1.

7. 提示：方法同例 2.

8. 提示：可以类似于例 4 的 1)那样直接证明；也可以先化成$[0,2\pi]$上的定积分后，利用例 4 之 1)的结论.

9. 提示：方法类似于例 4 的 2).

10. 提示：1) 类似于例 5 的证明；

2) 作变换 $t=\frac{n}{x}$后，利用公式(4)化为两个积分项，分别讨论它们当 $p<3$ 时都趋于 0.

11. 提示：利用公式(4)进行变形，然后借助 $f(x)$的有界性作出估计.

12. 提示：1) 利用公式(1′)，而后求出积分，并求极限；

2) 先化为

$$\int_0^a \frac{t}{x^2+t^2}\varphi(x)\mathrm{d}x = \int_0^{\sqrt{t}} \frac{t}{x^2+t^2}\varphi(x)\mathrm{d}x + \int_{\sqrt{t}}^a \frac{t}{x^2+t^2}\varphi(x)\mathrm{d}x$$
$$= I_1 + I_2.$$

对 I_1 利用公式(1′),可得 $\lim\limits_{t\to 0^+} I_1 = \frac{\pi}{2}\varphi(0)$;对 I_2 可借助 $\varphi(x)$的有界性作出估计,并证得 $\lim\limits_{t\to 0^+} I_2 = 0$.

13. 提示:记 $E_k = \int_{\frac{k-1}{n}}^{\frac{k}{n}} f(x)\mathrm{d}x - \frac{1}{n}f\left(\frac{k}{n}\right), k=1,2,\cdots,n$. 先后使用积分中值定理和微分中值定理,得到

$$E_k = \frac{1}{n}f(\eta_k) - \frac{1}{n}f\left(\frac{k}{n}\right) \qquad \left(\frac{k-1}{n} \leqslant \eta_k \leqslant \frac{k}{n}\right)$$
$$= \frac{1}{n}f'(\xi_k)\left(\eta_k - \frac{k}{n}\right) \qquad \left(\eta_k < \xi_k < \frac{k}{n}\right)$$
$$\Rightarrow |E_k| \leqslant \frac{1}{n}\cdot M \cdot \left|\eta_k - \frac{k}{n}\right| < \frac{M}{n^2}.$$

14. 将微分方程变形为

$$\frac{2y'y''}{f(x)} + 2yy' = 0,$$

并在$[0,x]$上积分,得

$$\int_0^x \frac{1}{f(t)}(y'^2)'\mathrm{d}t + \int_0^x (y^2)'\mathrm{d}t = 0.$$

利用积分第二中值定理,对某个 $\xi_x \in [0,x]$,有

$$\frac{1}{f(0)}[y'^2(\xi_x) - B^2] + y^2(x) - A^2 = 0.$$

由此解出

$$y^2(x) = A^2 + \frac{1}{f(0)}[B^2 - y'^2(\xi_x)], \quad x \geqslant 0.$$

由于

$$f(0)y^2(x) = f(0)A^2 + B^2 - y'^2(\xi_x) \geqslant 0, \quad x \geqslant 0,$$

因此

$$y'^2(\xi_x) \leqslant f(0)A^2 + B^2, \quad x \geqslant 0.$$

于是便有

$$y^2(x) \leqslant A^2 + \frac{1}{f(0)}[B^2 + y'^2(\xi_x)]$$
$$\leqslant 2\left(A^2 + \frac{B^2}{f(0)}\right) = M^2, \quad x \geqslant 0.$$

15. 提示:由条件可知 $\int_0^1\left(x-\frac{1}{2}\right)^n f(x)\mathrm{d}x=1$. 又由积分中值定理可得

$$\left|\int_0^1\left(x-\frac{1}{2}\right)^n f(x)\mathrm{d}x\right|\leqslant\int_0^1\left|x-\frac{1}{2}\right|^n|f(x)|\mathrm{d}x$$
$$=|f(\xi)|\int_0^1\left|x-\frac{1}{2}\right|^n\mathrm{d}x$$
$$=|f(\xi)|\cdot\frac{1}{2^n(n+1)}.$$

16. 提示：1)(略)；

2) 由 $\int_0^1 x\left(x-\frac{\sqrt{2}}{2}\right)f(x)\mathrm{d}x$ 入手,方法与上题类同.

注： 这里$\frac{\sqrt{2}}{2}$的来历是:先考察

$$1=\left|\int_0^1 x(x-a)f(x)\mathrm{d}x\right|\leqslant|f(\xi)|\int_0^1 x|x-a|\mathrm{d}x,$$

要想结论成立,应使最后边的定积分尽可能小,由此便可确定 $a=\frac{\sqrt{2}}{2}$.

§ 8.5

1. 提示:1) $\frac{2\pi}{\sqrt{3}}$. 需化为在$\left[-\frac{\pi}{2},\frac{\pi}{2}\right]$上的积分,以便作变换 $t=\tan\frac{x}{2}$.

2) $\frac{\pi}{4}$. 作变换 $x=\frac{\pi}{2}-t$ 后将出现形式：

$$I=\int_0^{\frac{\pi}{2}}\frac{\mathrm{d}x}{1+(\tan x)^r}=\frac{\pi}{2}-I\qquad(r=\sqrt{2}).$$

由此发现把$\sqrt{2}$换成任何实数,结果都相同.

3) $2(\mathrm{e}^y-\mathrm{e}^{-1})-y(\mathrm{e}+\mathrm{e}^{-1})$；

4) $I_{n,m}=\frac{n}{m+1}I_{n-1,m+1}=\cdots=\frac{n!\ m!}{(n+m+1)!}$.

2. 提示:1) $\frac{1}{\mathrm{e}}\left(\frac{b^b}{a^a}\right)^{\frac{1}{b-a}}$. 需先算出

$$I(x)=\int_0^1[bt+a(1-t)]^x\mathrm{d}t=\frac{b^{x+1}-a^{x+1}}{(b-a)(1+x)},$$

再用洛必达法则求 $\lim\limits_{x\to0}[I(x)]^{\frac{1}{x}}$ (1^∞型).

2) -1. 应将分母 $\arctan x$ 用等价无穷小量 x 来代替,以化简计算.

3. 提示:先把积分化为

$$\int_0^1 x^n f(x)\mathrm{d}x=\frac{f(1)}{n+1}-\frac{f'(1)}{(n+1)(n+2)}+\frac{1}{(n+1)(n+2)}\int_0^1 x^{n+2}f''(x)\mathrm{d}x$$
$$=\frac{f(1)}{n}-\frac{f(1)+f'(1)}{n^2}-\frac{f(1)}{n^2(n+1)}-\frac{3n+2}{n^2(n+1)(n+2)}f'(1)$$

$$+\frac{1}{(n+1)(n+2)}\int_0^1 x^{n+2} f''(x)\mathrm{d}x,$$

然后证明：

$$\lim_{n\to\infty} n^2\left[\int_0^1 x^n f(x)\mathrm{d}x-\frac{f(1)}{n}+\frac{f(1)+f'(1)}{n^2}\right]=0.$$

利用所得结论，易知

$$\int_0^1 \frac{x^n}{1+x^3}\mathrm{d}x=\frac{1}{2n}+\frac{1}{4n^2}+o\left(\frac{1}{n^2}\right).$$

4. 提示：1) 先导出递推式

$$a_n=\frac{n-1}{n+2}a_{n-2}, n=2,3,\cdots;$$

$$a_1=\frac{1}{3},\quad a_0=\frac{\pi}{4}.$$

再得闭式解

$$\begin{cases} a_{2k-1}=\dfrac{(2k-2)!!}{(2k+1)!!}, \\ a_{2k}=\dfrac{(2k-1)!!}{(2k+2)!!}\cdot\dfrac{\pi}{2}. \end{cases}$$

由此证得 $\lim\limits_{n\to\infty} a_n=0$. 当然，这也可证作：

$$a_n=\sqrt{1-\xi_n^2}\int_0^1 x^n\mathrm{d}x=\frac{1}{n+1}\sqrt{1-\xi_n^2}\to 0\qquad(n\to\infty).$$

2) 可由上述递推式和 $a_{n+1}\leqslant a_n\leqslant a_{n-1}$ 证得.

5. 提示：$\forall x>0$，$\exists n$（自然数）与 $x'\in(0,p]$，使 $x=np+x'$. 于是有

$$\frac{1}{x}\int_0^x f(t)\mathrm{d}t=\frac{1}{np+x'}\left[\int_0^p f(t)\mathrm{d}t+\cdots+\int_{(n-1)p}^{np} f(t)\mathrm{d}t\right]$$
$$+\frac{1}{np+x'}\int_{np}^{np+x'} f(t)\mathrm{d}t.$$

再结合周期函数的积分性质，便可证得结论.

6. 提示：首先指出，下面的做法是错误的：

$$\lim_{h\to 0}\int_a^b \frac{f(x+h)-f(x)}{h}\mathrm{d}x=\int_a^b \lim_{h\to 0}\frac{f(x+h)-f(x)}{h}\mathrm{d}x$$
$$=\int_a^b f'(x)\mathrm{d}x=f(b)-f(a).$$

因为既无根据（极限与积分的次序不可随意交换），又缺条件（并未假设 $f(x)$ 可导）. 正确的做法需引入变限积分 $F(x)=\int_a^x f(t)\mathrm{d}t$，随之便有

$$\int_a^b f(x)\mathrm{d}x=F(b)-F(a),\quad \int_a^b f(x+h)\mathrm{d}x=F(b+h)-F(a+h).$$

再利用 $F'(x)=f(x)$，就能证得结论.

7. 提示：利用施瓦茨不等式和分部积分.

8. 提示：1) 用到 $f(x)=\int_a^x f'(t)\mathrm{d}t$ ；

2) 类似地，可由

$$f^2(x)=\left(\int_a^x f'(t)\mathrm{d}x\right)^2\leqslant(x-a)\int_a^x f'^2(t)\mathrm{d}t\leqslant(x-a)\int_a^b f'^2(t)\mathrm{d}t$$

入手.

9. 提示：1) 由 $\int_a^b f(x)\mathrm{d}x=\int_a^b f(x)\mathrm{d}(x-a)$ 出发，作分部积分两次；

2) 借助 1) 的结论.

10. 提示：作辅助函数(把 b 改为变量 t)：

$$F(t)=\int_a^t xf(x)\mathrm{d}x-\frac{a+t}{2}\int_a^t f(x)\mathrm{d}x.$$

若能证得 $F(t)$ 递增，则立即得到 $F(b)\geqslant F(a)=0$

11. 提示：变限积分与 y 无关，意味着它对 y 的导数恒为零. 由此可得 $f(x)=\dfrac{C}{x}$，$C=f(1)$.

12. 提示：先说明 $f(x)$ 也可导，则得微分方程

$$xf'(x)=f(x).$$

由此解出 $f(x)=Cx(x\neq0)$，并说明它对 $x=0$ 也适合.

13. 提示：解法类似于上题，$f(x)=\dfrac{C}{\sqrt{x}}$.

14. 提示：1) 作为准备，需先证

$$f(0)=1,\ f(x)>0.$$

然后从证明 $x=0$ 处连续入手，并由

$$f(x_0+\Delta x)-f(x_0)=f(x_0)[f(\Delta x)-f(0)]$$

证得在任一点 x_0 处连续.

2) 利用

$$f(x)\int_0^x f(t)\mathrm{d}t=\int_0^x f(x+t)\mathrm{d}t=\int_x^{2x} f(t)\mathrm{d}t.$$

3) 对上式两边各自求导，并消去 $\int_0^x f(t)\mathrm{d}t$ 后便得

$$f(x)f''(x)-f'^2(x)=0.$$

4) 把上面所得微分方程改写为

$$\left[\frac{f(x)}{f'(x)}\right]'=0,$$

并最后求得 $f(x)=2^x$.

15. 对于 $F(x)$,确切地说应看作

$$F(x)=\int_0^x f(t)\mathrm{d}t,$$

令

$$f(t)=\begin{cases}t\sin\dfrac{1}{t}, & t\neq 0\\ 0, & t=0,\end{cases}$$

使它成为连续函数. 从而有 $F'(x)=f(x)$,和 $F'(0)=f(0)=0$.

对于 $G(x)$,可考察

$$g(t)=\begin{cases}t^2\sin\dfrac{1}{t}, & t\neq 0\\ 0, & t=0.\end{cases}$$

由于

$$g'(t)=\begin{cases}2t\sin\dfrac{1}{t}-\cos\dfrac{1}{t}, & t\neq 0,\\ 0, & t=0,\end{cases}$$

因此

$$\cos\frac{1}{t}=2t\sin\frac{1}{t}-g'(t),$$

$$G(x)=2F(x)-g(x),$$

并有 $G'(x)=2F'(x)-g'(x)$和 $G'(0)=2F'(0)-g'(0)=0$.

16. 提示:易知 $P(x)$也是多项式. 因此只需证得 $P'''(1)=0$,就能保证 $P(x)$能被 $(x-1)^4$整除.

17. 提示:$f(x)$的一切原函数可写作

$$F(x)=\int_0^x f(t)\mathrm{d}t+C.$$

18. 提示:充分性与必要性的证明都要利用

$$\int_0^{2\pi} f(x+y)\mathrm{d}x=\int_y^{2\pi+y} f(t)\mathrm{d}t.$$

19. 提示:1) 直接验证 $f(x+2\pi)=f(x)$.

2) 要求 $f(x)=g(x)+ax$, $g(x+2\pi)=g(x)$,看 a 应为何值? 这可由

$$\begin{aligned}g(x+2\pi)&=\int_0^{x+2\pi}\sin^{2k}t\,\mathrm{d}t-a(x+2\pi)\\&=g(x)+\int_x^{x+2\pi}\sin^{2k}t\,\mathrm{d}t-2a\pi,\end{aligned}$$

并使 $\int_x^{x+2\pi}\sin^{2k}t\,\mathrm{d}t-2a\pi=0$, 即能求得

$$a=\frac{1}{2\pi}\int_x^{x+2\pi}\sin^{2k}t\,\mathrm{d}t=\frac{1}{2\pi}\int_{-\pi}^{\pi}\sin^{2k}t\,\mathrm{d}t$$

$$=\frac{1}{\pi}\int_0^{\pi}\sin^{2k}t\,\mathrm{d}t=\frac{2}{\pi}\int_0^{\frac{\pi}{2}}\cos^{2k}u\,\mathrm{d}u$$

$$=\frac{2}{\pi}\cdot\frac{(2k-1)!!}{(2k)!!}\cdot\frac{\pi}{2}=\frac{(2k-1)!!}{(2k)!!}.$$

20. 提示：$\forall x_1<x_2$，；直接验证 $F(x_2)-F(x_1)\geqslant 0$.

21. 提示：1) 需证 $x\in(a,b]$时 $F'(x)\geqslant 0$，且 $F(x)$在点 a 右连续.

2) 需证 $x\in(0,+\infty)$时 $G'(x)>0$，且 $G(x)$在 $x=0$ 处右连续.

22. 由条件，设

$$f'(x)\leqslant 0,\quad G(x)=\int_a^x g(t)\mathrm{d}t,$$

$$m=\min_{a\leqslant x\leqslant b}G(x),\quad M=\max_{a\leqslant x\leqslant b}G(x).$$

由于

$$\int_a^b f(x)g(x)\mathrm{d}x=\int_a^b f(x)\mathrm{d}G(x)$$

$$=f(b)G(b)-\int_a^b f'(x)G(x)\mathrm{d}x,$$

$$mf(b)\leqslant f(b)G(b)\leqslant Mf(b),$$

$$M[f(b)-f(a)]\leqslant\int_a^b f'(x)G(x)\mathrm{d}x\leqslant m[f(b)-f(a)],$$

因此有

$$\int_a^b f(x)g(x)\mathrm{d}x\leqslant Mf(b)-M[f(b)-f(a)]=Mf(a),$$

$$\int_a^b f(x)g(x)\mathrm{d}x\geqslant mf(b)-m[f(b)-f(a)]=mf(a).$$

若 $f(a)=0$，则 $f(x)\equiv 0$，结论显然成立（ξ可任意选取）；故设 $f(a)>0$，此时有

$$m\leqslant\frac{1}{f(a)}\int_a^b f(x)g(x)\mathrm{d}x\leqslant M.$$

借助 $G(x)$的介值性，$\exists\,\xi\in[a,b]$，使

$$G(\xi)=\int_a^{\xi}g(t)\mathrm{d}t=\frac{1}{f(a)}\int_a^b f(x)g(x)\mathrm{d}x.$$

结论得证.

§ 9.1

1. $A=8\ln 2-3$，$V=\frac{27}{5}\pi$.

2. $x=ky+\frac{p}{2}$ 与抛物线所围面积为

$$A(k)=\frac{2}{3}p^2(1+k^2)^{3/2},$$

从而 $\min\limits_k A(k)=A(0)=\frac{2}{3}p^2$，所求直线：$x=\frac{p}{2}$.

3. 1) $\frac{3}{8}\pi a^2$； 2) $\frac{8}{15}$.

4. $\left(2\sqrt{3}-\frac{5}{3}\right)\pi$.

5. $V=\pi abh^2\left(\frac{1}{c}-\frac{h}{3c^2}\right)$.

6. 1) $\frac{1}{4}(e^2+1)$； 2) $6a$； 3) $\pi a\sqrt{1+4\pi^2}+\frac{a}{2}\ln(2\pi+\sqrt{1+4\pi^2})$.

7. $2\pi a^2+\frac{2\pi b^2}{\varepsilon}\ln\frac{a(1+\varepsilon)}{b}$，其中 $\varepsilon=\frac{\sqrt{a^2-b^2}}{a}$ 为椭圆 $\frac{x^2}{a^2}+\frac{y^2}{b^2}=1$ 的离心率.

8. 提示：如下图所示，旋转曲面的面积

$$S=4\pi\int_{\frac{\pi}{4}}^{\frac{3\pi}{4}}\frac{|y(t)-x(t)|}{\sqrt{2}}\sqrt{x'^2(t)+y'^2(t)}\,dt$$

$$=\frac{3(4\sqrt{2}-1)}{5}\pi a^2.$$

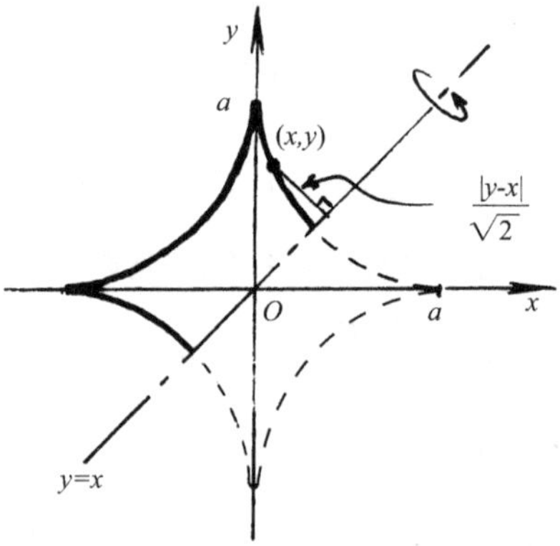

9. $P\left(\frac{1}{\sqrt{2}},-\ln\sqrt{2}\right)$，$K_{\max}=\frac{2\sqrt{3}}{9}$，曲率圆为

$$(x-2\sqrt{2})^2+\left(y+\frac{3+\ln 2}{2}\right)^2=\frac{27}{4}.$$

10. $\begin{cases}\xi=\dfrac{a^2-b^2}{a}\cos^3 t,\\ \eta=\dfrac{b^2-a^2}{b}\sin^3 t.\end{cases}$

椭圆及其渐屈线如下图所示.

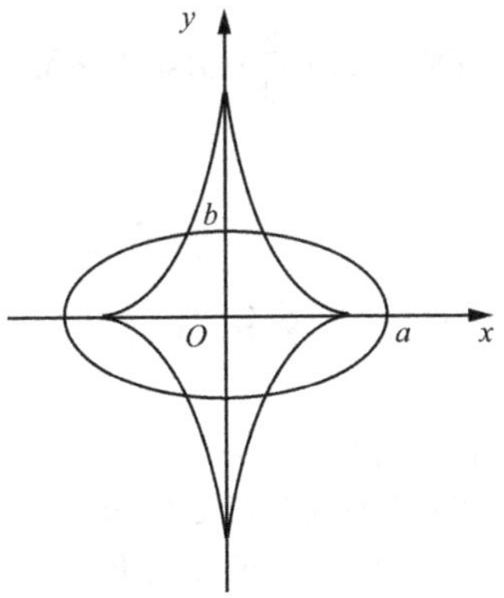

§9.2

1. $F=\dfrac{2}{3}a^2 b, C\left(\dfrac{4a}{3\pi},0\right)$.

2. $F=\dfrac{kqQ}{a(a+l)}$.

3. $F_x=\dfrac{kqQ}{l}\left(\dfrac{1}{a}-\dfrac{1}{\sqrt{a^2+l^2}}\right), F_y=\dfrac{kqQ}{a\sqrt{a^2+l^2}}$.

4. $F=k\left(\dfrac{Q}{l}\right)^2\ln\dfrac{(c+l)^2}{c(c+2l)}$.

5. $W=mgR^2\left(\dfrac{1}{R}-\dfrac{1}{R+h}\right)=\dfrac{1}{2}mv_0^2$,

$v_0=R\sqrt{2g\left(\dfrac{1}{R}-\dfrac{1}{R+h}\right)}$.

6. $x_c=\dfrac{\int_a^b xf(x)\,\mathrm{d}x}{\int_a^b f(x)\,\mathrm{d}x}\leqslant\dfrac{a+b}{2}$.

7. $x_c=\dfrac{\int_a^b xy^2\,\mathrm{d}x}{\int_a^b y^2\,\mathrm{d}x}, y_c=z_c=0$.

8. 1) $\left(\dfrac{4a}{3\pi},\dfrac{4b}{3\pi}\right)$； 2) $\left(0,\dfrac{4a}{3\pi}\right)$； 3) $\left(0,0,\dfrac{3a}{8}\right)$.

9. 提示：由第 7 题求得如图坐标系中抛物体的质心为$\left(0,0,\dfrac{2}{3}\right)$. 当稳定时，质心处于最低位置,依此要求便可证得结论.

10. $V=2\pi y_c A=\pi a^3\left(\frac{\pi}{2}-1\right)$.

11. 提示:在极角范围$[\theta,\theta+\Delta\theta]$上取微元扇形,把它近似看作三角形,质心在$\left(\frac{2}{3}r(\theta),\theta\right)$.此小扇形绕极轴旋转,所得体积为

$$dV = 2\pi \cdot \frac{2}{3}r(\theta)\sin\theta \cdot dA.$$

12. $V=\frac{8}{3}\pi a^3$.

§ 9.3

1. 提示:通过分部积分,并利用例 1 之 5).

2. 提示:比较判别和柯西准则是两种最简便的证法.

3. 提示:由于三个函数都不一定是定号的,故不能直接用比较判别法,为此需要从

$$0 \leqslant g(x)-f(x) \leqslant h(x)-f(x)$$

入手.

4. 提示:从定义出发,通过

$$\left|\int_a^u f(x)dx - A\right| \leqslant \left|\int_a^u f(x)dx - \int_a^n f(x)dx\right| + \left|\int_a^n f(x)dx - A\right|$$

来证明(使 $N<n<u\leqslant n+1$).

5. 提示:1) 倘有其一收敛,推出矛盾.

2) 由于 1)中两个无穷积分都发散于$+\infty$,又

$$\frac{\int_a^x [|f(t)|+f(t)]dt}{\int_a^x [|f(t)|-f(t)]dt}-1=\frac{2\int_a^x f(t)dt}{\int_a^x [|f(t)|-f(t)]dt}.$$

6. 提示:$\forall\varepsilon>0$,由条件$\exists G>1$,使得$x>G$时,有$0<f(x)<\frac{1}{x^{\lambda-\varepsilon}}$.取合适的$\varepsilon$,可用比较判别法证得结论.

7. 提示:为简便起见,设只有一个瑕点 b(否则,拆成两个瑕积分后同样可证). 由于$\int_a^u |f(x)|dx$ 关于 u 是单调递增的,因此只要能证得它有上界,则当 $u\to b^-$ 时极限存在. 这里可用施瓦茨不等式来完成证明.

8. 提示:1) $\frac{\pi}{2}-1$. 作变换后化为定积分;

2) $\frac{\pi}{4}$. 分拆成$[0,1]$与$[1,+\infty)$上的两个积分,第二个积分经变换 $x=\frac{1}{t}$后,其中一项

可与第一个积分消去(此积分的值与实数 p 无关).

3) $2\pi\ln 2$. 分部积分后归为计算例 2 中的积分 1).

4) 0. 分拆成$[0,1]$和$[1,+\infty)$上的两个积分,第二个积分经变换后与第一个积分相消.

5) $(-1)^{n-1}\frac{\pi}{4n}$. 分部积分后归为计算

$$\frac{1}{2n}\int_0^{\frac{\pi}{2}}\frac{\sin 2nx\cdot\sin x}{\cos x}\mathrm{d}x.$$

相继使用三角公式

$$\sin 2nx\cdot\sin x=\cos 2nx\ \cos x-\cos(2n+1)x,$$

$$\frac{\sin(2n+1)t}{\sin t}=1+2\sum_{k=1}^{n}\cos 2kt,$$

便可求得结果.

9. 提示:1) 发散. 用比较判别法.

2) 当且仅当$-1<m<n-1$时收敛. 需拆成$[0,1]$和$[1,+\infty)$上的两个反常积分进行讨论.

3) 条件收敛. 满足狄利克雷判别条件;但当 x 足够大时又有

$$\left|\frac{\sqrt{x}\cos x}{100+x}\right|\geqslant\frac{\sqrt{x}\cos^2 x}{2x}=\frac{1+\cos 2x}{4\sqrt{x}}.$$

4) 发散. 其中$\int_0^{\frac{1}{2}}\frac{\mathrm{d}x}{\sqrt{x}\ln x}$收敛,$\int_{\frac{1}{2}}^{1}\frac{\mathrm{d}x}{\sqrt{x}\ln x}$发散.

5) 收敛. 这里 $x=0,\pi$ 都是瑕点,需分别讨论.

6) 条件收敛. 由于

$$\int_0^1\frac{1}{x}\cos\frac{1}{x^2}\mathrm{d}x=\int_0^1 x\cdot\frac{1}{x^2}\cos\frac{1}{x^2}\mathrm{d}x,$$

因此,若能证得$\int_0^1\frac{1}{x^2}\cos\frac{1}{x^2}\mathrm{d}x$收敛,则由阿贝尔判别法得知原瑕积分收敛.事实上,经变换 $x=\frac{1}{\sqrt{t}}$,可使

$$\int_0^1\frac{1}{x^2}\cos\frac{1}{x^2}\mathrm{d}x=\frac{1}{2}\int_1^{+\infty}\frac{\cos t}{\sqrt{t}}\mathrm{d}t.$$

至于非绝对收敛的证明,与以往习惯做法相同.

10. 提示:1) 对左边积分,令$\frac{x}{a}=\frac{a}{y}$.

2) 作变换 $x=\frac{1}{t}$,其中$0<p<1$是为了保证反常积分收敛.

11. 提示:1) 利用$\frac{1}{\sqrt{2}\cdot\sqrt{1-x^2}}\leqslant\frac{1}{\sqrt{1-x^4}}\leqslant\frac{1}{\sqrt{1-x^2}}$.

2) 利用 $\int_0^1 xe^{-x^2}\,dx < \int_0^{+\infty} e^{-x^2}\,dx < 1 + \int_1^{+\infty} xe^{-x^2}\,dx$.

3) 利用 $(t+\sqrt{xy})^2 < (t+x)(t+y) < \left(t+\frac{x+y}{2}\right)^2$.

12. 1) $\forall \varepsilon > 0, \forall M(\varepsilon < M)$,有

$$\begin{aligned}\int_\varepsilon^M \frac{f(ax)-f(bx)}{x}dx &= \int_{\varepsilon a}^{Ma} \frac{f(t)}{t}dt - \int_{\varepsilon b}^{Mb} \frac{f(t)}{t}dt \\ &= \int_{\varepsilon a}^{\varepsilon b} \frac{f(t)}{t}dt - \int_{Ma}^{Mb} \frac{f(t)}{t}dt \\ &= f(\xi)\int_{\varepsilon a}^{\varepsilon b} \frac{dt}{t} - f(\eta)\int_{Ma}^{Mb} \frac{dt}{t} \\ &= [f(\xi)-f(\eta)]\ln\frac{b}{a}.\end{aligned}$$

由于 $\varepsilon a \leqslant \xi \leqslant \varepsilon b, Ma \leqslant \eta \leqslant Mb$,因此

$$\lim_{\varepsilon\to 0^+} \xi = 0,\ \lim_{M\to+\infty} \eta = +\infty.$$

从而得到

$$\begin{aligned}\int_0^{+\infty} \frac{f(ax)-f(bx)}{x}dx &= \lim_{\substack{\varepsilon\to 0^+\\ M\to+\infty}} \int_\varepsilon^M \frac{f(ax)-f(bx)}{x}dx \\ &= [f(0)-A]\ln\frac{b}{a}.\end{aligned}$$

2) 由 $\int_a^{+\infty} \frac{f(x)}{x}dx$ 收敛,则有

$$\lim_{M\to+\infty} \int_{Ma}^{Mb} \frac{f(x)}{x}dx = 0.$$

因此在 1)的推导中,最后的极限将少去第二项,只剩下

$$\int_0^{+\infty} \frac{f(ax)-f(bx)}{x}dx = \lim_{\varepsilon\to 0} f(\xi)\ln\frac{b}{a} = f(0)\ln\frac{b}{a}.$$

13. 1) $\frac{\pi}{2}\ln\frac{a}{b}$; 2) 0; 3) $\ln\frac{b}{a}$; 4) $\ln\frac{b}{a}$.

§ 10.1

1. 收敛, $s_n = 1 + \frac{1}{2} + \cdots + \frac{1}{2^{n-1}} - \frac{n}{2^n}$, $s_n \to 2$.

2. 1) 收敛,提示:

$$\frac{1}{3^{n+1}} \leqslant \frac{1}{3^{n+(-1)^n}} \leqslant \frac{1}{3^{n-1}}.$$

2) $x<\mathrm{e}$ 时收敛，$x\geqslant\mathrm{e}$ 时发散.

3) $\lim\limits_{n\to\infty}\dfrac{u_{n+1}}{u_n}=\begin{cases}x, & x<1,\\ \dfrac{1}{2}, & x=1,\\ 0, & x>1,\end{cases}$ 故对任何 x 级数收敛.

3. 收敛.

4. 收敛，提示：$\displaystyle\int_0^{\frac{1}{n}}\frac{\sqrt{x}}{1+x^2}\mathrm{d}x\leqslant\int_0^{\frac{1}{n}}\sqrt{x}\mathrm{d}x$.

5. 提示：$b_n-a_n\leqslant c_n-a_n$. 本题也可用柯西准则证明.

6. 提示：$x_n\in\left(n\pi-\dfrac{\pi}{2},\ n\pi+\dfrac{\pi}{2}\right)$.

7. 提示：取 $0<\varepsilon<d$，$\exists N, n>N$ 时

$$d-\varepsilon<\frac{u_n}{v_n}<d+\varepsilon.$$

8. $\beta<1$，级数收敛，
$\beta>1$，级数发散，
$\beta=1$ 时，$\alpha<-1$ 收敛，$\alpha\geqslant-1$ 时发散.

9. 提示：利用洛必达法则与泰勒展开可证

$$\lim_{n\to\infty}n\left(1-\frac{u_{n+1}}{u_n}\right)=-\frac{1}{2}.$$

10. 提示：$\mathscr{K}_n=1-\dfrac{u_{n+1}}{u_n}$ $\quad(c_n=1)$.

11. 提示：$\mathscr{K}_n=n-(n+1)\dfrac{u_{n+1}}{u_n}$

$$=(n+1)\left(1-\frac{u_{n+1}}{u_n}\right)-1.\qquad(c_n=n)$$

12. 提示：取 $c_n=n\ln n\quad(n\geqslant 2)$，

$$\begin{aligned}\mathscr{K}_n&=n\ln n-\frac{u_{n+1}}{u_n}(n+1)\ln(n+1)\\&=\ln(n+1)\left[(n+1)\left(1-\frac{u_{n+1}}{u_n}\right)-1\right]-\ln\left(1+\frac{1}{n}\right)^n\\&=B_n-\ln\left(1+\frac{1}{n}\right)^n.\end{aligned}$$

13. 当 $\lambda>\log_2\mathrm{e}$ 时收敛，当 $\lambda\leqslant\log_2\mathrm{e}$ 发散.

提示：$\dfrac{a_k}{a_{k+1}}=1+\ln 2^{\lambda}\cdot\dfrac{1}{k}+O\left(\dfrac{1}{k^2}\right)$.

14. 提示：由下式着手

$$\frac{a_n}{(1+a_1)(1+a_2)\cdots(1+a_n)}$$

$$=\frac{1}{(1+a_1)(1+a_2)\cdots(1+a_{n-1})}-\frac{1}{(1+a_1)(1+a_2)\cdots(1+a_n)},$$

于是有

$$S_n=\sum_{k=1}^{n}\frac{a_k}{(1+a_1)(1+a_2)\cdots(1+a_k)}=1-\frac{1}{(1+a_1)(1+a_2)\cdots(1+a_n)}.$$

15. 若$\{a_n\}$有界，则 $a_n\to a$.

$$0\leqslant 1-\frac{a_n}{a_{n+1}}\leqslant\frac{a_{n+1}-a_n}{a_1},$$

由于 $\sum\limits_{n=1}^{\infty}\frac{a_{n+1}-a_n}{a_1}$ 收敛，由比较判别法，因此

$$\sum_{n=1}^{\infty}\left(1-\frac{a_n}{a_{n+1}}\right)$$

收敛.

若$\{a_n\}$无界，则 $a_n\to+\infty(n\to\infty)$，对任何 n，总存在 p，使得$\frac{a_{n+1}}{a_{n+p+1}}<\frac{1}{2}$. 由于

$$\sum_{k=n+1}^{n+p}\left(1-\frac{a_k}{a_{k+1}}\right)=\sum_{k=n+1}^{n+p}\frac{a_{k+1}-a_k}{a_{k+1}}>\frac{a_{n+p+1}-a_{n+1}}{a_{n+p+1}}$$
$$=1-\frac{a_{n+1}}{a_{n+p+1}}>\frac{1}{2},$$

因此，由柯西准则，级数发散.

16. 提示：1) $S_n=f(n+1)-f(1)$.

2) $\sum\limits_{n=1}^{\infty}f'(n+1)\leqslant\sum\limits_{n=1}^{\infty}f'(\xi_n)=\sum\limits_{n=1}^{\infty}(f(n+1)-f(n))$, $n<\xi_n<n+1$.

17. 当 $\lambda<1$ 时，若 $\sum\limits_{n=1}^{\infty}f(n)$ 发散，由积分判别法，$\int_1^{\infty}f(x)\mathrm{d}x=+\infty$，由于 $x>1$ 时，$\mathrm{e}^x>x$，因此 $\int_1^{\mathrm{e}^x}f(t)\mathrm{d}t>\int_1^x f(t)\mathrm{d}t$，故

$$\frac{\int_1^{\mathrm{e}^x}f(t)\mathrm{d}t}{\int_1^x f(t)\mathrm{d}t}>1.$$

由洛必达法则，

$$\lim_{x\to\infty}\frac{\int_1^{\mathrm{e}^x}f(t)\mathrm{d}t}{\int_1^x f(t)\mathrm{d}t}=\lim_{x\to\infty}\frac{f(\mathrm{e}^x)\mathrm{e}^x}{f(x)}=\lambda\geqslant 1,$$

与所设矛盾，于是级数 $\sum\limits_{n=1}^{\infty}f(n)$ 收敛.

2) 当 $\lambda>1$ 时，若级数 $\sum\limits_{n=1}^{\infty}f(n)$ 收敛，即

$$\int_1^{\infty} f(t)\,\mathrm{d}t = a < +\infty.$$

因为

$$a-\int_1^{e^x} f(t)\,\mathrm{d}t < a-\int_1^{x} f(t)\,\mathrm{d}t,$$

即

$$\frac{a-\int_1^{e^x} f(t)\,\mathrm{d}t}{a-\int_1^{x} f(t)\,\mathrm{d}t} < 1,$$

由洛必达法则，

$$\lim_{x\to\infty}\frac{e^x f(e^x)}{f(x)} = \lambda \leqslant 1,$$

与所设矛盾，于是级数发散.

18. 由柯西准则，$\forall \varepsilon>0$，$\exists N_1, n>m\geqslant N_1$，

$$\sum_{k=m+1}^{n} a_n < \frac{\varepsilon}{2},$$

由$\{a_n\}$递减性，

$$(n-m)a_n < \frac{\varepsilon}{2}.$$

又因 $a_n\to 0$，$\exists N_2$，$n>N_2$ 时 $a_n<\frac{\varepsilon}{2N_1}$，于是

$$na_n = N_1 a_n + (n-N_1)a_n < \frac{\varepsilon}{2}+\frac{\varepsilon}{2},$$

取 $N=\max\{N_1, N_2\}$，当 $n>N$ 时，

$$na_n < \varepsilon.$$

19. 提示：取

$$P_n - \frac{2\cdot 4}{3\cdot 3}\cdot\frac{4\cdot 6}{5\cdot 5}\cdot\cdots\cdot\frac{2n-2}{2n-1}\cdot\frac{2n}{2n-1},$$

可证第一等式. 取

$$P_n = \frac{1\cdot 3}{2\cdot 2}\cdot\frac{3\cdot 5}{4\cdot 4}\cdot\cdots\cdot\frac{2n-1}{2n}\cdot\frac{2n+1}{2n}$$

可证第二等式.

20. 提示：由例 7

$$P_n = \frac{e^{1+\frac{1}{2}+\cdots+\frac{1}{n}}}{n+1} = \frac{e^{\ln n+\gamma+\gamma_n}}{n+1}$$

$$= \frac{n}{n+1}\cdot e^{\gamma}\cdot e^{\gamma_n}.$$

§10.2

1. 提示：求所讨论级数部分和 S_n.

2. 提示：在满足莱布尼茨判别法条件的级数 $\sum_{n=1}^{\infty}(-1)^n a_n$ 中设 $u_n=(-1)^n$, $v_n=a_n$.

3. 1) 收敛，用阿贝尔判别法；

2) 收敛，用狄利克雷判别法.

4. 1) 收敛；2) 收敛.

5. 1) $p>1$ 时绝对收敛，$0<p\leqslant 1$ 时条件收敛，$p\leqslant 0$ 时发散；

2) 发散；

3) 条件收敛.

6. 1) 否，$\sum a_n=\sum \frac{\sin n}{\sqrt{n}}$, $b_n=1+\frac{\sin n}{\sqrt{n}}$；

2) 是，$\exists M>0$, $|a_n|\leqslant M$, $n=1, 2, \cdots$,

$$a_n^2\leqslant M|a_n|;$$

3) 是，$\sum_{n=0}^{\infty}|a_n|\leqslant M \qquad (M>0)$,

$$|a_n(a_1+a_2+\cdots+a_n)|\leqslant M|a_n|;$$

4) 否，$\sum \frac{\sin n}{\sqrt{n}}$ 收敛，但 $\sqrt{n}\sin n$ 不趋于零；

5) 否，$a_n=\frac{(-1)^n}{n}$；

6) 是，$|a_{n+1}|\leqslant\frac{1}{2^n}|a_1|$.

7. $C_m^n=\frac{m(m-1)\cdots(m-n+1)}{n!}$.

1) 当 m 为正整数时，级数只有有限项所以是收敛的.

当 m 不是正整数时，有

$$\frac{u_{n+1}}{n_n}=\frac{m-n}{n+1}=-\frac{n-m}{n+1},$$

(i) 若 $m\leqslant -1$，有 $n-m\geqslant n+1$，于是 $\left|\frac{u_{n+1}}{u_n}\right|\geqslant 1$，而

$$|u_n|\geqslant|u_1|=|m|>1,$$

因而级数通项不趋于零，原级数发散.

(ii) 若 $m>-1$，考虑 $n>m$ 的情况，这时 $-1<\frac{u_{n+1}}{u_n}<0$，于是 $\sum_{n=1}^{\infty}u_n$ 是交错级数，$|u_n|$ 是递减的，若可证 $\lim_{n\to\infty}|u_n|=0$，由莱布尼茨判别法，原级数收敛.

$$\left|\frac{u_{n+1}}{u_n}\right|=\frac{n-m}{n+1}=1-\frac{m+1}{n+1},$$

记 $\alpha_n=\dfrac{m+1}{n+1}$,则 $0<\alpha_n<1$,和 $\sum\limits_{n=1}^{\infty}\alpha_n=\infty$. 应用 §10.1 例 11,有

$$\lim_{n\to\infty}(1+\alpha_1)(1+\alpha_2)\cdots(1+\alpha_n)=+\infty.$$

但是 $1-\alpha_n=\dfrac{1-\alpha_n^2}{1+\alpha_n}<\dfrac{1}{1+\alpha_n}$,于是

$$\begin{aligned}0&\leqslant\lim_{n\to\infty}(1-\alpha_1)(1-\alpha_2)\cdots(1-\alpha_n)\\&<\lim_{n\to\infty}\frac{1}{1+\alpha_1}\cdot\frac{1}{1+\alpha_2}\cdot\cdots\cdot\frac{1}{1+\alpha_n}=0.\end{aligned}$$

即

$$\lim_{n\to\infty}\left|\frac{u_{m+2}}{u_{m+1}}\right|\left|\frac{u_{m+3}}{u_{m+2}}\right|\cdots\left|\frac{u_{m+n+1}}{u_{m+n}}\right|=0,$$

因而有 $\lim\limits_{n\to\infty}|u_n|=0$.

2) 当 m 是正整数时,原级数收敛.

当 m 不是正整数时,考虑 n 充分大时,

$$\frac{u_{n+1}}{u_n}=\frac{n-m}{n+1}>0,$$

因而原级数可看作同号级数(不妨设为正项级数). 由于

$$\lim_{n\to\infty}n\left(1-\frac{u_{n+1}}{u_n}\right)=m+1,$$

根据拉贝判别法,当 $m>0$ 时原级数收敛,当 $m<0$ 时原级数发散.

注: 上述结论在讨论 $(1+x)^m$ 的展开式在收敛区间端点处的收敛性时有重要作用.

8. 提示:应用 $\sum|u_n|$ 是发散的.

9. 提示:应用柯西级数乘法定理.

10. 提示:应用阿贝尔变换.

11. 提示:记 $\sigma_k=\sum\limits_{i=1}^{k}a_i$, $\exists M>0$, $\forall k$, $|\sigma_k|\leqslant M$,

$$\begin{aligned}\left|\sum_{i=n+1}^{n+p}a_ib_i\right|&=\left|\sum_{i=n+1}^{n+p-1}\sigma_i(b_i-b_{i+1})+\sigma_{n+p}b_{n+p}\right|\\&\leqslant M\left(\sum_{i=n+1}^{n+p-1}|b_i-b_{i+1}|+|b_{n+p}|\right).\end{aligned}$$

12. 提示:容易看出

$$a_n-a_{n+1}=b_np_n-b_{n+1}p_{n+1}=p_n(b_n-b_{n+1})+b_{n+1}(p_n-p_{n+1}),$$

然后证明:若 $\sum(b_n-b_{n+1})$ 绝对收敛,则 $\sum(a_n-a_{n+1})$ 绝对收敛,反之亦然.

13. 设 $b_k=\phi(k)$, $s_n=\sum\limits_{k=1}^{n}a_k$, $s=\sum\limits_{k=1}^{\infty}a_k$,

由阿贝尔变换，

$$\sum_{k=1}^{n} a_k b_k = \sum_{k=1}^{n-1} s_k (b_k - b_{k+1}) + s_n b_n$$
$$= \sum_{k=1}^{n-1} (s_k - s)(b_k - b_{k+1}) + sb_1 + (s_n - s) b_n.$$

又因 $\forall \varepsilon > 0, \exists N_1, n > N_1, |s_n - s| < \frac{\varepsilon}{3}$，于是

$$\left|\sum_{k=1}^{n} a_k b_k\right| \leqslant \left|\sum_{k=1}^{N_1} (s_k - s)(b_k - b_{k+1})\right| + \frac{\varepsilon}{3}(b_n - b_{N_1+1}) + |s| b_1 + \frac{\varepsilon}{3} b_n$$

$$\left|\frac{\sum_{k=1}^{n} a_k b_k}{\phi(n)}\right| \leqslant \frac{\left|\sum_{k=1}^{N_1} (s_k - s)(b_k - b_{n+1})\right| + |s| b_1}{b_n} + \frac{2}{3}\varepsilon.$$

因为 $b_n \to +\infty$，上面不等式右边第一项当 $n > N_2$ 时小于 $\frac{\varepsilon}{3}$，设 $N = \max\{N_1, N_2\}$，当 $n > N$ 时，

$$\left|\frac{\sum_{k=1}^{n} a_k \phi(k)}{\phi(n)}\right| < \varepsilon.$$

§11.1

1. 1) 一致收敛，$f(x) = |x|$.

2) 不一致收敛，$f(x) = \begin{cases} 1, & x = 0, \\ 0, & 0 < x \leqslant 1. \end{cases}$

3) (i) 不一致收敛，$f(x) = \begin{cases} 0, & 0 \leqslant x < 1, \\ \frac{1}{2}, & x = 1. \end{cases}$

(ii) 一致收敛，$f(x) \equiv 0$.

4) 此级数是交错级数，

$$|S_n(x) - S(x)| \leqslant u_{n+1}(x) = \frac{1}{x^2 + n + 1} \leqslant \frac{1}{n+1}, -\infty < x < +\infty,$$

因而级数是一致收敛的.

5) (i) 一致收敛，(ii)不一致收敛.

2. 提示：用一致收敛的柯西准则.

3. 1) 一致收敛；2) 一致收敛；3) 一致收敛；4) 一致收敛；5) 不一致收敛.

4. $\exists \varepsilon_0 = \frac{\sqrt{2}}{4}$，$\forall n$，$\exists x_n = \frac{\pi}{4n}$，$p = n$，使得

$$\left|\frac{\sin(n+1)x_n}{n+1} + \cdots + \frac{\sin 2n x_n}{2n}\right|$$

$$=\left|\frac{\sin\frac{n+1}{4n}\pi}{n+1}+\cdots+\frac{\sin\frac{\pi}{2}}{2n}\right|\geqslant\frac{\sqrt{2}}{2}\left|\frac{1}{n+1}+\cdots+\frac{1}{2n}\right|>\frac{\sqrt{2}}{4},$$

于是级数在$[0,2\pi]$上不一致收敛.

5. 提示:应用阿贝尔判别法.

6. 提示:$\forall\varepsilon>0$,$\exists N$,当$n>N$,$\forall x\in I$时

$$|f_n(x)-f(x)|<\varepsilon,\ |g_n(x)-g(x)|<\varepsilon,$$

且$\exists M>0$,使$|f(x)|<M$,$|g(x)|<M$.估计

$$|f_n(x)g_n(x)-f(x)g(x)|\leqslant|f_n(x)-f(x)|\,|g_n(x)|+|f(x)|\,|g_n(x)-g(x)|.$$

7. 提示:由于$f_n(x)\rightrightarrows f(x)$,$\forall\varepsilon>0$,$\exists N$,当$n>N$,$\forall x\in[a,b]$时,$|f_n(x)-f(x)|<\varepsilon$,由此$|f(x)|\leqslant|f_n(x)|+\varepsilon$,取$n=N+1$,$|f(x)|\leqslant M_{N+1}+\varepsilon$,因此$f(x)$在$[a,b]$上有界,同理$g(x)$也有界,应用上题,有$f_n(x)g_n(x)\rightrightarrows f(x)g(x)$.

8. 提示:$\exists M>0$,$|f'_n(x)|\leqslant M$,$(\forall n,\ x\in[a,b])$,$\forall x',\ x''\in[a,b]$,

$$|f_n(x')-f_n(x'')|\leqslant|f'_n(\xi)|\,|x'-x''|.$$
$$\leqslant M|x'-x''|.$$

把$[a,b]$分为

$$x_0=a<x_1<\cdots<x_n=b,$$

$$\delta=\max_{1\leqslant i\leqslant n}|x_i-x_{i-1}|<\frac{\varepsilon}{3M},$$

由于$f_n(x)$在$x_0,x_1,\cdots,x_n$上收敛,$\exists N_1$,$n>N_1$ $\forall i\ (0\leqslant i\leqslant n)$,

$$|f_n(x_i)-f_{n+p}(x_i)|<\frac{\varepsilon}{3},$$

$\forall x\in[a,b]$,$\exists i_0$,$|x-x_{i_0}|<\delta$,然后由估计可得

$$|f_n(x)-f_{n+p}(x)|<\varepsilon.$$

9. 提示:$|f_n(x)-f(x)|<\dfrac{1}{n}$.

10. 提示:$\forall n$,求$u_n(x)=x^n(1-x)^2$在$[0,1]$上的最大值.

11. 对级数$\sum\limits_{n=1}^{\infty}(-1)^n(1-x)x^n$,

$$S_n(x)=(1-x)\sum_{k=1}^{n}(-x)^k=(1-x)\frac{-x-(-x)^{n+1}}{1+x},$$

当$0\leqslant x\leqslant 1$时,$S(x)=\lim\limits_{n\to\infty}S_n(x)=\dfrac{x(x-1)}{1+x}$,

$$\left|S_n(x)-\frac{x(x-1)}{1+x}\right|=\frac{1-x}{1+x}x^{n+1}\leqslant(1-x)x^{n+1}.$$

$\forall\varepsilon>0$,当 $1-\varepsilon\leqslant x\leqslant 1$ 时,

$$|S_n(x)-S(x)|\leqslant(1-x)x^{n+1}\leqslant 1-x<\varepsilon,$$

当 $0\leqslant x\leqslant 1-\varepsilon$ 时,

$$|S_n(x)-S(x)|\leqslant x^{n+1}\leqslant(1-\varepsilon)^{n+1},$$

$\exists N$,当 $n>N$ 时 $(1-\varepsilon)^{n+1}<\varepsilon$,故所讨论级数在 $0\leqslant x\leqslant 1$ 上一致收敛.

12. 提示:由于 $f(x)$ 在 $x=1$ 处连续,$\forall\varepsilon>0$,$\exists\delta>0$,$0<1-x<\delta$ 时,$|f(x)|<\varepsilon$. 然后将 $[0,1]$ 分成 $[0,1-\delta]$ 和 $[1-\delta,1]$ 两部分估计 $|g_n(x)-g(x)|$ 即可得证.

13. 提示:参阅 §10.2 习题 11,应用阿贝尔变换和柯西准则证明.

14. 提示:$f_n(x)\to\int_0^1 f(x+t)\mathrm{d}t$,然后应用 $f(x)$ 在有限区间上的一致连续性来证明结论.

15. 提示:由 $g(x)$ 在 $x=0$ 处连续性,$\forall\varepsilon>0$,$\exists\delta>0$,当 $|x|<\delta$ 时,

$$|g(x)-g(0)|<\varepsilon.$$

$$\left|\int_{-1}^{1}g(x)\varphi_n(x)\mathrm{d}x-g(0)\right|$$

$$\leqslant\left|\int_{-1}^{1}(g(x)-g(0))\varphi_n(x)\mathrm{d}x\right|+\left|\int_{-1}^{1}\varphi_n(x)\mathrm{d}x-1\right|\,|g(0)|.$$

将右边第一项拆成 $[-1,-\delta]$,$[-\delta,\delta]$,$[\delta,1]$ 上的三个积分,应用条件(ii)进行估计,第二项可用条件(i)进行估计.

§11.2

1. 1) 首先 $\lim\limits_{n\to\infty}f_n(x)=f(x)\equiv 0$,而

$$\max_{|x|\leqslant l}|f_n(x)-f(x)|=f_n\left(\frac{1}{\sqrt{2n}}\right)=\frac{1}{\sqrt{2n}}\mathrm{e}^{-\frac{1}{2}}\to 0,$$

于是 $\{f_n(x)\}$ 在 $[-l,l]$ 上一致收敛于 $f(x)$,连续性、可积性定理条件、结论都成立. 我们有

$$f'_n(x)=\mathrm{e}^{-nx^2}(1-2nx^2),\quad f'_n(x)\to g(x)=\begin{cases}1, & x=0,\\ 0, & x\neq 0,\end{cases}$$

因而 $\{f'_n(x)\}$ 不一致收敛,可微性定理条件、结论都不成立.

2) (i) 若 $x\in[0,+\infty)$,$f_n(x)\to f(x)=\begin{cases}0, & x=0,\\ 1, & x\neq 0,\end{cases}$

$$f'_n(x)=\frac{n}{(nx+1)^2},\quad f'_n(x)\to g(x)=\begin{cases}\infty, & x=0,\\ 0, & x\neq 0,\end{cases}$$

$\{f_n(x)\}$,$\{f'_n(x)\}$ 都不一致收敛,相应连续性、可积性、可导性定理条件、结论都不成立.

(ii) 若 $x\in[a,+\infty)$,这时 $\{f_n(x)\}$,$\{f'_n(x)\}$ 都一致收敛,连续性定理、可导性定理

成立，但可积性定理不成立.

3. 提示：应用逐项求积定理.

4. 提示：应用阿贝尔判别法和逐项求极限定理.

5. 提示：求级数的和函数.

6. 提示：当 $x\neq x_n$ 时，应用函数项级数的连续性定理，$f(x)$连续. 当 $x=x_{n_0}$ 时，

$$f(x)=\frac{\operatorname{sgn}(x-x_{n_0})}{2^{n_0}}+\sum_{j\neq n_0}\frac{\operatorname{sgn}(x-x_j)}{2^j},$$

可证 $f(x)$在 x_{n_0} 处不连续.

7. 提示：先证

$$\frac{1-r^2}{1-2r\cos x+r^2}=1+2\sum_{n=1}^{\infty}r^n\cos nx \qquad (|r|<1),$$

然后可得

$$\frac{-2\cos x+2r}{1-2r\cos x+r^2}=\sum_{n=1}^{\infty}-2r^{n-1}\cos nx \quad (|r|<1),$$

先在$[0, r]$上关于 r 逐项积分，再在$[0, \pi]$上关于 x 逐项积分.

8. 提示：应用逐项积分定理可算出

$$\int_{\frac{\pi}{6}}^{\frac{\pi}{2}}f(x)\mathrm{d}x=\ln\left(\frac{3}{2}\right).$$

9. 提示：仿照例 4 证明.

10. 设在某点 $x=x_0$ 处 $\sum\limits_{n=1}^{\infty}\frac{a_n}{n^{x_0}}$ 收敛，则当 $x\geqslant x_0$ 时级数$\sum\limits_{n=1}^{\infty}\frac{a_n}{n^x}$ 也收敛. 事实上，

$$\frac{a_n}{n^x}=\frac{1}{n^{x-x_0}}\cdot\frac{a_n}{n^{x_0}} \qquad (x>x_0),$$

应用阿贝尔判别法即可证明 $x\geqslant x_0$ 时，$\sum\limits_{n=1}^{\infty}\frac{a_n}{n^x}$ 收敛且一致收敛.

若 $\forall x\in(-\infty, +\infty)$，$\sum\limits_{n=1}^{\infty}\frac{a_n}{n^x}$ 都发散，则取 $r=+\infty$.

若 $\exists x_0$，使得$\sum\limits_{n=1}^{\infty}\frac{a_n}{n^{x_0}}$ 收敛，设

$$E=\left\{x\,\middle|\,\sum_{n=1}^{\infty}\frac{a_n}{n^x}<+\infty\right\},$$

定义 r 为

$$r=\inf E.$$

若 $r=-\infty$，则对任何 x，$\sum\limits_{n=1}^{\infty}\frac{a_n}{n^x}$ 都收敛.

若 r 为有限数，当 $x>r$ 时，$\exists x_0\in E, x>x_0>r$，即 $\sum\limits_{n=1}^{\infty}\frac{a_n}{n^{x_0}}$ 收敛，所以$\sum\limits_{n=1}^{\infty}\frac{a_n}{n^x}$ 收敛；当

$x<r$ 时,则 $\sum_{n=1}^{\infty}\frac{a_n}{n^x}$ 发散,否则就得到 $\inf E<r$ 的矛盾.

§12.1

1. $p>1$ 时为 $[-1,1]$, $p\leqslant 1$ 时为 $[-1,1)$.

2. $-1\leqslant x\leqslant 1$.

3. 1) $\frac{1}{2}\ln\frac{1+x}{1-x}$, $(|x|<1)$.

2) 设

$$f(x)=\sum_{n=1}^{\infty}nx^n=x\sum_{n=1}^{\infty}nx^{n-1},\quad |x|<1,$$

令

$$g(x)=1+2x+3x^2+\cdots+nx^{n-1}+\cdots,$$

逐项积分得

$$\int_0^x g(t)\mathrm{d}t=x+x^2+\cdots+x^n+\cdots$$

$$=x\cdot\frac{1}{1-x},$$

求导后即可得:

$$g(x)=\left(\frac{x}{1-x}\right)'=\frac{1}{(1-x)^2},\quad f(x)=\frac{x}{(1-x)^2}\qquad (|x|<1).$$

3) 设

$$f(x)=1\cdot 2x+2\cdot 3x^2+\cdots+n(n+1)x^n+\cdots\qquad (|x|<1)$$

逐项积分可得

$$\int_0^x f(t)\mathrm{d}t=x^2(1+2x+\cdots+nx^{n-1}+\cdots)$$

$$=x^2\cdot\frac{1}{(1-x)^2},$$

于是有

$$f(x)=\left(\frac{x^2}{(1-x)^2}\right)'=\frac{2x}{(1-x)^3}.$$

4. 由比值判别法,当

$$-1\leqslant\frac{3+x}{3-2x}<1$$

时级数收敛,于是收敛域为 $(-\infty,0)$ 和 $[6,+\infty)$.

5. 收敛域为适合于不等式

$$-\frac{1}{4}<x(1-x)<\frac{1}{4}$$

的 x 值，即 $\left(\frac{1-\sqrt{2}}{2}, \frac{1}{2}\right)\cup\left(\frac{1}{2}, \frac{1+\sqrt{2}}{2}\right)$.

6. 收敛半径 $R=+\infty$，用逐项积分法可求得

$$\sum_{n=0}^{\infty}\frac{2n+1}{n!}x^{2n}=(1+2x^2)e^{x^2}, -\infty<x<+\infty.$$

7. 设

$$f(x)=\sum_{n=1}^{\infty}(-1)^n n^2 x^n \quad (|x|<1),$$

于是

$$f(x)=x\sum_{n=1}^{\infty}(-1)^n n^2 x^{n-1}.$$

再设

$$f_1(x)=\sum_{n=1}^{\infty}(-1)^n n^2 x^{n-1} \quad (|x|<1),$$

应用逐项积分可得

$$\int_0^x f_1(t)dt=\sum_{n=1}^{\infty}(-1)^n n x^n$$

$$=\sum_{n=1}^{\infty}(-1)^n(n+1)x^n-\sum_{n=1}^{\infty}(-1)^n x^n.$$

设

$$f_2(x)=\sum_{n=1}^{\infty}(-1)^n(n+1)x^n \quad (|x|<1)$$

逐项积分可得

$$\int_0^x f_2(t)dt=\sum_{n=1}^{\infty}(-1)^n x^{n+1}=-\frac{x^2}{1+x}.$$

于是

$$f(x)=x\left[-\left(\frac{x^2}{1+x}\right)''+\left(\frac{x}{1+x}\right)'\right]$$

$$=x\left[-\frac{2}{(1+x)^3}+\frac{1}{(1+x)^2}\right] \quad (|x|<1).$$

令 $x=\frac{1}{2}$，即有

$$\sum_{n=1}^{\infty}(-1)^n\cdot\frac{n^2}{2^n}=-\frac{2}{27}.$$

8. 提示：应用逐项求导法验证.

9. 提示：利用幂级数相等性质.

10. 由于

$$\frac{a_{n+1}}{a_n}=\frac{a_n+a_{n-1}}{a_n}=1+\frac{a_{n-1}}{a_n}<2 \qquad (n>2,\ a_{n+1}>a_n),$$

因此，当$|x|<\frac{1}{2}$时，$\frac{a_{n+1}}{a_n}|x|<1$，由比值判别法，幂级数收敛. 因而

$$\begin{aligned} S(x) &= \sum_{n=1}^{\infty}a_nx^{n-1}=1+x+\sum_{n=3}^{\infty}(a_{n-1}+a_{n-2})x^{n-1} \\ &= 1+x+x\sum_{n=3}^{\infty}a_{n-1}x^{n-2}+\sum_{n=3}^{\infty}a_{n-2}x^{n-1} \\ &= 1+xS(x)+x^2S(x), \end{aligned}$$

于是可得

$$S(x)=\frac{1}{1-x-x^2}.$$

11. 因为$\sum_{n=0}^{\infty}a_n$ 发散，所以函数项级数$\sum_{n=0}^{\infty}a_nx^n$ 的收敛半径$R\leqslant 1$. 由柯西-阿达马定理，

$$\overline{\lim_{n\to\infty}}\sqrt[n]{a_n}\geqslant 1.$$

设　$A_n=a_1+a_2+\cdots+a_n$，由于

$$1-\frac{A_{n-1}}{A_n}=\frac{a_n}{a_1+a_2+\cdots+a_n}\to 0,$$

因此

$$\frac{A_{n-1}}{A_n}\to 1,$$

由数列极限性质

$$\sqrt[n]{A_n}\to 1.$$

由条件

$$\lim_{n\to\infty}\frac{a_n}{a_1+a_2+\cdots+a_n}=0,$$

当n充分大时

$$a_n<a_1+a_2+\cdots+a_n=A_n,$$

因而

$$\overline{\lim_{n\to\infty}}\sqrt[n]{a_n}\leqslant\lim_{n\to\infty}\sqrt[n]{A_n}=1,$$

于是

$$\overline{\lim_{n\to\infty}}\sqrt[n]{a_n}=1.$$

§12.2

1. $\ln x=\ln\frac{1+u}{1-u}=2\left(u+\frac{u^3}{3}+\frac{u^5}{5}+\cdots\right)$, $-1<u<1$, $-1<\frac{x-1}{x+1}<1$,故 $x>0$.

2. 对 $f(x)=(x+1)\ln(1+x)$ 求导后可得:

$$\begin{aligned}f'(x)&=\ln(1+x)+1\\&=1+x-\frac{x^2}{2}+\frac{x^3}{3}-\frac{x^4}{4}+\cdots+(-1)^n\frac{x^{n+1}}{n+1}+\cdots,\end{aligned}$$

于是

$$f(x)=\int_0^x f'(t)\mathrm{d}t=x+\frac{x^2}{2}-\frac{x^3}{2\cdot 3}+\frac{x^4}{3\cdot 4}+\cdots+(-1)^n\cdot\frac{x^{n+2}}{(n+1)(n+2)}+\cdots,$$

收敛域为$[-1,1]$.

3. 解法 1:

$$\begin{aligned}f(x)&=x\sum_{n=1}^{\infty}(-1)^{n-1}\frac{x^{2n-1}}{2n-1}-\frac{1}{2}\sum_{n=1}^{\infty}(-1)^{n-1}\frac{x^{2n}}{n}\\&=\sum_{n=1}^{\infty}(-1)^{n-1}\frac{x^{2n}}{(2n-1)2n}\qquad(-1\leqslant x\leqslant 1).\end{aligned}$$

解法 2:

$$\begin{aligned}f(x)&=\int_0^x\arctan t\,\mathrm{d}t\\&=\int_0^x\left[t-\frac{t^3}{3}+\frac{t^5}{5}-\cdots+(-1)^{n-1}\frac{x^{2n-1}}{2n-1}+\cdots\right]\mathrm{d}t\\&=\frac{x^2}{2}-\frac{x^4}{3\cdot 4}+\frac{x^6}{5\cdot 6}-\frac{x^8}{7\cdot 8}+\cdots+(-1)^{n-1}\frac{x^{2n}}{(2n-1)2n}+\cdots,\ -1\leqslant x\leqslant 1.\end{aligned}$$

4. $f(x)=\sqrt{2}\left[\frac{1}{2}x+\frac{1}{2}\left(\frac{x}{2}\right)^2+\cdots+\frac{1\cdot 3\cdot 5\cdot\cdots\cdot(2n-3)}{2\cdot 4\cdot 6\cdot\cdots\cdot(2n-2)}\left(\frac{x}{2}\right)^n+\cdots\right]$,收敛域为$[-2,2]$.

5. 提示:因为

$$\begin{aligned}\frac{1}{x^2+3x+2}&=\frac{1}{x+1}-\frac{1}{x+2}\\&=\frac{1}{3}\cdot\frac{1}{\frac{x+4}{3}-1}-\frac{1}{2}\frac{1}{\frac{x+4}{2}-1}.\end{aligned}$$

所以

$$\frac{1}{x^2+3x+2}=\sum_{n=0}^{\infty}\left(\frac{1}{2^{n+1}}-\frac{1}{3^{n+1}}\right)(x+4)^n.$$

收敛域为$-6<x<-2$.

6. 1) 1. 2) $-\frac{1}{6}$. 3) $\frac{1}{2}$.

8. 由

$$S(x)=\sum_{n=0}^{\infty}a_nx^n,\ S'(x)=\sum_{n=1}^{\infty}na_nx^{n-1},$$

$$S''(x)=\sum_{n=2}^{\infty}n(n-1)a_nx^{n-2}$$

$$=\sum_{n=2}^{\infty}a_{n-2}x^{n-2}.$$

于是 $S''(x)=S(x)$. 解方程得解

$$S(x)=c_1\mathrm{e}^x+c_2\mathrm{e}^{-x}.$$

由 $a_0=S(0)=4$, $a_1=S'(0)=1$, 可得到

$$S(x)=\frac{5}{2}\mathrm{e}^x+\frac{3}{2}\mathrm{e}^{-x}.$$

9. 1) 函数 $f(x)=x+x^2+\cdots+x^n-1$ 满足 $f(0)=-1$, $f(1)=n-1$,由罗尔定理, $f(x)$在$(0, 1)$中有一根. $f'(x)=1+2x+\cdots+nx^{n-1}>0$,因而仅有一根.

2) $\{x_n\}$是递减数列,$x_n\geqslant 0$,由单调有界准则,$\lim\limits_{n\to\infty}x_n$ 存在.

3) 设

$$S(x)=x+x^2+\cdots+x^n+\cdots=\frac{x}{1-x}\qquad(0<x<1),$$

现设法证明 $S(x_0)=1$, 即有 $x_0=\frac{1}{2}$.

$$\begin{aligned}&|S(x_0)-1|\\=&\left|\sum_{k=1}^{n}x_n^k-S(x_0)\right|\\\leqslant&\left|\sum_{k=1}^{n}x_n^k-S(x_n)\right|+|S(x_n)-S(x_0)|,\end{aligned}$$

由于 $0<x_n<1$,x_n 递减趋于 x_0,x_0 不能为零,因此 $x_0\in(0,1)$. 由 $S(x)$的连续性,$\exists N_1$,当 $n>N_1$ 时,

$$|S(x_n)-S(x_0)|<\frac{\varepsilon}{2},$$

取 $\delta>0$,使$[x_0-\delta, x_0+\delta]\subset(-1,+1)$,因为 $\sum\limits_{k=1}^{\infty}x^k$ 在$[x_0-\delta, x_0+\delta]$上一致收敛,$\exists N_2$,当 $n>N_2$ 时, $\forall x\in[x_0-\delta, x_0+\delta]$,

$$\left|\sum_{k=n+1}^{\infty}x^k\right|<\frac{\varepsilon}{2},$$

因此,设 $n>N_3$ 时 $x_n\in[x_0-\delta, x_0+\delta]$, 则有

$$\left|\sum_{k=1}^{n}x_n^k-S(x_n)\right|=\left|\sum_{k=n+1}^{\infty}x_n^k\right|<\frac{\varepsilon}{2},$$

取 $N=\max\{N_1, N_2, N_3\}$，当 $n>N$ 时，

$$|S(x_0)-1|<\varepsilon,$$

由 ε 的任意性，$S(x_0)=1$，即 $x_0=\frac{1}{2}$.

10. 因为 $f(x)$ 是仅有正实根的多项式，所以

$$f(x)=(x-a_1)^{r_1}\cdots(x-a_k)^{r_k},$$

其中 $a_i>0$ $(i=1, 2, \cdots, k)$，$r_j\geqslant 1$ $(j=1, 2, \cdots, k)$.

于是有

$$\begin{aligned}-\frac{f'(x)}{f(x)}&=-\frac{r_1}{x-a_1}-\frac{r_2}{x-a_2}-\cdots-\frac{r_k}{x-a_k}\\&=\frac{r_1}{a_1}\frac{1}{1-\frac{x}{a_1}}+\frac{r_2}{a_2}\frac{1}{1-\frac{x}{a_2}}+\cdots+\frac{r_k}{a_k}\frac{1}{1-\frac{x}{a_k}}\\&=\frac{r_1}{a_1}\sum_{n=0}^{\infty}\left(\frac{x}{a_1}\right)^n+\cdots+\frac{r_k}{a_k}\sum_{n=0}^{\infty}\left(\frac{x}{a_k}\right)^n\\&=\sum_{n=0}^{\infty}\left(\frac{r_1}{a_1^{n+1}}+\cdots+\frac{r_k}{a_k^{n+1}}\right)x^n\end{aligned}$$

$$c_n=\frac{r_1}{a_1^{n+1}}+\cdots+\frac{r_k}{a_k^{n+1}},$$

$$\frac{c_n}{c_{n+1}}=\frac{\frac{r_1}{a_1^{n+1}}+\frac{r_2}{a_2^{n+1}}+\cdots+\frac{r_k}{a_k^{n+1}}}{\frac{r_1}{a_1^{n+2}}+\frac{r_2}{a_2^{n+2}}+\cdots+\frac{r_k}{a_k^{n+2}}},$$

若 a_1 为 $f(x)=0$ 的最小根，则

$$\lim_{n\to\infty}\frac{c_n}{c_{n+1}}=a_1.$$

同理可证 $\lim\limits_{n\to\infty}\frac{1}{\sqrt[n]{c_n}}$ 是 $f(x)=0$ 的最小根.

11. 提示：

$$\begin{aligned}F(\xi)&=\sum A_n\xi^n\\&=(1+\xi^{a_1}+\xi^{2a_1}+\cdots+\xi^{x_1a_1}+\cdots)\\&\quad(1+\xi^{a_2}+\xi^{2a_2}+\cdots+\xi^{x_2a_2}+\cdots)\\&\quad\cdots\cdots\cdots\cdots\\&\quad(1+\xi^{a_k}+\xi^{2a_k}+\cdots+\xi^{x_ka_k}+\cdots).\end{aligned}$$

12. 提示：将 $J_0(x)$ 逐项求导，然后求出 $J'_0(x)$，$J''_0(x)$ 代入方程左边验证.

13. 设 $xD=x\dfrac{\mathrm{d}}{\mathrm{d}x}$是一微分算子,我们先证

$$f(xD)x^k=f(k)x^k.$$

为此将 $f(x)$分解为

$$f(x)=c(x-x_1)(x-x_2)\cdots(x-x_n),$$

由于

$$(xD-x_n)x^k=kx^k-x_nx^k=(k-x_n)x^k,$$

因此

$$f(xD)x^k=c(k-x_1)(k-x_2)\cdots(k-x_n)x^k=f(k)x^k.$$

于是有

$$\sum_{k=0}^{\infty}\frac{f(k)}{k!}x^k=f(xD)\mathrm{e}^x=\mathrm{e}^x\cdot g(x),$$

其中 $g(x)$为一整系数多项式,设 $x=1$,即有

$$\sum_{k=0}^{\infty}\frac{f(k)}{k!}=\mathrm{e}\cdot g(1).$$

注　本题是例 8 的推广.

14. 设

$$f(x)=x+\frac{x^3}{1\cdot 3}+\frac{x^5}{1\cdot 3\cdot 5}+\cdots,\quad -\infty<x<+\infty,$$

$$f'(x)=1+x^2+\frac{x^4}{1\cdot 3}+\frac{x^6}{1\cdot 3\cdot 5}+\cdots=1+xf(x),$$

解微分方程　$y'-xy=1$, $y(0)=0$, 得

$$y=f(x)=\mathrm{e}^{\frac{x^2}{2}}\int_0^x\mathrm{e}^{-\frac{t^2}{2}}\,\mathrm{d}t.$$

即

$$\frac{f(x)}{g(x)}=\int_0^x\mathrm{e}^{-\frac{t^2}{2}}\,\mathrm{d}t,$$

其中

$$g(x)=1+\frac{x^2}{2}+\frac{x^4}{2\cdot 4}+\frac{x^6}{2\cdot 4\cdot 6}+\cdots.$$

§13.1

1. $f(x)\sim\dfrac{\pi}{2}-\sum\limits_{n=0}^{\infty}\dfrac{4}{\pi(2n+1)^2}\cos(2n+1)x.$

2. $f(x)\sim\dfrac{\mathrm{sh}ah}{ah}+2\mathrm{sh}ah\sum\limits_{n=1}^{\infty}(-1)^n\dfrac{\left[ah\cos\dfrac{n\pi x}{h}-n\pi\sin\dfrac{n\pi x}{h}\right]}{(ah)^2+(n\pi)^2},\quad x\in(-h,h).$

3. $f(x)\sim a+l+\frac{2l}{\pi}\sum_{n=1}^{\infty}\frac{1}{n}\left(\sin\frac{n\pi a}{l}\cos\frac{n\pi x}{l}-\cos\frac{n\pi a}{l}\sin\frac{n\pi x}{l}\right)$

4. $x\neq 0$ 时，

$$f(x)=\sin x+\frac{1}{3}\sin 3x+\cdots+\frac{1}{2n-1}\sin(2n-1)x+\cdots,$$

令 $x=\frac{\pi}{2}$时，

$$f\left(\frac{\pi}{2}\right)=\frac{\pi}{4}=1-\frac{1}{3}+\frac{1}{5}-\frac{1}{7}+\cdots. \quad \text{(a)}$$

将(a)式乘$\frac{1}{3}$可得

$$\frac{\pi}{12}=\frac{1}{3}-\frac{1}{9}+\frac{1}{15}-\frac{1}{21}+\cdots,$$

将上式与(a)式相加可得

$$\frac{\pi}{3}=1+\frac{1}{5}-\frac{1}{7}-\frac{1}{11}+\frac{1}{13}+\frac{1}{17}+\cdots.$$

在原展开式中取 $x=\frac{\pi}{3}$有

$$\frac{\sqrt{3}\pi}{6}=1-\frac{1}{5}+\frac{1}{7}-\frac{1}{11}+\frac{1}{13}-\frac{1}{17}+\cdots.$$

5. 提示：仿照例 5,可证级数中仅出现 n 为偶数的项.

6. 提示：按 $f(\pi-x)=f(x)$, $x\in\left(0,\frac{\pi}{2}\right)$把 $f(x)$延拓到$\left(\frac{\pi}{2},\pi\right)$上,然后作奇延拓到$(-\pi,\pi)$上去.

7. 提示：设 $0=a_0<a_1<a_2<\cdots<a_n=2\pi$,在$[a_{i-1}, a_i]$上 $f(x)$是单调的,然后仿照例 7 证明.

8. 提示：应用分部积分公式.

9. $$A_n=\frac{1}{\pi}\int_{-\pi}^{\pi}\left[\frac{1}{2h}\int_{x-h}^{x+h}f(t)\mathrm{d}t\right]\cos nx\,\mathrm{d}x.$$

$$=\frac{1}{n\pi}\int_{-\pi}^{\pi}\left[\frac{1}{2h}\int_{x-h}^{x+h}f(t)\mathrm{d}t\right]\mathrm{d}\sin nx$$

$$=-\frac{1}{n\pi}\int_{-\pi}^{\pi}\frac{1}{2h}[f(x+h)-f(x-h)]\sin nx\,\mathrm{d}x$$

$$=\frac{-1}{2n\pi h}\left[\int_{-\pi}^{\pi}f(x+h)\sin nx\,\mathrm{d}x-\int_{-\pi}^{\pi}f(x-h)\sin nx\,\mathrm{d}x\right]$$

$$=\frac{-1}{2n\pi h}\left[\int_{-\pi}^{\pi}f(x)\sin n(x-h)\mathrm{d}x-\int_{-\pi}^{\pi}f(x)\sin n(x+h)\mathrm{d}x\right]$$

$$= \frac{a_n}{nh}\sin nh \qquad (n = 1, 2, \cdots).$$

同理可证 $B_n = \dfrac{b_n \sin nh}{nh} \qquad (n=1, 2, \cdots).$

10. 当 $m \neq n$ 时,应用分部积分法可得

$$(\lambda_n - \lambda_m)\int_a^b y_n(x) y_m(x)\,dx$$

$$= -\int_a^b \frac{d}{dx}\left[p(x)\frac{dy_n(x)}{dx}\right] y_m(x)\,dx + \int_a^b \frac{d}{dx}\left[p(x)\frac{dy_m(x)}{dx}\right] y_n(x)\,dx$$

$$= \int_a^b p(x)\frac{dy_n(x)}{dx}\frac{dy_m(x)}{dx}\,dx - \int_a^b p(x)\frac{dy_m(x)}{dx}\frac{dy_n(x)}{dx}\,dx$$

$$= 0.$$

§ 13.2

1. $f(x) \sim \sum\limits_{n=1}^{\infty} \frac{1}{n}\sin nx.$

$$\text{和函数}\quad f_1(x) = \begin{cases} 0, & x = 0, \\ f(x), & -\pi \leqslant x < 0,\ 0 < x \leqslant \pi. \end{cases}$$

2. 提示:应用贝塞尔不等式.

3. 提示:应用例 2 中的方法,将 $\cos\alpha x$($\alpha \neq$ 整数)在$[-\pi, \pi]$上展开成傅里叶级数,然后适当选取 x.

4. 提示:应用例 4 的方法,将系数公式中的积分进行分部积分,然后应用贝塞尔不等式.

5. 提示:对 $f'(x)$应用收敛定理.

注:习题 5 中结论称为是傅里叶级数逐项求导定理.

6. 提示:对 $f(x)$应用例 6,再应用逐项积分定理.

7. 提示:将函数$\frac{\pi - x}{2}$展开成傅里叶级数然后应用习题 6.

8. 1) 在 $H(-x) = \frac{1}{\pi}\int_{-\pi}^{\pi} f(-x+t) f(t)\,dt$ 中作变量变换 $t = -t_1$,可得

$$H(-x) = \frac{1}{\pi}\int_{-\pi}^{\pi} f(-x+t) f(t)\,dt$$

$$= \frac{-1}{\pi}\int_{\pi}^{-\pi} f(-x-t_1) f(-t_1)\,dt$$

$$= \frac{1}{\pi}\int_{-\pi}^{\pi} f(x+t) f(t)\,dt$$

$$= H(x),$$

因而 $H(x)$是偶函数.

变换积分次序可得到

$$A_0=\frac{1}{\pi}\int_{-\pi}^{\pi}\left(\frac{1}{\pi}\int_{-\pi}^{\pi}f(x+t)f(t)\mathrm{d}t\right)\mathrm{d}x$$

$$=\frac{1}{\pi^2}\int_{-\pi}^{\pi}f(t)\mathrm{d}t\int_{-\pi}^{\pi}f(x+t)\mathrm{d}x$$

$$=a_0^2.$$

$$A_n=\frac{1}{\pi}\int_{-\pi}^{\pi}\left(\frac{1}{\pi}\int_{-\pi}^{\pi}f(x+t)f(t)\mathrm{d}t\right)\cos nx\,\mathrm{d}x$$

$$=\frac{1}{\pi^2}\int_{-\pi}^{\pi}\left(\int_{-\pi}^{\pi}f(x+t)\cos nx\,\mathrm{d}x\right)f(t)\mathrm{d}t$$

$$=\frac{1}{\pi^2}\int_{-\pi}^{\pi}\left(\int_{-\pi}^{\pi}f(x)\cos(nx-nt)\mathrm{d}x\right)f(t)\mathrm{d}t$$

$$=\frac{1}{\pi}\int_{-\pi}^{\pi}a_nf(t)\cos nt\,\mathrm{d}t$$

$$=a_n^2,$$

于是有

$$H(x)\sim\frac{a_0^2}{2}+\sum_{n=1}^{\infty}a_n^2\cos nx.$$

2) 由贝塞尔不等式

$$\frac{a_0^2}{2}+\sum_{n=1}^{\infty}a_n^2<+\infty,$$

可证 $\frac{a_0^2}{2}+\sum\limits_{n=1}^{\infty}a_n^2\cos nx$ 一致收敛于 $S(x)$. 再证 $S(x)=H(x)$.

9. 提示:设 $f(x)$和 $f'(x)$的傅里叶级数分别为

$$f(x)\sim\sum_{n=1}^{\infty}(a_n\cos nx+b_n\sin nx),$$

$$f'(x)\sim\sum_{n=1}^{\infty}(nb_n\cos nx-na_n\sin nx).$$

然后应用帕塞瓦尔等式.

10. 提示：首先证明下边等式：

$$\frac{1}{2n\pi}\int_0^{\pi}\left[\frac{\sin\frac{nt}{2}}{\sin\frac{t}{2}}\right]^2\mathrm{d}t=\frac{1}{2n\pi}\int_{-\pi}^{0}\left[\frac{\sin\frac{nt}{2}}{\sin\frac{t}{2}}\right]^2\mathrm{d}t=\frac{1}{2}.$$

然后应用下边不等式进行估值：

$$\left|\Sigma_n(x)-\frac{f(x+0)+f(x-0)}{2}\right|$$

$$\leqslant \left| \frac{1}{2n\pi}\int_{-\pi}^{0} f(x+t)\left[\frac{\sin\frac{nt}{2}}{\sin\frac{t}{2}}\right]^2 dt - \frac{f(x-0)}{2}\right|$$

$$+\left| \frac{1}{2n\pi}\int_{0}^{\pi} f(x+t)\left[\frac{\sin\frac{nt}{2}}{\sin\frac{t}{2}}\right]^2 dt - \frac{f(x+0)}{2}\right|$$

$$\leqslant \frac{1}{2n\pi}\int_{-\pi}^{0} | f(x+t)-f(x-0) | \left[\frac{\sin\frac{nt}{2}}{\sin\frac{t}{2}}\right]^2 dt$$

$$+\frac{1}{2n\pi}\int_{0}^{\pi} | f(x+t)-f(x+0) | \left[\frac{\sin\frac{nt}{2}}{\sin\frac{t}{2}}\right]^2 dt.$$

测试题(一)

1. 提示：$\alpha=\beta$ 时显然成立；设 $\alpha<\beta$. 倘若 $\alpha\notin\{x_n\}$，$\beta\notin\{x_n\}$，必有

$$\{x_{n_k}^{(1)}\}\subset\{x_n\},\ \{x_{n_k}^{(2)}\}\subset\{x_n\},$$

使 $\lim\limits_{k\to\infty}x_{n_k}^{(1)}=\alpha$，$\lim\limits_{k\to\infty}x_{n_k}^{(2)}=\beta$.

2. 提示：(1) 可证

$$f'(x_0)=\begin{cases}0, & n>1\\ \varphi(x_0), & n=1.\end{cases}$$

(2) $n=1$ 时，若 $\varphi(x_0)\neq 0$，与费马定理矛盾，故 x_0 不为极值点. 当 $n>1$ 时，由 $\varphi(x)$ 在 x_0 连续，由保号性，在某邻域 $U(x_0)$ 内

$$|\varphi(x)|\geqslant\frac{1}{2}|\varphi(x_0)|>0.$$

设 $\varphi(x_0)>0$，则在 $U(x_0)$ 内 $f(x)$ 与 $(x-x_0)^n$ 保持同号. 由于 $f(x_0)=0$，故 n 为偶数时 $f(x_0)$ 为极小值，n 为奇数时 $f(x_0)$ 不是极值.

3. 这里只证 $f(x)$ 在点 a 右连续：$\forall\varepsilon>0$，取 $\delta=\frac{\varepsilon}{2K}$. 在 $(a,\ a+\delta)$ 内若 $f(x)\equiv f(a)$，结论显然成立；故设 $f(x)\not\equiv f(a)\Rightarrow\exists x_0\in(a,\ a+\delta)$，使 $f(x_0)\neq f(a)$，不妨设 $f(x_0)<f(a)$.（如下页图）

$\forall\lambda$：$f(x_0)<\lambda<f(a)$，$f(a)-\lambda<\frac{\varepsilon}{2}$. 由介值性，$\exists\xi\in(a,\ x_0)$，使 $f(\xi)=\lambda$. 故对 $\forall x\in(a,\ a+\delta)$，有

$$\begin{aligned}|f(x)-f(a)|&\leqslant|f(x)-f(\xi)|+|f(\xi)-f(a)|\\&=|f'(\eta)|\cdot|x-\xi|+|\lambda-f(a)|\end{aligned}$$

$$< K\cdot\delta+\frac{\varepsilon}{2}=K\cdot\frac{\varepsilon}{2K}+\frac{\varepsilon}{2}=\varepsilon.$$

同理可证 $\lim\limits_{x\to b^-}f(x)=f(b)$.

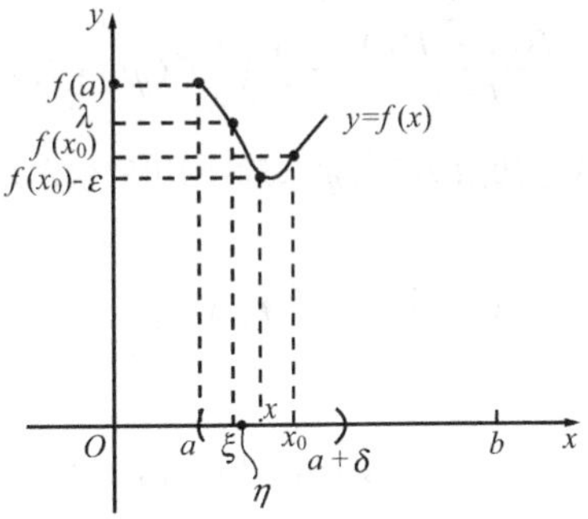

4. 提示：可证 $I_n=\frac{2n}{2n+1}I_{n-1}$，$I_1=\frac{2}{3}$. 并有

$$I_n=\frac{(2n)!!}{(2n+1)!!}\geqslant\frac{2}{\sqrt{3(2n+1)}}>\frac{2}{3\sqrt{n}}.$$

5. 提示：检验此交错级数满足莱布尼茨判别法的条件.

6. 提示：由根式判别法得 $|x|>1$ 时绝对收敛，$|x|<1$ 时发散；而当 $|x|=1$ 时，由通项不趋于 $0(n\to\infty)$ 得知级数发散.

再由 $|x|=1$ 时为发散，首先知道当 $|x|>1$ 时不一致收敛. 而当 $|x|\geqslant 1+\sigma(\sigma>0)$ 时，由优级数判别法可知为一致收敛.

7. 提示：由条件知

$$\lim_{x\to a^+}f_n(x)=A_n,\ \lim_{x\to b^-}f_n(x)=B_n$$

存在，且由一致收敛的极限性质可知

$$\lim_{x\to a^+}f(x)=\lim_{n\to\infty}A_n=A,$$

$$\lim_{x\to b^-}f(x)=\lim_{n\to\infty}B_n=B$$

都存在.

测试题(二)

1. 提示：(反证)倘有无穷点集 $S\subset[a,b]$，使 $|f(t)-A_t|>\varepsilon_0$，$t\in S$. $\exists\{t_n\}\subset S$，$\lim\limits_{n\to\infty}t_n=t_0\in[a,b]$，并设 $\lim\limits_{x\to t_0}f(x)=A_{t_0}$. 一方面，$|f(t_n)-A_{t_n}|>\varepsilon_0$. 另一方面，$\exists\delta>0$，当 $0<|x-t_0|<\delta$ 时 $|f(x)-A_{t_0}|<\frac{\varepsilon_0}{2}$；又 $\exists N>0$，当 $n>N$ 时 $|t_n-t_0|<\delta$

$$\Rightarrow|f(t_n)-A_{t_0}|<\frac{\varepsilon_0}{2}.$$

$$\Rightarrow |f(x)-f(t_n)| \leqslant |f(x)-A_{t_0}| + |f(t_n)-A_{t_0}| < \varepsilon_0,$$

$$\Rightarrow \left|\lim_{x\to t_n} f(x)-f(t_n)\right| = |A_{t_n}-f(t_n)| \leqslant \varepsilon_0, \text{矛盾.}$$

2. 提示:先利用拉格朗日中值定理,把问题化为证明:$\exists\, \eta\in(a, b)$,使

$$\frac{f(b)-f(a)}{b-a}\eta - \frac{a+b}{2}f'(\eta) = 0.$$

引入辅助函数 $F(x)$,使上式左边适为 $F'(\eta)$(试图利用罗尔定理).

3. 提示:借助

$$|f(x)| \leqslant |f(x)-f(c)| + |f(c)| \leqslant K(b-a) + |f(c)|$$

进行反证.

4. 提示:注意到 $f'(x)>0$, $f(x)$ 递增;并知 $f'(x)$ 连续,从而由 $f(x)=\int_1^x f'(t)\mathrm{d}t+1$,可求得 $f(x)$ 的一个上界.

5. 提示:(1) 利用$\int_0^1 \varphi(x)\mathrm{d}x=0$,直接验证$\Phi(x)=\int_0^x \varphi(t)\mathrm{d}t$为周期等于1的周期函数.

(2) 利用

$$a_n = \int_0^1 f(x)\varphi(nx)\mathrm{d}x = \int_0^1 f(x)\mathrm{d}\left[\frac{\Phi(nx)}{n}\right]$$

作分部积分. 再对 a_n^2 使用施瓦茨不等式,可得

$$a_n^2 \leqslant \frac{1}{n^2}\int_0^1 f'^2(x)\mathrm{d}x \cdot \int_0^1 \Phi^2(x)\mathrm{d}x.$$

6. 提示:易证

$$\lim_{n\to\infty} f\left(\frac{x}{n}\right) = g(x) \equiv 0,\ x\in[0, +\infty).$$

取 $x_n = nx_0$, $f(x_0)\neq 0$,可得

$$\sup_{x\in[0,+\infty)}\left|f\left(\frac{x}{n}\right)-g(x)\right| \geqslant |f(x_0)| > 0.$$

7. 首先易知

$$\lim_{n\to\infty} F_n(x) = \frac{1}{2}\lim_{n\to\infty}\left[\frac{f\left(x+\frac{1}{n}\right)-f(x)}{\frac{1}{n}} + \frac{f\left(x-\frac{1}{n}\right)-f(x)}{-\frac{1}{n}}\right]$$

$$= \frac{1}{2}[f'(x)+f'(x)] = f'(x).$$

$\forall\,[\alpha, \beta]\subset(a, b)$, 欲证$\{F_n(x)\}$在$[\alpha,\beta]$上为一致收敛.

由于当 $x\in[\alpha,\beta]$时,$x+\frac{1}{n}$与$x-\frac{1}{n}$可能越出$[\alpha,\beta]$,故还需取一在(a, b)内包含$[\alpha,\beta]$的另一闭区间$[\alpha_1,\beta_1]$(如下图所示),取法如下:对于足够大的 $N_0>0$,使得

$$a<\alpha-\frac{1}{N_0}<\alpha<\beta<\beta+\frac{1}{N_0}<b,$$

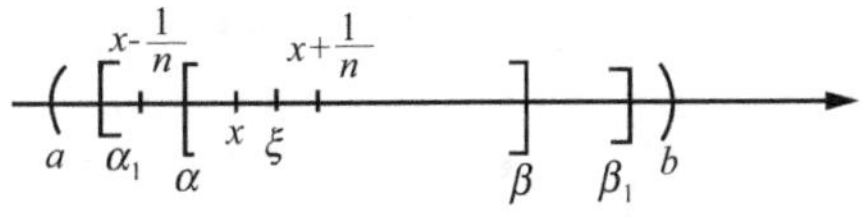

并记$[\alpha_1,\beta_1]=\left[\alpha-\frac{1}{N_0},\ \beta+\frac{1}{N_0}\right]$. 由 $f'(x)$在$[\alpha_1,\beta_1]$上一致连续，$\forall\varepsilon>0$，$\exists\delta>0$，当$x',x''\in[\alpha_1,\beta_1]$，且$|x'-x''|<\delta$时，$|f'(x')-f'(x'')|<\varepsilon$.

令 $N=\max\left\{\frac{1}{\delta},\ N_0\right\}$，当$n>N$时，对一切 $x\in[\alpha,\beta]$，总有 $x\pm\frac{1}{n}\in[\alpha_1,\beta_1]$，从而

$$\begin{aligned}|F_n(x)-f'(x)|&=\left|\frac{n}{2}\left[f\left(x+\frac{1}{n}\right)-f\left(x-\frac{1}{n}\right)\right]-f'(x)\right|\\&=|f'(\xi)-f'(x)|<\varepsilon\\&\left(|\xi-x|<\frac{1}{n}<\delta\right).\end{aligned}$$